第四版

Raspberry Pi 錦囊妙計

軟硬體問題與解決方案

FOURTH EDITION

Raspberry Pi Cookbook

Software and Hardware Problems and Solutions

Dr. Simon Monk 著

俞瑞成 譯

O'REILLY®

獻給我已故的母親 *Anne Kemp*（*1924-2022*），
她面對逆境的勇氣與開朗是我們眾人的典範。

目錄

第四版前言

2011 年發表後，Raspberry Pi 被發現可作為極低成本的 Linux 電腦及嵌入式運算平台。它受到教育工作者和業餘愛好者歡迎。

執筆此時，Raspberry Pi 已售出超過四千萬台。配置 8GB 記憶體之 Raspberry Pi 4 的效能已足以取代桌上型電腦，而內建鍵盤的 Pi 400 頗具取代桌上型電腦的能力。

用於瀏覽網路、email、辦公室軟體和相片編輯之開源 Linux 軟體的可用性，使 Raspberry Pi 更加流行。

連最新的 Raspberry Pi 4 和 Pi 400 都保有讓業餘愛好者可加入自己電子裝置的通用輸入／輸出接腳（GPIO）。

本版已徹底更新，並涵蓋了 Raspberry Pi 最新型號以及 Raspberry Pi OS 的許多變更與改進。尤其你會發現有新章節：

- 機器學習
- Raspberry Pi Pico 與 Pico W

本書設計讓你可以像一般書籍一樣連續閱讀，或隨機閱讀主題。你可以在目錄或索引搜尋想看的主題，直接跳去看。如果主題需要瞭解其他知識，本書也會引導你到其他主題，就像食譜在示範如何進一步烹飪前可能會先引導你至基礎醬汁的製作。

Raspberry Pi 的世界變化快速。一直都有大型且活躍的社群、新的介面板和軟體程式庫在發展。除了使用特定介面板或軟體的範例，本書也涵蓋基礎原則，讓你對如何使用 Raspberry Pi 生態系發展的新技術有更好的瞭解。

如您所期，本書伴隨大量程式碼（主要是 Python 程式）。這些程式都是開放原始碼並可於 Github（*https://oreil.ly/fEB8p*）取得。對於大部分基於軟體的主題，你只需要一塊 Raspberry Pi。對此，我建議使用 Raspberry Pi 3 或 4 model B。當主題牽涉到製作你自己的硬體和 Raspberry Pi 連接時，我會試著利用現成模組、麵包板和跳線來避免焊接。

如果你想讓麵包板專案更堅固，我建議使用麵包板一半大小且布局相同的洞洞板，例如 Adafruit 等商家賣的板子，以使設計更容易轉換為焊接方案。

使用本書

本書採用食譜書風格寫作，這意味著你不需要按照順序從頭讀到尾。本書是由個別訣竅集結成章。當訣竅需要先前提過的知識時，會將你引導至該訣竅。

當你試著完成 Raspberry Pi 專案時，你可能會發現，這需要在不同訣竅間跳來跳去。

我在本書規劃了一些我認為對不同類型讀者有用的路徑：

Raspberry Pi 初學者

請閱讀第 1 至 3 章，特別是從訣竅 1.1、1.2 和 1.4 開始，其他則隨興閱讀。

Python 學習者

如果你要用 Raspberry Pi 學習如何用 Python 寫程式，請閱讀第 4 至 7 章。你或許會發現還需要跳到前幾章的訣竅。

業餘電子愛好者

如果你還不會 Python，你需要從第 4 至 7 章學習一些技巧，然後讀完第 8 章和第 9 章後，才挑選後面章節的有趣方案以開始製作自己的 Raspberry Pi 電子專案。

本書編排慣例

本書具有如下的字型慣例：

斜體字（Italic）

指出新名詞、網址（URL）、email 位址、檔案名稱以及副檔名。中文使用楷體字。

定寬字（`Constant width`）

套用於程式清單和內文中提及的程式元素，例如：變數或函式名稱、資料庫、資料型別、環境變數、敘述以及關鍵字。

定寬粗體字（**`Constant width bold`**）

顯示應由使用者輸入的指令或文字。

定寬斜體字（*`Constant width italic`*）

顯示應替換為使用者提供的值或由程式上下文決定的值。

此圖示表示訣竅、建議或一般的註解。

此圖示代表警告。

使用範例程式

補充材料（程式碼範例等）可於 *https://github.com/simonmonk/raspberrypi_cookbook_ed4* 下載。

本書是要幫助讀者完成任務。一般來說，讀者可以在自己的程式或文件中使用本書的程式碼，但若是要重製程式碼的重要部分，則需要聯絡我們以取得授權許可。舉例來說，設計一個程式，其中使用數段來自本書的程式碼，並不需要許可；但是販賣或散布 O'Reilly 書中的範例，則需要許可。例如引用本書並引述範例碼來回答問題，並不需要許可；但是把本書中的大量程式碼納入自己的產品文件，則需要許可。

還有，我們很感激各位註明出處，但這並非必要舉措。註明出處時，通常包括書名、作者、出版商、ISBN。例如：「*Raspberry Pi Cookbook*, Fourth Edition, by Simon Monk (O'Reilly). Copyright 2023 Simon Monk, 978-1-098-13092-3」。

如果覺得自己使用程式範例的程度超出上述的許可範圍，歡迎與我們聯絡：*permissions@oreilly.com*。

致謝

一如往常，我要感謝太太 Linda 的耐心和支持。

我也要感謝技術審閱者 Ian Huntley、Mike Bassett、Kevin McAleer 與 Matthew Monk 優秀的協助和建議，無疑地對本書貢獻良多。

還要感謝 Jeff Bleiel 及優異的 O'Reilly 團隊，當然還有 Penelope Perkins 銳利的雙眼。

第一章

設定與管理

1.0 簡介

當你購買 Raspberry Pi 時，實際上是買一塊組裝好的印刷電路板；如果是 Raspberry Pi 400，則是一塊在鍵盤外殼內的電路板。要成為功能完整的系統，你還需要一個適合的電源供應器、microSD 卡上的作業系統和滑鼠。

本章的訣竅是關於設定 Raspberry Pi 以讓它可以使用。

因為 Raspberry Pi 使用標準 USB 和藍牙鍵盤滑鼠，大部分設定都相當簡單，只需專注於 Raspberry Pi 的專屬工作。

1.1 選擇 Raspberry Pi 機型

問題

Raspberry Pi 有許多機型可選，你不確定要選哪一台。

解決方案

決定要用哪一個 Raspberry Pi 機型取決於你計畫用它做什麼。表 1-1 列出一些用途和建議的機型。

表 1-1 選擇 Raspberry Pi 機型

用途	建議機型	備註
取代桌上型電腦	Raspberry Pi 400 或 Raspberry Pi 4 model B（4GB）	如果要上網，你會需要 4GB 記憶體。Pi 400 內建於鍵盤機殼中，提供了便利性。
電子實驗	Raspberry Pi 2 或 3 model B	夠新的硬體可減少軟體問題。無須更強的效能。
電腦視覺	Raspberry Pi 4 model B（4GB）	需要最大的效能。
家庭自動化	Raspberry Pi 2 或 3 model B	低耗電又夠力。
媒體中心	Raspberry Pi 3 或 4	為了影片效能。
電子看板	任何機種	有 WiFi 的機種有利於遠端存取
嵌入式無線電子專案	Raspberry Pi Zero 2 W 或 Pico W	低成本且具 WiFi 以用於物聯網和其他無線專案。
嵌入式電子專案	Pico	成本非常低，除了名稱外，與大多數 Raspberry Pi 幾乎沒有共同點。

如果你想要有一個不錯的通用 Raspberry Pi，我會建議 Raspberry Pi 4 model B。有著原始 Raspberry Pi 四倍的記憶體和四核心處理器，對於大部分任務，它能比 Pi Zero 處理得更好，但是 Pi Zero 比較不耗電和發熱。Raspberry Pi 3 model B+ 也有內建 WiFi 和藍牙的優點，不需要外接 USB WiFi 網卡或藍牙硬體。

Raspberry Pi 4 model B

執筆之時，Raspberry Pi 4 model B（圖 1-1）是最新的標準 Raspberry Pi。

新機型也是第一次允許使用者選擇記憶體大小（1GB、2GB、4GB 或 8GB），其售價則反映了記憶體大小。

其中一個重大改變是先前版本的電源供應器 microUSB 插座改成 USB-C 接頭。還有之前單一全尺寸 HDMI 接頭改成兩個 micro-HDMI 接頭，所以會需要特殊的 HDMI 接線或轉接頭。沒錯，你可以同時接兩個螢幕。

本質上，這個 Raspberry Pi 比以前的機型快很多（尤其是如果你的是 4GB 或 8GB 記憶體版）。事實上，有些性能測試結果約是先前版本的三到四倍快。代價是板子上的晶片運作起來比以前的版本熱許多，熱到會燙手。

圖 1-1　Raspberry Pi 4 model B

另一方面，如果你要將 Raspberry Pi 嵌入到特定目的之專案中，那使用小巧、經濟的 Pi Zero W 也是一個選項。

Raspberry Pi 400

Raspberry Pi 是桌上型電腦的絕佳替代品，而沒有其他 Raspberry Pi 機型比 Raspberry Pi 400 更適合了（圖 1-2）。

圖 1-2　Raspberry Pi 400

Raspberry Pi 400 實際上和 Raspberry Pi 4 是相同的硬體，但是內建於鍵盤外殼裡，讓人想起 90 年代的家用電腦。HDMI 和 USB 埠都在 Pi 400 後方。GPIO 針腳在電腦後方，但是不像一般的 Raspberry Pi 容易連接，所以如果你買 Raspberry Pi 是要學習電子電路，一般版的 Raspberry Pi 可能是比較好的選擇。然而，如果想要取代桌上型電腦，那 Pi 400 是個好選擇。

討論

圖 1-3 展示了 Raspberry Pi Zero W、Raspberry Pi 3 B 和 Raspberry Pi 4。

如你從圖 1-3 所見，Pi Zero W 約只有 Pi 3 B 或 Pi 4 B 一半大小，它有一個通訊用的 microUSB 插座，另一個則供電源使用。Pi Zero 也使用 mini-HDMI 接頭和 micro-USB OTG 以節省空間。如果想連接鍵盤、顯示器和滑鼠到 Pi Zero，需要 USB 和 HDMI 的轉接頭來連接標準周邊。Raspberry Pi A+ 比 Pi Zero 大，且有全尺寸的 USB 和 HDMI 埠。

圖 1-3 由左至右分別為 Raspberry Pi Zero W、Raspberry Pi 3 B 和 Raspberry Pi 4 B

表 1-2 總結了到目前為止全部的 Raspberry Pi 機型差異，新發行的機型列於上方。

表 1-2 Raspberry Pi 機型

機型	記憶體	處理器（核心＊時脈）	USB 插座	乙太網路埠	備註
400	4GB	4 * 1.8GHz	4（2xUSB3）	有	內建於鍵盤
4B	1/2/4/8GB	4 * 1.5GHz	4（2xUSB3）	有	2xmicro-HDMI 影像
Compute 4	1/2/4/8GB	4 * 1.5GHz	無	無	嵌入於產品用（見邊欄）
3 A+	512MB	4 * 1.4GHz	1	無	WiFi 與藍牙
3 B+	1GB	4 * 1.4GHz	4	有	WiFi 與藍牙
3 B	1GB	4 * 1.2GHz	4	有	WiFi 與藍牙
Zero 2 W	512MB	4 * 1GHz	1（micro）	無	WiFi 與藍牙
Zero W	512MB	4 * 1GHz	1（micro）	無	WiFi 與藍牙
Zero	512MB	4 * 1GHz	1（micro）	無	低成本
2 B	1GB	4 * 900MHz	4	有	
A+	256MB	1 * 700MHz	1	無	
B+	512MB	1 * 700MHz	4	有	停產
A	256MB	1 * 700MHz	1	無	停產
B rev2	512MB	1 * 700MHz	2	有	停產
B rev1	256MB	1 * 700MHz	2	有	停產

如果你有較舊的或停產的 Raspberry Pi 機型，它仍然有用。那些機型沒有最新的 Raspberry Pi 4 效能這麼好，但是在許多情況下並沒有關係。

如果要買新的 Raspberry Pi，我認為最佳的通用電腦選擇是 Raspberry Pi 4 或 400。如果不需要 WiFi 或想要較小的裝置，也可以考慮 3 B、2 B 或 Zero W。

Raspberry Pi Compute 4

Raspberry Pi 是很有用的裝置，打入了許多商用產品。有時候這樣有點浪費，因為產品可能不需要 Raspberry Pi 4 所有的連接埠或是其他特點。

Raspberry Pi Compute 4（和它的前代產品）提供一個工整模組，其底面有連接埠設計來和載板匹配，以作為讓產品整合 Linux 電腦的簡單方式。因為模組和其 WiFi 與藍牙已經取得 CE 和 FFC 認證，能讓你的產品更容易符合相關標準。

圖 1-4　Raspberry Pi Compute Module 4

參閱

更多關於 Raspberry Pi 機型資訊，請見 *https://oreil.ly/oY-A_*。

或是查看「Raspberry Pi Compute Module」（*https://oreil.ly/3HjzD*）網頁。

Pi Zero 和 Pi Zero W 機型的低成本使它們很適合嵌入電子專案而不用擔心費用。請見訣竅 10.18。

1.2 連接系統

問題

你有 Raspberry Pi 所需的配件，並且想將它們全部連接起來。

解決方案

除非你將 Raspberry Pi 嵌入專案中，或用於媒體中心，否則你需要連接鍵盤（除了使用 Pi 400 外）、滑鼠和顯示器。

圖 1-5 展示典型的 Raspberry Pi 系統。如果你有 Raspberry Pi 4，也可以（如果你真的想要）連接第二個顯示器。但是若只有一個顯示器，請將它連至最接近 USB-C 電源連接埠的 micro-HDMI 連接埠。

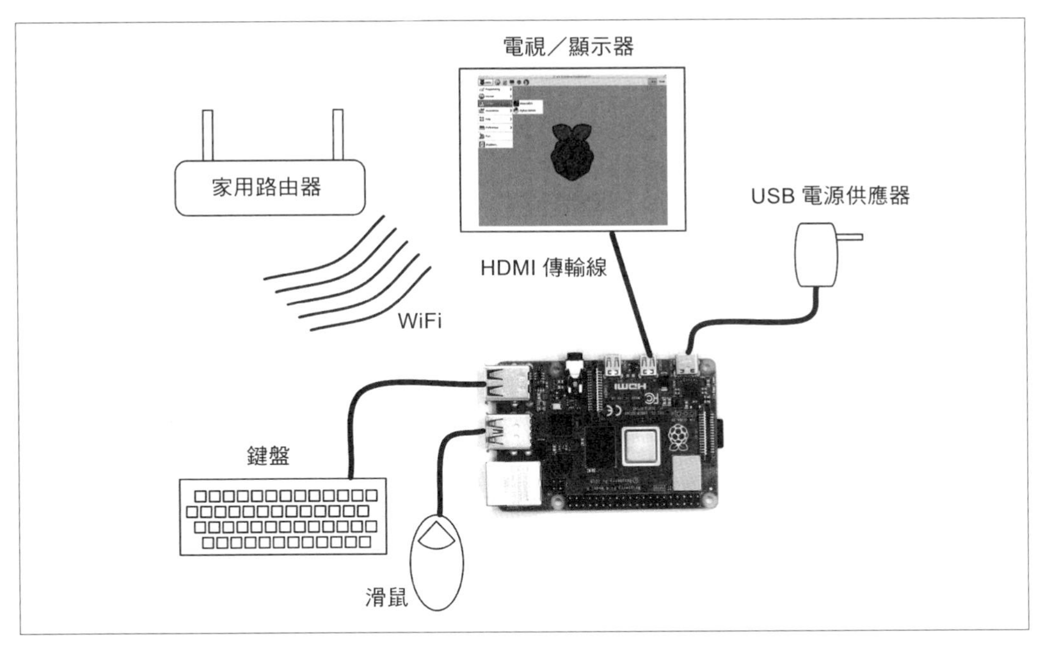

圖 1-5　典型的 Raspberry Pi 系統

討論

Raspberry Pi 樂於擁有許多 USB 鍵盤滑鼠，無論有線或無線的。

Raspberry Pi 4 讓你的系統可以同時連接兩個顯示器。這麼做時，你能在兩個螢幕間移動滑鼠游標，但是 Raspberry Pi OS 需要知道一個螢幕相對於另一個螢幕的位置。要啟用此功能，請開啟 Raspberry Pi 選單（有 Raspberry Pi 圖示的按鈕），前往偏好設定 (Preferences)，開啟螢幕設定工具（圖 1-6）。

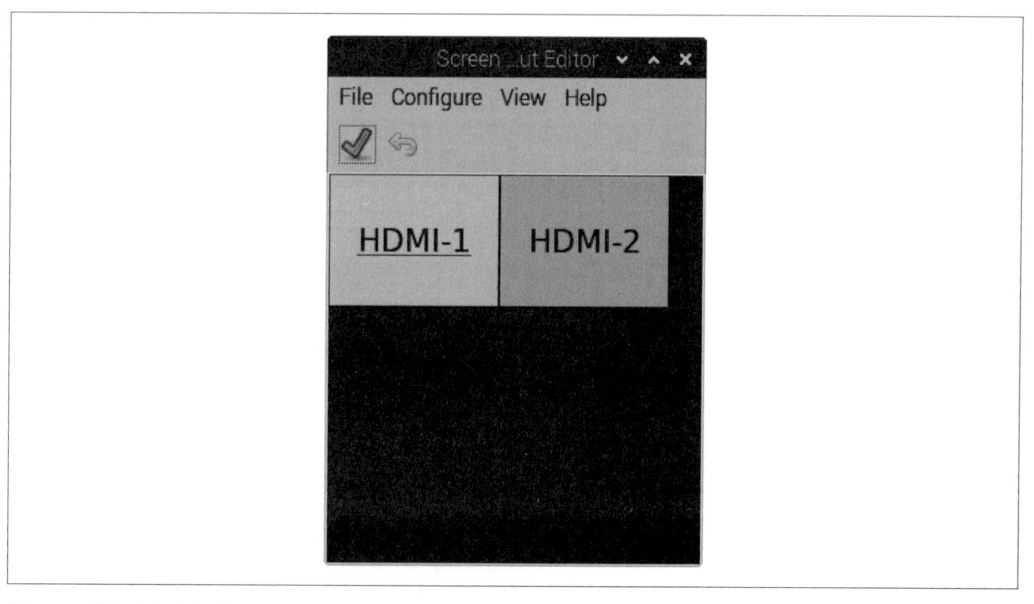

圖 1-6　排列多重螢幕

你可以拖曳兩個標記為 HDMI-1 和 HDMI-2 的方塊來表示兩個顯示器的實體位置。圖 1-6 中，顯示器是併排排列，HDMI-1 連接的顯示器排列在左。

如果你有較舊的 Raspberry Pi 或 model A 或 A+，但是 USB 插座不夠，那你會需要 USB 集線器。

參閱

請查看官方的「Raspberry Pi Quick Start Guide」（快速上手指南，*https://oreil.ly/GZtqA*）。

1.3 幫 Raspberry Pi 加上外殼

問題

你的 Raspberry Pi 需要一個外殼。

解決方案

和 Raspberry Pi 400 不同，除非你購買套件組，不然 Raspberry Pi 並未隨附外殼。有鑑於電路板底部的裸接線路可能會因為 Raspberry Pi 放在金屬物品上而容易短路，使它易於損毀。

買一個機殼保護 Raspberry Pi 是個好主意。如果你想使用 Raspberry Pi 的 GPIO 針腳（這些針腳可以讓你連接外部電子裝置），圖 1-7 所示的 Pibow Coupé 是個美觀實用的設計，可用於 Raspberry Pi 4 及更早的版本。

討論

有許多不同風格的外殼可以選擇，包含下列這些：

- 簡單、兩片、卡扣式的塑膠盒
- VESA 安裝介面盒（用於固定在顯示器或電視後方）
- 樂高相容盒
- 3D 列印盒形設計
- 雷射切割壓克力設計
- 大型降溫散熱片設計
- 內建風扇設計
- 實驗室或工作室用的 DIN 導軌設計

圖 1-7 裝在 Pibow Coupé 中的 Raspberry Pi 2

機殼的挑選購買和個人喜好有很大的關係。然而請考慮以下幾點：

- 是否需要接 GPIO 連接埠？如果要連接外接電子裝置，這個考量就很重要。
- 機殼是否夠通風？如果要超頻 Raspberry Pi（訣竅 1.13）、大玩遊戲或播放影片，這就很重要，因為這些工作會產生很多熱能。
- 最後，確定它要能符合你的 Raspberry Pi 機型。

如果你有 3D 列印機，也可以自己印一個機殼。在 Thingiverse 搜尋 Raspberry Pi（*https://www.thingiverse.com*）或 MyMiniFactory（*https://www.myminifactory.com*），你會找到許多設計。

你也會發現有套件組內附可以貼在 Raspberry Pi 晶片上的自黏散熱片。如果你對 Raspberry Pi 有像是要播放許多影片之類很高的要求，那麼它可能會有些用處，不過，效果通常更像是在車上貼「快一點」貼紙一樣，安慰大於實際。

如果你有 Raspberry Pi 4，可以裝一個小風扇來降溫，例如圖 1-8 所示的 Pimoroni Fan SHIM。

圖 1-8　Pimoroni Fan SHIM

參閱

你在 Raspberry Pi 供應商和 eBay 也會發現許多不同風格的機殼。

1.4 選擇電源供應器

問題

你要為你的 Raspberry Pi 選一個電源供應器。

解決方案

Raspberry Pi 適用的電源供應器基本規格是穩壓 5V DC（直流電）。

電源供應器須提供的電流量取決於 Raspberry Pi 機型和其連接的周邊。這值得你購買一個能輕鬆供電給 Raspberry Pi 的電源供應器，且用於 Raspberry Pi 任何機型都至少要有 1A。

如果你從購買 Raspberry Pi 處買電源供應器，賣家應該能告訴你是否適用於 Raspberry Pi。

Raspberry Pi 4 應該使用 3A 電源供應器。這是因為它比先前機型更強大的處理能力需要更多電力，也因為它的兩個 USB3 埠能供應最高到 1.2A 的電流到高耗電 USB 周邊，像是外接 USB 磁碟。

如果你要在 Raspberry Pi 4 之前的機型使用需要較高電力的 WiFi 或 USB 周邊，應該用 1.5A 或甚至 2A 的電源供應器。同時，你也要小心可能無法提供正確或穩定 5V 的廉價電源供應器。

討論

Raspberry Pi 4 是第一個使用更現代 USB-C 連接埠的 Raspberry Pi。與之前板子所用的 micro-USB 連接埠不同，這種連接埠是不分正反面的（圖 1-9）。

圖 1-9　Raspberry Pi 3（上）和 4（下）的電源和影像連接埠

圖 1-9 中，你可以看到 Raspberry Pi 4 的 USB-C 電源連接埠在 Raspberry Pi 3 micro-USB 連接埠之下。在另一側，你也可以看到一對 micro-HDMI 影像埠取代了單一全尺寸 HDMI 連接埠。

無論你的 Raspberry Pi 使用 USB-C 連接埠或 micro-USB 連接埠。電源供應器和接頭其實是和智慧型手機充電器一樣。如果是 micro-USB 插頭，幾乎都是 5V（但仍要檢查）。然而唯一的問題是它們能否提供足夠電流。

如果不能，會發生一些不好的狀況：

- 它們可能會變熱並有潛在的火災風險。
- 它們可能失效。
- 高負載（如 Pi 使用 WiFi 或播放影片）時電壓可能會下降，而 Raspberry Pi 可能會重置。

如果使用 Raspberry Pi 3 或更早的版本，請找可提供 1A 以上電流的電源供應器。如果它標明瓦數（W）而非安培（A），將瓦數除以 5 來取得安培數。所以 5V 10W 的電源供應器可以提供 2A（2000mA）。

使用最大電流 2A 的電源供應器將不會比 700mA 的電源供應器更耗電。Raspberry Pi 只會用它所需的電流。

圖 1-10 中，我測量 Raspberry Pi model B 的電流並和 Raspberry Pi 2 model B 及 Raspberry Pi 4 比較。

較新的 Raspberry Pi（從 A+ 到 Raspberry Pi 4）比原始的 Raspberry Pi 1 機型更省電，但是處理器全速運轉且連接許多周邊時，它們仍然有相似的電流需求，而 Raspberry Pi 4 則需要更多。

如你在圖 1-10 所見，如果你的 Raspberry Pi 一直開著，Raspberry Pi 2 的運轉溫度會比較低，且比最新的 Raspberry Pi 4 省電。

圖 1-10 中，可以看到電流很少超過 700mA。但處理器在此時並沒有做很多事。當開始播放 HD 影片時，電流將顯著增加。對電源供應器而言，最好總是有更多的備用容量。

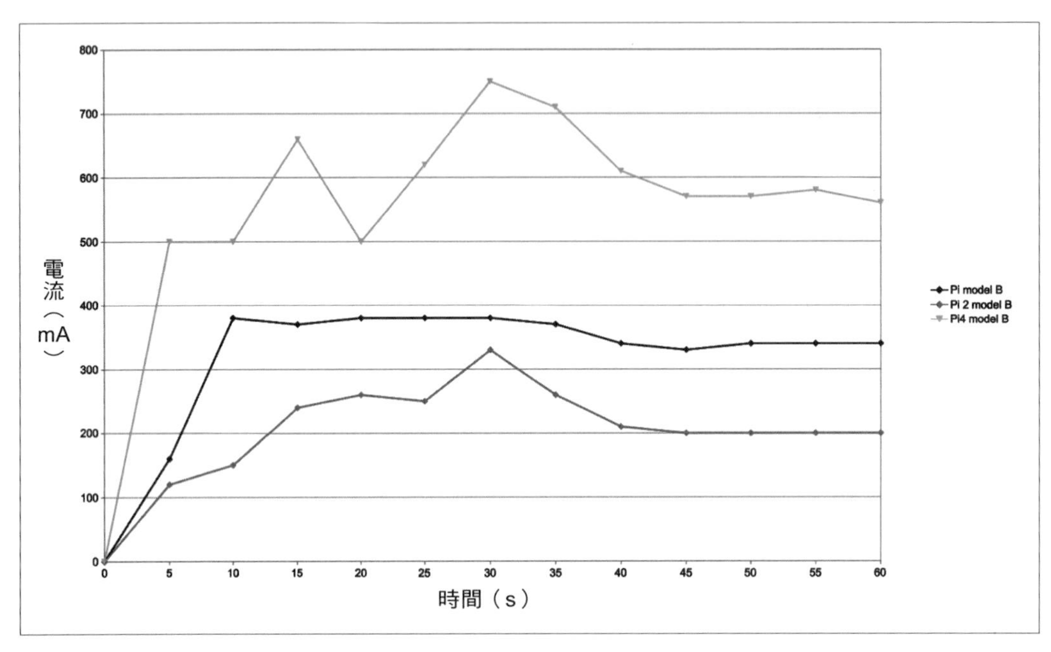

圖 1-10　Raspberry Pi 開機時的電流消耗

參閱

你可以幫 Raspberry Pi 買不斷電系統（UPS）（*https://oreil.ly/F0Pn2*）。這可以確保 Pi 在斷電後持續運轉 10 到 30 分鐘。

Raspberry Pi 沒有電源開關，但是你可以買一個在 Raspberry Pi 關機時能關閉電源的模組（*https://oreil.ly/IUc2G*）。

1.5 選擇作業系統

問題

有幾個 Raspberry Pi 用的作業系統，你不確定要用哪一個。

解決方案

這個問題的答案取決於你想用 Raspberry Pi 做什麼。

若要當一般電腦使用或用在電子專案，你應該使用 Raspberry Pi OS，這是 Raspberry Pi 標準及官方的發行版。

如果你打算將 Raspberry Pi 當作媒體中心，則有許多專用的發行版可選擇。（訣竅 4.1）

本書中，我們幾乎只使用 Raspberry Pi OS，然而大部分訣竅都可以在基於 Debian 的 Linux 發行版執行。

討論

如果你對嘗試不同發行版有興趣，可以購買一些 microSD 卡，它們不貴，可以複製不同的發行版到卡上。如果要這樣做，將你不想遺失的檔案保存到插上 Raspberry Pi 的 USB 隨身碟中會是個好主意。

請留意，若你用接下來的訣竅寫入自己的 SD 卡。你需要一台有 SD 卡插槽的電腦（和 microSD 轉 SD 轉接卡），或者你可以買一個不貴的 SD 卡讀卡機

參閱

查閱 Raspberry Pi 官方的發行版清單（*https://oreil.ly/1X8oa*）。

1.6 使用 Raspberry Pi Imager 安裝作業系統

問題

你想將 Raspberry Pi 用的作業系統直接裝進 microSD 卡以使用 Pi。

解決方案

在能夠使用 Raspberry Pi 以前，你要準備一塊燒錄好 Raspberry Pi OS 作業系統的 microSD 卡。

燒錄磁碟映像到 microSD 卡的過程如下：

1. 用 Mac、Windows 或 Linux 電腦（不是你的 Raspberry Pi），下載 Raspberry Pi Imager（*https://oreil.ly/1X8oa*）。
2. 將 microSD 卡插入電腦，最好先卸除其他隨身碟，以免不小心覆寫錯隨身碟。
3. 開啟 Raspberry Pi Imager（圖 1-11）。
4. 選擇作業系統（Operating System）為 Raspberry Pi OS（32bit）和 SD 卡。
5. 按下「寫入（Write）」，等待映像檔複製進記憶卡。

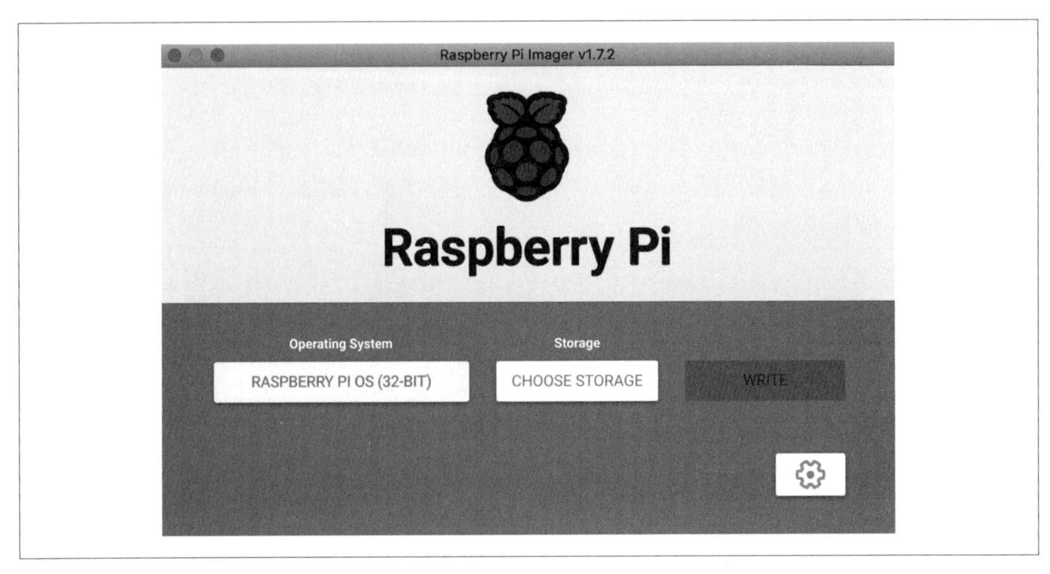

圖 1-11　使用 Raspberry Pi Imager 寫入 SD 卡

當 SD 卡或隨身碟寫入完成，可以將其插入 Raspberry Pi，接上電源後，它會開機進入你安裝的作業系統發行版。

討論

硬體供應商有時候會提供支援自己內建硬體的磁碟映像檔。最好能避免使用這樣的映像檔，因為這表示你將無法得到使用標準 Raspberry Pi OS 發行版和內建軟體的所有好處。它也表示如果遇到軟體問題，因為你使用非標準發行版，將更難尋求支援。

Raspberry Pi 4 和 400 的硬體有 64 位元處理器，也有 64 位元的作業系統，但是執筆之時，使用預設的 32 位元 Raspberry Pi OS 比較穩定。

microSD 卡

不是所有的 microSD 卡都相同，用比較好的卡能讓你的 Raspberry Pi 有較佳的效能。所以請找「class 10」規格的卡。Raspberry Pi OS 內含測試 microSD 卡的公用程式（圖 1-12）。你可以從 Raspberry Pi Menu，在「Accessories」——「Raspberry Pi Diagnostics」找到。

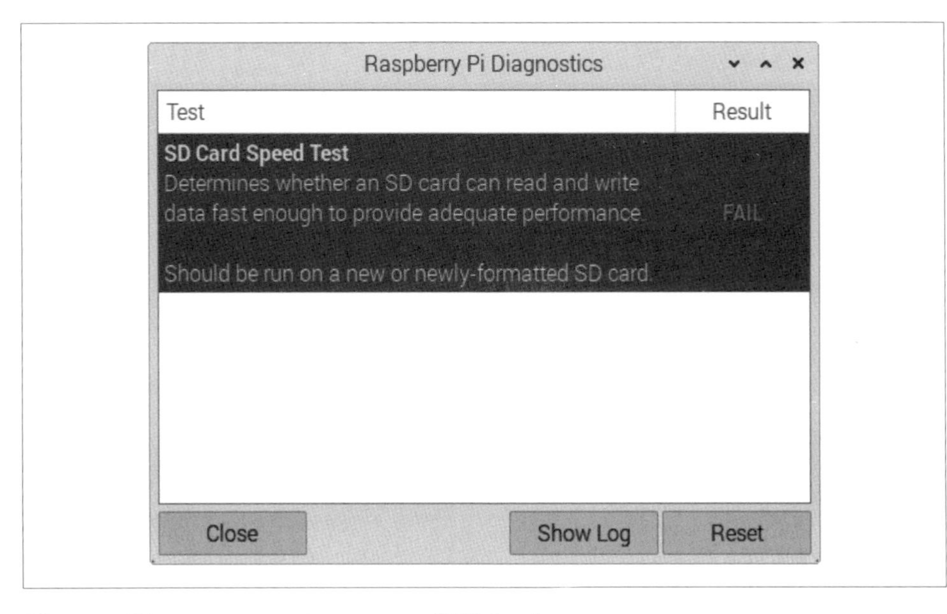

圖 1-12　用 Raspberry Pi Diagnostics 測試 SD 卡

談到容量，你應該選至少 16GB，但因為價差不大，32GB 是更好的選擇，它能提供更多擴充的空間。

參閱

可於 *https://www.raspberrypi.com/software* 找到安裝 Raspberry Pi OS 的指引。

1.7 第一次開機

問題

你已經設定好 microSD 卡，想知道如何設定 Raspberry Pi。

解決方案

當你的 Raspberry Pi 第一次開機時（如圖 1-13 所示），會被詢問一些設定問題。

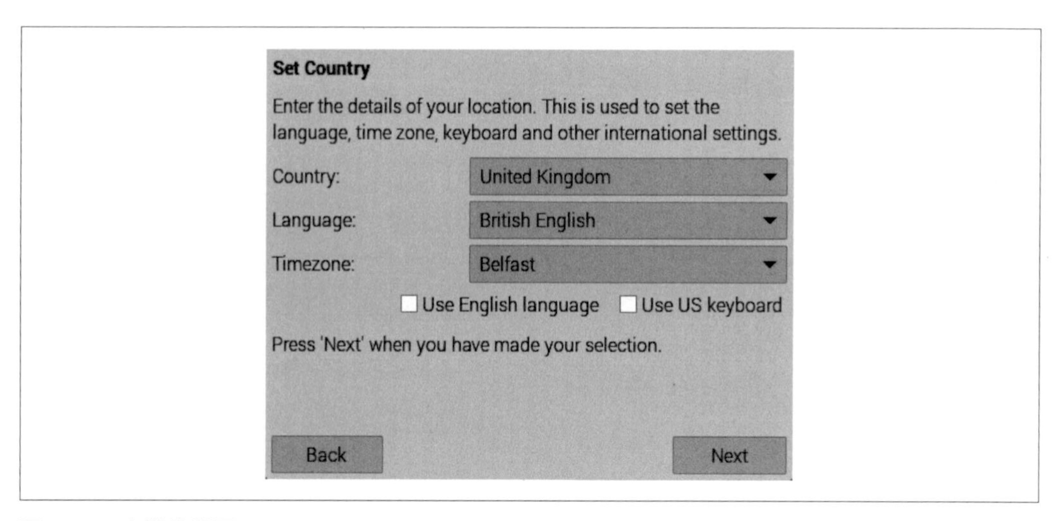

圖 1-13　安裝後設置 Raspberry Pi

按 Next 後會提示你建立一個新的使用者帳號（圖 1-14）。

在 2022 四月以前，這個步驟並非設定程序的一部分，因為系統會為你自動建立使用者名稱 pi。因此，許多教學或書籍都假設你的家目錄是 */home/pi*。除非你對使用者名稱有強烈的想法，不然我會建議使用「pi」，但建立一個高強度的密碼（而不是預設的「raspberry」）。

在啟動和執行後，第一件該做的事就是將 Raspberry Pi 連上網際網路（訣竅 2.1 和 2.5）。因為接下來會被要求連上 WiFi 網路以檢查更新。更新需要網路連線，所以除非連上網路，不然無法更新。如果已經連上網路（無論是 WiFi 或有線網路），最好現在就檢查更新。如果還沒這樣做，你都可以用訣竅 3.4 的方法稍後再檢查。

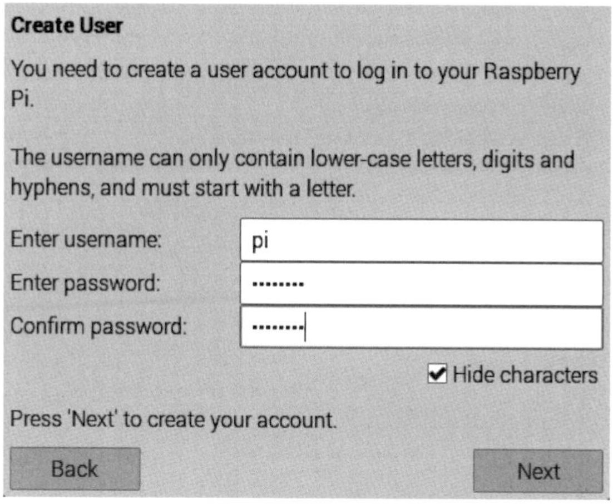

Create User

You need to create a user account to log in to your Raspberry Pi.

The username can only contain lower-case letters, digits and hyphens, and must start with a letter.

Enter username: pi

Enter password: ••••••••

Confirm password: ••••••••

Hide characters

Press 'Next' to create your account.

Back

Next

圖 1-14　建立使用者帳號

討論

設定正確的時區是個好主意。如果沒有設定，Raspberry Pi 會顯示不正確的時間，因為它會從網路上的時間伺服器取得時間。

參閱

可於 *https://www.raspberrypi.com/software* 找到安裝 Raspberry Pi OS 的指引。

1.8 設定無周邊 Raspberry Pi

問題

你想在不連接鍵盤、滑鼠和顯示器的情況下，使用 Raspberry Pi。

解決方案

使用 Raspberry Pi Imager 設定選項來啟動有網路認證和開啟 SSH 服務的 Raspberry Pi（訣竅 2.7），來讓你從另一台電腦連線到 Raspberry Pi。

當在你 Raspberry Pi Imager 選擇作業系統後，會出現一個齒輪設定圖像。點擊此處就會顯示設定清單（圖 1-15），你可以預先設置 Raspberry Pi 以使網路上其他電腦能連線到它。

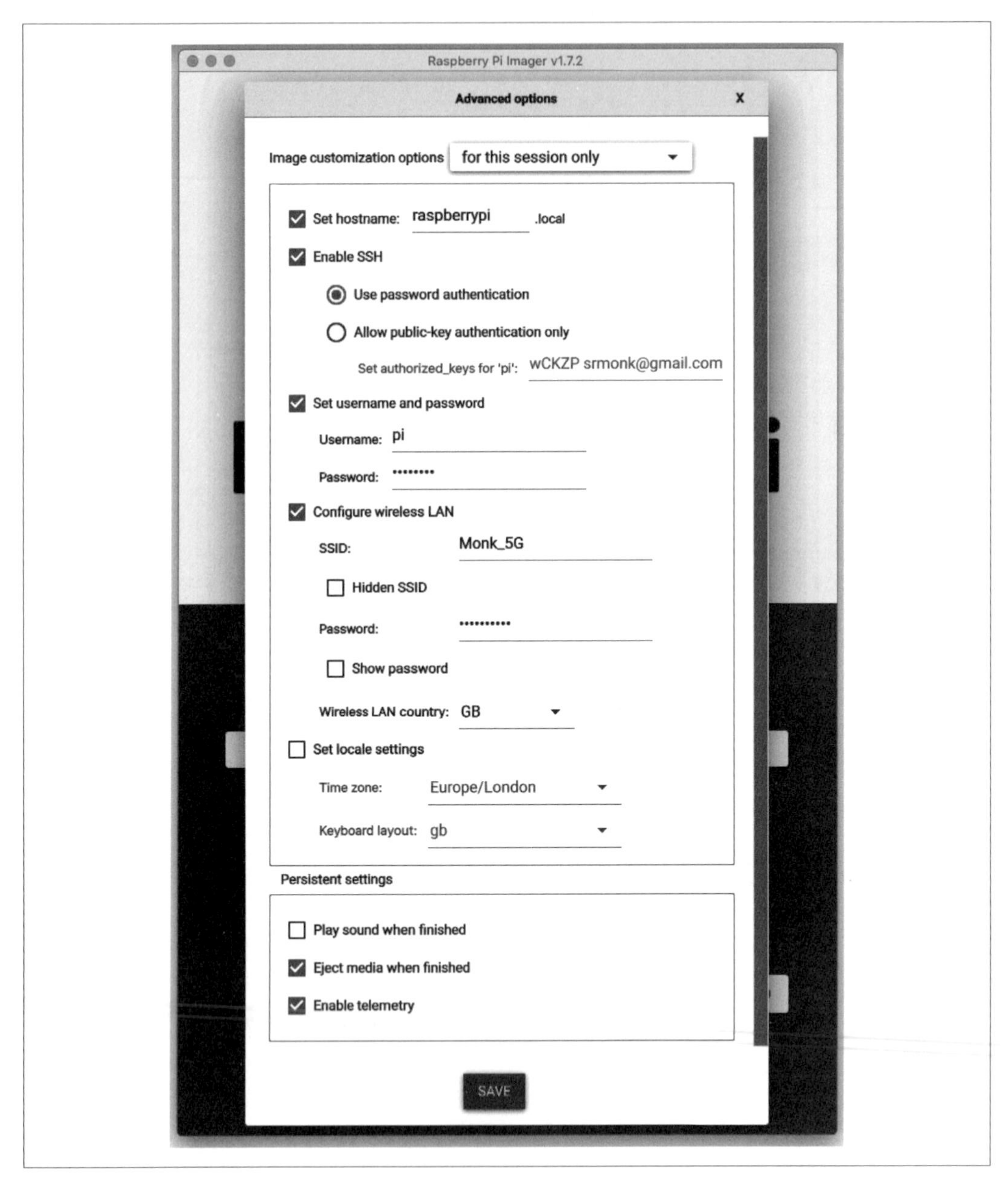

圖 1-15　以 Pi Imager 預設置 Raspberry Pi

要能遠端存取 Raspberry Pi，至少要：

- 開啟 SSH（Secure Shell）
- 設定使用者名稱和密碼
- 設置無線區域網路的名稱（SSID，服務集識別碼）和密碼

設定主機名稱也是不錯的主意，尤其是如果在你的網路內有超過一台 Raspberry Pi 且想要分辨誰是誰的時候。

討論

當你將 microSD 卡放進 Raspberry Pi 並開機後，可以從其他電腦以 SSH 連接到 Raspberry Pi。唯一的困難就是你要知道家用集線器在 Raspberry Pi 連線時分配給它的 IP 位址。你可以暫時接上鍵盤、滑鼠和顯示器並遵循訣竅 2.2 以找出 IP，接著照著訣竅 2.3 來固定 IP 位置。

有時候連接這些周邊到 Raspberry Pi 並不方便。這種情況下，可以使用 Android 或 iOS 上可取得的工具從手機掃描你的網路，並回報已連接電腦的清單及其 IP 位址（圖 1-16）。

參閱

更多關於以 SSH 連接到 Raspberry Pi 的資訊請見訣竅 2.7。

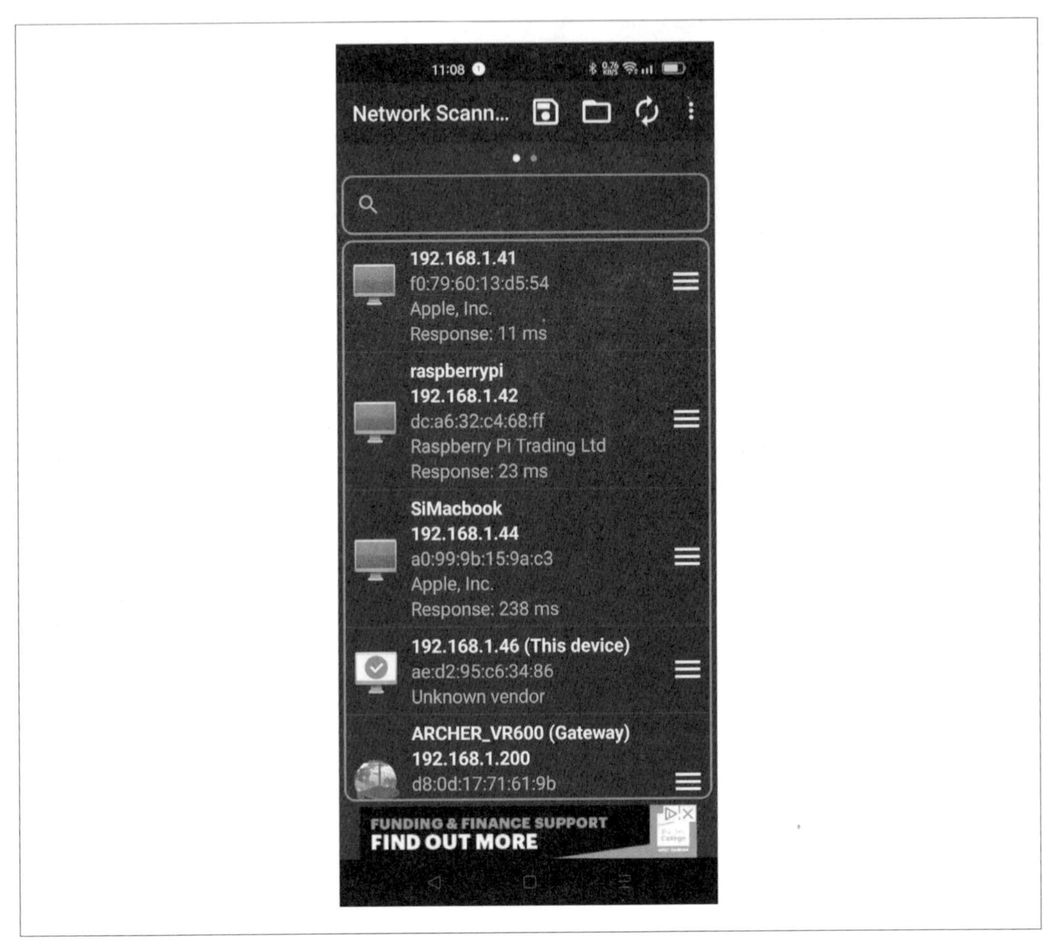

圖 1-16　掃描你的網路以尋找 IP 位址

1.9　從硬碟或隨身碟開機

問題

你的 microSD 卡容量太小且／或你擔心在 SD 卡上運行整個作業系統。

解決方案

在 Raspberry Pi 4 和 400 推出之前，要從硬碟或隨身碟開機是可以的，但不是很容易，會用到一些複雜指令，而且如果過程出錯了，有可能會讓你的 Raspberry Pi 變成「磚頭」。現在直覺多了，如果你有 Raspberry Pi 4 或 400，也能直接用 Raspberry Pi Imager。

這個過程和用 Raspberry Pi Imager 設定 microSD 卡很相似。要遵循本訣竅。你需要有一台 Windows、Mac 或 Linux 電腦，一個 USB SSD（行動固態硬碟）和一張 microSD 卡。雖然本訣竅的要點是要將作為開機裝置的 microSD 卡替換掉，但你仍然需要兩張 microSD 卡：一張用於 Raspberry Pi 開機，另一張是空白卡。

1. 將空白的 microSD 卡插入讀卡機。
2. 開啟 Raspberry Pi Imager 並進入作業系統下拉選單，選擇「其他公用程式（Misc Utility Image）」，「開機啟動程式（Bootloader）」，「USB 開機（USB Boot）」（圖 1-17）。請注意，如果你的 Raspberry Pi Imager 沒有這些選項，你或許需要下載最新版本（*https://oreil.ly/1X8oa*）。

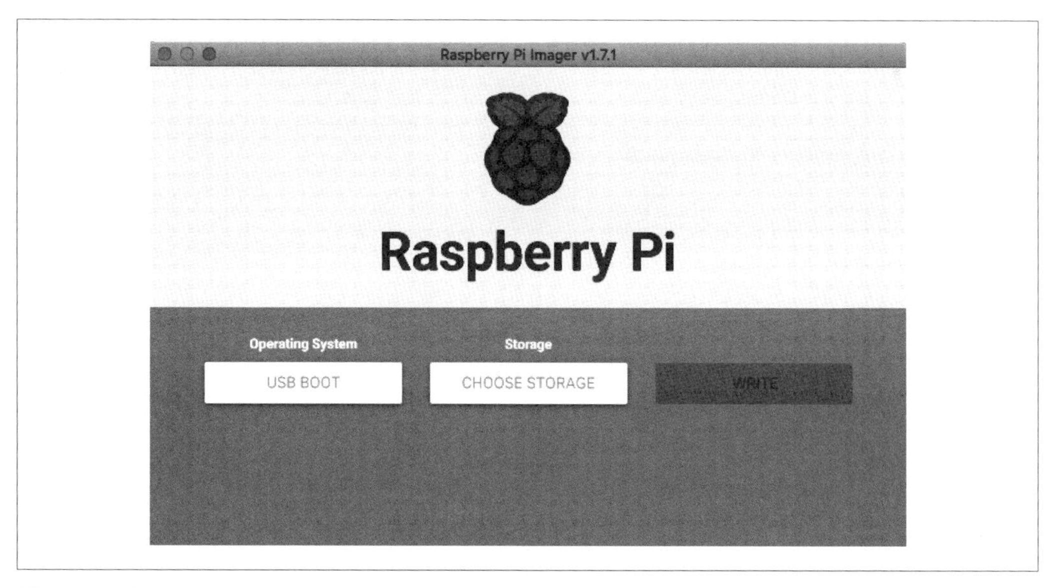

圖 1-17　以 Raspberry Pi Imager 設置 USB 開機

3. 從「儲存裝置（Storage）」下拉選單選擇你的 microSD 卡，並按下「寫入（Write）」。
4. 置入新寫好的 microSD 卡到 Raspberry Pi 並開機。這張 microSD 卡映像唯一的目的是重新設置你要用 USB 開機的 Raspberry Pi。一旦完成了，螢幕會轉為綠色。
5. 將 Raspberry Pi 關機，交換 microSD 卡，所以現在在 Raspberry Pi 內的 microSD 卡是原來那一張。
6. 將 Raspberry Pi 開機，從 Raspberry 選單選擇「附屬程式（Accessories）」，SD Card Copier（圖 1-18）。選擇你系統的 microSD 卡當來源，外接 USB 硬碟當目的地。並按「開始（Start）」。
7. 當複製完成，你可以再次關機並移除 microSD 卡。下次開啟 Raspberry Pi 時，應該就會從 USB 硬碟開機。

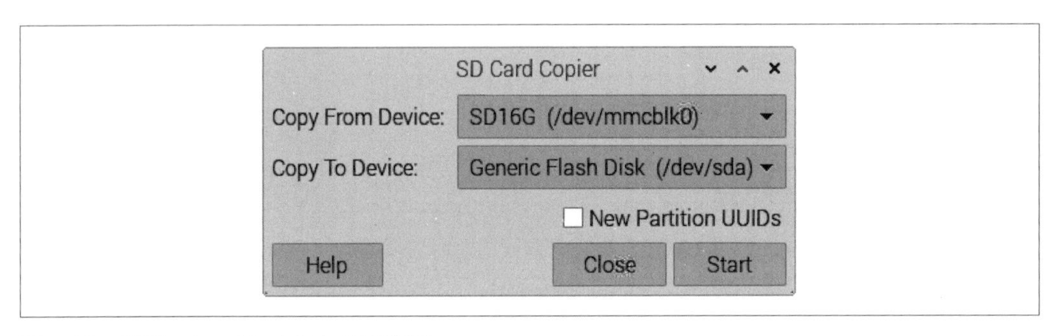

圖 1-18　複製 microSD 卡至外接隨身碟

討論

如果你要從一個新的映像檔開始，而不要複製現有 microSD 卡的內容，那只須用一張 microSD 卡。請在步驟 4 和步驟 5 之間，照著訣竅 1.6 用全新的 Raspberry Pi OS 映像檔設定 microSD 卡。

參閱

查看 Raspberry Pi Image 文件（*https://oreil.ly/Q2F96*）。

1.10 連接 DVI 或 VGA 顯示器

問題

你的顯示器沒有 HDMI 連接埠，但是想接上 Raspberry Pi。

解決方案

很多人有此困擾。幸運的是，你可以買一個轉接頭給有 DVI 或 VGA 輸入，但是沒有 HDMI 的顯示器。

DVI 轉接頭是最簡單便宜的。若你搜尋「HDMI 公轉 DVI 母轉接頭」，可以找到售價低於 5 美元的轉接頭。

討論

使用 VGA 轉接頭比較複雜，因為它們需要一些電子裝置來將訊號從數位轉成類比，所以請留意單純的導線並無法這麼做。官方的轉接頭叫做 Pi-View，可以在賣 Raspberry Pi 的地方購得。Pi-View 的優點是經過測試可以用於 Raspberry Pi。你也可以在網路上找到比較便宜的替代品，但是常常無法使用。

然而現在新的顯示器都有 HDMI 連接埠，你或許更該把錢花在新的顯示器而不是轉接頭。

參閱

eLinux 有挑選轉接頭的指引（*https://oreil.ly/nQmSB*）。

1.11 使用 AV 端子顯示器／電視

問題

低解析度 AV 端子顯示器上的文字無法辨識。

解決方案

你需要為小螢幕調整 Raspberry Pi 的解析度。

Raspberry Pi 有兩種影像輸出：（1）HDMI 和（2）從音源接頭以特別導線接出的 AV 端子。其中，HDMI 有較佳的畫質。如果你想用 AV 端子輸出為主要的螢幕，你可能要再想想。

如果使用 AV 端子螢幕（這表示你需要較小的螢幕）做一些調整以讓影像輸出和螢幕相符。你要對 */boot/config.txt* 做一些修改。

可以在 Mac 或 PC 上將 SD 卡插入讀卡機來編輯此檔，或你可以在 Raspberry Pi 不移除記憶卡而編輯它。在 Raspberry Pi 上編輯檔案通常會使用 nano 編輯器。這會有點困難，我建議你在第一次試著編輯檔案前先徹底閱讀訣竅 3.7。如果你樂意繼續使用 nano 編輯檔案，請在終端機輸入以下指令：

```
$ sudo nano /boot/config.txt
```

注意，要儲存並離開 nano，請按 Ctrl-X，再按 Y（要確認），然後按 Enter。

> **終端機**
>
> 如果你是 Mac 或 Windows 使用者，可能會對終端機或命令列的概念不熟悉。Raspberry Pi OS 是基於 Linux，雖然大部分東西在 Linux 可以按滑鼠一鍵完成，但安裝軟體或設置作業系統時有時候還是會需要執行指令。要對終端機有個概念，請跳至訣竅 3.3。

如果文字太小而無法閱讀，最好從 Raspberry Pi 移除 SD 卡，將其插入你的電腦。檔案會在 SD 卡的最上層目錄，可以在 PC 上使用文字編輯器（例如：Notepad++）修改它。

你要知道螢幕的解析度。對許多小螢幕來說，這會是 320x240 像素。在檔案中找出以下這兩行：

```
#framebuffer_width=1280
#framebuffer_height=720
```

移除每一行開頭的「#」，並將這兩個數字修改為你螢幕的寬和高。移除「#」能啟用該行。以下範例中，螢幕大小已被修改成 320×240 ：

```
framebuffer_width=320
framebuffer_height=240
```

儲存檔案並將 Raspberry Pi 重新開機。你會發現螢幕變得容易閱讀了。或許你會發現螢幕邊緣有一個大又厚的邊。要調整的話，請見訣竅 1.12。

討論

很多和 Raspberry Pi 搭配良好的低成本閉路電視監視器可用來製作復古遊戲機（訣竅 4.4）。但是這些顯示器常常是低解析度的。

參閱

其他使用 AV 端子顯示器的教學，請見 Adafruit 的教學（*https://oreil.ly/Fykbw*）。

當你使用 HDMI 影像輸出時也可以參閱訣竅 1.10 和 1.12 來調整圖片。

1.12 調整顯示器的圖片大小

問題

當第一次連接 Raspberry Pi 到顯示器時，可能會發現因為一部分文字延伸出螢幕範圍而看不到，或是圖片無法使用螢幕所有空間。

解決方案

如果你的問題是在圖片周圍有大的黑邊，可以使用 Raspberry Pi 桌面設置工具（見圖 1.19）讓螢幕填滿顯示器全部範圍。要開啟此程式，請到 Raspberry 選單，選擇〔偏好設定（Preference），按一下 Raspberry Pi Configuration，選擇顯示器（Display）分頁。

按一下 Underscan 旁的切換開關。請注意，這個變更不會立刻生效，要等你按下 OK 並重新開機。

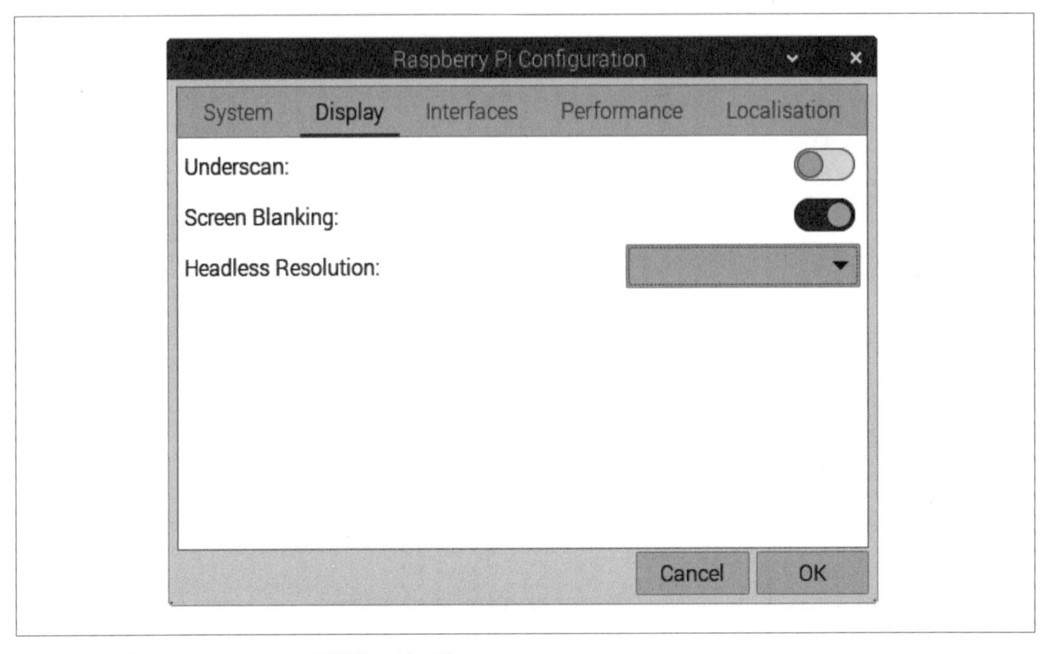

圖 1-19　使用 Raspberry Pi 設置工具控制 underscan

如果你有相反的問題，即你的文字延伸出螢幕邊緣，解決方法也是一樣：按下 Underscan 旁的切換開關。

第二步是編輯 */boot/config.txt* 檔案，可以將 SD 卡拿到 PC 或 Mac 上編輯，或直接在 Raspberry Pi 上編輯 SD 卡。在 Raspberry Pi 上編輯通常會用 nano 編輯器。這有點困難；我建議你在嘗試編輯第一個檔案前完整閱讀訣竅 3.7。如果你樂意繼續使用 nano 編輯檔案，請在終端機輸入以下指令：

```
$ sudo nano /boot/config.txt
```

尋找處理 overscan 的小節。需要修改的四行如圖 1-20 中間所示，開頭都有 `#overscan`。

要讓這幾行生效，需要移除每行開頭的 # 字元以啟用它們。

然後，用嘗試錯誤法修改設定直到螢幕盡可能填滿顯示器。請注意四個數字都應該是負數。一開始請試著全都設定為 -20。這樣會減少螢幕使用的面積。

要儲存並離開 nano，請按 Ctrl-X，再按 Y（要確認），然後按 Enter。

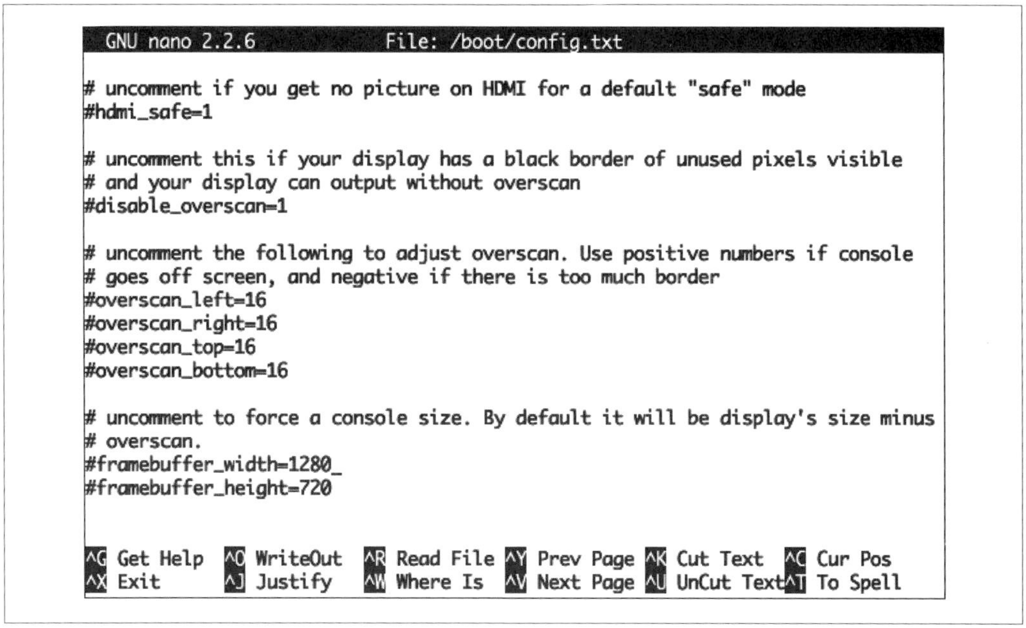

```
GNU nano 2.2.6            File: /boot/config.txt

# uncomment if you get no picture on HDMI for a default "safe" mode
#hdmi_safe=1

# uncomment this if your display has a black border of unused pixels visible
# and your display can output without overscan
#disable_overscan=1

# uncomment the following to adjust overscan. Use positive numbers if console
# goes off screen, and negative if there is too much border
#overscan_left=16
#overscan_right=16
#overscan_top=16
#overscan_bottom=16

# uncomment to force a console size. By default it will be display's size minus
# overscan.
#framebuffer_width=1280_
#framebuffer_height=720


^G Get Help  ^O WriteOut  ^R Read File ^Y Prev Page ^K Cut Text  ^C Cur Pos
^X Exit      ^J Justify   ^W Where Is  ^V Next Page ^U UnCut Text^T To Spell
```

圖 1-20　調整 overscan

討論

Raspberry Pi 要重新開機才能看到修改的結果有點麻煩。幸運的是你只要做一次就好。大部分顯示器和電視不需要任何 underscan 就能運作良好。

參閱

也可以用 `rasp-config` 公用程式設置 underscan（*https://oreil.ly/0QyQi*）。

1.13　效能最大化

問題

你的 Raspberry Pi 似乎很慢，所以想超頻讓它執行得更快。

解決方案

如果你有四核心處理器的 Raspberry Pi 3、4 或 400，可能不覺得它很慢。但是較舊的 Raspberry Pi 1 和 2 就會相當慢。

可以增加 Raspberry Pi 1 或 2 的時脈好讓它執行快一點。但這會讓它消耗較多的電力且會比較熱（見以下討論的小節）。

此處描述的超頻方法稱為**動態超頻**因為它會自動監測 Raspberry Pi 的溫度，在開始過熱時會降頻減速。這稱為**節流**（*throttling*）。

在 SSH 終端機下達下列指令以執行 `rasp-config` 公用程式：

```
$ sudo raspi-config
```

選擇 Overclock 選項。你會看到選項顯示如圖 1-21。

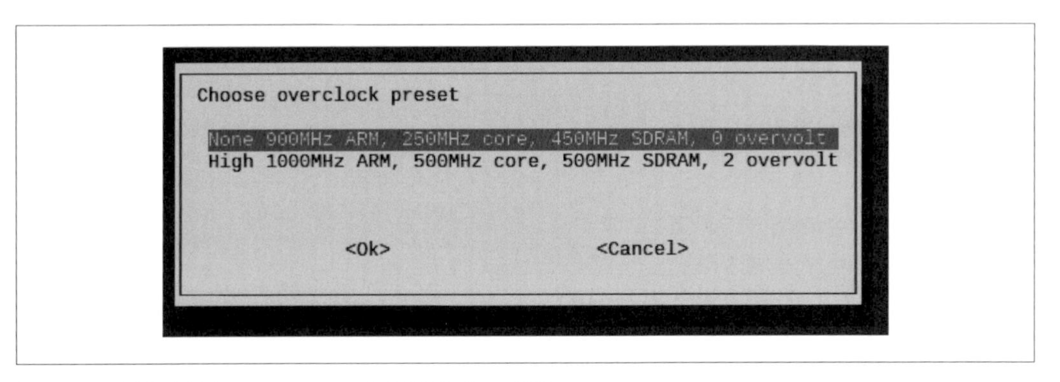

圖 1-21　從命令列以 `rasp-config` 公用程式設定超頻

請選擇一個選項。如果你發現 Raspberry Pi 開始不穩定且不預期地當機，可能需要選擇一個比較保守的選項或將設定改回 `None` 以關閉超頻。

討論

超頻的效能改善相當戲劇性。為了要測量它，我使用 Raspberry Pi B，不裝機殼，環境室溫為華氏 60 度（攝氏 15 度）。

測試程式為以下的 Python 指令稿。這會狠操處理器（也就是要讓它非常努力工作），不是真的代表其他在電腦上執行的任務，像是寫入 SD 卡、繪圖等等。然而若你想測試 Raspberry Pi 超頻效果，這是一個很好的 CPU 效能初始指標：

```
import time

def factorial(n):
  if n == 0:
    return 1
  else:
    return n * factorial(n-1)

before_time = time.process_time()
for i in range(1, 10000):
  factorial(200)
after_time = time.process_time()

print(after_time - before_time)
```

請注意我們在這裡超前很多，所以如果你對 Python 還不熟悉，可以等讀完第 5 章後再回到這裡。

請看表 1-13 的測試結果。電流和溫度是以測試設備來測量的。

表 1-3　超頻

	速度測試	電流	溫度（攝氏）
700MHz	15.8 秒	360mA	27
1GHz	10.5 秒	420mA	30

如你所見，效能增加了 33%，但是代價是消耗更多電流和微微升高的溫度。

通風良好的外殼有助於維持 Raspberry Pi 全速運轉。也有人為 Raspberry Pi 加上水冷降溫。坦白說，這樣做有點傻。

參閱

更多關於 `rasp-config` 公用程式的資訊可於 *https://oreil.ly/1lwy6* 取得。

1.14 變更密碼

問題

你想變更你的密碼。

解決方案

將 Raspberry Pi OS 裝到 SD 卡後，你會被提示建立一個使用者帳號與其密碼。你可以在任何時候使用 Raspberry Pi 設置工具變更密碼。請到 Raspberry 選單，選擇偏好設置。按下 System 標籤頁。可以找到變更密碼選項（圖 1-22）。

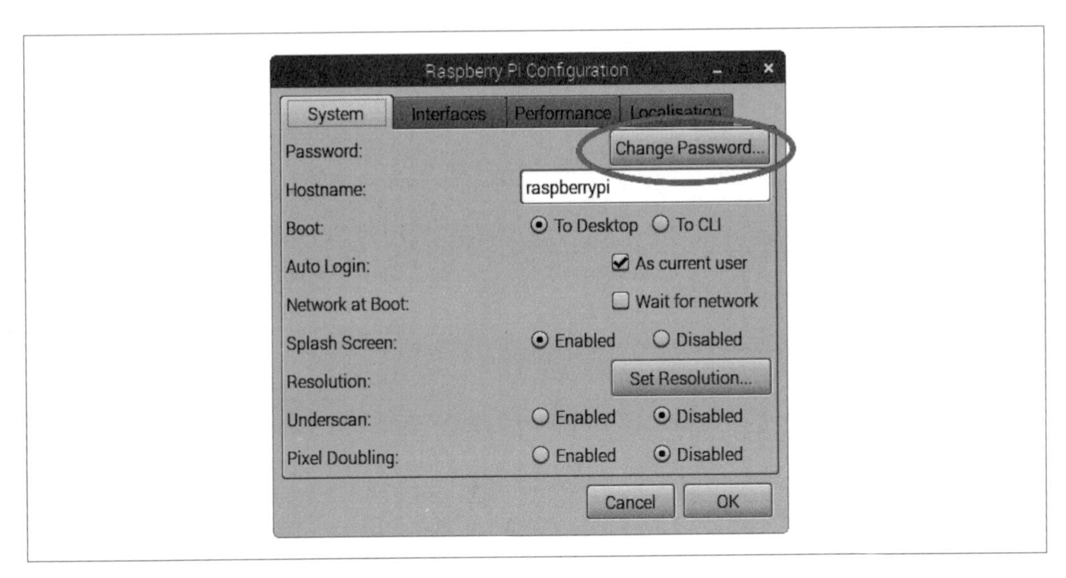

圖 1-22　以 Raspberry Pi 設置工具變更密碼

變更密碼設定不需要重新啟動 Raspberry Pi 就能生效。

討論

你也可以用 `passwd` 指令從終端機變更密碼，如下：

```
$ passwd
Changing password for pi.
```

```
(current) UNIX password:
Enter new UNIX password:
Retype new UNIX password:
passwd: password updated successfully
```

參閱

你也可以使用 `rasp-config` 公用程式（*https://oreil.ly/0QyQi*）變更密碼

1.15 關閉 Raspberry Pi

問題

你想將 Raspberry Pi 關機。

解決方案

在桌面左上方按下 Raspberry 選單。對話框會開啟，並提供三個關機選項（圖 1-23）：

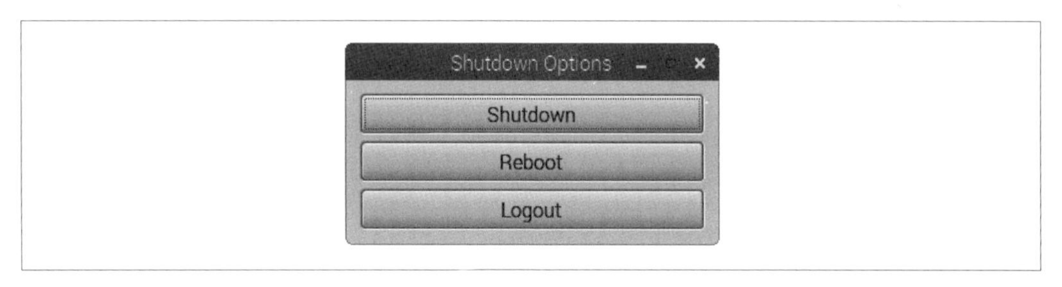

圖 1-23 關閉 Raspberry Pi

關機（*Shutdown*）

關閉 Raspberry Pi。你需要拔掉電源，再重新插上電源才能再次開機。或是如果你有 Pi 400，請按下鍵盤上的電源鍵。

重新開機（*Reboot*）

將 Raspberry Pi 重新開機

登出（*Logout*）
　將你的帳號登出，並顯示輸入登入驗證資訊的提示，以重新登入。

你也可以用終端機發出以下指令來重新開機：

```
$ sudo reboot
```

安裝某些軟體後，可能需要這麼做。重新開機時，會看到如圖 1-24 所示的訊息，說明了 Linux 多使用者的特性，並會警告所有連接到 Pi 的使用者。

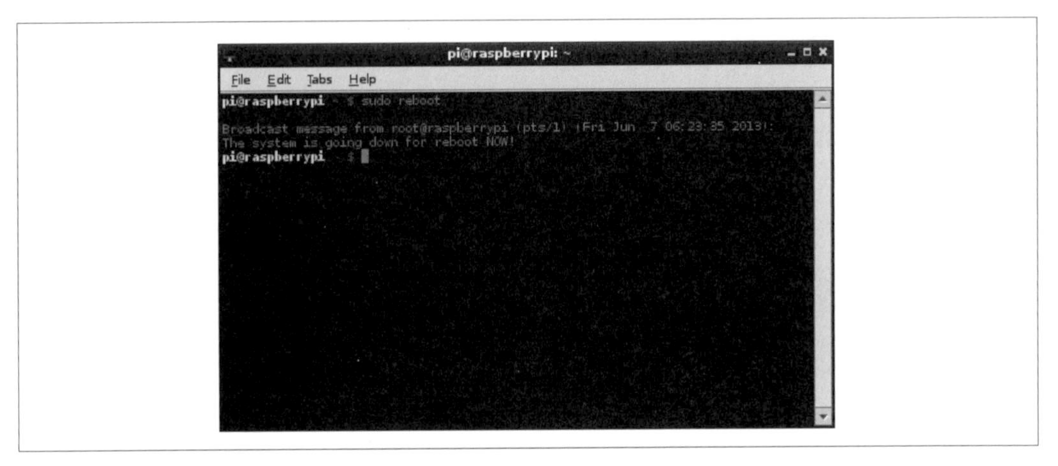

圖 1-24　從終端機關閉 Raspberry Pi

討論

最好以前文所述方法將 Raspberry Pi 關機，而非直接拔除電源，因為在斷電時，Raspberry Pi 可能正在寫入 microSD 卡中。這可能會導致檔案損毀。

關閉 Raspberry Pi 並不會直接斷電。它會進入低耗電模式，成為一台耗電量非常低的裝置（但是 Raspberry Pi 硬體並無法控制它的電源供應）。

當 Raspberry Pi 400（有內建鍵盤）被關機，可以按下 F10 鍵來開機，該鍵上也有開／關符號。

參閱

你可以購買讓 Raspberry Pi 關機時能關閉電源的模組（*https://oreil.ly/Jsx_U*）。

更多關於為 Raspberry Pi 加上開機按鈕的資訊，請見訣竅 13.13。

1.16 安裝 Raspberry Pi 相機模組

問題

你想使用 Raspberry Pi 相機模組。

解決方案

Raspberry Pi 相機模組（圖 1-25）以排線連接 Raspberry Pi。

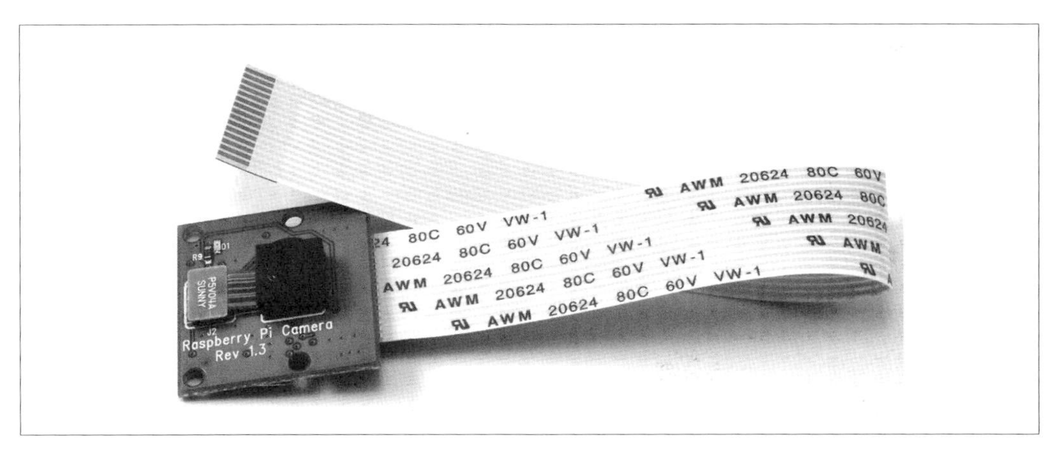

圖 1-25 Raspberry Pi 相機模組

Raspberry Pi 相機有三種版本：原始第一版（如圖 1-25 所示）；較新的高解析度第二版；及可加裝鏡頭並有 1200 萬畫素的 HQ（高畫質）相機。

將排線接到 Raspberry Pi 2、3 與 4 上聲音和 HDMI 接孔間的特殊接頭。要插入排線至 Pi，請輕輕地拉起接頭兩側的拉桿來解鎖，再將排線壓入插槽，有金屬亮面的排線接頭部分背向乙太網路線插孔。最後，將接頭的兩個拉桿壓回去以固定住排線（圖 1-26）。

相機模組的包裝表示它易受靜電影響。處理它前，請你碰觸接地物以接地，像是 PC 的金屬機殼。

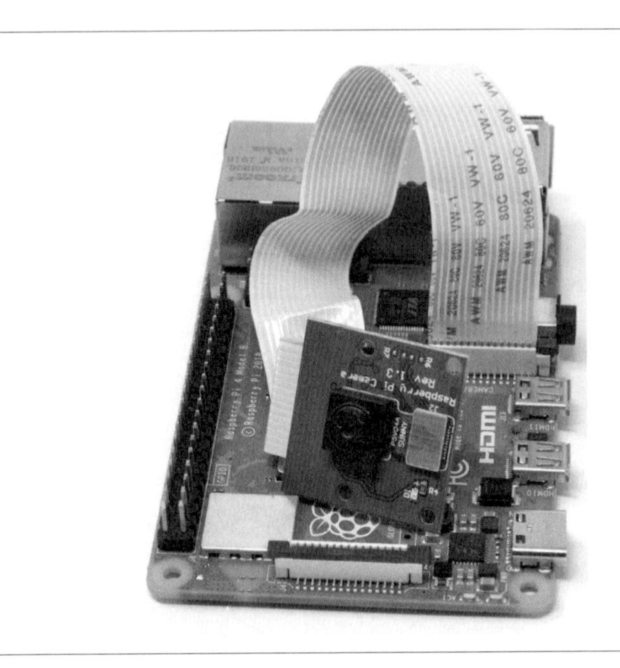

圖 1-26　連接 Raspberry Pi 相機模組至 Raspberry Pi 4 model B

請注意，Raspberry Pi Zero 需要特別的排線或轉接頭，因為它的相機接頭比全尺寸的 Raspberry Pi 還小（見第 598 頁的「模組」小節）。

相機模組需要某些軟體設置。執筆之時，相機介面正從 Raspberry Pi 專用軟體轉移至 `libcamera` 程式庫。所以在遵照說明前，可能要先查看相機模組軟體當前的狀態（*https://oreil.ly/JN0wm*）。

這些說明描述「傳統」Raspberry Pi 相機軟體，甚至可用於相當早期的 Raspberry Pi 機型。

圖形化 Raspberry Pi 設置工具不包含啟用相機的選項，所以你一定要從終端機開啟 `rasp-config` 公用程式。

```
$ sudo rasp-config
```

這會顯示設置 Raspberry Pi 的選項。

選擇介面（Interfacing）選項，會看到相機（Camera）選項（圖 1-27）。選擇第一項以啟用傳統相機支援，接著將 Raspberry Pi 重新開機。

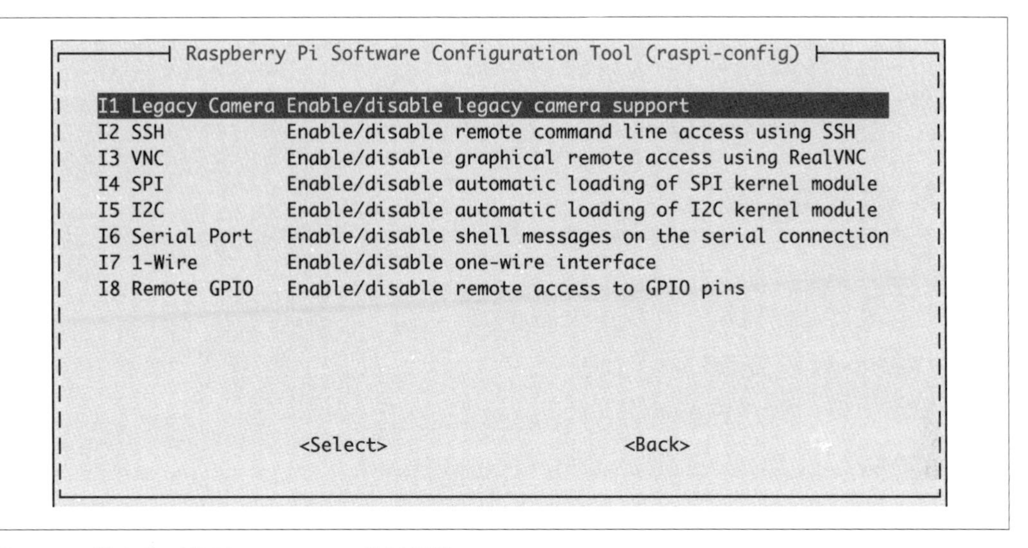

圖 1-27　從命令列使用 `rasp-config` 啟用相機

有兩個指令可以擷取靜態影像和影片：`raspistill` 和 `raspivid`。

要擷取單張靜態影像，請使用 `raspistill` 指令：

```
$ raspistill -o image1.jpg
```

預覽螢幕會顯示約 5 秒，然後就會照一張照片，並儲存於目前目錄的 *image1.jpg* 檔案中。

要擷取影片，請使用 `raspivid` 指令：

```
$ raspivid -o video.h264 -t 10000
```

行尾的數字是以毫秒表示的錄製時間，以此例來說是 10 秒。

討論

`raspistill` 和 `raspivid` 都有許多選項。如果不加參數輸入指令，會出現說明文字顯示可用的選項。

你也可以購買 NoIR（no infrared，無紅外線）版本的相機，它移除了相機模組的紅外線濾鏡，使相機能在夜間紅外線照明下運作。

相機模組的替代方案是使用 USB 網路攝影機（見訣竅 8.2）。

參閱

可以在 *https://oreil.ly/diUuB* 找到更多關於 Raspberry Pi 相機模組的資訊。

1.17 使用藍牙

問題

你想在 Raspberry Pi 使用藍牙。

解決方案

如果你有 Raspberry Pi 3、4 或 400，有個好消息是，除了 WiFi，你也獲得了藍牙硬體。如果你有較舊的 Raspberry Pi，可以連接 USB 藍牙轉接器。兩者所需的軟體現在已內建於 Raspberry Pi OS。

如果你有較舊的 Raspberry Pi，請注意不是所有的藍牙轉接器皆相容於 Raspberry Pi。雖然大部分都相容，但你還是需要先確認好，購買一個宣稱可用於 Raspberry Pi 的。圖 1-28 所示為 Raspberry Pi 2 接上藍牙轉接器（最靠近相機接頭）和 USB 無線網路卡。

圖 1-28　接上 USB 藍牙接收器和無線網路卡的 Raspberry Pi 2

藍牙功能已經如 Mac 一樣整合進 Raspberry Pi OS 桌面。在螢幕右上角，你會看到藍牙圖示（圖 1-29）。按下圖示以開啟藍牙選項的選單。

圖 1-29　Raspberry Pi OS 藍牙選單

如果你要連接藍牙周邊，例如鍵盤，請按下新增裝置（Add Device）。新增裝置對話框會開啟，顯示能連接或配對的可用裝置清單（圖 1-30）。

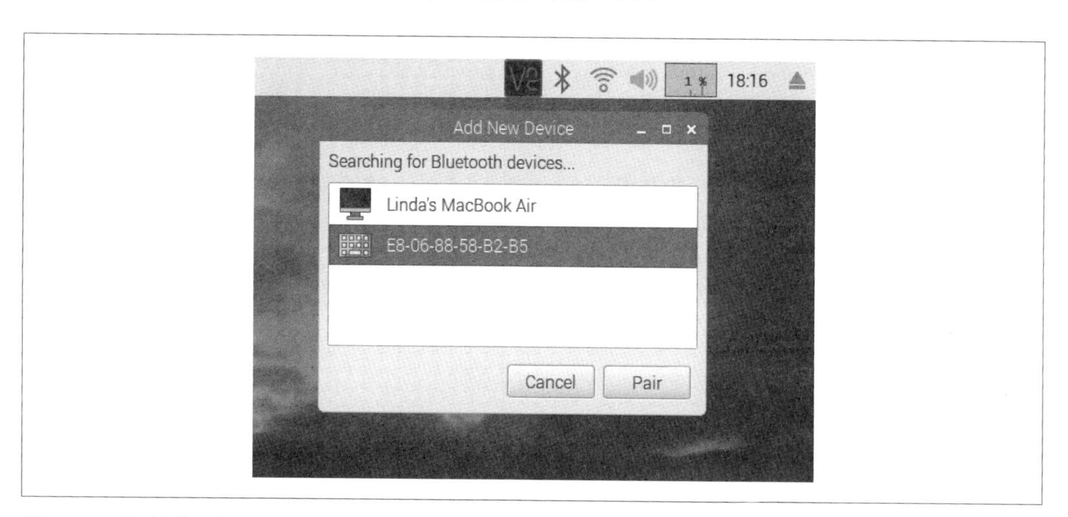

圖 1-30　配對藍牙裝置

你可以選擇想配對的裝置，接著依照 Raspberry Pi 上的指示配對裝置。

討論

你可以配對手機、藍牙喇叭，鍵盤和滑鼠到 Raspberry Pi。我發現第一次不一定能成功連接新的藍牙裝置。所以如果你一開始遇到裝置配對問題，在放棄前請多嘗試幾次。

大多數時候，使用桌面介面新增藍牙裝置到 Raspberry Pi 系統很方便；然而你也可以使用命令列介面配對藍牙裝置。

要從命令列執行藍牙指令，可以用 `bluetoothctl` 指令：

```
$ bluetoothctl
[NEW] Controller B8:27:EB:50:37:8E raspberrypi [default]
[NEW] Device 51:6D:A4:B8:D1:AA 51-6D-A4-B8-D1-AA
[NEW] Device E8:06:88:58:B2:B5 si’s keyboard #1
[bluetooth]#
```

它會掃描藍牙裝置，也會提供 `pair` 指令讓你使用裝置 ID 來配對它 —— 例如：

```
[bluetooth]# pair E8:06:88:58:B2:B5
```

參閱

你可以看看這份 Raspberry Pi 相容之藍牙轉接器清單（*https://oreil.ly/pULy3*）。

Android 手機用的 Blue Dot 軟體能讓你使用手機和藍牙控制連接到 Raspberry Pi 的硬體。你可以在訣竅 11.8 找到範例。

如果你配對藍牙喇叭到 Raspberry Pi，也需要設定聲音輸出至喇叭（訣竅 16.2）。

第二章

網路

2.0 簡介

Raspberry Pi 是設計來連接網際網路，它與網際網路溝通的能力是主要功能之一。這也開啟了各種應用的可能性，包含家庭自動化、網站服務、網路監控等等。

網路連線可以透過乙太網路線有線連接，較新的機型可以使用內建 WiFi。

有連網的 Raspberry Pi 也表示你可以從另一台電腦遠端連接它。這對於將 Raspberry Pi 當作無周邊（*headless*）伺服器來說非常有用，不需要連接鍵盤、滑鼠和顯示器。

本章提供將 Raspberry Pi 連接至網際網路及透過網路遠端控制它的訣竅。

2.1 連接有線網路

問題

你想使用有線網路連線連接 Raspberry Pi 至網際網路。

解決方案

首先，如果你有舊的 Raspberry Pi A 或 Pi Zero，它們並沒有乙太網路的 RJ45 接頭。這種情況下，連線到網際網路的最佳選擇是使用 USB 無線網路卡（訣竅 2.5）。

如果你有 Raspberry Pi B 或 B+ 機型（1、2、3、4 或 400），那你運氣很好；只要將乙太網路線插入 RJ45 插孔，另一端連到你家路由器沒有用到的備用插孔就可以（圖 2-1）。

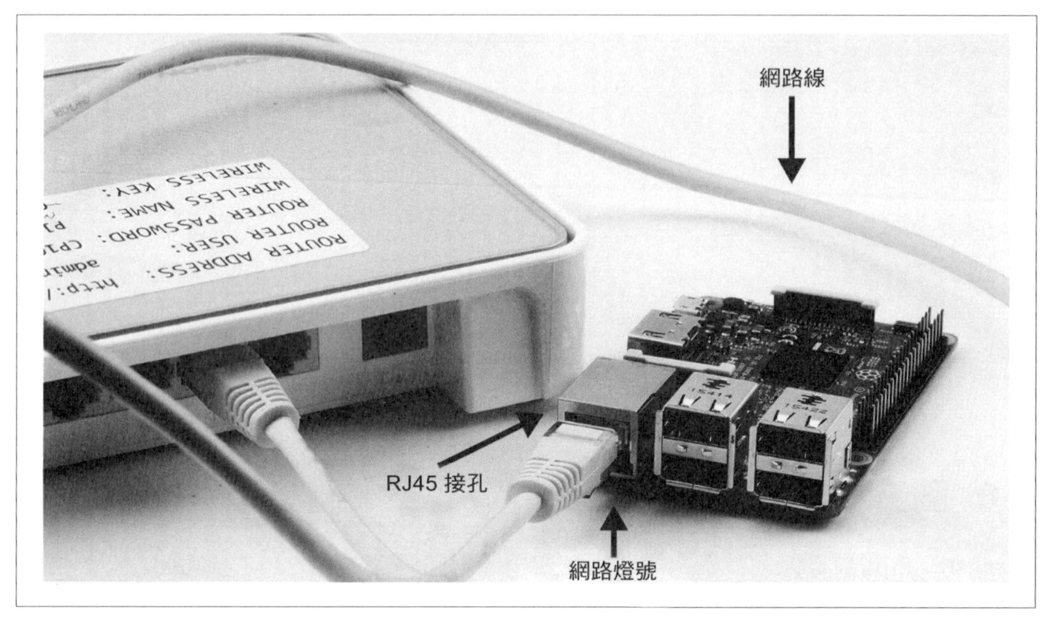

圖 2-1　連接 Raspberry Pi 到家用路由器

當 Raspberry Pi 連接網路時，它的網路燈號應該會開始閃爍。

討論

Raspberry Pi OS 已預先設置使用 DHCP（動態主機設定通訊協定，Dynamic Host Configuration Protocol）連線到任何網路。只要你的網路已啟用 DHCP，它就會自動分配 IP 位址。

如果燈號閃爍，但是你在 Raspberry Pi 使用瀏覽器無法連線到網際網路，請檢查你的網路管理控制台是否已啟用 DHCP。到你的家用路由器的管理頁面，以管理者密碼登入，查看是否有如圖 2-2 所示的選項。

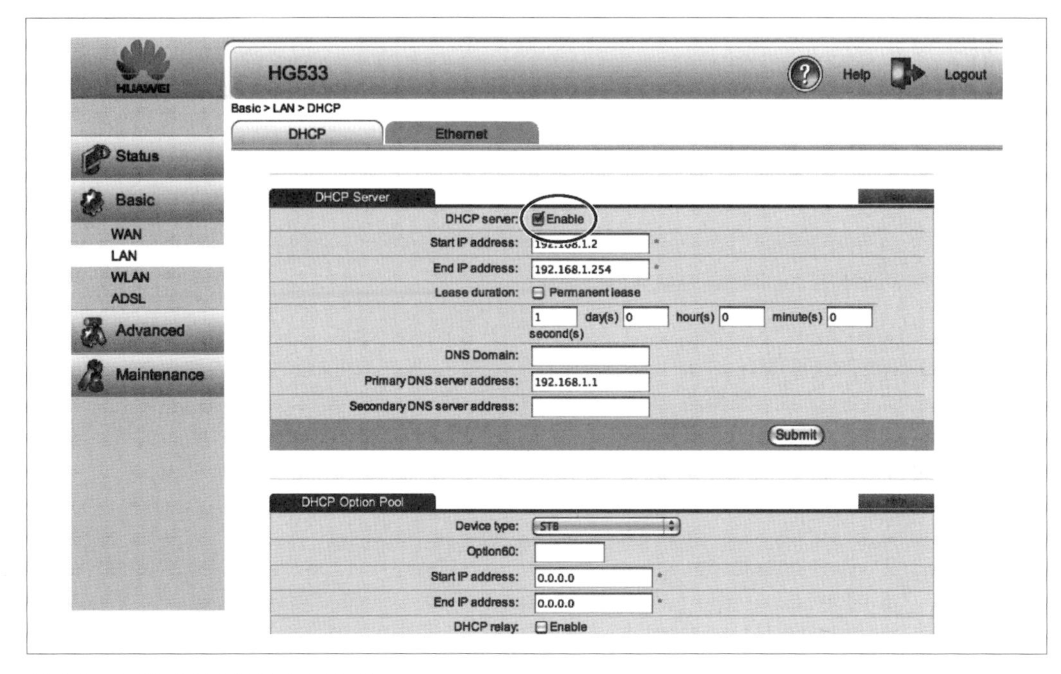

圖 2-2　在家用路由器啟用 DHCP

參閱

要連接到無線網路，請參閱訣竅 2.5。

2.2 尋找 IP 位址

問題

你想知道 Raspberry Pi 的 IP 位址以讓你能與之溝通，無論是連接到它的網頁伺服器、交換檔案或以 SSH（訣竅 2.7）或 VNC（訣竅 2.8）遠端控制。

解決方案

IPv4 位址（也用於區域網路位址）是獨一無二的四個數字，用來辨識網路內電腦的網路介面。每個數字以點號分隔。

要找出 Raspberry Pi 的 IP 位址，你需要在終端機下這個指令：

```
$ hostname -I
192.168.1.16 fd84:be52:5bf4:ca00:618:fd51:1c .....
```

回應的第一個部分是 Raspberry Pi 在你的家用網路之區域 IP 位址。

討論

Raspberry Pi 可以有超過一個 IP 位址（也就是，每個網路連線一個）。所以如果你的 Pi 同時有有線網路和無線網路連線，它就會有兩個 IP 位址。然而通常你會透過某一個方法或另一個方法來連線，不會同時連線。要查看所有的網路連線，請使用 `ifconfig` 指令：

```
$ ifconfig

eth0      Link encap:Ethernet  HWaddr b8:27:eb:d5:f4:8f
          inet addr:192.168.1.16  Bcast:192.168.255.255  Mask:255.255.0.0
          UP BROADCAST RUNNING MULTICAST  MTU:1500  Metric:1
          RX packets:1114 errors:0 dropped:1 overruns:0 frame:0
          TX packets:1173 errors:0 dropped:0 overruns:0 carrier:0
          collisions:0 txqueuelen:1000
          RX bytes:76957 (75.1 KiB)  TX bytes:479753 (468.5 KiB)

lo        Link encap:Local Loopback
          inet addr:127.0.0.1  Mask:255.0.0.0
          UP LOOPBACK RUNNING  MTU:16436  Metric:1
          RX packets:0 errors:0 dropped:0 overruns:0 frame:0
          TX packets:0 errors:0 dropped:0 overruns:0 carrier:0
          collisions:0 txqueuelen:0
          RX bytes:0 (0.0 B)  TX bytes:0 (0.0 B)

wlan0     Link encap:Ethernet  HWaddr 00:0f:53:a0:04:57
          inet addr:192.168.1.13  Bcast:192.168.255.255  Mask:255.255.0.0
          UP BROADCAST RUNNING MULTICAST  MTU:1500  Metric:1
          RX packets:38 errors:0 dropped:0 overruns:0 frame:0
          TX packets:28 errors:0 dropped:0 overruns:0 carrier:0
          collisions:0 txqueuelen:1000
          RX bytes:6661 (6.5 KiB)  TX bytes:6377 (6.2 KiB)
```

確認 `ifconfig` 指令執行的結果，你可以看到上述的 Pi 同時以 IP 位址為 192.168.1.16 的有線網路（`eth0`）和 IP 位址為 192.168.1.13 的無線網路連線。`lo` 網路介面是允許電腦跟自己溝通的虛擬介面。

參閱

維基百科（*https://oreil.ly/71IwC*）有一切你想知道的 IP 位址知識。

2.3 設定固定 IP 位址

問題

你要設定 Raspberry Pi 的 IP 位址，讓它不會變更。

解決方案

雖然有可能在 Raspberry Pi 上設定自己的 IP 位址，但最好能在你的網路上設定，因為如果你將 Raspberry Pi 移至其他網路時，可能會造成問題。

所有的電腦、電視、手機或其他在你家的連網設備，通常都由連接到你家之電話線、4G 或光纖網路的路由器連線到網際網路。無論是由無線網路或有線網路連至路由器，這些設備都被稱為是你**區域網路**（*LAN*）的一部分。

當你連接新設備（像 Raspberry Pi）到 LAN，無論是經由插入乙太網路線或使用無線網路，LAN 控制器（你的路由器）預設會使用稱為 DHCP 的系統分配 IP 位址給該設備。這個位址會從一段指定的 IP 位址分配，舉例來說，範圍可能是 192.168.1.2 至 192.168.1.199（或可能從 10.0.0.2 至 10.0.0.199）。換句話說，每個連上 LAN 裝置之 IP 位址只有四個數字中的最後一個數字變更。

當 DHCP 分配 IP 位址給裝置時，它會給予一個租約時間，這是保證此裝置維持 IP 位址而不會分配給其他裝置的時間。一般來說，預設的租約時間相當短，在我的路由器上，它是一星期。這表示我的 Raspberry Pi 之 IP 位址在一星期沒有活動後 IP 位址會被改變而不會有警告，而如果 Pi 是用在無鍵盤、滑鼠和顯示器的專案中，要找到能讓我連線的 IP 位址可能很困難。這就是為什麼你可能會想為 Raspberry Pi 設定固定 IP。

一個確保你的 Raspberry Pi 的 IP 位址不會改變的方法是，直接到你的路由器控制介面，將 DHCP 租約時間修改成很高的數值。要進入這個介面，你會需要一台電腦（可以是你的 Raspberry Pi，但不一定要用它）和一個通常會寫在路由器機身上的特定位址，它被稱為**路由器位址**（*router address*）或**管理者控制台位址**（*admin console address*）。以我的路由器來說，該位址為：*http://192.168.1.1*。此外，你還會需要輸入帳號和密碼，這和無線網路基地台連線的帳號和密碼不一樣。它們通常寫在路由器機身的某處，預設值常常是 *admin* 和 *password*。

連線後，你需要在管理者控制台四處找找我們提到 DHCP 設定的頁面，應該會類似圖 2-3 這樣。

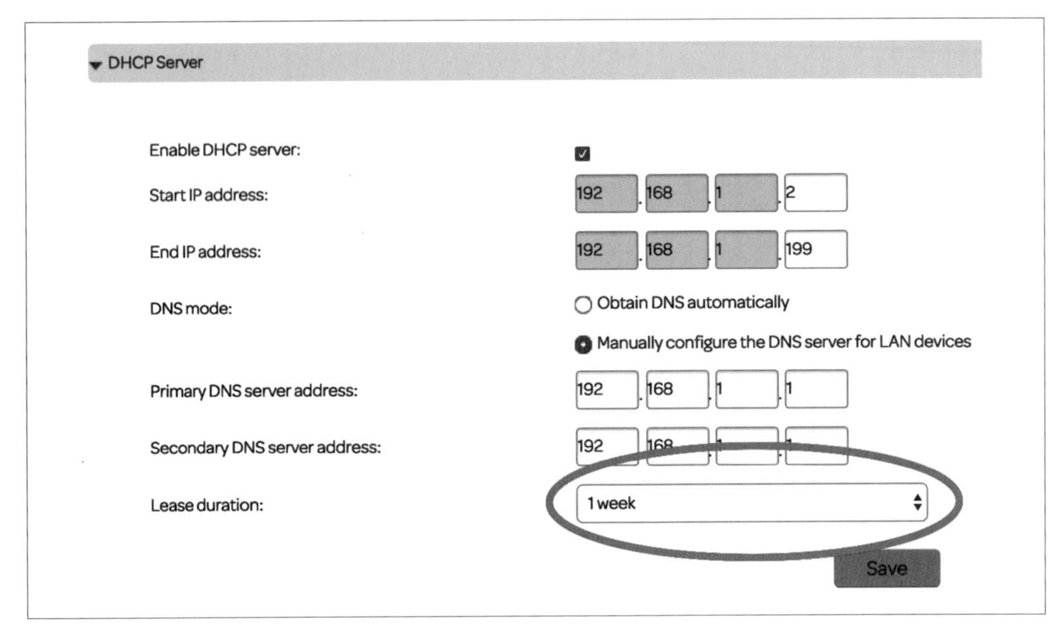

圖 2-3　修改 DHCP 租約時間

修改租約時間（lease duration）（或任何路由器標示的類似項目）到最大值。

像這樣延長租約時間的缺點是它會適用於 LAN 內的所有裝置。所以如果你有很多裝置，由於 DHCP 在租約到期前無法重新分配 IP 位址，你可能因此會用光所有 IP 位址。

比較好的方法是使用 DHCP 保留（DHCP reservation）。這會告訴 DHCP 固定分配特定 IP 位址給特定裝置。你可以於圖 2-4 看到我分配 192.168.1.3 給裝置 raspberrypi-Ethernet（用乙太網路線連接至路由器的 Raspberry Pi）。

從現在起，只要 Raspberry Pi 連接到 LAN，它就會被分配到 192.168.1.3 的 IP 位址，DHCP 不會將此 IP 位址分配給其他任何裝置。

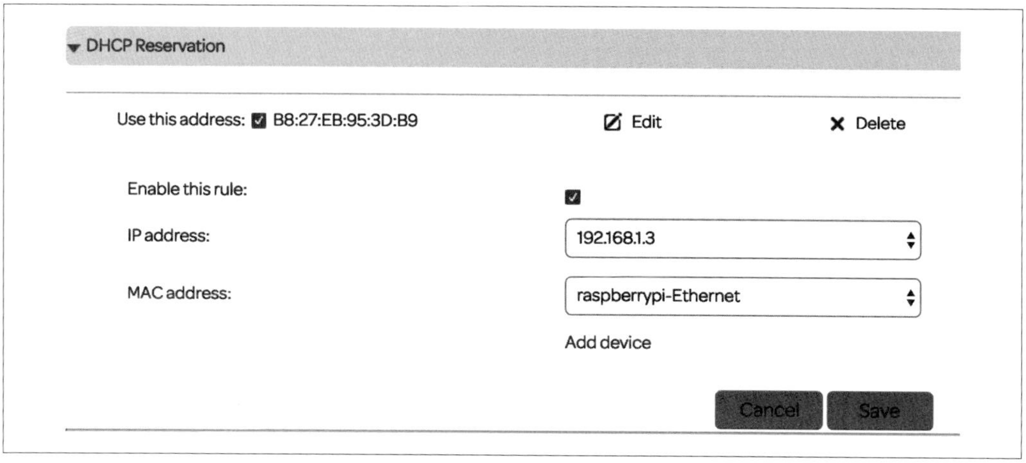

圖 2-4　配置 DHCP 保留

討論

不同版本 Raspberry Pi OS 的網路已經變更很多。此說明適用於最新版（執筆當下）。如果你沒有最新版的 Raspberry Pi OS，你應該取得它，因為 Raspberry Pi OS 一直在演進和改善。你可以在訣竅 3.40 學到該怎麼做。要找出你的作業系統版本，請見訣竅 3.39。

參閱

維基百科（*https://oreil.ly/71IwC*）有所有你想知道 IP 位址的一切。

2.4　設定 Raspberry Pi 的網路名稱

問題

你想修改 Raspberry Pi 的名稱，使它在你的網路不是叫做「raspberrypi」。

解決方案

有幾個方法可以做到。無論你用哪種方法，請確定你選的網路名稱沒有空白、只有字母、數字和連字號（-）。

全部三種方法你都需要將 Raspberry Pi 重新開機來讓修改生效。

使用 Raspberry Pi 設置工具設定網路名稱

除非你以無周邊方式運作 Raspberry Pi（沒有連接顯示器和鍵盤），最簡單設定 Raspberry Pi 名稱的方法是使用 Raspberry Pi 設置工具。要開啟它，請到 Raspberry 選單，選擇 Preferences，按下 Raspberry Pi 設置工具。再選擇系統標籤頁（圖 2-5）。

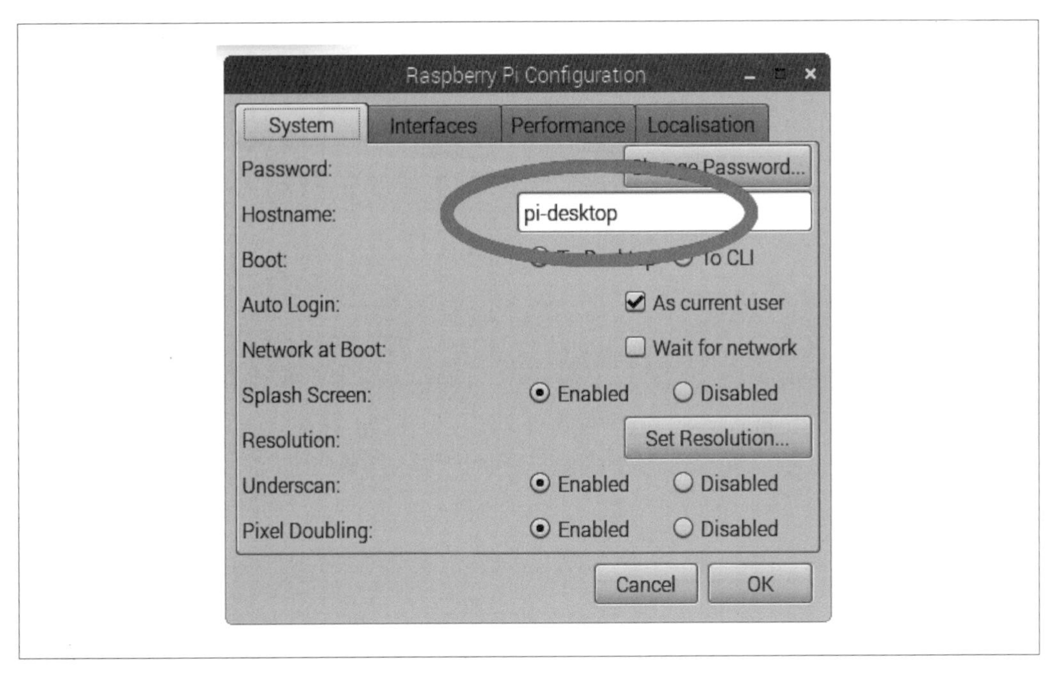

圖 2-5　使用 Raspberry Pi 設置工具修改主機名稱

修改主機名稱（hostname）欄位的名字為你喜歡的名字並按下 OK。你會被提示要重新開機讓修改生效。

使用命令列設定網路名稱（輕鬆法）

你也可以從命令列使用 `rasp-config` 公用程式修改 Raspberry Pi 的網路名稱。從終端機執行以下指令：

```
$ sudo raspi-config
```

這會開啟 `rasp-config` 公用程式。使用上下鍵選擇網路選項（Network Option）並按下 Enter。這會開啟一個表格讓你填寫新的網路名稱（圖 2-6）。請注意此介面只使用命令列，所以你可以從 SSH 連線使用它（訣竅 2.7）。

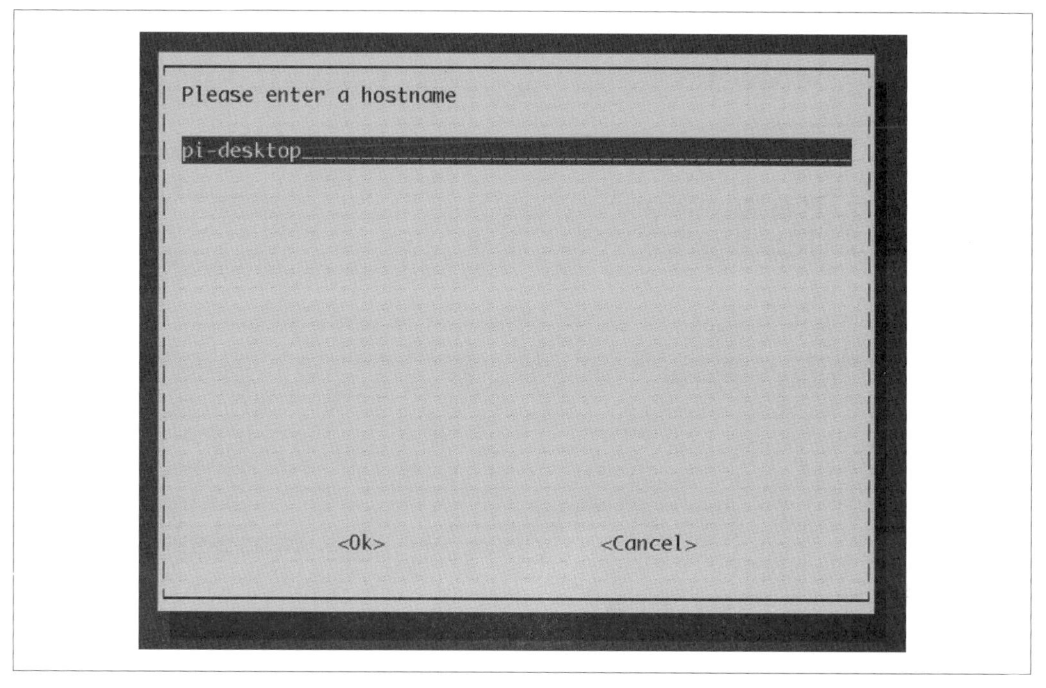

圖 2-6　以 `rasp-config` 公用程式設定 Raspberry Pi 的主機名稱

使用命令列設定網路名稱（辛苦法）

如果你真的想用辛苦的方法來修改，可以直接編輯控制 Raspberry Pi 網路名稱的檔案。有兩個檔案需要修改。

首先，編輯檔案 */etc/hostname*。可以開啟終端機視窗並輸入以下指令：

```
$ sudo nano /etc/hostname
```

將 `raspberrypi` 替換成你選的名字。

接著，使用此指令在編輯器開啟檔案 */etc/hosts*：

```
$ sudo nano /etc/hosts
```

此檔案看起來像這樣：

```
127.0.0.1       localhost
::1             localhost ip6-localhost ip6-loopback
fe00::0         ip6-localnet
ff00::0         ip6-mcastprefix
ff02::1         ip6-allnodes
ff02::2         ip6-allrouters

127.0.1.1       raspberrypi
```

修改檔尾的名稱（raspberrypi）為你要的新名字。

討論

更改 Pi 的名稱很有用，尤其在你有超過一個 Pi 連到網路的時候。

參閱

請見訣竅 2.3 來修改 Raspberry Pi 的 IP 位址。

2.5 設定無線網路連線

問題

你想用 WiFi 將 Raspberry Pi 連到網際網路。

解決方案

有幾個設定 Raspberry Pi WiFi 連線的方法。

從桌面設定 WiFi

在最新的 Raspberry Pi OS 設定 WiFi 很簡單。在螢幕右上角按下網路圖示（圖案是兩台電腦）後會顯示一份無線網路清單。選擇你的網路後會出現輸入預先共用金鑰（pre-shared key，即密碼）的提示。請輸入你的密碼。一段時間後，網路圖示會切換至標準 WiFi 符號，你就可以連線了（圖 2-7）。

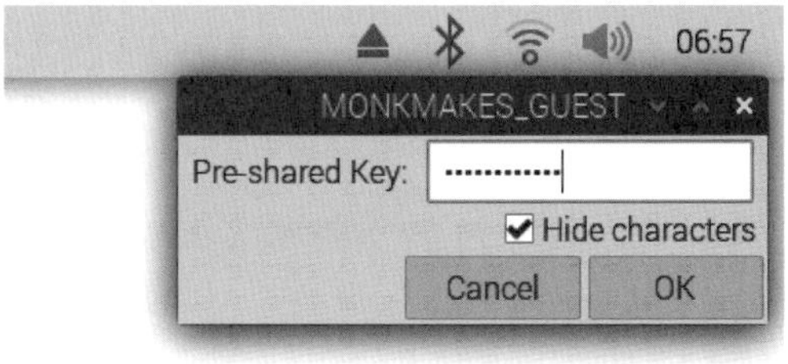

圖 2-7　連線到 WiFi 網路

從命令列設定 WiFi

如果你將 Raspberry Pi 設置為不連接鍵盤和顯示器來使用它，用這個方法設定無線網路就很棒。然而你的 Raspberry Pi 需要以乙太網路線暫時連接到路由器以提供網路連線（訣竅 2.1）。

執行以下指令以開啟 `rasp-config` 公用程式：

```
$ sudo raspi-config
```

接著從開啟的選單選擇系統選項（System Option）（使用方向鍵並按下 Enter），然後選擇無線網路（Wireless LAN）（圖 2.8）。

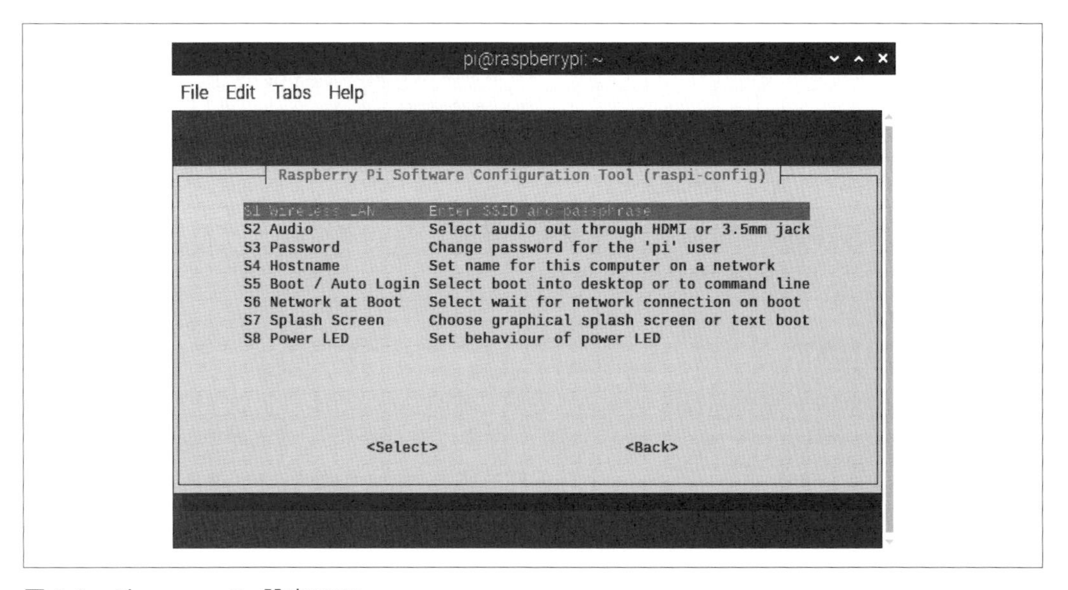

圖 2-8　以 `rasp-config` 設定 WiFi

會出現提示，詢問 SSID（無線網路名稱）和密碼。

討論

WiFi 會消耗大量電力，所以若你發現 Pi 無預期地重新開機或開機不正常，可能需要用較大的電源供應器。請找能供應 1.5A 或更大電流的；如果使用 Raspberry Pi 4 且接上高耗電的 USB 周邊，請用 3A 的電源供應器。

若將 Raspberry Pi 當作媒體中心（見訣竅 4.1），會有讓你將媒體中心以 WiFi 連接到網路的設定頁。

參閱

eLinux 維護了一份 Raspberry Pi 相容之 WiFi 網路卡的清單（*https://oreil.ly/67Mn1*）。

更多關於設定有線網路的資訊，請見訣竅 2.1。

2.6 連接 Console 連接線

問題

當無法使用網路連線，但是你仍然想從另一台電腦遠端控制 Raspberry Pi。

解決方案

使用 *console* 線（*console cable*）（一種要另外購買的特殊連接線 —— 請見第 600 頁的「其他材料」小節）來連接 Raspberry Pi。

電力消耗

console 線通常只提供 500mA，對於早期的 Raspberry Pi 來說足夠，但是對 Raspberry Pi 4 或 400 並不夠。如果使用 4 或 400，需要使用電源供應器（訣竅 1.4），而 console 線的紅色電源接頭（於圖 2-11 後描述）不要連接到 Raspberry Pi 的 5V 接腳。

使用此方法，需要啟用序列埠介面，請至 Raspberry 選單，選擇偏好設定（Preference），並按下 Raspberry Pi 設置。選擇介面（Interfaces）標籤頁並按下序列埠（Serial Port）切換開關，如圖 2-9 所示。

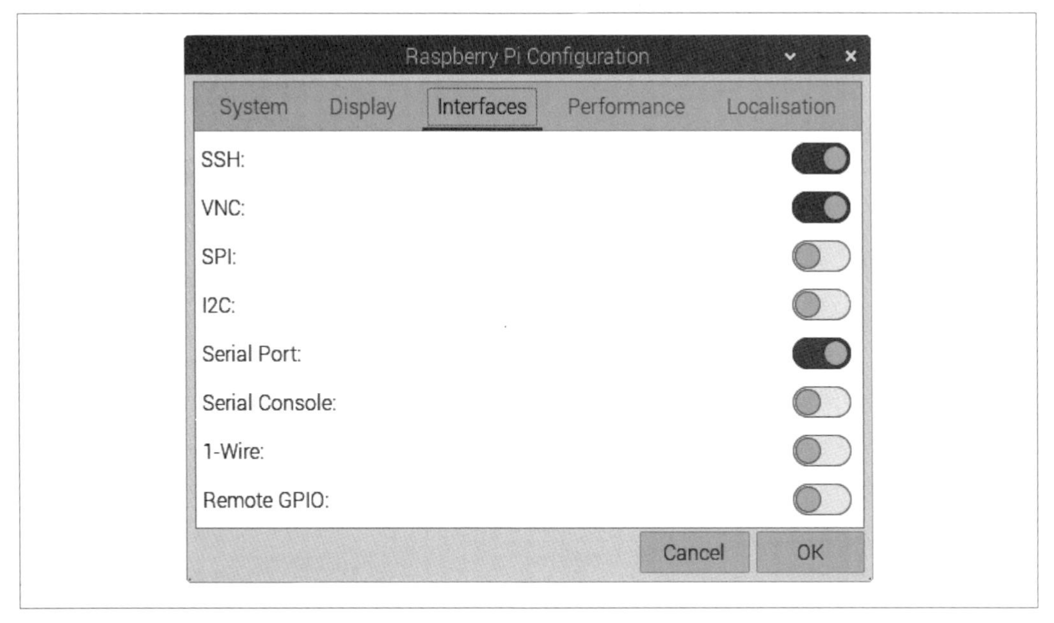

圖 2-9　以 Raspberry Pi 設置工具啟用序列埠介面

如同大部分的 Raspberry Pi 設置，你也可以在終端機執行命令列的 `rasp-config` 公用程式來設定：

```
$ sudo raspi-config
```

選擇介面選項，然後選序列埠（Serial），如圖 2-10。

console 線很適合無周邊使用的 Pi —— 即無鍵盤、滑鼠或顯示器。

```
┌────────┤ Raspberry Pi Software Configuration Tool (raspi-config) ├────────┐
│                                                                           │
│    P1 Camera                     Enable/Disable connection to the         │
│    P2 SSH                        Enable/Disable remote command lin        │
│    P3 VNC                        Enable/Disable graphical remote a        │
│    P4 SPI                        Enable/Disable automatic loading         │
│    P5 I2C                        Enable/Disable automatic loading         │
│    P6 Serial                     Enable/Disable shell and kernel m        │
│    P7 1-Wire                     Enable/Disable one-wire interface        │
│    P8 Remote GPIO                Enable/Disable remote access to G        │
│                                                                           │
│                                                                           │
│                                                                           │
│                                                                           │
│               <Select>                          <Back>                    │
│                                                                           │
└───────────────────────────────────────────────────────────────────────────┘
```

圖 2-10　使用 `rasp-config` 啟用序列埠介面

圖 2-11 的 console 線可在 Adafruit 購得（*https://oreil.ly/4Y7Xv*）。

圖 2-11　console 線

以如下步驟並參考圖 2-11 來連接 console 線：

1. 連接紅色（5V）接線到 5V 接腳，位於 GPIO 接腳左側邊緣。請留意如果你的 console 線是 3V 接線，或你的是在序列埠需要太多電流的 Raspberry Pi 4 或 400，那就不要連接此線，並以它的 USB 電源接頭供電。
2. 連接黑線（GND）至 Raspberry Pi 左側第二個接腳 GND。
3. 連接白線（Rx）至 Raspberry Pi GPIO 14（TXD），到黑色接線左側。
4. 連接綠線（Tx）到 GPIO 15（RXD），到白色接線左側。

如果你用不同的接線，接線顏色可能不同，所以請一定要檢查接線的文件，否則你的 Raspberry Pi 可能有損毀的風險。

請留意 USB 線也提供紅色接線 5V 電源，電力足夠供應沒有連接太多裝置的 Pi。

如果你是 Windows 或 macOS 使用者，你會需要安裝 USB 線的驅動程式；你要安裝的驅動程式取決於 console 線製造商使用的晶片。請參閱製造商的網站。關於 Mac，你可以在這個 Adafruit 教學找到更多資訊（*https://oreil.ly/RF9uE*）。

要從 macOS 連接到 Pi，你會需要執行終端機，並輸入以下指令：

```
$ sudo cu -l /dev/cu.usbserial -s 115200
```

連接後，按下 Enter，Raspberry Pi 登入提示會出現（圖 2-12）。預設的帳號和密碼分別是 *pi* 和 *raspberry*。

如果你是從 Windows 電腦試著連接 Raspberry Pi，需要下載名為 PuTTY 的終端機軟體（*http://www.putty.org*）。

當你執行 PuTTY 時，請修改連接類型（connection type）至序列埠，並設定速度到 115200。你也要設定序列線（serial line）到接線所用的 COM 埠，可能是 COM7。如果無法運作，請查看 Windows 裝置管理員的連接埠。

當你按開啟（Open），並按下 Enter，終端機應該會開啟一個登入提示。

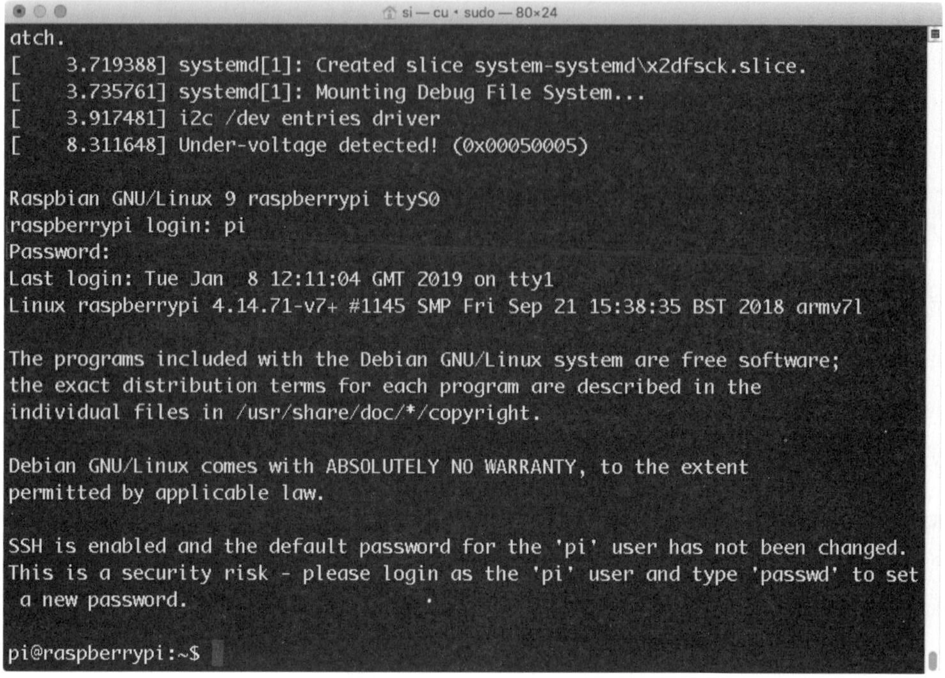

```
atch.
[    3.719388] systemd[1]: Created slice system-systemd\x2dfsck.slice.
[    3.735761] systemd[1]: Mounting Debug File System...
[    3.917481] i2c /dev entries driver
[    8.311648] Under-voltage detected! (0x00050005)

Raspbian GNU/Linux 9 raspberrypi ttyS0
raspberrypi login: pi
Password:
Last login: Tue Jan  8 12:11:04 GMT 2019 on tty1
Linux raspberrypi 4.14.71-v7+ #1145 SMP Fri Sep 21 15:38:35 BST 2018 armv7l

The programs included with the Debian GNU/Linux system are free software;
the exact distribution terms for each program are described in the
individual files in /usr/share/doc/*/copyright.

Debian GNU/Linux comes with ABSOLUTELY NO WARRANTY, to the extent
permitted by applicable law.

SSH is enabled and the default password for the 'pi' user has not been changed.
This is a security risk - please login as the 'pi' user and type 'passwd' to set
 a new password.

pi@raspberrypi:~$
```

圖 2-12　以 console 線登入

討論

當你輕裝旅行時，console 線是使用 Pi 的極便利方法，因為它能提供電源又能遠端控制 Pi。

console 線有晶片在 USB 末端提供 USB 轉序列埠介面。這有時候需要在個人電腦安裝驅動程式（取決於你的作業系統）。只要有 PC 需要的驅動程式，你應該能使用任何 USB 轉序列埠轉接線。

如果你小心地將四個接線插槽黏在一起，就能比較容易地將它們插入正確位置，並將其整體一起插入 GPIO 接腳。

若你使用像是 Raspberry Leaf 的 GPIO 模板（見訣竅 10.1），就能較方便地找到正確的 GPIO 接腳。附錄 B 有 Raspberry Pi 的針腳輸出圖。

參閱

你可以在 Adafruit 教學（*https://oreil.ly/DUImc*）找到更多關於序列 console 的資訊。Adafruit 也有賣 console 線。本訣竅使用的線是 Adafruit 提供的（產品編號 954）。

2.7 以 SSH 遠端控制 Raspberry Pi

問題

你想從另一台電腦使用 Secure Shell（SSH）遠端連線 Pi。

解決方案

在你能由 SSH 遠端連線 Raspberry Pi 之前，你必須開啟 SSH。在較新版本的 Raspberry Pi OS，可以使用 Raspberry Pi 設置工具（圖 2-13），從 Raspberry 選單的設置（Prefereces）進入。只要選擇 SSH 的啟用按鈕並按下 OK 即可。系統會提示你要重新開機。

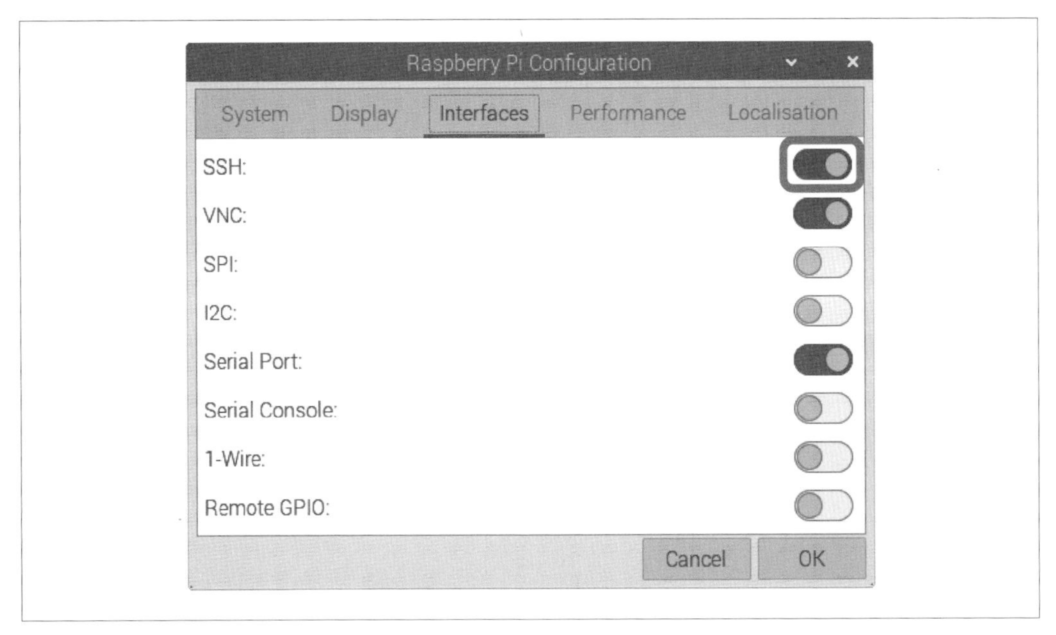

圖 2-13　使用 Raspberry Pi 設置工具開啟 SSH

你也可以從 Raspberry Pi Image 的進階（Advanced）選項啟用 SSH（訣竅 1.8）。

如果你偏好使用命令列，可以用 rasp-config 公用程式。你可以隨時在終端機輸入以下指令來開啟：

```
$ sudo raspi-config
```

選擇介面（Interfaces）標籤頁，往下捲動到 SSH 選項並按下啟用（Enabled）按鈕。

如果你使用 macOS 或在想連線到 Pi 的電腦安裝 Linux，要連線只需要開啟終端機視窗，再輸入以下指令：

```
$ ssh 192.168.1.16 -l pi
```

在此處，IP 位址（192.168.1.16）是 Pi 的 IP 位址（請見訣竅 2.2）。系統會提示你密碼，並登入 Pi（圖 2-14）。

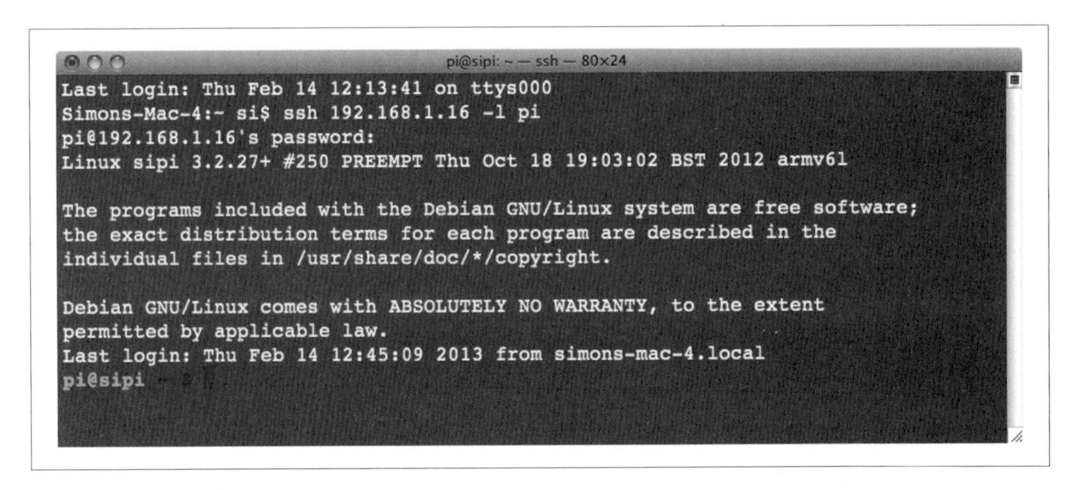

圖 2-14 以 SSH 登入

要從 Windows 電腦連線，你需要使用 PuTTY（訣竅 2.6）來開啟 SSH session。

討論

SSH 是很常見的遠端連線方式；任何你可以對 Pi 下的指令都可以透過 SSH 發出。它也很安全（如同它名稱所示），因為連線都是加密的。

不像訣竅 2.6 的 console 線解決方案，SSH 只有在你的 Raspberry Pi 連接到欲連線電腦相同的網路才能作用。

或許 SSH 唯一的弱點是用命令列而非圖形化環境。如果你需要遠端遙控完整的 Raspberry Pi 桌面環境，你需要使用 VNC（訣竅 2.8）。

參閱

請查看 Adafruit 教學（*https://oreil.ly/18foc*）。

2.8 以 VNC 遠端控制 Raspberry Pi

問題

你想從一台個人電腦（Windows 或 Linux）或 macOS 使用虛擬網路運算（virtual network computing，VNC）存取完整的 Raspberry Pi 圖形桌面。

解決方案

使用 Raspberry Pi OS 預安裝的 VNC 軟體。但是要這麼做，必須先設置 Raspberry Pi 以啟用它。你可以至 Raspberry 選單的偏好設置（Preferences）中使用 Raspberry Pi 設置工具。按下介面（Interfaces）標籤頁，捲動至 VNC 選項，選擇啟用按鈕，並按 OK（圖 2-15）。

如果 Raspberry Pi 沒有連接顯示器，需要指定你從另一台電腦以 VNC 連到 Raspberry Pi 的虛擬顯示器解析度。可以在 Raspberry Pi 設置工具的顯示（Display）標籤頁設定（圖 2-16）。要避免捲動，請選擇比你要查看虛擬螢幕的顯示器更低一點的解析度。

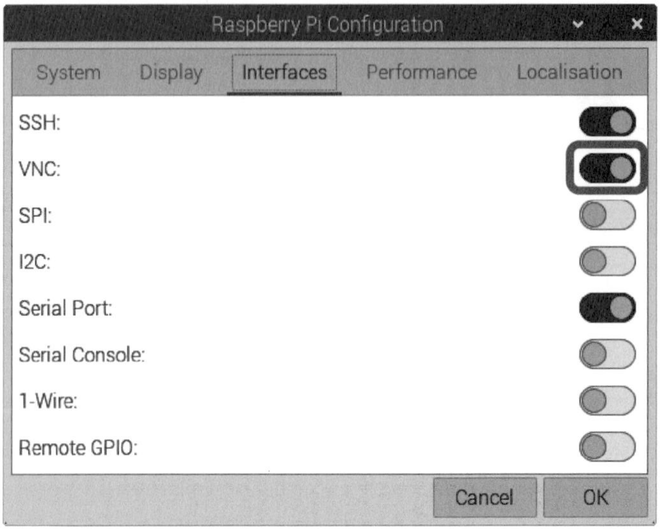

圖 2-15　開啟 VNC 介面

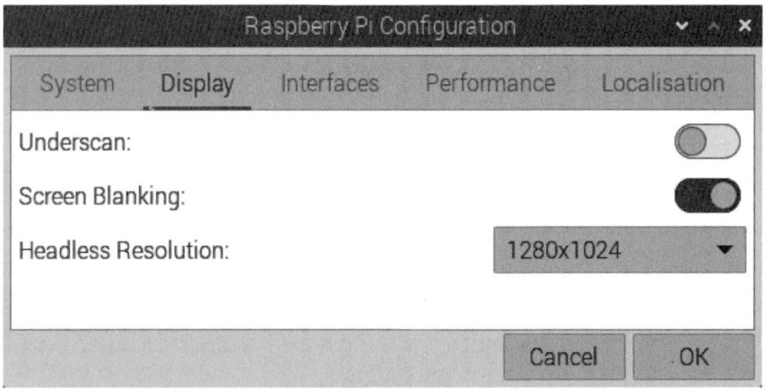

圖 2-16　使用 Raspberry Pi 設置工具設定虛擬螢幕解析度

要從遠端電腦連接 Pi，需要安裝 VNC 用戶端軟體。RealVNC VNC Viewer（*http://www.realvnc.com*）是一個受歡迎的選擇，有 Windows、Linux 和 macOS 版本。

當你在 macOS 或 PC 執行用戶端程式，會被要求輸入你想連接的 VNC 伺服器的 IP 位址（你的 Pi 之 IP 位址）。

接著會被提示輸入密碼（圖 2-17）。

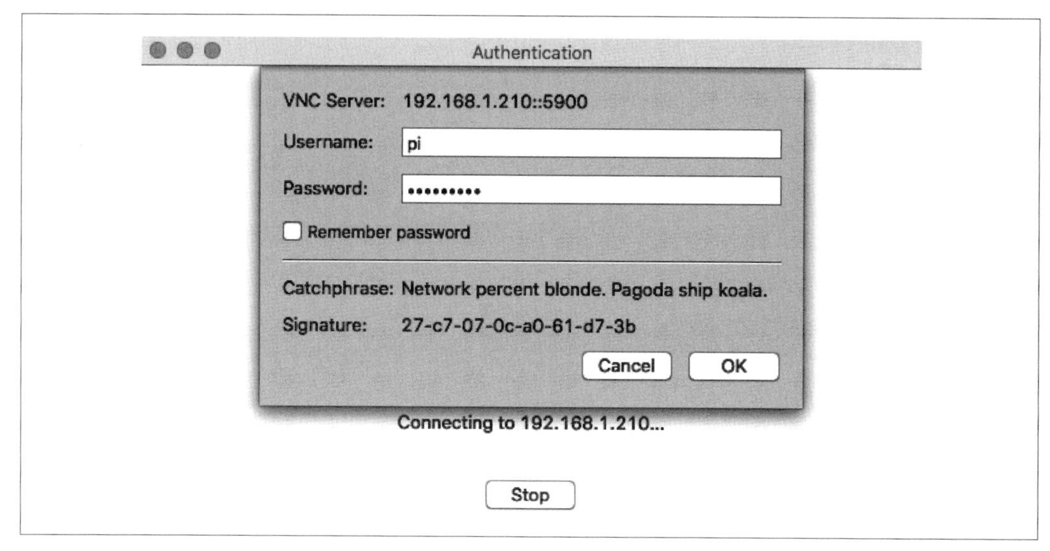

圖 2-17　VNC 連線驗證

口頭禪（catchphrase）和簽名（signature）是設置來提醒你是否有人駭進你的 Raspberry Pi 之安全裝置。如果哪天你進行驗證時發現它們被竄改了，你的 Raspberry Pi 可能就會受到侵害。

討論

VNC 只有在 Raspberry Pi 和遠端電腦都在同一個網路才能運作。有些 VNC 用戶端允許你在電腦和 Raspberry Pi 之間傳送檔案，並在兩者之間複製貼上文字。

雖然你能用命令列以 SSH 做大部分的事，但是有時候能用圖形化環境存取 Raspberry Pi 是很有幫助的。

只要有啟用 VNC 選項，Raspberry Pi 的 VNC 伺服器會在重新開機時自動啟動。

參閱

請查看 Adafruit 教學（*https://oreil.ly/HfM9y*）。

你也可以在設定新的 Raspberry Pi 時啟用 VNC（請見訣竅 1.6）。

2.9 用 Raspberry Pi 當網路硬碟

問題

你想用電腦從你的網路透過存取 Raspberry Pi 上連接的 USB 大容量硬碟當網路硬碟（network-attached storage，NAS）。

解決方案

此問題的解決方案是安裝並設置 Samba。要這麼做，請下達以下指令：

```
$ sudo apt update
$ sudo apt install samba
$ sudo apt install samba-common-bin
```

現在，請連接 USB 硬碟到 Raspberry Pi。它會自動掛載到你的 */media/pi* 資料夾。要確認它，請執行此指令：

```
$ cd /media/pi
$ ls
```

硬碟應該會以格式化時賦予的名稱列出。當 Raspberry Pi 重新開機時，它會自動掛載。請記下此名稱，因為你馬上就會用到它。

接著，需要設置 Samba 以讓硬碟能在網路中分享。要這麼做，首先要增加一位 Samba 使用者（pi），輸入以下指令並輸入密碼：

```
$ sudo smbpasswd -a pi
New SMB password:
Retype new SMB password:
Added user pi.
```

現在需要對檔案 */etc/samba/smb.conf* 做些修改，所以輸入這個指令：

```
$ sudo nano /etc/samba/smb.conf
```

你要找的第一行靠近檔案開頭：

```
workgroup = WORKGROUP
```

如果你計畫從 Window 電腦連線，你只需要修改此行。這應該是你 Windows 電腦的工作群組。對最近版本的 Windows 來說，這會是 WORKGROUP。請留意，在 Mac 和 Windows 電腦的混合網路中，連線至 NAS 通常運作良好。

最後，捲動到檔案底部，並加入下列這幾行，修改 NAS 成你剛剛記下的 USB 硬碟名稱：

```
[USB]
path = /media/pi/NAS
comment = NAS Drive
valid users = pi
writeable = yes
browseable = yes
create mask = 0777
public = yes
```

儲存檔案，然後輸入以下指令重新啟動 Samba：

```
$ sudo systemctl restart smbd
```

如果一切良好，你的 USB 硬碟現在應該可以在你的網路內分享。

討論

在 macOS 要連接此硬碟，從 Finder 選單選擇前往（Go），再按下連接到伺服器（Connect to Server）。接著在伺服器位址欄位輸入 **smb://raspberrypi/USB**。登入對話框會開啟，你需要將使用者帳號改為 pi（圖 2-18）。

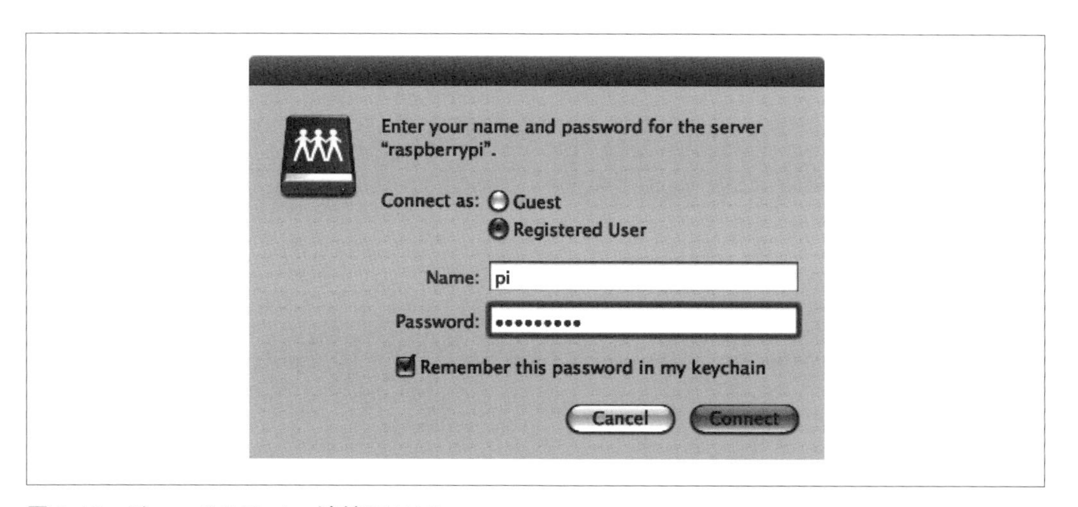

圖 2-18　以 macOS Finder 連線至 NAS

如果你要從 Windows 電腦連線至 NAS，確切的程序取決於你的 Windows 版本。然而基本的原則是在某一步你會需要輸入網路位址，它應該是 **`\\raspberrypi\USB`**（圖 2-19）。

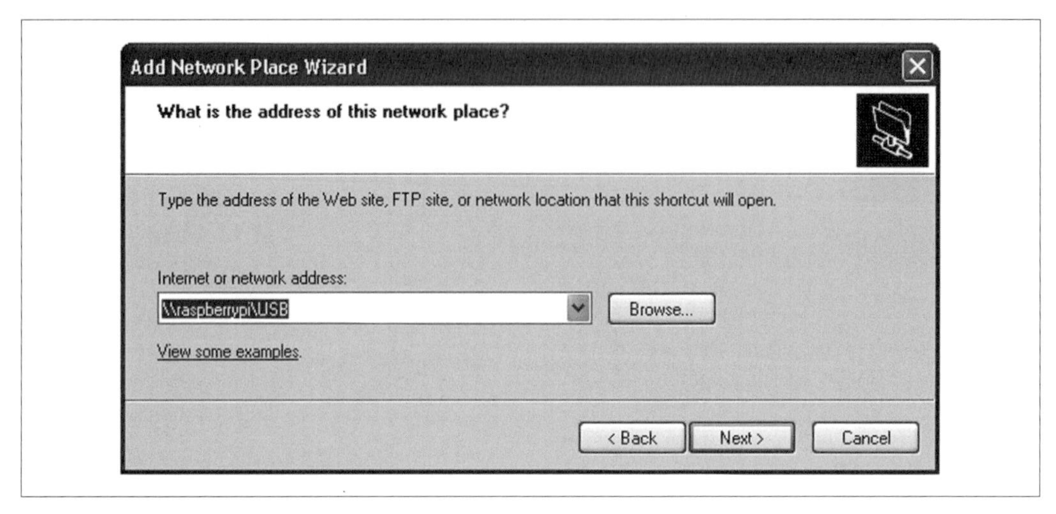

圖 2-19　從 Windows 連線至 NAS

在使用 NAS 前，你會被提示輸入使用者帳號和密碼（圖 2-20）。你應該只有第一次才需要這麼做。當網路位置被加入後，你就可以從檔案總管直接瀏覽。

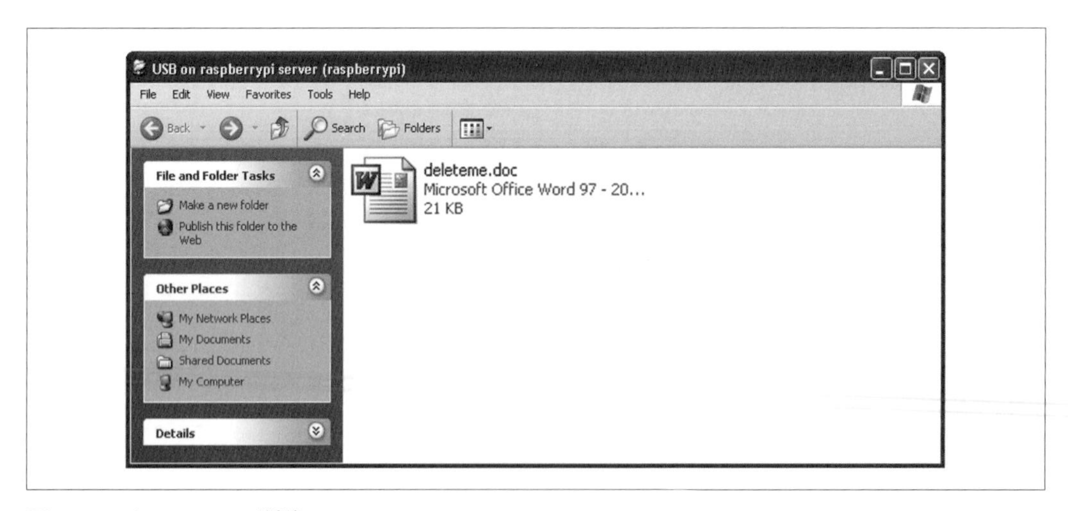

圖 2-20　在 Windows 瀏覽 NAS

如果你是 Linux 使用者，以下指令可以幫你掛載 NAS 硬碟：

```
$ sudo mkdir /pishare
$ sudo smbmount -o username=pi,password=raspberry //192.168.1.16/USB /pishare
```

你可以用主機名稱（raspberrypi）連線至 Raspberry Pi，但是如果這樣無法連線，請試著使用 Raspberry Pi 的 IP 位址，例如像 **smb://192.168.1.16/USB**。

參閱

你可能想將 Raspberry Pi 的網路名稱改成某種不妥的名字，像是「piNAS」（請見訣竅 2.4）。

2.10 設定網路印表機

問題

你想從 Raspberry Pi 列印至網路印表機。

解決方案

請使用通用 UNIX 列印系統（Common Unix Printing System，CUPS）軟體。

先在終端機輸入以下指令安裝 CUPS（這可能會花一些時間）：

```
$ sudo apt update
$ sudo apt install cups
```

輸入以下指令以賦予你自己 CUPS 的管理者權限：

```
$ sudo usermod -a -G lpadmin pi
```

上一個指令會將使用者 `pi` 加入 CUPS 使用的 `lpdmin` 群組以讓你有列印權限。

CUPS 是透過網頁介面來設置，所以請從 Raspberry Pi 選單開啟 Chromium 瀏覽器，然後在位址欄輸入 **http://localhost:631**。

在管理（Administration）標籤頁，選擇加入印表機（Add Printer）選項，這會顯示網路印表機或直接連接 Raspberry Pi USB 埠的印表機清單（圖 2-21）。

圖 2-21　由 CUPS 發現的印表機

按照一連串對話框來設定印表機。

討論

當完成時，你可以啟動 LibreOffice（訣竅 4.2）測試印表機。輸入一些文字，要列印時，你應該會看到可以列印的新增印表機（圖 2-22）。

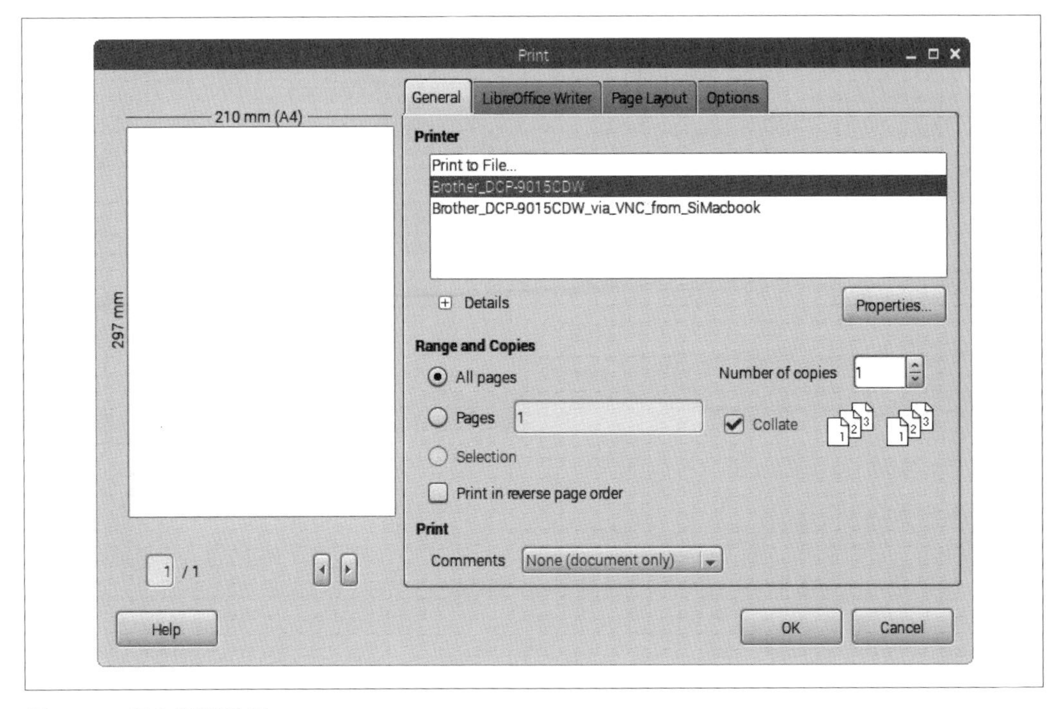

圖 2-22　印表機對話框

參閱

請造訪 CUPS 官方網站（*http://www.cups.org*）。

第三章

作業系統

3.0 簡介

本章探索 Raspberry Pi 使用之 Linux 作業系統的許多層面。其中牽涉不少命令列的使用。如果你習慣 Windows 或 macOS，可能會有點嚇到。然而當習慣這一切之後，你會發現以命令列處理意外地有效率。

你可以用圖形化介面以 Windows 或 macOS 的方法完成許多簡單的檔案操作像移動檔案、修改檔名、複製和刪除檔案，也就是我們第一個訣竅的主題。

3.1 圖形化瀏覽檔案

問題

你想以圖形化介面移動檔案，就像你在 macOS 或 Windows 電腦一樣。

解決方案

請使用檔案總管（File Manager）。

可以在 Raspberry 選單的附屬應用程式（Asseccories）群組中找到（圖 3-1）。

使用檔案總管，你可以從一個目錄內拖曳檔案或目錄到另一個目錄，或是使用編輯選單從一個位置複製檔案，並貼上至另一處。這項操作和 Windows 檔案總管或 macOS Finder 一樣。

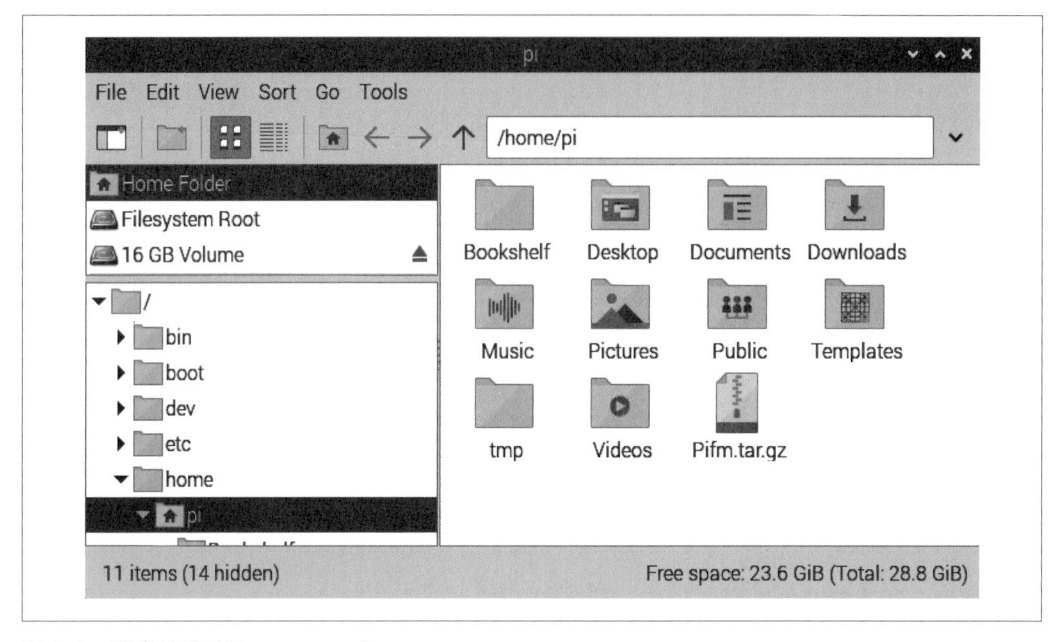

圖 3-1 檔案總管（file manager）

討論

檔案總管的左手邊會顯示資料夾結構。

中間會顯示目前資料夾的檔案，你可以使用工具列按鈕或在上方的檔案路徑欄瀏覽各資料夾。

可以在檔案上按右鍵開啟能操作該檔案的選單（圖 3-2）。

也能一次選擇超過一個檔案來複製，可以在選擇檔案時按下 Ctrl 鍵，或可先選擇一個檔案，然後當選擇該範圍最後一個檔案時按住 Shift 鍵。

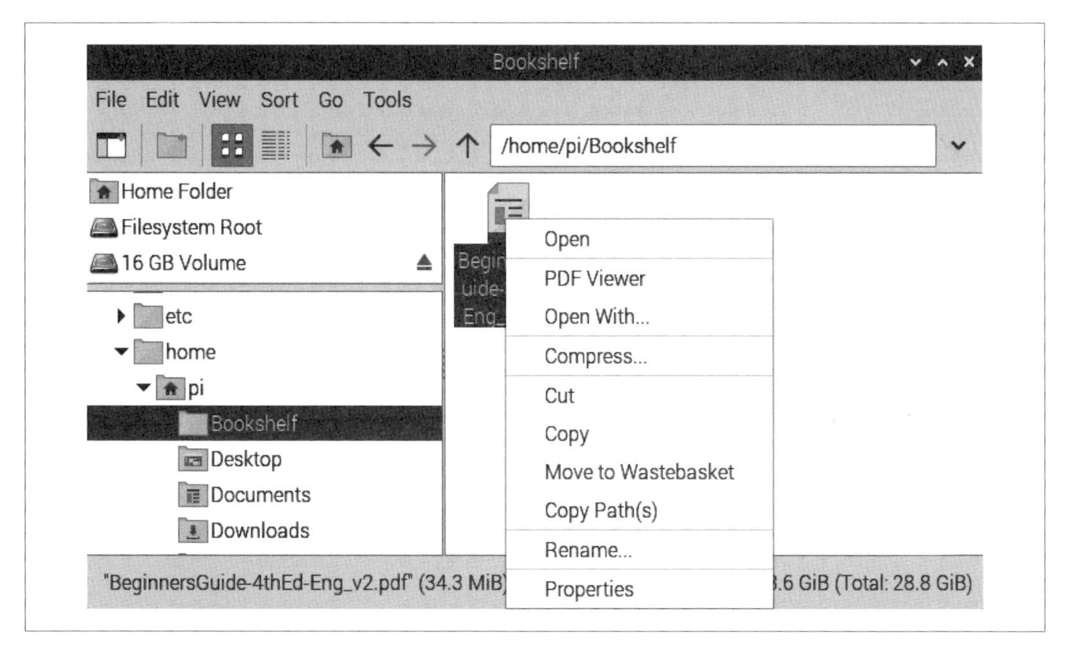

圖 3-2　於檔案按右鍵以開啟有更多選項的選單

參閱

要重新命名檔案或資料夾，請見訣竅 3.6。

3.2 複製檔案到 USB 隨身碟

問題

你想從 Raspberry Pi 複製檔案至 USB 隨身碟。

解決方案

插入 USB 隨身碟到 USB 埠後，應該會顯示如圖 3-3 的對話框。選擇 OK 以在檔案總管中開啟它。

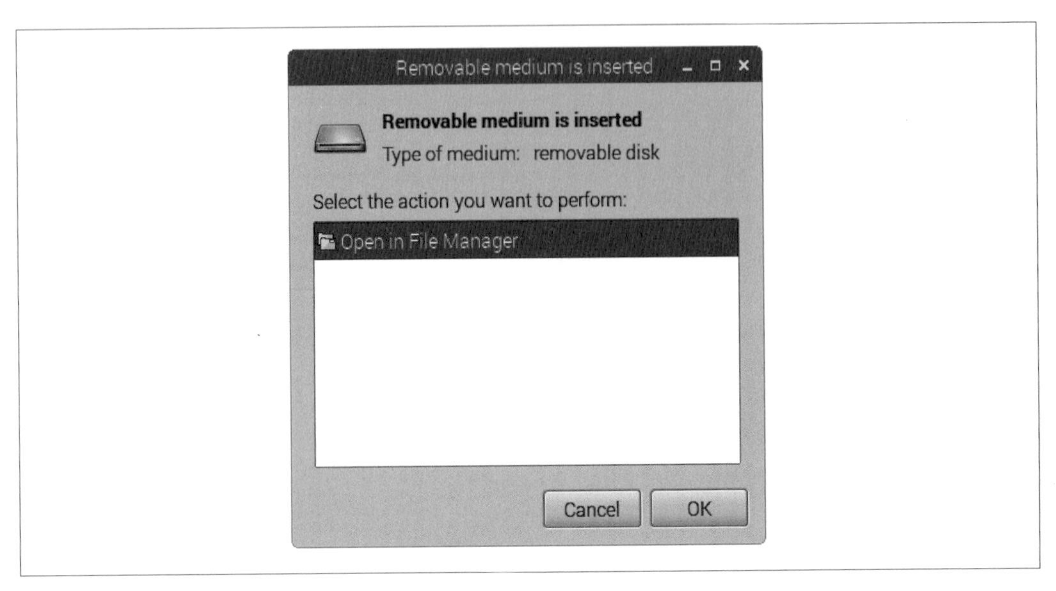

圖 3-3　可移除媒體對話框

磁碟機會被掛載在 */media/pi*，後面接著隨身碟名稱（以我的例子，UNTITLED）。要從家目錄複製檔案，請將其拖曳至代表你隨身碟的資料夾，如圖 3-4 所示。

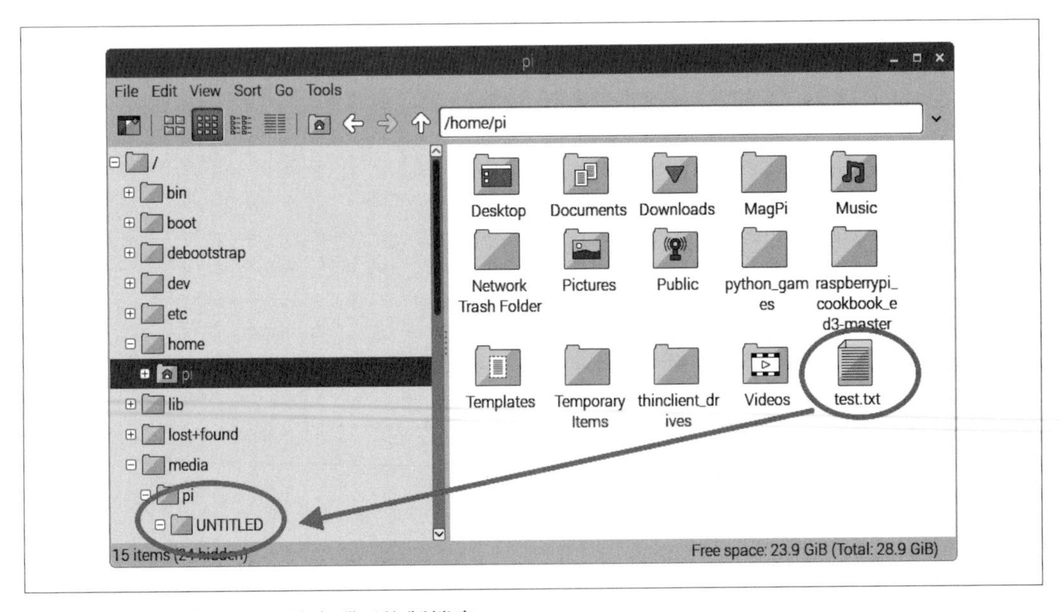

圖 3-4　拖曳檔案至 USB 隨身碟以複製檔案

Windows、macOS 和 Linux 都有自己的磁碟格式。USB 隨身碟應該被格式化為 FAT32 或 exFAT 以便與 macOS 和 Windows 電腦有最大相容性。exFAT 比 FAT32 支援更大的磁碟大小。

討論

USB 隨身碟被掛載在 Raspberry Pi 的檔案系統後，你也可以使用命令列複製檔案。以下範例將檔案 *test.txt* 複製至隨身碟：

```
$ cd /home/pi
$ cp test.txt /media/pi/UNTITLED/
```

此例中，cd 是更改目前目錄的指令，而 cp 是複製指令。這些指令會在訣竅 3.4 和 3.5 做更充分地解釋。

參閱

使用檔案總管（file manager）的一般資訊，請見訣竅 3.1。

要從命令列複製檔案，請見訣竅 3.4。

3.3 開啟終端機階段（Session）

問題

使用 Raspberry Pi 時，你需要在終端機（terminal）下文字指令。

解決方案

在 Raspberry Pi 桌面頂端，選擇終端機圖示（它看起來像是黑色電腦螢幕），或在 Raspberry 選單，附屬應用程式群組中，選擇終端機（Terminal）選項（圖 3-5）。

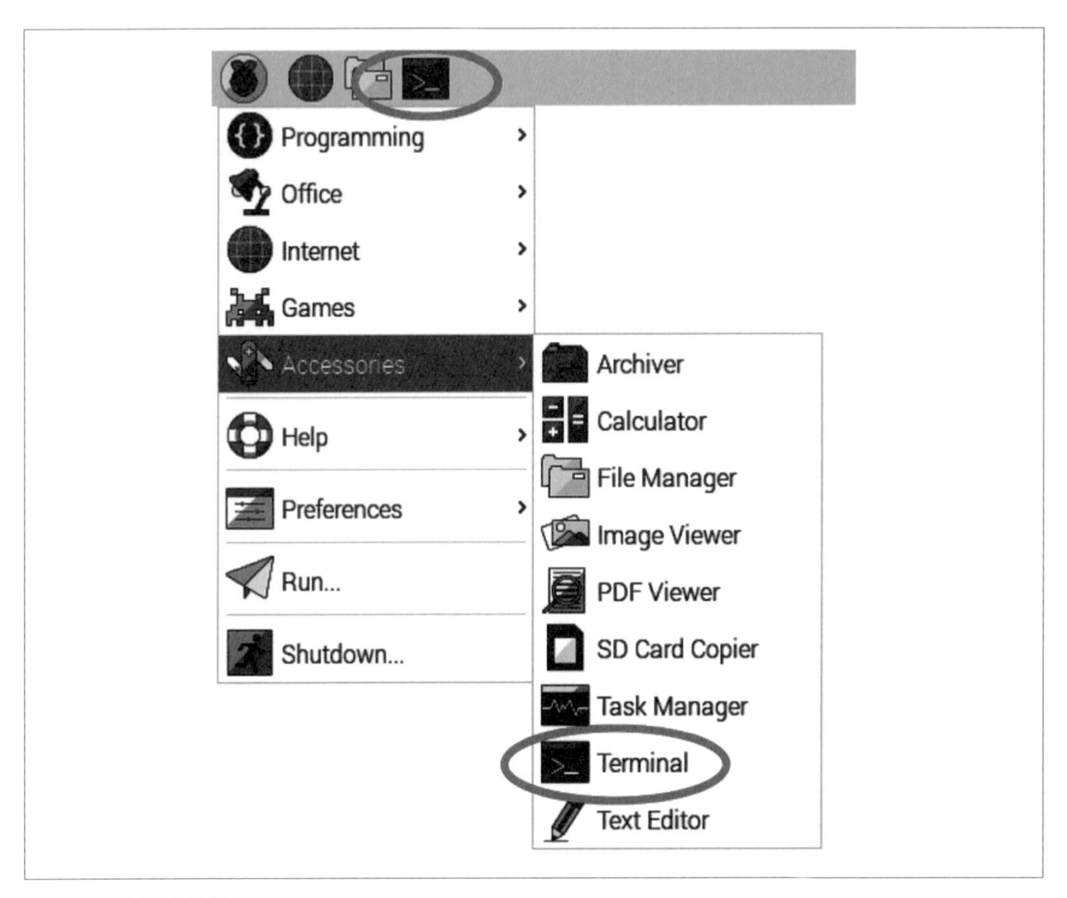

圖 3-5 開啟終端機

討論

當終端機開啟時，它會設成你的家目錄（*/home/pi*）。

你可以開啟任意數量的終端機階段（session）。有許多終端機開在不同目錄很有用，這樣就不用常常使用 `cd` 指令切換目錄（訣竅 3.4）。

使用終端機時，所有東西都是區分大小寫的。這表示如果你要下指令，輸入時必須使用正確的大小寫。例如，下一個訣竅會遇到的 `ls` 指令，必須打成 `ls`，而不是 `LS`、`Ls` 或 `lS`。類似地，所有的檔案名稱都是區分大小寫的，所以名為 *picture.jpg* 的檔案和 *Picture.jpg* 是兩個不同的檔案。

參閱

在下一小節（訣竅 3.4），你將會看到使用終端機巡覽目錄結構。

3.4 使用終端機巡覽檔案系統

問題

你想知道如何以終端機更改目錄和在檔案系統移動。

解決方案

主要用於巡覽檔案系統的指令是 `cd`（更改檔案目錄，change directory）。在 `cd` 的後面，你需要指定你想去的目錄。這可以是你目前路徑的**相對**路徑或是檔案系統某處的**絕對**路徑。

要查看目前是什麼目錄，請使用 `pwd`（印出工作目錄，print working directory）指令。

討論

試看看一些範例。開啟終端機，你應該會看到像這樣的提示：

```
pi@raspberrypi: ~ $
```

你在每個指令後看到的提示（`pi@raspberrypi: ~ $`）是提醒你使用者名稱（`pi`）和電腦名稱（`raspberrypi`）。~ 字元是你家目錄的簡寫（*/home/pi* 或任何你設定 Raspberry Pi 時選的名稱）。所以此時你可以如下更改目前目錄至你的家目錄：

```
$ cd ~
```

本書中，所有你預期要輸入指令之處，我都會在每一行開頭使用 `$`。這叫做提示符號（*prompt*）。命令列的回應則不會前綴任何東西，會直接顯示在 Raspberry Pi 的螢幕。

你可以使用 `pwd` 指令確認該指令確實設定目錄為 *home*：

```
$ pwd
/home/pi
```

如果你想在目錄結構向上移動一層，你可以使用 `..`（兩個點）這個特別的值，如此處所示：

```
$ cd ..
$ pwd
/home
```

如你所思，特定檔案或目錄的路徑是由 / 分隔的字所組成。所以整個檔案系統的最根源處（root）是 /，而要在 / 內存取家目錄，會指向 */home/*。接著，於其中找到 *pi* 目錄，會使用 */home/pi/*。可以忽略路徑最後的 /。

路徑可以是**絕對的**（由 / 開頭，指定從根目錄開始的全部路徑），或是**相對於**目前工作目錄，在這樣的情況，絕對不會以 / 開頭，它會假設起點是目前目錄。例如，由根目錄（/）開始，你可以用相對路徑巡覽至家目錄（假設使用者名稱是 pi），像這麼做：

```
$ cd /
$ pwd
/
$ cd home/pi
$ pwd
/home/pi
```

你會有家目錄檔案的完全存取權，但是當移動到系統檔案和應用程式存放之處時，對某些檔案的存取權會被限制成唯讀。你可以推翻此限制（訣竅 3.12），但是有一些狀況要留意。

輸入 `cd /` 和 `ls` 指令以查看目錄結構的**根目錄**，如圖 3-6 所示。

```
pi@raspberrypi:~ $ cd /
pi@raspberrypi:/ $ ls
bin   dev  home  lost+found  mnt  proc  run   srv  tmp  var
boot  etc  lib   media       opt  root  sbin  sys  usr
pi@raspberrypi:/ $
```

圖 3-6　列出目錄的內容

`ls` 指令（列出，list）會列出根目錄下的所有檔案和目錄。你可以看到家目錄被列出，這是你剛剛來的目錄。

現在使用圖 3-7 顯示的指令變更至其中一個目錄。

```
pi@raspberrypi:/ $ cd lib
pi@raspberrypi:/lib $ ls
arm-linux-gnueabihf  firmware                                ld-linux.so.3          lsb          terminfo
console-setup        ifupdown                                libnih-dbus.so.1       modprobe.d   udev
cpp                  init                                    libnih-dbus.so.1.0.0   modules
crda                 klibc-z-GH4vbo1mvhrmAe8pZWxAgGeP0.so    libnih.so.1            resolvconf
dhcpcd               ld-linux-armhf.so.3                     libnih.so.1.0.0        systemd
pi@raspberrypi:/lib $
```

圖 3-7 變更目錄和列出內容

你會看到檔案和資料夾有顏色標記。檔案以不同顏色顯示，資料夾是深藍色。

除非你特別喜歡打字，不然 Tab 鍵能提供方便的捷徑。當你開始輸入檔名時，按下 Tab 鍵能讓自動補齊功能嘗試補齊檔案名稱。例如，若你要更改目錄至 *network*，輸入指令 `cd netw`，接著按下 Tab 鍵。因為 *netw* 夠獨特以辨識出檔案或目錄，所以按下 Tab 鍵能自動補齊它。

如果你輸入的不夠獨特來辨識出檔案或目錄，再按下 Tab 一次會顯示出到目前為止可能符合你輸入的選項清單。所以如果你輸入 *ne* 就停止，並按下 Tab 鍵，你會看到像圖 3-8 的內容。

```
pi@raspberrypi:/lib $ cd /etc/ne
network/ newt/
pi@raspberrypi:/lib $ cd /etc/ne
```

圖 3-8 使用 Tab 鍵自動補齊

你可以在 `ls` 的後面提供額外的選項來縮減你要列出的內容。更改目錄至 */etc*，並執行以下指令：

```
$ ls f*
fake-hwclock.data  fb.modes  fstab  fuse.conf

fonts:
conf.avail  conf.d  fonts.conf  fonts.dtd

foomatic:
```

```
defaultspooler  direct  filter.conf

fstab.d:
pi@raspberrypi /etc $
```

* 字元稱為通配符（wildcard）。在 ls 之後指定 f* 是表示我們想要列出 *f* 開頭的所有東西。

結果會先列出 */etc* 內所有 *f* 開頭的檔案，再列出所有 *f* 開頭之目錄之的內容。

通配符的常見用法是列出特定副檔名的所有檔案（例如，*.docx）。

Linux 的慣例（和許多其他作業系統）是前綴句號的任何檔案應該對使用者隱藏。任何這樣命名的檔案或資料夾都不會在你輸入 ls 時出現，除非你提供 -a 選項給 ls。

例如：

```
$ cd ~
$ ls -a
.                                   Desktop             .pulse
..                                  .dillo              .pulse-cookie
Adafruit-Raspberry-Pi-Python-Code  .dmrc               python_games
.advance                            .emulationstation   sales_log
.AppleDB                            .fltk               servo.py
.AppleDesktop                       .fontconfig         .stella
.AppleDouble                        .gstreamer-0.10     stepper.py.save
Asteroids.zip                       .gvfs               switches.txt.save
atari_roms                          indiecity           Temporary Items
.bash_history                       .local              thermometer.py
.bash_logout                        motor.py            .thumbnails
.bashrc                             .mozilla            .vnc
.cache                              mydocument.doc      .Xauthority
.config                             Network Trash Folder .xsession-errors
.dbus                               .profile            .xsession-errors.old
```

如你所見，家目錄大部分的檔案和資料夾都是隱藏的。

參閱

要更改檔案權限，請見訣竅 3.14

3.5 複製檔案或資料夾

問題

你要使用終端機複製檔案。

解決方案

使用 cp 指令來複製檔案和目錄。

討論

當然你可以使用檔案總管，和複製貼上選單（訣竅 3.1）或是鍵盤捷徑來複製檔案。

在終端機複製的最簡單例子是在你的工作目錄建立檔案複本。cp 指令之後先接著要複製的檔案，再接著要賦予新檔案的名稱。

例如，下列程式碼會建立名為 *myfile.txt* 的檔案，然後建立名為 *myfile2.txt* 的複本；你可以在訣竅 3.9 找到更多關於使用 > 指令建立檔案的技巧：

```
$ echo "hello" > myfile.txt
$ ls
myfile.txt
$ cp myfile.txt myfile2.txt
$ ls
myfile.txt    myfile2.txt
```

雖然在此範例中，兩個檔案路徑皆位於目前工作目錄中，但是檔案路徑可以是檔案系統中你有寫入權限的任何位置。以下範例會複製原始檔案至名為 */tmp* 的區域，這是放置暫存檔案之處（不要在該資料夾放任何重要的東西）：

```
$ cp myfile.txt /tmp
```

請注意在此例中，並未指定新檔案的名稱，只有它要去的目錄。這會在 */tmp* 建立 *myfile.txt* 的同名複本 *myfile.txt*。

有時候，你可能想複製整個目錄內全部的檔案和其他目錄，而不是只複製一個檔案。要複製目錄和它全部的內容，你需要使用 -r 選項（表示遞迴，recursive）：

```
$ cp -r mydirectory mydirectory2
```

每當複製檔案或資料夾時，若你沒有權限，指令的結果會告訴你。如果是這種情況，會需要修改你要複製進去的資料夾權限（訣竅 3.14）或以超級使用者權限來複製（訣竅 3.12）。

參閱

你也可以修改檔名而不複製它們；請見訣竅 3.6。

關於 `cp` 指令眾多參數選項的敘述，請見 *https://oreil.ly/Cq2SJ*。

3.6 檔案或資料夾重新命名

問題

你想要用終端機重新命名檔案。

解決方案

請使用 `mv` 指令來重新命名檔案和目錄。

討論

`mv`（移動，move）指令的用法類似於 `cp` 指令，除了要移動的檔案或資料夾只是改名而非被複製以外。

例如，要將 *my_file.txt* 改名為 *my_file.rtf*，可以使用下列指令：

```
$ mv my_file.txt my_file.rtf
```

重新命名目錄也很簡單，不需要使用複製時用的遞迴 `-r` 選項，因為修改目錄名稱隱含著目錄內的一切都會包含在改名的目錄中。

參閱

要複製檔案或資料夾，請見訣竅 3.5。

3.7 編輯檔案

問題

你想從命令列執行編輯器以修改配置檔。

解決方案

請使用隨附於大多數 Raspberry Pi 發行版的 nano 編輯器。

討論

要使用 nano，只要輸入 **nano** 指令再加上檔名或檔案的路徑就好。如果檔案不存在，它會在你儲存時建立新檔。但是，這只有在你於要寫入檔案的目錄有寫入權限時才會執行。

從你的家目錄輸入 `nano my_file.txt` 以編輯或建立 *my_file.txt* 檔案。圖 3-9 顯示執行中的 nano。

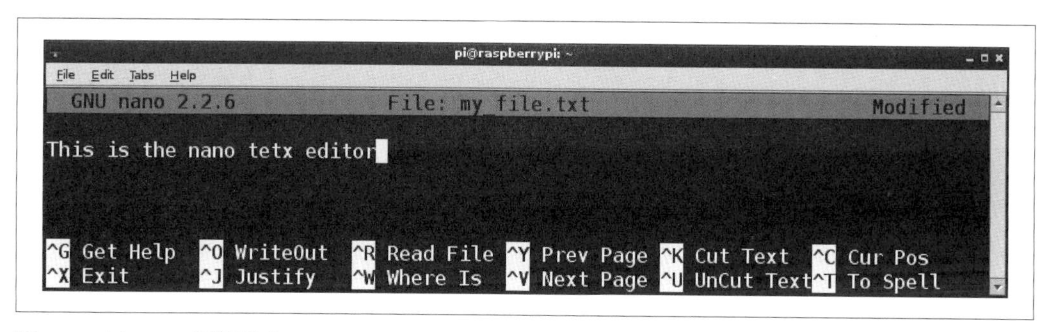

圖 3-9　以 nano 編輯檔案

你不能使用滑鼠來定位游標；一定要改用方向鍵。

螢幕下方列出了你能按下 Ctrl 加字母而執行的指令。但大部分不是那麼有用。你最可能用到的如下：

Ctrl-X

　離開。程式會提示你離開 nano 前先存檔。

Ctrl-V

　下一頁。可以將它想像成向下的箭頭。能讓你在大型檔案中一次移動一個畫面。

Ctrl-Y

　前一頁。

Ctrl-W

　在哪裡。能讓你搜尋一段文字。

Ctrl-O

　輸出。能寫入檔案且不會離開編輯器。

它也有一些簡單的複製貼上功能，但是實務上，以滑鼠右鍵選單使用一般的剪貼簿功能比較容易，如圖 3-10 所示。

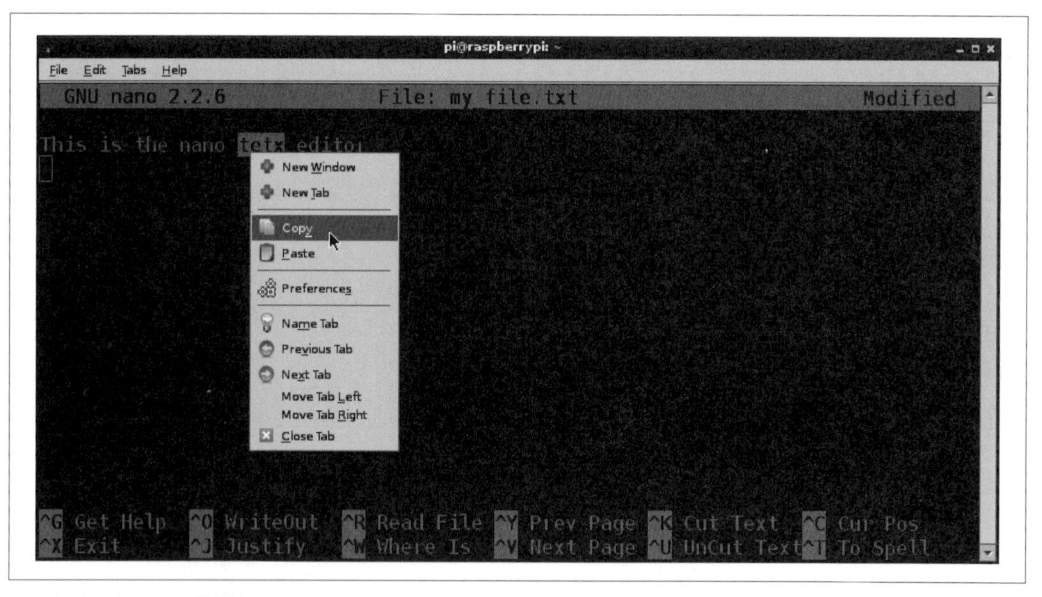

圖 3-10　於 nano 使用剪貼簿

使用此剪貼簿也讓你能在其他視窗間剪下貼上，例如：瀏覽器。

當準備好儲存檔案的修改並離開 nano 時，請使用 Ctr-X 指令。輸入 Y 確認你想儲存檔案。nano 會顯示儲存的預設檔名；按下 Enter 儲存並離開。

如果你想放棄你做的修改，請按下 N 代替 Y。

參閱

編輯器和個人喜好很有關係。Linux 有許多其他編輯器可以在 Raspberry Pi 運作良好。Vim（Vi IMproved）編輯器（*https://oreil.ly/y0fym*）在 Linux 世界中有許多粉絲。它也包含在受歡迎的 Raspberry Pi 發行版中。然而它對於初學者來說並不是簡單的編輯器。你能以和 nano 一樣的方式執行它，請將 `nano` 指令替換成 `vi`。

3.8 查看檔案內容

問題

你要查看一個小檔案的內容而不編輯它。

解決方案

使用 `cat` 指令或 `more` 指令來查看檔案。

例如：

```
$ more myfile.txt
這個檔案包含
一些文字
```

討論

`cat` 指令會顯示檔案的全部內容，即使檔案內容超過一個螢幕可顯示的範圍也一樣。

`more` 指令一次只會顯示一個螢幕的文字內容，按下空白鍵會再顯示下一個螢幕。

參閱

你也可以使用 `cat` 來連結（連接在一起）一些檔案（訣竅 3.32）。

另一個跟 `more` 有關的熱門指令是 `less`。`less` 和 `more` 很像，但是它能讓你在檔案中前後移動。

3.9 不用編輯器建立檔案

問題

你要不使用編輯器建立一行內容的檔案。

解決方案

使用 > 和 echo 指令重新導向你在命令列輸入的內容至檔案。

例如：

```
$ echo "檔案內容在此" > test.txt
$ more test.txt
檔案內容在此
```

> 指令會以相同檔名覆蓋已經存在的檔案，所以使用要謹慎。

討論

如果你只是想建立一個空的檔案，稍後再編輯它，你可以使用 touch 並在其後加上檔名，像這樣：

```
$ touch test.txt
```

若你對已存在的檔案使用 touch 指令，它會改變該檔案的時間戳記，就如同你剛剛編輯過它。

參閱

要使用 more 指令查看檔案而不使用編輯器，請見訣竅 3.8。

使用 > 捕捉其他種類的系統輸出，請見訣竅 3.31。

3.10 建立目錄

問題

你要使用終端機建立新目錄。

解決方案

`mkdir` 指令會建立新目錄。

討論

欲建立目錄，請使用 `mkdir` 指令。測試以下範例（請注意以下只顯示指令，未列出回應）：

```
$ cd ~
$ mkdir my_directory
$ cd my_directory
$ ls
```

你需要在欲建立目錄的目錄中有寫入權限。

參閱

關於使用終端機巡覽檔案系統的的資訊，請見訣竅 3.4。

3.11 刪除檔案或目錄

問題

你要用終端機刪除檔案或目錄。

解決方案

`rm` 指令會刪除檔案或目錄及其內容。使用此指令時應該要特別小心。

討論

刪除單一檔案是簡單又安全的。以下範例會從家目錄刪除檔案 *my_file.txt*；你可以使用 `ls` 指令確定它不見了：

```
$ cd ~
$ rm my_file.txt
$ ls
```

你需要在執行刪除的目錄有寫入權限。

你也可以在刪除檔案時使用 `*` 通配符。本範例會刪除目前目錄內所有 *my_file* 開頭的檔案：

```
$ rm my_file.*
```

你也可以輸入指令刪除目錄中所有的檔案：

```
$ rm *
```

如果你想遞迴地刪除目錄（不僅是目錄本身，還包括其中所有的檔案和目錄），你可以使用 `-r` 選項：

```
$ rm -r mydir
```

當從終端機視窗刪除檔案時，記得你並沒有資源回收桶這個保留刪除檔案的安全網。一般而言，你也沒有確認選項；檔案會立即被刪除。如果你將它和 `sudo` 指令結合在一起，這可以是毀滅性的操作（訣竅 3.12）。

參閱

關於使用終端機巡覽檔案系統的的資訊，請見訣竅 3.4。

如果你擔心不小心刪除檔案或資料夾，你可以設定指令別名以強制 `rm` 指令確認刪除（訣竅 3.36）。

3.12 以超級使用者特權執行任務

問題

有些指令會因為你權限不足而無法運作。

解決方案

你需要以超級使用者權限下指令。sudo（代替使用者執行，substitute user do）指令允許你以超級使用者權限執行動作。只要在指令之前加上 sudo 即可。

請小心 *sudo*

正如著名電影曾經說過的，能力愈強，責任愈大。sudo 指令允許你做非常危險的事，像是刪除會令 Raspberry Pi 不重灌 Raspberry Pi OS 就無法使用的重要系統檔案。

討論

你在命令列要執行的大部分任務通常都不需要超級使用者權限。最常見的例外是要安裝新軟體或編輯配置檔案。apt 指令是 Raspberry Pi OS 要安裝新軟體的主要方法。

你會在訣竅 3.17 中正式看到它。

另一個需要超級使用者權限的例子是 reboot 指令。如果你嘗試以一般使用者的身分執行它，會收到一些錯誤訊息：

```
$ reboot
Failed to set wall message, ignoring: Interactive authentication required.
Failed to reboot system via logind: Interactive authentication required.
Failed to open /dev/initctl: Permission denied
Failed to talk to init daemon.
```

若你前綴 sudo 來下達同樣的指令，指令會運作得很好：

```
$ sudo reboot
```

如果你有一大堆指令要以超級使用者權限執行，且不想在每個指令前綴 sudo，可以使用下列指令：

```
$ sudo sh
#
```

請注意提示符號如何從 $ 改成 #。所有的後續指令都會以超級使用者權限來執行。當想回歸一般使用者時，請輸入 exit 指令：

```
# exit
$
```

參閱

要了解更多關於檔案權限的資訊，請見訣竅 3.13。

要用 apt 安裝軟體，請見訣竅 3.17。

3.13 瞭解檔案權限

問題

你曾經看過伴隨檔名清單的奇怪字元。你想知道他們代表的意思。

解決方案

要查看檔案和目錄的權限和擁有者資訊，請以 -l 選項執行 ls 指令。

討論

執行 ls -l 指令（選項的字母是小寫 L），你會看到像這樣的結果：

```
$ ls -l
total 16
-rw-r--r-- 1 pi pi    5 Apr 23 15:23 file1.txt
-rw-r--r-- 1 pi pi    5 Apr 23 15:23 file2.txt
-rw-r--r-- 1 pi pi    5 Apr 23 15:23 file3.txt
drwxr-xr-x 2 pi pi 4096 Apr 23 15:23 mydir
```

ls 指令的第一行回應告訴你目錄中有 16 個檔案。

圖 3-11 顯示不同部分的清單資訊。第一個區塊包含權限資訊。第二個區塊中，數字 1（標記為「檔案」）表示有多少檔案在其中。這個欄位只有在列出的是目錄時看起來比較合理；如果是檔案，它都會是 1。下兩個條目（都是 pi）是檔案的擁有者和群組。檔案大小條目（第五個區塊）指出檔案的位元組數。修改日期在檔案每次編輯或修改時會改變，而最後的條目是檔案或目錄的真實名稱。

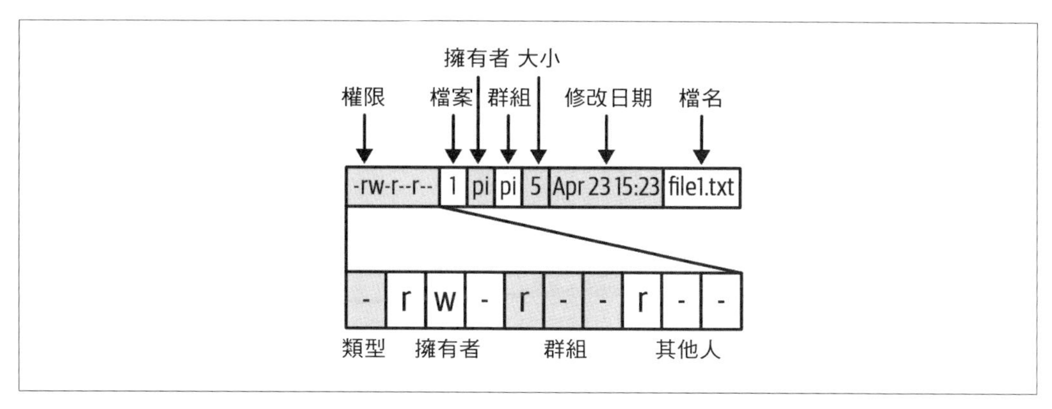

圖 3-11　檔案權限

權限區塊分為四個部分（類型、擁有者、群組和其他人）。第一個部分是檔案的類型。如果這是一個目錄，它就會是字元 d；如果是檔案，該條目會是 -。

下個部分包括指定檔案不同擁有者權限的三個字元。每個字元是一個開或關的旗標。如果擁有者有讀取權限，r 會在第一個字元的位置。如果擁有者有寫入權限，w 會在第二格。第三個位置在本例中是 -，如果檔案是擁有者可以執行的（程式或指令稿），那會是 x。

第三部分也有三個一樣的旗標，但是是表示此群組中的任何使用者。使用者可以被分配至群組。在此例中，檔案有使用者 pi 和群組擁有者 pi。如果其他使用者在群組 pi，他們會在此有特定權限。

最後的部分指定了不是 pi 也不在群組 pi 的使用者之權限。

因為大多數人只會以使用者 pi 來操作 Raspberry Pi，所以關於權限最有興趣之處是在第一部分。

參閱

要更改檔案權限，請見訣竅 3.14。

3.14 更改檔案權限

問題

你需要更改檔案權限。

解決方案

可以使用 chmod 指令修改檔案權限。

討論

通常想更改檔案權限的原因包括要編輯唯讀檔和賦予檔案執行權限以執行程式或指令稿。

chmod 指令允許你增加或移除檔案的權限。有兩種語法可以做到：一種使用八進位數表示（以 8 為底），另一種以文字表示。我們會使用容易理解的文字法

chmod 指令的第一個參數是要做的更改，第二個是要更改的檔案或資料夾。更改參數是以權限範圍（permission scope）的形式（+、-、= 分別表示增加、移除和設定）和權限類型來設定。

例如以下指令會增加 *file2.txt* 檔案擁有者（user）的執行（*x*）權限：

```
$ chmod u+x file2.txt
```

如果我們現在列出目錄內容，可以看到權限 x 已被加上了：

```
$ ls -l
total 16
-rw-r--r-- 1 pi pi    5 Apr 23 15:23 file1.txt
-rwxr--r-- 1 pi pi    5 Apr 24 08:08 file2.txt
-rw-r--r-- 1 pi pi    5 Apr 23 15:23 file3.txt
drwxr-xr-x 2 pi pi 4096 Apr 23 15:23 mydir
```

如果想要增加群組或其他人的執行權限，可以分別使用 g 和 o。字母 a 會增加所有人的權限。

你會時常看到使用數字設定權限的例子。例如：

```
$ chmod 777 file1.txt
```

其中每個數字代表擁有者、群組和其他人的三個位元。數字是八進位的，以 8 為底，它們的二進位值如下表所示。

八進位	二進位
0	000
1	001
2	010
3	011
4	100
5	101
6	110
7	111

例如，檔案權限 rwxr--r-- 會表示為數字 744。

參閱

關於檔案權限的背景知識，請見訣竅 3.13。

`chmod` 的八進位計算機，請見 *https://chmod-calculator.com*。

更改檔案擁有者請參閱訣竅 3.15。

3.15 更改檔案擁有者

問題

你要更改檔案擁有者。

解決方案

你可以用 `chown`（更改檔案擁有者，change owner）指令來修改檔案或目錄的擁有者。

討論

如我們於訣竅 3.13 所發現的，任何檔案或目錄都有擁有者及相關群組。但是大部分 Raspberry Pi 使用者只有一個使用者 pi，所以我們不需要擔心群組。

你偶爾會發現系統中的檔案是由 pi 以外的使用者所安裝的。在這種情況，可以使用 chown 更改檔案的擁有者。

要更改檔案的擁有者，可以用 chown，其後接著新的擁有者和群組，以分號分開，再加上檔名。

你或許會發現需要超級使用者權限來更改擁有者，遇到這種狀況時，要在指令前綴 sudo（訣竅 3.12）。此範例中，我們會將 *file2.txt* 的擁有者由 pi 更改為 root：

```
$ sudo chown root:root file2.txt
$ ls -l
total 16
-rw-r--r-- 1 pi   pi      5 Apr 23 15:23 file1.txt
-rwxr--r-- 1 root root    5 Apr 24 08:08 file2.txt
-rw-r--r-- 1 pi   pi      5 Apr 23 15:23 file3.txt
drwxr-xr-x 2 pi   pi   4096 Apr 23 15:23 mydir
```

參閱

關於檔案權限的背景知識，請見訣竅 3.13。

更改檔案權限也可請參閱訣竅 3.14。

3.16 螢幕截圖

問題

你要擷取 Raspberry Pi 螢幕的影像，並儲存至檔案。

解決方案

使用名稱詼諧的 scrot（SCReenshOT，螢幕截圖）的螢幕截圖軟體。

討論

最簡單的螢幕截圖方法是直接輸入 `scrot` 指令。這會立即擷取主要顯示器的螢幕影像，並將其存於目前目錄中名為 *2023-04-25-080116_1024x768_scrot.png* 之類的檔名。

有時候你想要擷取已開啟選單的螢幕截圖或當視窗不在焦點時會消失的東西。這種情況下，你可以使用 `-d` 選項指定截圖前的延遲時間：

```
$ scrot -d 5
```

延遲時間以秒數來指定。

如果你擷取整個螢幕，可以稍後再以影像編輯軟體裁切，例如：GIMP（訣竅 4.6）。然而，如果在一開始就只擷取螢幕特定區域的話會更方便，可以使用 `-s` 選項這麼做。[譯註1]

要使用這個選項，請輸入下列指令，然後以滑鼠拖曳來定義要想擷取的螢幕區域：

```
$ scrot -s
```

檔名會包含擷取影像的像素尺寸。

參閱

`scrot` 指令有許多其他選項控制像使用多螢幕和更改存檔格式的東西。可以輸入以下指令在 `scrot` 的 manpage 中找到更多它的功能：

```
$ man scrot
```

> **Manpages**
>
> 幾乎所有的 Raspberry Pi OS 的指令都有 manpages（manaul pages，線上手冊），可以輸入指令名稱（譯按：`man`），後面接著指令本身的名稱來看到它。但是指令的 manpage 並非都是平易近人的，它是完整的指令參考資料，而不是簡單的使用指引。所以在網路上搜尋指令用法常常是比較好的做法。

譯註 1　scrot 近似 scrotum（陰囊）。

3.17 以 apt 安裝軟體

問題

你想使用命令列安裝軟體。

解決方案

最常用來從終端機安裝軟體的工具是 apt（Advanced Packaging Tool，進階套件工具）。

指令必須以超級使用者身分執行，其基本格式如下：

```
$ sudo apt install <軟體名稱>
```

例如，要安裝 AbiWord 文書處理軟體，你可以輸入此指令：

```
$ sudo apt install abiword
```

討論

apt 套件管理程式使用一個可用軟體清單。這個清單內含於 Raspberry Pi 作業系統發行版中，但是很有可能過期了。所以在以 apt 安裝新軟體前，每次都執行以下指令更新清單是一個好主意：

```
$ sudo apt update
```

清單和要安裝的軟體套件都在網際網路上，所以除非 Raspberry Pi 有連上網際網路，否則會無法運作。

如果更新時出現像 E: Problem with MergeList /var/lib/dpkg/status 的錯誤訊息，請嘗試執行這些指令，它們會移除有問題的檔案，以新的空檔案替代：

```
$ sudo rm /var/lib/dpkg/status
$ sudo touch /var/lib/dpkg/status
```

因為必須下載檔案並安裝，所以安裝過程常常需要花一些時間。有些安裝也會新增捷徑到桌面或 Raspberry 選單的程式群組。

你可以使用 `apt search` 指令，後面接著要搜尋的字串，例如 `abiword`，來搜尋要安裝的軟體。然後就會顯示符合條件的可安裝套件清單。

參閱

要移除你不再需要的軟體以釋放出空間，請見訣竅 3.18。

要從 GitHub 下載軟體原始碼，請見訣竅 3.21。

以 pip 安裝 Python 程式，請見訣竅 3.19。

使用圖形化介面安裝軟體，請見訣竅 4.2。

3.18 以 apt 移除已安裝軟體

問題

你已經使用 `apt` 安裝許多軟體，現在發現想要移除其中一些軟體。

解決方案

`apt` 公用程式有個選項（`remove`）能移除軟體套件，但是它只會移除以 `apt install` 安裝的套件。

例如，如果想移除 AbiWord，你可以使用以下指令：

```
$ sudo apt remove abiword
```

討論

像這樣移除套件不一定能刪除所有東西，因為套件時常會有一起安裝的必須套件。移除它們，你可以使用 `autoremove` 選項，如下所示：

```
$ sudo apt autoremove abiword
$ sudo apt clean
```

`apt clean` 選項會進一步整理未使用的套件安裝檔。

參閱

使用 apt 安裝軟體請見訣竅 3.17。

3.19 使用 pip3 安裝 Python 套件

問題

你想用 pip3 或 pip（Pip installs packages，Pip 安裝套件）套件管理程式安裝 Python 程式庫。

解決方案

如果你有最新版的 Raspberry Pi OS，則已經安裝好 pip3 了，可以從命令列執行它。pip3 能安裝 Python 3 套件，在可能需要安裝 Python 2 套件的極少情況，則使用 pip。

這裡是使用 pip3 安裝的範例：

```
$ pip3 install pyserial
```

如果你的系統沒有安裝 pip3，可以用這個指令安裝：

```
$ sudo apt install python3-pip
```

有時候想安裝 Python 2 和 Python 3 兩種版本的軟體套件，可能會發現你以 pip 和 pip3 執行相同指令。

討論

雖然許多 Python 程式庫可以使用 apt 安裝（見訣竅 3.17），但有些不能，必須使用 pip 代替。

參閱

使用 apt 安裝軟體，請見訣竅 3.17。

3.20 從命令列提取檔案

問題

你想從網際網路下載檔案，但不使用瀏覽器。

解決方案

你可以使用 wget 指令從網際網路提取檔案。

例如，以下指令會從 *https://www.icrobotics.co.uk* 提取 *Pifm.tar.gz* 檔案：

```
$ wget http://www.icrobotics.co.uk/wiki/images/c/c3/Pifm.tar.gz
--2013-06-07 07:35:01--  http://www.icrobotics.co.uk/wiki/images/c/c3/Pifm.tar.gz
Resolving www.icrobotics.co.uk (www.icrobotics.co.uk)... 155.198.3.147
Connecting to www.icrobotics.co.uk (www.icrobotics.co.uk)|155.198.3.147|
:80... connected.
HTTP request sent, awaiting response... 200 OK
Length: 5521400 (5.3M) [application/x-gzip]
Saving to: `Pifm.tar.gz'

100%[=================================================>] 5,521,400    601K/s

2018-06-07 07:35:11 (601 KB/s) - `Pifm.tar.gz' saved [5521400/5521400]
```

如果 URL 包含任何特殊字元，將它們加上雙引號會是個好主意。

討論

你會發現有些安裝軟體的說明依靠 wget 指令提取檔案。通常從命令列執行比使用瀏覽器找到檔案、下載並複製到你要的地方還更方便。

wget 指令接受要下載檔案的 URL 當作引數，並下載它至目前目錄。它通常用來下載某些類型的壓縮檔，但也可以下載任何網頁。所以舉例來說，可以用這個指令下載 Google 首頁至名為 *index.html* 的檔案：

```
$ wget google.com
```

參閱

以 `apt` 安裝軟體的資訊，請見訣竅 3.17。

3.21 以 Git 提取原始碼

問題

有時候 Python 程式庫和其他軟體放在 GitHub 網站或其他線上 Git 儲存庫託管。你需要能提取它們到你的 Raspberry Pi。

解決方案

要使用 Git 儲存庫的程式碼，需要使用 `git clone` 指令來建立你自己的複本。

例如，以下指令會下載本書所有範例原始碼到一個新的資料夾：

```
$ git clone https://github.com/simonmonk/raspberrypi_cookbook_ed4.git
```

隨著要複製程式碼的 URL，有一個可以用瀏覽器訪視的網頁。如果你至本書的 GitHub 網頁（*https://oreil.ly/5fUnD*），你會發現類似圖 3-12 所示的網頁。

按下 Code（程式碼）按鈕能複製儲存庫的 URL，然後在終端機內將其貼於 `git` 指令之後。

討論

Git 和 GitHub 是不同的。*Git* 是用來管理程式碼的軟體，而 *GitHub* 是以 Git 推送程式碼以託管的眾多網站之一。事實上，如果你想的話，你可以在 Raspberry Pi 託管你自己的 Git 儲存庫。然而，使用基於 Git 的網站，像是 GitHub 或 GitLab，有許多好處：

- 你的程式碼儲存在雲端，所以如果磁碟（或 SD 卡）損毀了，你不會遺失程式碼。
- 程式碼是公開可見的，所以其他人可以查看並使用它，而如果他們發現有錯誤，可能會提供修補方法給你。
- 你可以在 README 檔案中上傳與專案相關的文件，並讓所有人看到它。

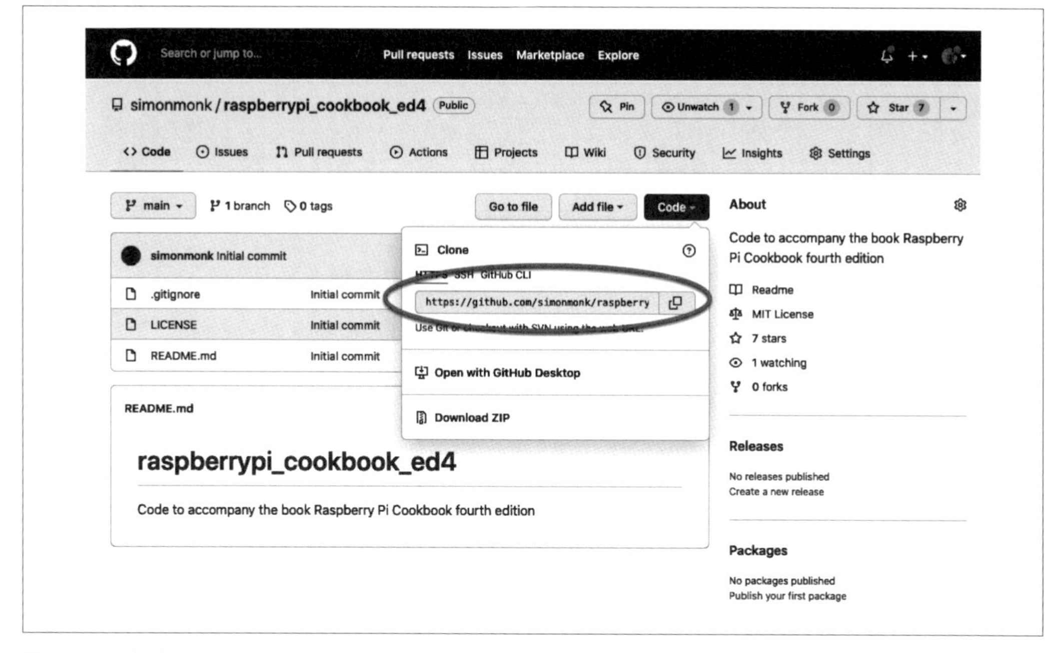

圖 3-12　本書的 GitHub 儲存庫頁面

如果你認為你正在進行一個其他人可能有興趣的 Raspberry Pi 專案，我會建議使用 GitHub 或 GitLab 來託管你的程式碼。稍微要學一點東西，但是這些付出是值得的。

另一個使用 Git（無論是在本地端或是使用 GitHub 的服務）的優點是每次你在專案中做的許多努力，可以將其推送為程式碼的主要（master）複本。這不會取代已經在其上的程式碼，它會儲存為新的版本。你可以於犯錯時，在任何時候回復舊版本的程式碼。

用於 1-wire 與 SPI 介面的 master（主）和 slave（從）這兩個詞在許多年前被寫入標準和程式碼。這些詞的來源明顯是有問題的。有一些運動想將這個術語替換為比較現代的用語（或技術上更正確）。但不幸的是，在程式庫和標準更新前，我們仍然會繼續使用這些名稱。

我將我所有書籍和專案的程式碼都託管於 GitHub。這些是我建立新儲存庫時所採取的步驟：

1. 前往你的 GitHub 首頁（你需要建立一個帳號），按下 + 按鈕並選擇新儲存庫（New Repository）選項。

2. 幫儲存庫取一個名稱和簡短敘述。

3. 選擇「以 README 初始化本儲存庫」選項

4. 選擇授權 —— 我選擇 MIT 無非是出於我對這所令人敬畏的學習機構的尊重，以此推論，如果它提供使我能夠分享成果的授權，應該是很好的選擇。

5. 按下「建立儲存庫（Create Repository）」。

6. 回到你的電腦（Raspberry Pi 或其他電腦），開啟終端機（訣竅 3.3）

7. 執行 `git` 指令加上儲存庫的 URL。這會建立專案的資料夾。當你輸入以下指令時，在此資料夾寫入的任何檔案最後都會存到 GitHub 上：

```
$ git add .
$ git commit -m "你想修改或新增的訊息"
$ git push
```

第一個指令會新增所有修改過或新增加的檔案到提交檔案清單。`commit` 指令提供一個選項讓你解釋提交了什麼新的的變更。最後，`push` 指令會將變更推送到 GitHub。此時會提示你輸入 GitHub 帳號和密碼。密碼實際上是從你的 GitHub 帳號產生的 token。

你會發現 GitHub 是 Python 和其他 Raspberry Pi 使用程式碼的豐富來源。尤其對不同類型硬體的軟體介面更是如此，像是顯示器和感測器。

參閱

請學習更多關於 Git（*http://www.git-scm.com*）和 Git 託管服務 GitHub（*http://www.github.com*）與 GitLab（*https://gitlab.com*）的資訊。

關於下載本書程式碼和相關檔案的資訊，請見訣竅 3.22。

3.22 提取本書隨附的程式碼

問題

你要下載本書所有原始碼和相關檔案。

解決方案

你可以如訣竅 3.21 所述從 GitHub 複製檔案，或像此處描述地從 GitHub 下載單一 ZIP 壓縮檔。

取得本書下載檔案的好起點是在 Raspberry Pi 上使用瀏覽器到本書網頁（*http://simonmonk.org/pi-cookbook-ed4*）。在這裡除了有本書程式碼託管於 GitHub 上的連結，你還會找到關於本書的勘誤或其他資訊。

所以無論你從網站或直接從 GitHub 網頁（*https://oreil.ly/nH5yl*）開始，當你按下程式碼（Code）按鈕，你會看到下載 ZIP（Download ZIP）的選項（圖 3-13）。

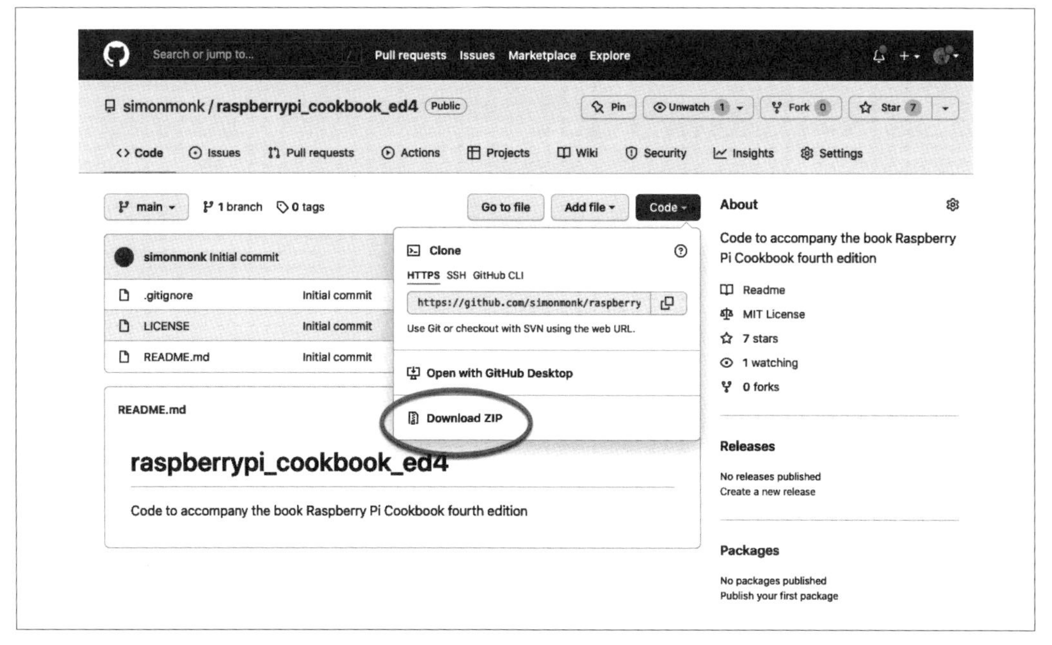

圖 3-13　從本書的 GitHub 儲存庫頁面下載 ZIP 檔案

按下下載 ZIP（Download ZIP）的選項。Chromium 會將其儲存到下載（Downloads）資料夾。按下下載 ZIP 旁的向下箭頭，選擇「顯示於資料夾（Show in folder）」選項。

這會在下載資料夾開啟檔案總管視窗。請找出剛下載的 ZIP 檔案。

按兩下 ZIP 檔案以開啟 Xarchiver 工具，並按下「解壓縮檔案（Extract files）」圖示。

在出現的對話框中，修改解壓縮路徑為 */home/pi*，並按下解壓縮（Extract）。

檔案解壓縮後，在你的家目錄中會有一個內有本書下載檔案的新資料夾。

討論

如果你使用檔案總管查看家目錄中的內容，你會發現一個名為 *raspberry_pi_cookbook_ed4-master* 的資料夾。

參閱

更多關於使用 Git 與 GitHub 的資訊，請見訣竅 3.21。

3.23 開機時自動執行程式

問題

你希望 Raspberry Pi 開機時自動執行程式或指令稿。

解決方案

修改你的 *rc.local* 檔案來執行你要的程式。

使用以下指令編輯 */etc/rc.local*：

```
$ sudo nano /etc/rc.local
```

在以 # 開頭的註解列第一個區塊後方新增下列這行：

```
$ /usr/bin/python /home/pi/my_program.py &
```

在指令行最後加上 & 以讓指令在背景執行是很重要的；否則你的 Raspberry Pi 會無法完成開機流程。

討論

這個自動執行程式的方法需要很小心地編輯 *rc.local*，否則可能會讓 Raspberry Pi 無法開機。

參閱

訣竅 3.24 會詳述一個比較安全的自動執行程式方法。

3.24 將程式自動啟動為服務

問題

你想在每次 Raspberry Pi 開機時排定自動啟動的指令稿或程式。

解決方案

大多數 Raspberry Pi 發行版作為基礎的 Debian Linux 使用一種基於相依性的機制，在啟動時自動執行指令。使用上會有點複雜，牽涉到建立你想執行指令稿或程式的配置檔，它會在名為 *init.d* 的資料夾。

討論

以下範例會示範如何在家目錄執行 Python 指令稿。指令稿可以做任何事，但是在這個例子中，指令稿會執行一個簡單的 Python 網頁伺服器，這會在訣竅 7.17 進一步敘述。

其步驟為：

1. 建立 *init* 指令稿。
2. 讓 *init* 指令稿可被執行。
3. 讓系統知道這個新的 *init* 指令稿。

首先，要建立 *init* 指令稿。需在 */etc/init.d/* 資料夾建立它。此指令稿可命名為任意名稱，但是在此例中，我們會稱它為 `my_server`。

以下列指令使用 nano 建立新檔案：

```
$ sudo nano /etc/init.d/my_server
```

將以下程式碼貼到編輯器視窗並存檔。因為要輸入很多字，所以如果你是閱讀本書的紙本版，你可以從這個網頁複製貼上程式碼（*https://oreil.ly/otjS3*），往下捲動直到你看到本章節和訣竅：

```
### BEGIN INIT INFO  INIT 資訊開始
# Provides: my_server
# Required-Start: $remote_fs $syslog $network
# Required-Stop: $remote_fs $syslog $network
# Default-Start: 2 3 4 5
# Default-Stop: 0 1 6
# Short-Description: 簡易網頁伺服器
# Description: 簡易網頁伺服器
### END INIT INFO  INIT 資訊結束

#! /bin/sh
# /etc/init.d/my_server

export HOME
case "$1" in
  start)
    echo " 啟動我的伺服器 "
    sudo /usr/bin/python /home/pi/myserver.py  2>&1 &
  ;;
stop)
  echo " 關閉我的伺服器 "
  PID=`ps auxwww | grep myserver.py | head -1 | awk '{print $2}'`
  kill -9 $PID
  ;;
*)
  echo " 用法 : /etc/init.d/my_server {start|stop}"
  exit 1
;;
esac
exit 0
```

自動化執行指令稿有大量的工作要做，但是大部分是每個服務都一樣的樣本程式碼。要執行不同的指令稿，只需逐步修改指令稿的描述和你要執行的 Python 檔案名稱。

下一步是讓檔案可被擁有者執行，要使用下列指令：

```
$ sudo chmod o+x /etc/init.d/my_server
```

程式現在已設定為服務了，在你將它設為開機自動啟動前，可以用以下指令測試一切是否正常：

```
$ /etc/init.d/my_server start
啟動我的伺服器
Bottle v0.11.4 server starting up (using WSGIRefServer())...
Listening on http://192.168.1.16:80/
Hit Ctrl-C to quit.
```

最後，如果執行沒問題，使用下列指令讓系統知道你所定義的新服務：

```
$ sudo update-rc.d my_server defaults
```

參閱

讓程式自動執行的簡單方法，請見訣竅 3.23。

更多關於更改檔案和資料夾權限的資訊，請見訣竅 3.13。

3.25 定期自動執行服務

問題

你想每天一次或定期執行一個指令稿。

解決方案

使用 Linux 的 crontab（chronological table，時序表）指令。

要這麼做，Raspberry Pi 需要知道時間，因此要有網路連線。

討論

crontab 指令讓你能排定要定期發生的事件。可以是每天或每小時，而你可以定義複雜的模式，所以不同的事物可以在一週中的不同天發生。這對於在半夜執行的備份任務來說很有用。

你可以使用以下指令編輯排程的事件：

```
$ crontab -e
```

如果你要執行的程式需要以超級使用者權限執行，需要將所有的 crontab 指令前綴 sudo（訣竅 3.12）。

註解行（以 # 開頭）指出了 crontab 行的格式。數字依序是分、時、日、月和星期幾，再接著你要執行的指令。

如果相對位置有 *，表示「每」的意思；如果是數字，則腳本只會於當月的該分 / 時 / 日執行。

例如，要於每天半夜一點執行 *myscript.sh*，你要加入圖 3.14 所示的那行。

圖 3.14　編輯 crontab

藉由在星期欄位指定數字範圍，像 1–5（星期一至星期五），指令稿將只會在那些天的半夜 1 點執行，如這裡示範的：

```
0 1 * * 1-5 /home/pi/myscript.sh
```

如果你的指令稿需從特定目錄執行，可以使用分號（;）來分隔多個指令，如下所示：

```
0 1 * * * cd /home/pi; python mypythoncode.py
```

參閱

你可以輸入這個指令以檢視 crontab 完整的 manpage 文件：

```
$ man crontab
```

3.26 尋找檔案

問題

你要尋找在系統某處的一個檔案。

解決方案

使用 Linux 的 find 指令。

討論

於指令開頭指定一個目錄，find 指令會搜尋你指定的檔案，如果它找到檔案就會顯示檔案位置。

例如：

```
$ find /home/pi -name gemgem.py
/home/pi/python_games/gemgem.py
```

你能在目錄樹的不同位置開始搜尋，甚至能在整個檔案系統的根目錄（/）開始。搜尋整個檔案系統會花很長的時間，也可能會產生錯誤訊息。你可以在行尾加上 2>/dev/null 來重新導向這些錯誤訊息。

要在整個檔案系統搜尋檔案，請使用以下指令：

```
$ find / -name gemgem.py 2>/dev/null
/home/pi/python_games/gemgem.py
```

請注意如果最後有錯誤訊息時，會因為 2>/dev/null 重新轉向輸出結果而很難得知。你可以在訣竅 3.31 找到更多關於重新導向的資訊。

你也可以如下使用通配符搭配 find 指令：

```
$ find /home/pi -name match*
/home/pi/python_games/match4.wav
/home/pi/python_games/match2.wav
/home/pi/python_games/match1.wav
/home/pi/python_games/match3.wav
/home/pi/python_games/match0.wav
/home/pi/python_games/match5.wav
```

參閱

find 指令有許多搜尋的進階功能。請使用這個指令以檢視 find 完整的 manpage 文件：

```
$ man find
```

3.27 利用命令列歷史紀錄

問題

你想要重複命令列指令而不必重新輸入。

解決方案

使用上下方向鍵從指令歷史清單中選擇先前的指令，和使用 history 指令與 grep 來尋找其他指令。

討論

你可以按上方向鍵存取前一個執行過的指令。再按一次會出現再往前一個指令，以此類推。如果你按太多下，可以按下方向鍵回來。

若你要取消且不執行選擇的指令，請按 Ctrl-C。Ctrl-C 是停止你正在執行工作的命令列指令；在許多情況下，它會將整個程式終止。

隨著時間過去，你的命令列指令歷史會成長得過於龐大，以致於你無法使用方向鍵找到之前曾使用過的指令。要找回之前的指令，可以使用 history 指令：

```
$ history
    1  sudo nano /etc/init.d/my_server
    2  sudo chmod +x /etc/init.d/my_server
    3  /etc/init.d/my_server start
    4  cp /media/4954-5EF7/sales_log/server.py myserver.py
    5  /etc/init.d/my_server start
    6  sudo apt update
    7  sudo apt install bottle
    8  sudo apt install python-bottle
```

這會列出命令列指令歷史清單，過多的條目可能使你無法找到你要的指令。你能使用 | 字元以管線（*pipe*）（請見訣竅 3.33）將 grep 指令連接 history 指令來改善，grep 指令只會顯示符合搜尋字串的結果。舉例來說，要找出所有下達過的 apt 指令（訣竅 3.17），可以使用這行指令：

```
$ history | grep apt
    6  sudo apt update
    7  sudo apt install bottle
    8  sudo apt install python-bottle
   55  history | grep apt
```

每個歷史紀錄項目旁都有數字，所以你只要找到你要的那一行，就可以使用！透過歷史紀錄數字來執行它，如此處所示：

```
$ !6
sudo apt update
.....
```

參閱

要尋找檔案而非指令，請見訣竅 3.26。

3.28 監看處理器活動

問題

Raspberry Pi 有時候會執行得比較慢，所以你要查看是什麼佔用了處理器。

解決方案

請使用工作管理員（Task Manager）公用程式，你可以在 Raspberry 選單的附屬應用程式群組找到它。（圖 3-15）。

工作管理員允許你撇一眼有多少 CPU 和記憶體被利用。也可以在行程上按右鍵，從顯示的彈出選單中選擇終止（kill）它的選項。

視窗上方的長條圖顯示總 CPU 與記憶體使用量。下方會列出所有行程，你可以看到它們的 CPU 佔用比例。

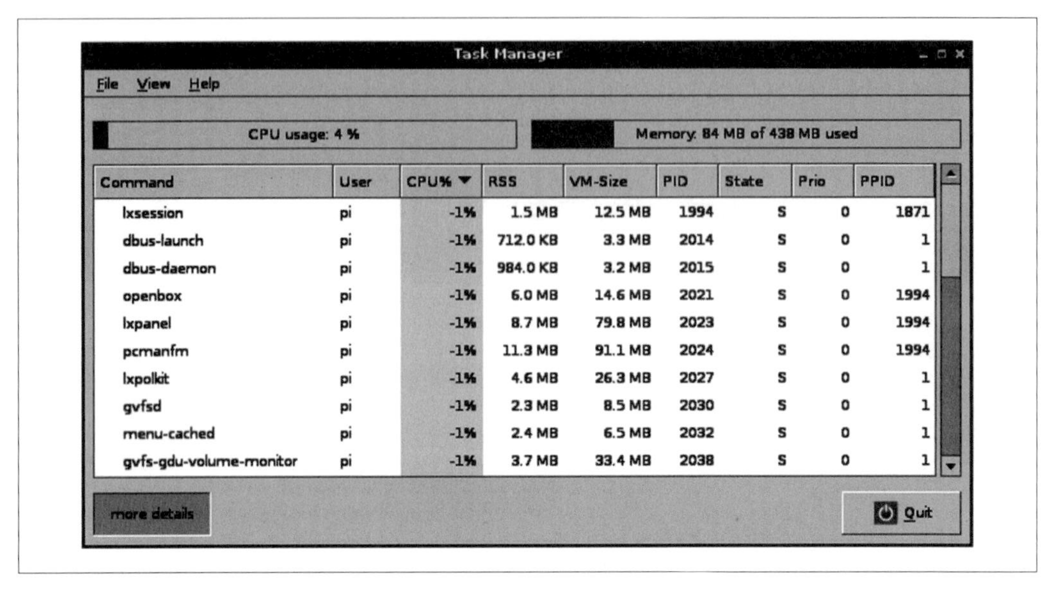

圖 3-15　工作管理員

討論

如果你喜歡從命令列這麼做，請使用 Linux 的 top 指令以顯示關於處理器與記憶體使用率和哪個行程使用最多資源（圖 3-16）。你可以使用 kill 指令終止一個行程。你會需要以超級使用者身分來執行。

在此例中，你可以看到第一個行程是一個使用 97% CPU 的 Python 程式。第一欄顯示它的行程 ID（2447）。要終止行程，請輸入這個指令：

```
$ kill 2447
```

這個方式很有可能會終止某些必要的作業系統行程，但是如果你真的這麼做，請關閉你的 Pi 再重新啟動，就能恢復正常。

有時候可能有執行中的行程無法於你使用 top 時立刻看到。若是遇到這種狀況，你可以使用 ps 指令，並將結果以管線（訣竅 3.33）傳到 grep 指令（訣竅 3.27），它會搜尋結果並強調出你有興趣的項目。

```
pi@raspberrypi: ~ — ssh — 92×26
bash    pi@raspberrypi: ~ — ssh    bash
top - 06:50:41 up 38 min,  1 user,  load average: 0.22, 0.12, 0.07
Tasks:  69 total,   2 running,  67 sleeping,   0 stopped,   0 zombie
%Cpu(s): 99.7 us,  0.3 sy,  0.0 ni,  0.0 id,  0.0 wa,  0.0 hi,  0.0 si,  0.0 st
KiB Mem:    448776 total,   151356 used,   297420 free,    17192 buffers
KiB Swap:   102396 total,        0 used,   102396 free,    92684 cached

  PID USER      PR  NI  VIRT  RES  SHR S  %CPU %MEM    TIME+  COMMAND
 2447 pi        20   0  9748 5216 2052 R  97.0  1.2   0:11.07 python
 2206 lightdm   20   0 92132  11m 9248 S   1.3  2.6   0:54.98 lightdm-gtk-gre
 2192 root      20   0 44972  11m 3172 S   0.7  2.7   0:25.25 Xorg
 2448 pi        20   0  4656 1352 1028 R   0.7  0.3   0:00.09 top
 2396 pi        20   0  9800 1640 1008 S   0.3  0.4   0:00.32 sshd
    1 root      20   0  2144  728  620 S   0.0  0.2   0:01.89 init
    2 root      20   0     0    0    0 S   0.0  0.0   0:00.00 kthreadd
    3 root      20   0     0    0    0 S   0.0  0.0   0:00.02 ksoftirqd/0
    5 root       0 -20     0    0    0 S   0.0  0.0   0:00.00 kworker/0:0H
    6 root      20   0     0    0    0 S   0.0  0.0   0:00.33 kworker/u:0
    7 root       0 -20     0    0    0 S   0.0  0.0   0:00.00 kworker/u:0H
    8 root       0 -20     0    0    0 S   0.0  0.0   0:00.00 khelper
    9 root      20   0     0    0    0 S   0.0  0.0   0:00.00 kdevtmpfs
   10 root       0 -20     0    0    0 S   0.0  0.0   0:00.00 netns
   12 root      20   0     0    0    0 S   0.0  0.0   0:00.00 bdi-default
   13 root       0 -20     0    0    0 S   0.0  0.0   0:00.00 kblockd
   14 root      20   0     0    0    0 S   0.0  0.0   0:00.35 khubd
   15 root       0 -20     0    0    0 S   0.0  0.0   0:00.00 rpciod
   16 root      20   0     0    0    0 S   0.0  0.0   0:00.00 khungtaskd
```

圖 3-16　使用 top 指令查看資源使用率

例如，要找出佔用 CPU 的 Python 行程 ID，我們可以執行下列指令：

```
$ ps -ef | grep "python"
pi        2447  2397 99 07:01 pts/0    00:00:02 python speed.py
pi        2456  2397  0 07:01 pts/0    00:00:00 grep --color=auto python
```

於此例中，Python 程式 speed.py 的行程 ID 是 2447。清單中的第二個項目是 ps 指令本身的行程。

killall 指令

kill 指令的變體是 killall 指令。使用這個指令要小心，因為它會終止符合引數的所有行程。舉例來說，以下指令會終止所有 Raspberry Pi 執行的 Python 程式：

```
$ sudo killall python
```

如果你想要更多相關資訊，請試著以 `htop` 指令替代 `top`。

參閱

請參閱 `top`、`ps`、`grep`、`kill` 和 `killall` 的 manpages。你可以輸入 `man` 指令加上想要相關資訊的指令名稱來查看它們，就像這樣：

```
$ man top
```

3.29 處理壓縮檔

問題

你下載了一個壓縮檔，想要將其解壓縮。

解決方案

根據檔案類型，你需要使用 `tar` 指令或 `gunzip` 指令。

討論

如果你要解壓縮的檔案只有 *.gz* 副檔名，你可以使用這個指令解壓縮：

```
$ gunzip myfile.gz
```

你也常會找到包含 Linux `tar` 公用程式封存目錄並以 `gzip` 壓縮成的檔案（稱為 *tarball*），名稱像 *myfile.tar.gz*。

可以使用 `tar` 指令從 tarball 檔案解壓縮原始檔案和資料夾：

```
$ tar -xzf myfile.tar.gz
```

如果檔案是 ZIP 壓縮檔，你可以使用檔案總管和 Xarchiver 工具，如訣竅 3.22 所示。

參閱

你可以從 manpage 找出更多關於 `tar` 的資訊，你可以從 `man tar` 指令存取。

3.30 列出連接的 USB 裝置

問題

你插入了 USB 裝置，想確定 Linux 認得它。

解決方案

請使用 `lsusb` 指令（像是 `ls`，但是是 USB 裝置用的）。這會列出所有接在 Raspberry Pi USB 埠上的裝置：

```
$ lsusb
Bus 001 Device 002: ID 0424:9512 Standard Microsystems Corp.
Bus 001 Device 001: ID 1d6b:0002 Linux Foundation 2.0 root hub
Bus 001 Device 003: ID 0424:ec00 Standard Microsystems Corp.
Bus 001 Device 004: ID 15d9:0a41 Trust International B.V. MI-2540D
  [Optical mouse]
```

討論

這個指令會通知你裝置是否有連接上，但是它不能保證裝置可以正確運作。硬體可能要安裝驅動程式或需要變更設置。

3.31 將命令列輸出重新導向至檔案

問題

你要以某些文字快速建立檔案或將目錄清單記錄至檔案。

解決方案

使用 `>` 指令將執行指令後會出現在終端機的輸出結果重新導向。

例如，要複製目錄清單到名為 *myfiles.txt* 的檔案，可以如下這麼做：

```
$ ls > myfiles.txt
$ more myfiles.txt
```

```
Desktop
indiecity
master.zip
mcpi
```

討論

你可以在任何會產生輸出結果的 Linux 指令使用 >，就算你執行的是 Python 程式也可以。

你也可以使用反向的（<）指令以重新導向使用者輸入，雖然這幾乎不像 > 那麼有用。

參閱

要使用 cat 指令將許多檔案連接在一起，請見訣竅 3.32。

3.32 連接檔案

問題

你有許多文字檔案，想將它們連接成一個大檔案。

解決方案

請使用 cat 指令連接（*concatenate*）許多檔案成為單一輸出檔案。

例如：

```
$ cat file1.txt file2.txt file3.txt > full_file.txt
```

討論

連接檔案是 cat 指令的真正目的。你想提供多少檔案名稱就提供多少，它們全都會寫入你指定的檔案。如果你不重新導向輸出，它將只會顯示在終端機視窗。如果他們是很大的檔案，輸出過程會花很多時間！

參閱

請見訣竅 3.8，cat 被用於顯示檔案內容。

3.33 使用管線

問題

你要將一個 Linux 指令的輸出用於另一個指令。

解決方案

使用 pipe 指令，也就是鍵盤上的豎線符號（|），來將一個指令的輸出以管線傳到另一個指令。

例如：

```
$ ls -l *.py | grep Jun
-rw-r--r-- 1 pi pi 226 Jun  7 06:49 speed.py
```

這個範例會尋找所有副檔名為 py 且其目錄清單有顯示 Jun，也就是它們最後修改時間是在六月的檔案。

討論

它第一眼看起來很像使用 > 重新導向輸出（訣竅 3.31）。不同的是，如果目標是另一個程式，> 將無法運作。它只會重新導向到一個檔案。

你可以如這裡所示範地串聯盡可能多的程式，不過這並不常見：

```
$ command1 | command2 | command3
```

參閱

參閱訣竅 3.27 以使用 pipe 與 grep 搜尋命令列歷史，以及訣竅 3.28 使用 grep 尋找行程的範例。

3.34 隱藏終端機輸出

問題

你想要執行指令，但不希望輸出結果充滿整個螢幕。

解決方案

使用 > 重新導向輸出結果至 */dev/null*。

例如：

```
$ ls > /dev/null
```

dev 目錄內有作業系統裝置，包括像序列埠這種東西。在這個目錄中，有一個特別的裝置（空裝置，the null device），它被定義為會丟棄任何傳給它的東西。

討論

這個範例是用來解說語法，不然其實沒什麼用處。更常見的用法是當你執行一個程式，而開發者在程式碼中留下許多你不想看的追蹤訊息。以下範例會將 find 指令（訣竅 3.36）多餘的輸出結果隱藏起來：

```
$ find / -name gemgem.py 2>/dev/null
/home/pi/python_games/gemgem.py
```

參閱

更多關於重新導向標準輸出的訊息請見訣竅 3.31。

3.35 在背景執行程式

問題

你要在執行其他任務時同時執行一個程式。

解決方案

使用 & 指令讓程式或指令於背景中執行。

例如：

```
$ python speed.py &
[1] 2528
$ ls
```

不用等程式執行完畢，命令列會顯示行程 ID（第二個數字），並立刻允許你繼續執行其他你要執行的指令。你可以使用行程 ID 以終止背景行程（訣竅 3.28）。

要將背景行程改回到前景執行，請使用 fg 指令：

```
$ fg
python speed.py
```

這會回報正在執行的指令或程式，並等它執行完畢。

討論

背景行程的輸出仍然會顯示在終端機。

另一種將行程置於背景執行的作法就是開啟超過一個終端機視窗。

參閱

更多關於管理行程的資訊請見訣竅 3.28。

3.36 建立命令別名

問題

你要建立常用指令的別名（捷徑）。

解決方案

使用 nano（訣竅 3.7）編輯 *~/.bashrc* 檔案，然後移到檔尾，加上你要加的指令，像這樣：

```
alias L='ls -a'
```

這會建立稱為 *L* 的別名，當輸入它時，會被解釋為 `ls -a` 指令。

使用 Ctrl-X 和 Y 鍵來儲存並離開檔案，然後輸入以下指令來更新終端機以使用別名：

```
$ source .bashrc
```

討論

許多 Linux 使用者如以下範例設定 `rm` 指令的別名，以每次確認刪除：

```
$ alias rm='rm -i'
```

這不是個壞主意，只要你使用別人沒有這樣設定別名的系統時，不要忘了！

參閱

更多關於 `rm` 的資訊請見訣竅 3.11。

3.37 設定日期與時間

問題

因為沒有網際網路連線，所以你要手動設定 Raspberry Pi 的日期和時間。

解決方案

請使用 Linux 的 `date` 指令。

日期和時間的格式是 MMDDhhmmYYYY，其中 MM 是月份；DD 是日；hh 與 mm 分別是小時和分鐘，YYYY 是年。

例如：

```
$ sudo date 010203042019
Wed  2 Jan 03:04:00 GMT 2019
```

討論

如果 Raspberry Pi 有連接網際網路，開機時它會以網際網路時間伺服器自動設定時間。

你也可以使用 date 顯示本地時間：

```
$ date
Fri 19 Jul 10:59:08 BST 2019
```

3.38 找出 SD 卡還有多少空間

問題

你想知道 SD 卡上還有多少磁碟空間。

解決方案

使用 Linux 的 df（disk filesystem，磁碟檔案系統）指令：

```
$ df -h
Filesystem      Size  Used Avail Use% Mounted on
rootfs          3.6G  1.7G  1.9G  48% /
/dev/root       3.6G  1.7G  1.9G  48% /
devtmpfs        180M     0  180M   0% /dev
tmpfs            38M  236K   38M   1% /run
tmpfs           5.0M     0  5.0M   0% /run/lock
tmpfs            75M     0   75M   0% /run/shm
/dev/mmcblk0p1   56M   19M   38M  34% /boot
```

-h 選項會使用 KB、MB 和 GB 符號（縮寫為 K、M 和 G）來顯示大小，而不是位元組數。

討論

看輸出結果的第一行，可以看到 SD 卡的 3.6GB 儲存空間，其中已使用 1.7GB。

當用完磁碟空間時，你可能會遇到非預期的不正常行為，像是檔案無法寫入這樣的錯誤訊息。

參閱

你可以使用 `man df` 指令查看 `df` 的 manpage。

3.39 找出執行的作業系統版本

問題

你要知道執行的 Raspberry Pi OS 確切版本。

解決方案

在終端機或 Secure Shell（SSH）輸入以下指令：

```
$ cat /etc/os-release
PRETTY_NAME="Raspbian GNU/Linux 11 (bullseye)"
NAME="Raspbian GNU/Linux"
VERSION_ID="11"
VERSION="11 (bullseye)"
VERSION_CODENAME=bullseye
ID=raspbian
ID_LIKE=debian
HOME_URL="http://www.raspbian.org/"
SUPPORT_URL="http://www.raspbian.org/RaspbianForums"
BUG_REPORT_URL="http://www.raspbian.org/RaspbianBugs"
```

討論

如你看到前例的結果，第一行就告訴我們想知道的東西。在此例中，我的 Raspberry Pi 執行 Raspbian（Raspberry Pi OS）第 11 版，也暱稱為 *bullseye*。

當你遇到某些軟體問題時，知道正在執行的 Raspberry Pi OS 是很有用的。通常你尋求支援時，第一個被問到的問題就是*你執行的 Raspberry Pi OS 是什麼版本？*

你可能需要知道 Raspberry Pi 上的 Linux 核心是什麼版本。可以使用以下指令找出來：

```
$ uname -a
Linux raspberrypi 5.15.32-v7l+ #1538 SMP Thu Mar 31 19:39:41 BST 2022
  armv7l GNU/Linux
```

此處你可以看到作者的 Raspberry Pi 使用 v5.15 的核心。

參閱

要查看 SD 卡或開機磁碟剩下多少空間，請見訣竅 3.38。

3.40 更新 Raspberry Pi OS

問題

你想更新 Raspberry Pi 到最新版的 Raspberry Pi OS。

解決方案

如果你有相當新版的 Raspberry Pi OS（Bullseye 之後的），那螢幕右上角應該有一個圖示，長得像一個指向托盤的向下箭頭（圖 3-17）。當你按下它時，會出現選項看到可用的更新，並安裝它。

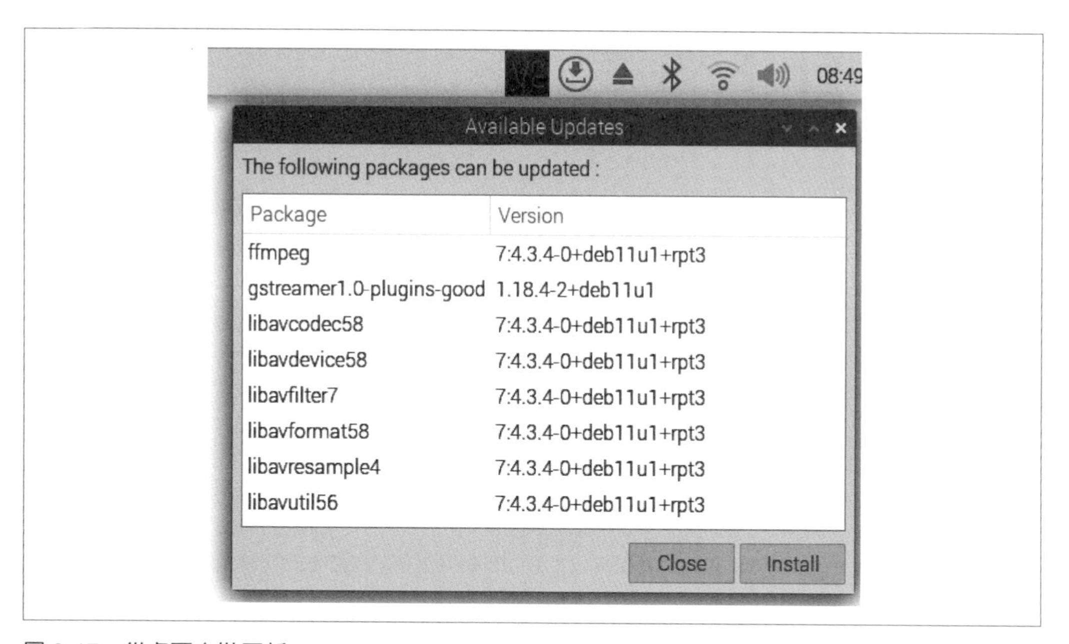

圖 3-17　從桌面安裝更新

如果你喜歡，你也可以從命令列安裝。使用終端機（訣竅 3.3）開啟命令列，並輸入以下指令更新系統到最新版本：

```
$ sudo apt update
$ sudo apt full-upgrade
```

這會花一些時間，尤其是有很多東西要升級時。最重要的是，如果系統中有之前的檔案，我建議在升級前將它們複製到 USB 隨身碟（訣竅 3.2）。

討論

這兩個指令中，第一個並沒有真的更新 Raspberry Pi OS；它只是更新 `apt` 套件管理員，讓它認得組成作業系統和相關軟體套件的最新版本。

`full-upgrade` 指令升級作業系統本身。過程中，它會警告你需要有多少磁碟空間，所以在按下 Y 繼續更新前，你應該使用訣竅 3.38 來檢查是否有足夠空間。

維持你的發行版是最新版有幾個很重要的理由。首先，其中一個最主要的理由是作業系統是為了修復 bug 而更新。所以軟體安裝期間的問題常常在系統更新後消失。第二，如果你將 Raspberry Pi 暴露於網際網路中，新版的 Raspberry Pi OS 時常會更新安全性漏洞。

參閱

要再次重新安裝 Raspberry Pi OS 請見訣竅 1.6。

第四章

使用現成軟體

4.0 簡介

本章包含了一些在 Raspberry Pi 使用現成軟體的訣竅。

本章有些訣竅與將 Raspberry Pi 轉變成單一功能裝置有關，其他的則是在 Raspberry Pi 使用特定軟體。

4.1 建立媒體中心

問題

你想將 Raspberry Pi 轉變成超讚的媒體中心。

解決方案

要將 Raspberry Pi 當成媒體中心，你應該要選效能好的 Raspberry Pi 4 B，因為影片播放是非常耗處理器資源的。

可以使用 Raspberry Pi Imager（訣竅 1.6）寫入 microSD 卡，將 Raspberry Pi 設定為媒體中心。從 Operating System 按鈕的 Media Player OS 選擇 LibreELEC 安裝，而非 Raspberry Pi OS（圖 4-1）。

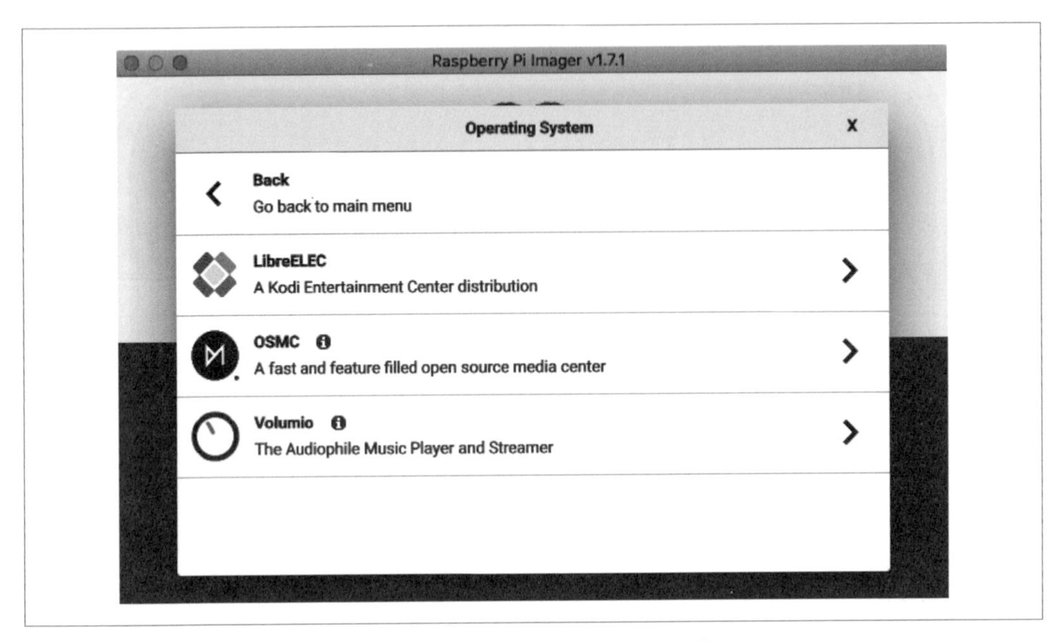

圖 4-1 使用 Raspberry Pi Imager 將 LibreELEC 寫入 microSD 卡

LibreELEC 是可將 Raspberry Pi 最佳化為媒體中心的發行版。它包含 Kodi 媒體中心軟體，這是基於最初開發來將 Xbox 電視遊樂器轉成媒體中心的 XBMC 開源專案。它的程式碼已經被移植到許多平台，包括 Raspberry Pi（圖 4-2）。

圖 4-2 將 Raspberry Pi 當媒體中心

Raspberry Pi 可以完美勝任播放 full HD 影片、串流音樂、MP3 檔案和網路廣播的工作。

討論

Kodi（*https://kodi.wiki*）是一套有許多功能的強大軟體，且設定很直覺。或許檢查它是否可以運作的最簡單方法是將一些音樂或影片檔案放進 USB 隨身碟或外接硬碟，接上 Raspberry Pi。你應該能從 Kodi 播放它們。

因為 Raspberry Pi 可能放在電視附近，你或許會發現你的電視有 USB 埠可以提供足夠電流給 Raspberry Pi。如果是這樣，你就不需要獨立的電源供應器。

使用無線鍵盤和滑鼠是個好主意，如果你買的是套裝組，它們會使用單一個 USB 埠的接收器，可以避免到處都是連接線。你也可以買內建觸控板的迷你鍵盤避免這種情況。

有線網路連線和 WiFi 連線相較之下通常有比較快的速度，但是 Pi 並非總是靠近乙太網路插孔。如果遇到這種狀況，你可以設定讓 XBMC 使用 WiFi。

設定 Kodi 很容易，你可以在 *http://kodi.wiki* 找到使用軟體的完整說明。

參閱

另一個受歡迎、也可以從 Raspberry Pi Imager 安裝的 LibreELEC 替代方案是 OSMC（*https://osmc.tv*）。

你可以為 Raspberry Pi 新增紅外線遙控來控制 Kodi（*https://oreil.ly/NhDEJ*）。

4.2 安裝建議軟體

問題

你要在 Raspberry Pi 上安裝一些常用軟體。

解決方案

請使用 Recommended Software tool（建議軟體工具，圖 4-3），你可以在 Raspberry 選單的偏好設置上找到。

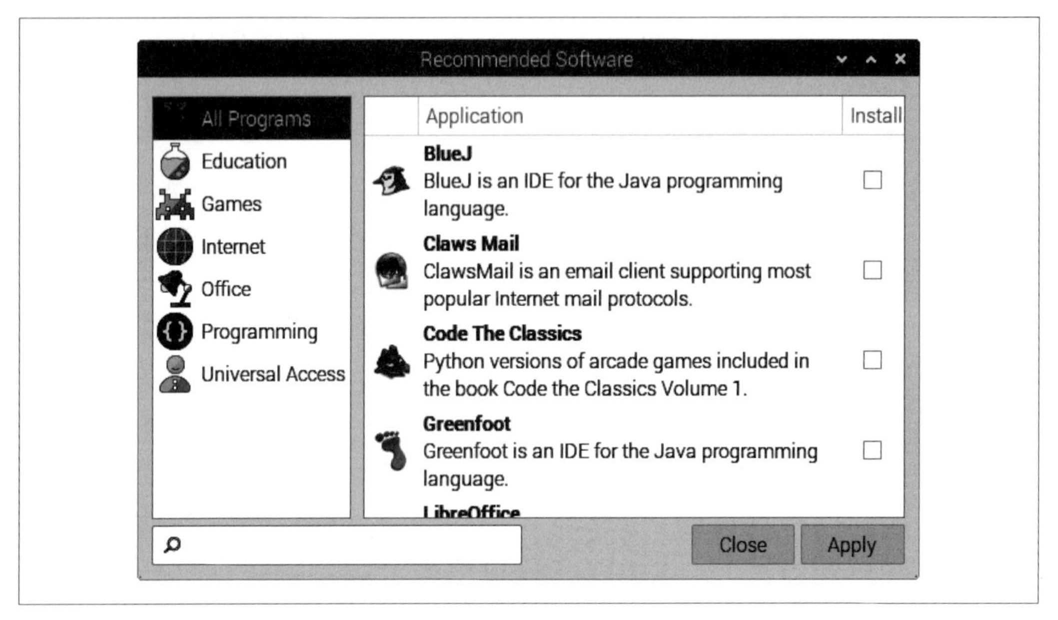

圖 4-3　Recommended Software tool（建議軟體工具）

此工具包含許多過去預先安裝在 Raspberry Pi OS 的軟體。所以其上有許多最常用的 Raspberry Pi 軟體。請用它來瀏覽你要裝的軟體，選擇要裝軟體的核取方塊，按下 Apply。

接著軟體就會被下載和安裝。當安裝完成後，新軟體會出現在 Raspberry 選單。

討論

如果用 Recommended Software tool 找不到你要的軟體，可以使用類似的 Add/Remove Software tool（新增／移除軟體工具）擴大搜尋範圍，它也可以在 Raspberry 選單的偏好設置上找到（圖 4-4）。

這個工具提供上千個軟體套件和程式讓你安裝；有時候在搜尋區輸入反而比瀏覽全部套件還簡單。

參閱

要使用 `apt` 命令列工具安裝軟體請見訣竅 3.17。

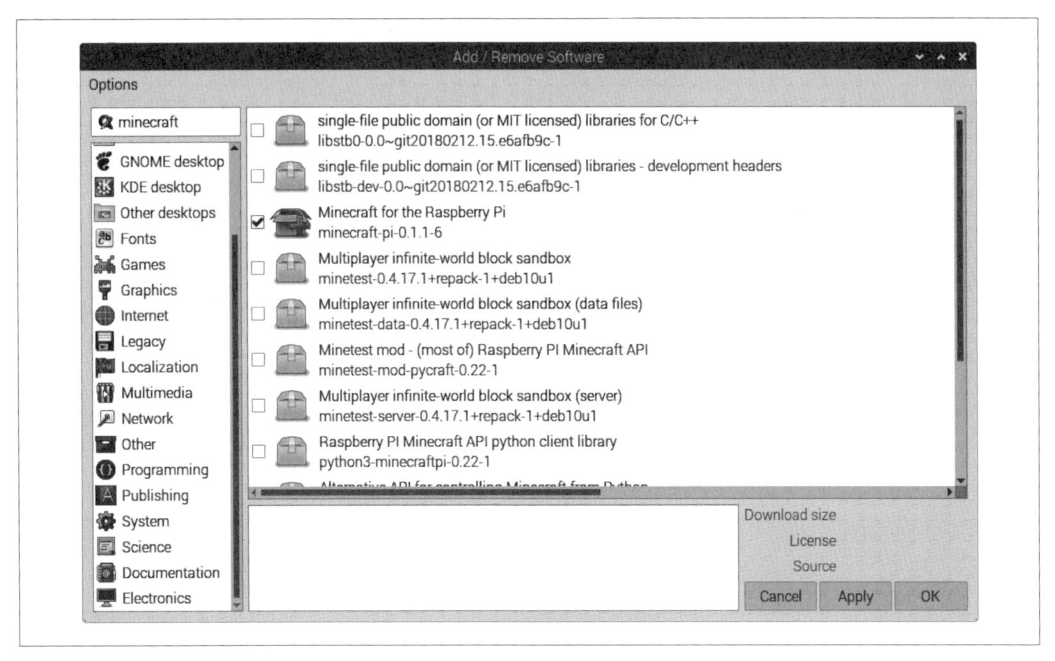

圖 4-4 Add/Remove Software tool（新增／移除軟體工具）

4.3 使用 Office 軟體

問題

你需要在 Raspberry Pi 開啟文書處理程式、簡報和試算表文件。

解決方案

使用 Recommended Software tool 安裝 LibreOffice（訣竅 4.2）。

討論

LibreOffice 套裝程式（圖 4-5）是 Microsoft Office 很好的（和免費的）替代方案。它包含文書處理、試算表、簡報和繪圖軟體。事實上，LibreOffice Writer 文書處理程式能開啟和儲存 Microsoft Word 文件，而試算表和簡報程式也和它們對應的 Microsoft 程式相容。

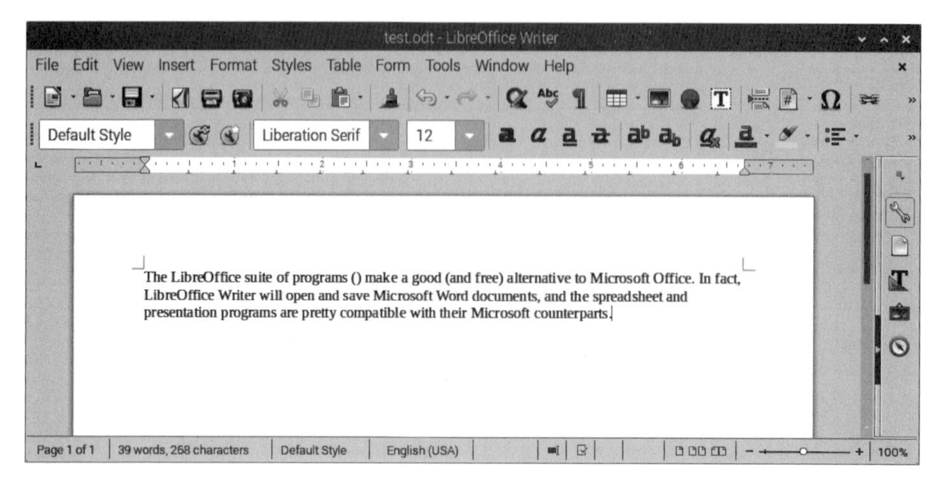

圖 4-5　LibreOffice Writer

Raspberry Pi 4 或 400 執行 office 應用程式比舊款 Raspberry Pi 更好。

現在將文件存在雲端並在瀏覽器上編輯是很方便的。這類服務最常見的例子是 Microsoft 365 和 Google 文件。兩者都需要註冊帳號，不過 Chromium 瀏覽器很適合使用這類服務（圖 4-6）。

Raspberry Pi Cookbook 4th Edition

Chapter	Title	Complete	Delivery	Estimated effort (pages)	Effort Completed	Readthro	Errata applied	Not
	Front matter	N	2022-06-01	2		N	N	upd
1	Setup and Management	Y	2022-03-01	2	0.0	Y	N	Pi 4
2	Networking	Y	2022-03-01	2	0.0	Y	N	Ras
3	Operating System	N	2022-03-01	2	0.0	N	N	Upd
4	Software	N	2022-04-01	5	0.0	N	N	Pick
5	Python Basics	N	2022-04-01	1	0.0	N	N	Mini
6	Python Lists and Dictionaries	N	2022-04-01	1	0.0	N	N	Mini
7	Advanced Python	N	2022-04-01	4	0.0	N	N	Mini
8	Computer Vision	N	2022-04-01	1	0.0	N	N	Upd
9	Machine Learning	N	2022-04-01	20	0.0	N	N	NEV
10	Hardware basics	N	2022-06-01	4	0.0	N	N	Cou

圖 4-6　在 Chromium 瀏覽器使用 Google 文件的試算表

參閱

更多關於 LibreOffice 套裝軟體的資訊請瀏覽 *https://www.libreoffice.org*。

如果你只是要編輯未格式化的純文字檔案，你可以使用 nano 編輯器（訣竅 3.7）或 Visual Studio Code（訣竅 4.10）。

4.4 執行復古遊戲機模擬器

問題

你想將 Raspberry Pi 變成復古遊戲機。

解決方案

如果你想要重新找回虛度的青春，在 Atari 2600 模擬器上玩《爆破彗星》（Asteroids）（圖 4-7），那 RetroPie 專案一定會吸引你。

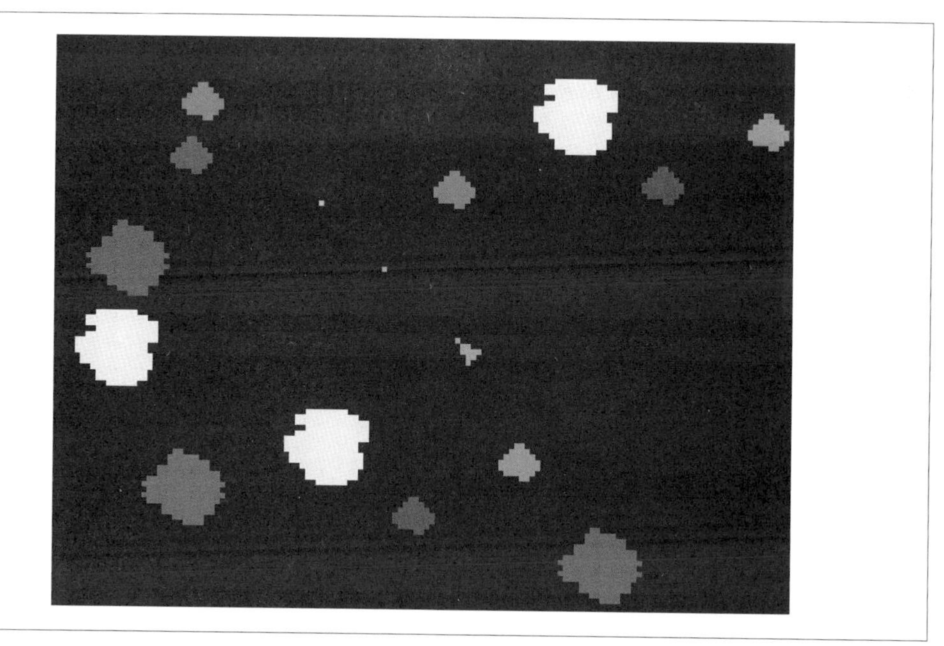

圖 4-7　Stella Atari 2600 模擬器的《爆破彗星》

有許多很棒的以復古遊戲控制器打造遊戲機和遊戲的專案。

雖然你可以在 Raspberry Pi 安裝 RetroPie，但使用它最簡單的方法是用 Raspberry Pi Imager 將它寫到 microSD 卡（訣竅 1.6）。

值得注意的是，雖然這些遊戲很古老，但是它們仍然為某人所有。在模擬器上玩遊戲所需的 ROM 映像檔，雖然在網路上很容易找到，但不見得是你的。所以請遵守法律。

討論

模擬器會使用極大量 Raspberry Pi 的微薄資源，所以你可能會發現你需要用 Raspberry Pi 4、3 或 2。在網路上搜尋時，你可以找到許多人採取的基本設定並裝上復古 USB 搖桿，就像普遍常見的便宜搖桿，然後將 Pi 和顯示器裝進大型街機風格外殼。你也可以從 Pimoroni 購買稱為 Picade 的套件來打造可愛的街機。（圖 4-8）。

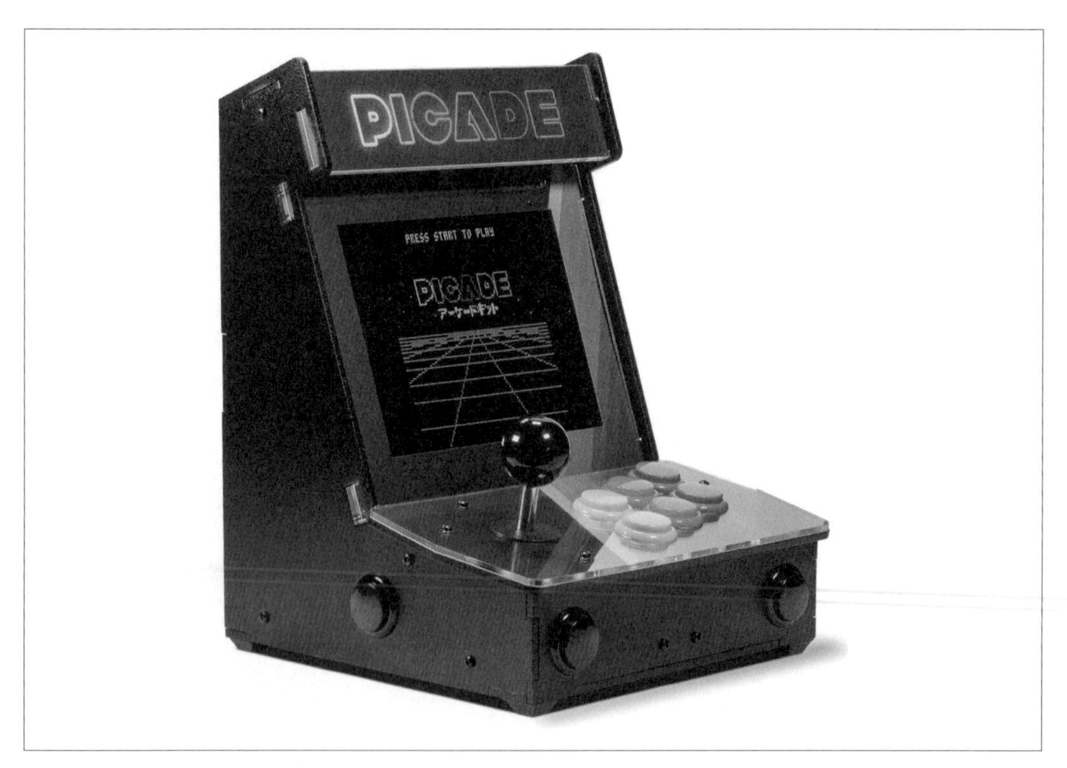

圖 4-8　Pimoroni Picade 套件

參閱

完整的 RetroPie 文件可於 RetroPie 網站取得（*https://retropie.org.uk*）。

4.5 將 Raspberry Pi 變成無線電發射機

問題

你可以將 Raspberry Pi 變成能傳送無線電訊號給 FM 無線電接收器的低功率 FM 發射機（圖 4-9）。

圖 4-9　當作 FM 發射機的 Raspberry Pi

解決方案

回到 Raspberry Pi 問世初期，有一群在倫敦帝國學院的聰明玩家寫了一些 C 語言程式讓你可以這樣玩。下載檔案甚至以星際大戰主題曲作為範例。如果你有 Raspberry Pi 1 的話，這個專案現在還可以運作（*https://oreil.ly/s18aK*）。

這個專案為新版 Raspberry Pi 持續發展成更進階的專案，稱為 *rpitx*。

你需要的就只有一條短的電線接在通用輸入 / 輸出接腳 4。10 公分的母對公接頭導線就很好用了。事實上，它應該可以不用任何天線就能與位於 Pi 旁邊的收音機運作 —— 這就是它傳送的強度。

第一步是要使用以下指令安裝 rpitx 軟體。請注意安裝會變更 Raspberry Pi 的設定，包括 GPU（圖形處理器）運作頻率。所以如果這是你主要的 Raspberry Pi，請確定你先備份了所有重要資料。這是所需的程式碼：

```
$ git clone https://github.com/F5OEO/rpitx
$ cd rpitx
$ ./install.sh
```

軟體安裝時，你可以利用大約 15 分鐘左右去做其他事。你可能會看到這樣的錯誤訊息或警告，不過這是正常的。安裝的尾聲，安裝腳本會詢問：

```
In order to run properly, rpitx need to modify /boot/config.txt. Are you
      sure (y/n)
（為了能正確執行，rpitx 需要修改 /boot/config.txt。
      確定嗎？ (y/n)）
```

請按下 Y，腳本就會以下列訊息確認它作的修改：

```
Set GPU to 250Mhz in order to be stable
```

若你要回復變更，請編輯 */boot/config.txt*，移除最後一行關於 `gpu_freq=250` 的設定，然後重新開機。

接著請找一台 FM 無線電接收器，並調整至 103.0MHz。如果該頻率已經被其他發射佔用，請選擇其他頻率並記下來。現在請執行下列指令（如果你必須變更頻率，請修改頻率參數 `103.0`）：

```
sudo ./pifmrds -freq "103.0" -audio src/pifmrds/stereo_44100.wav
```

如果一切正常，你應該可以聽到開發者談論左右聲道的聲音。

討論

你要知道這個專案在你的國家並不一定合法。它的功率輸出比 MP3 隨身聽用的 FM 接收器還要高。

當你將 Raspberry Pi 放在車上，這是一個將聲音輸出到汽車音響系統的好方法。

參閱

更多關於 rpitx 專案的內容請見 *https://oreil.ly/TrlO1*。

4.6 編輯點陣影像

問題

你要處理照片或其他影像。

解決方案

請安裝並執行 GNU 影像處理程式（GNU Image Manipulation Program，GIMP；請見圖 4-10）。

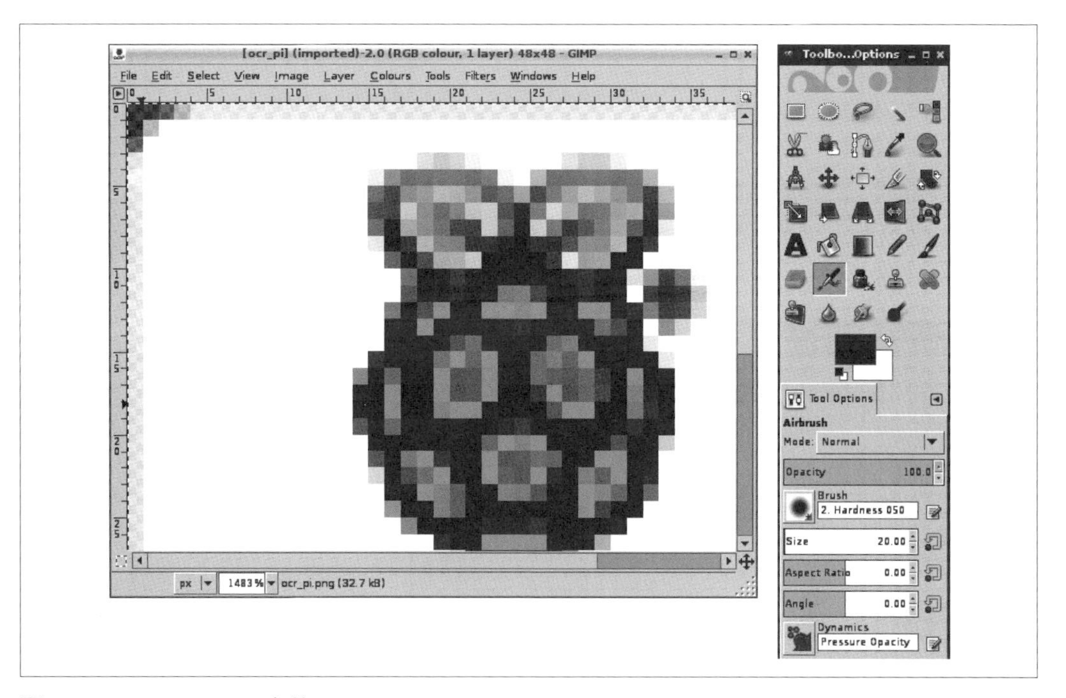

圖 4-10　Raspberry Pi 上的 GIMP

GIMP 可以從 Add/Remove Software tool（新增／移除軟體工具）取得並安裝（見訣竅 4.2）。當你搜尋 GIMP 時，會出現很多各式 GIMP 公用程式的結果，請尋找名為「GNU Image Manipulation Program」的套件。

如果你偏好從命令列安裝 GIMP，請開啟終端機並輸入以下指令：

```
$ sudo apt install gimp
```

當 GIMP 安裝好後，可以在 Raspberry 選單的 Graphics（圖形處理程式）找到 GNU Image Manipulation Program 程式捷徑。

討論

儘管對於記憶體和處理器性能有很高的需求，GIMP 甚至在 Raspberry Pi 2 B 仍是可以用的，但是如果你用的是 Raspberry Pi 4 或 400 的話，比較不會等待太久。

參閱

可以從 GIMP 的網站（*http://www.gimp.org*）找到更多資訊。

GIMP 有很多功能，是相當複雜的影像編輯程式，所以要花一些心力學習。你能在 GIMP 網站找到線上的軟體手冊。

更多關於以 `apt` 安裝的資訊請見訣竅 3.17。

要編輯向量影像，請見訣竅 4.7。

4.7 編輯向量影像

問題

你要建立或編輯高品質向量影像繪圖，像是 Scalable Vector Graphics（SVG，可縮放向量圖形）檔。

解決方案

Inkscape 是一個可從 Add/Remove Software tool 取得的套件（請見訣竅 4.2）。請開啟該工具並搜尋「Inkscape」。

若你偏好從命令列安裝 Inkscape，你可以用下列指令這麼做：

```
$ sudo apt update
$ sudo apt install inkscape
```

Inkscape 安裝好後，它的圖示會出現在 Raspberry 選單的 Graphics（圖形處理程式）群組。

討論

Inkscape（圖 4-11）是最常用的開放原始碼向量影像編輯程式。向量繪圖套件與像是 GIMP 的點陣影像編輯器不同（訣竅 4.6），其影像是由形狀、線條、文字等等所組成，並以此儲存，而非轉換成畫素儲存。這表示你可以回頭編輯這些東西（或許是線的位置之類的），這在點陣圖編輯程式中是不可能的。

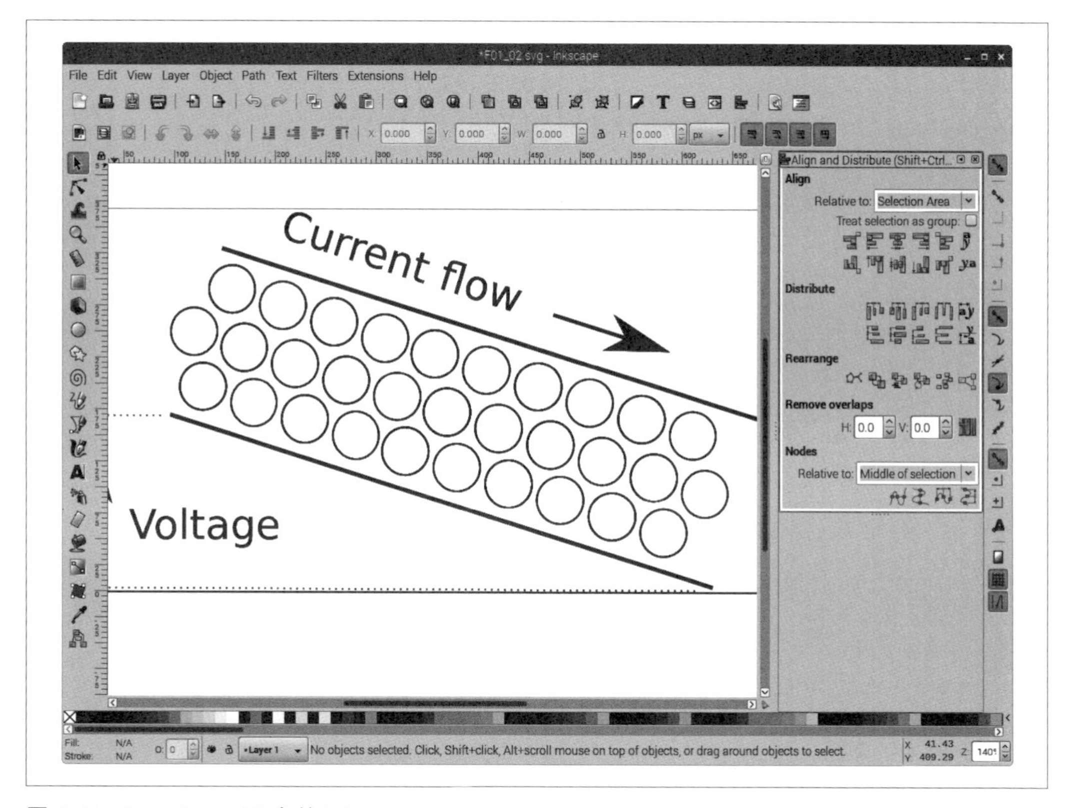

圖 4-11　Raspberry Pi 上的 Inkscape

Inkscape 是一套非常強大的軟體，有許多功能，需要時間來精通，所以如果一開始它沒有照你的意思去做，請不要灰心。你或許需要看一些教學。

Inkscape 是另一個能以 Raspberry Pi 4 或 400 的優異性能執行的最佳程式。

參閱

關於 Inkscape 的文件，請造訪 Inkscape.org。

欲編輯如照片等點陣影像，請見訣竅 4.6。

4.8 使用 Bookshelf

問題

你想免費閱讀 Raspberry Pi 書籍和雜誌。

解決方案

請使用已預先安裝的 Bookshelf（書架）應用程式。你可以在 Raspberry 選單的 Help 群組找到它。開啟它後你會看到（圖 4-12）《*The MagPi*》、《*Wireframe*》、《*HackSpace*》雜誌，以及 Raspberry Pi Press 的書籍。

討論

這是很龐大的資源。你會找到很多從各方面入門 Raspberry Pi 的《*The MagPi*》雜誌大量文章。它也是專案靈感的絕佳來源。

參閱

許多有趣的 Raspberry Pi 資源可於 Raspberry Pi 基金會取得（*https://oreil.ly/hRC8U*）。

你也可以下載過期《*The MagPi*》雜誌的 PDF 檔（*https://oreil.ly/HJMHT*）或訂閱紙本雜誌。

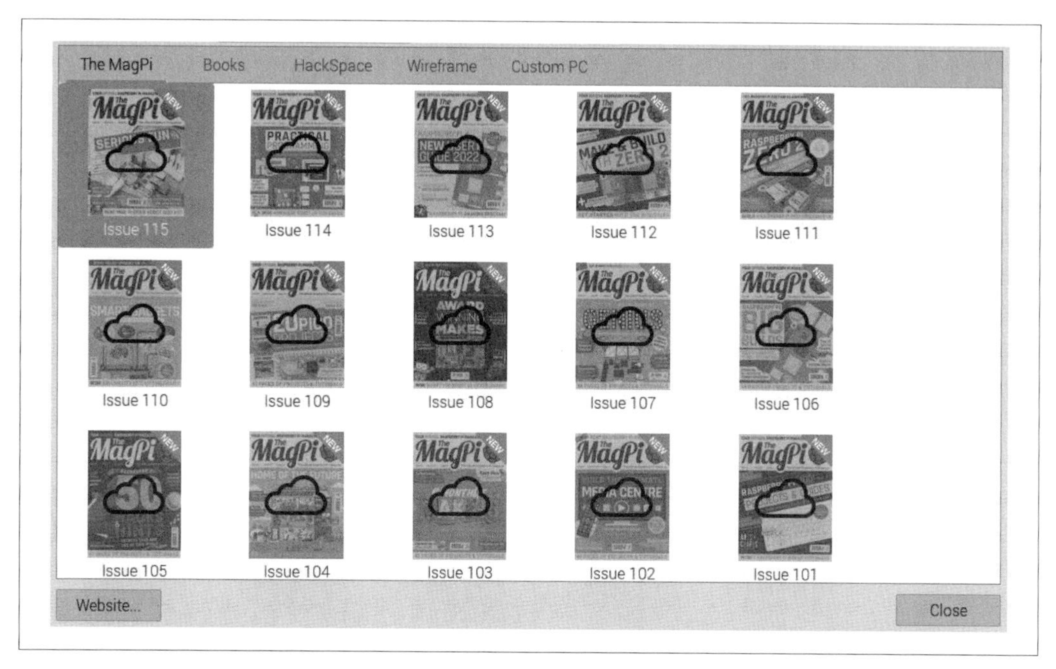

圖 4-12　Bookshelf 應用程式

4.9 播放網路廣播

問題

你要在 Raspberry Pi 播放網路廣播。

解決方案

VLC 媒體播放程式應該會預裝於 Raspberry Pi OS。你會在 Raspberry 選單的 Sound & Video（聲音與影像）中找到它。如果不在那裡，可以使用 Preferred Software tool 安裝它（訣竅 4.2）。

若你偏好從命令列安裝 VLC 媒體播放程式，可以執行下列指令：

```
sudo apt install vlc
```

執行程式後，到 Media（媒體）選單，選擇 Open Network Stream（開啟網路串流）選項。這會開啟一個可以輸入你想播放之網路廣播電台 URL 的對話框（見圖 4-13）。你需要插入耳機或擴音喇叭到 Raspberry Pi 的聲音插孔。

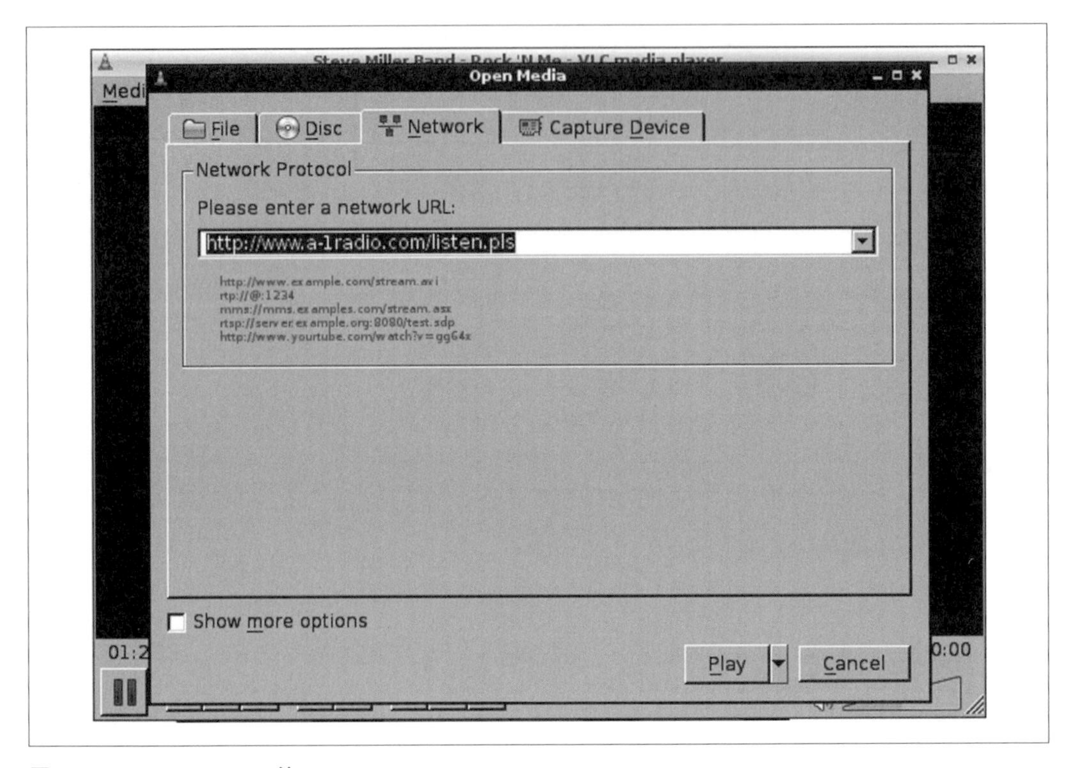

圖 4-13　Raspberry Pi 的 VLC

討論

你也可以如下從命令列執行 VLC：

```
$ vlc http://www.a-1radio.com/listen.pls -I dummy
```

VLC 或許會產生一連串錯誤訊息，但是聲音播放是正常的。`-I dummy` 選項能防止 VLC 視窗開啟。

參閱

這個訣竅從這個教學（*https://oreil.ly/5RYCq*）借重了不少，其中 Jan Holst Jensen 談得更深入，為專案增加了無線電風格的控制。

對於英國的讀者來說，你可以在線上找到一個 BBC 電台串流的清單（*https://oreil.ly/E_UPI*）。

4.10 使用 Visual Studio Code

問題

你想用一個輕量的程式編輯器。

解決方案

請安裝微軟的 Visual Studio Code 或 VS Code，我們從現在開始會這樣稱呼它。

你可以在建議軟體工具（訣竅 4.2）的程式設計群組找到它。

如果你喜歡從命令列安裝它，可以使用下列指令：

```
$ sudo apt install code
```

討論

VS Code 深受程式設計師喜愛。它的定位得體，介於簡單的文字編輯器和全功能整合開發環境（integrated development environment，IDE）之間。它很容易使用，並會在你寫程式時提供有幫助的建議，而不必學習更複雜 IDE 的細節。它支援許多程式語言，也有很棒的功能，像是色彩標註程式碼讓它們易於閱讀。

如果你是經驗豐富的程式設計師，你可以偏好用 Visual Studio Code 編輯 Raspberry Pi Python 程式碼而不是初學者的 Python IDE，像是 Thonny 或 Mu（訣竅 5.3 和 5.4）。如果你的專案有許多檔案的話更是如此。圖 4-14 顯示出左側的檔案瀏覽器區域，你可以在該處看到專案中所有的檔案。按下其中一個就可以讓它開啟於編輯器區，每個開啟的檔案都有自己的標籤頁。

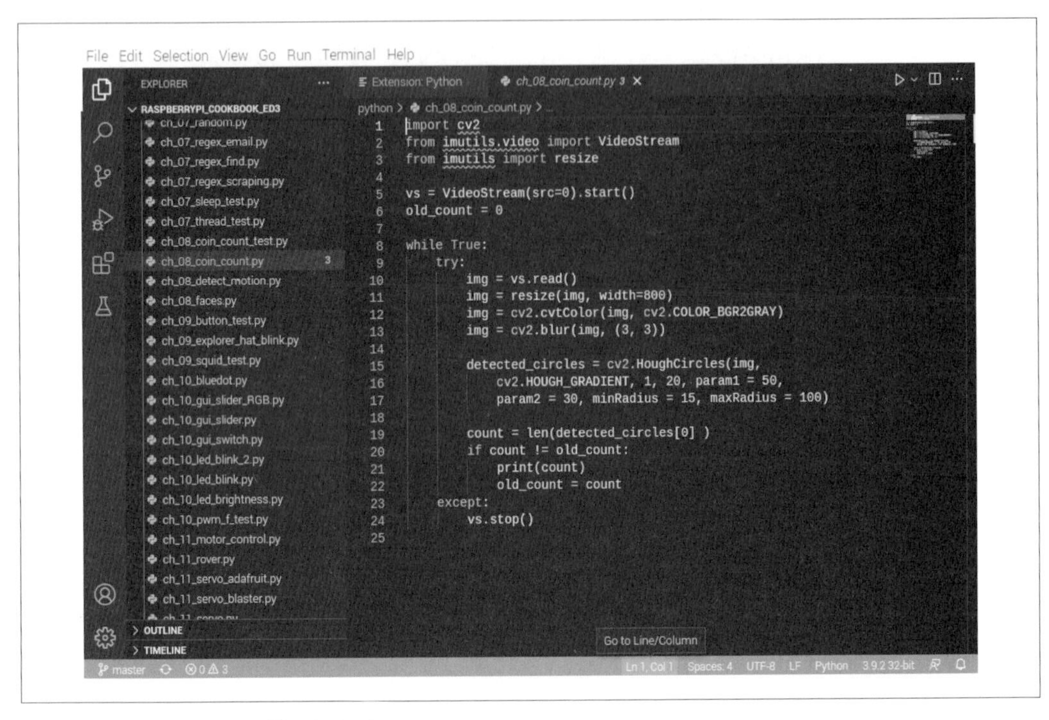

圖 4-14　Raspberry Pi 的 VS Code

如你所見，編輯器會強調程式語言語法，標註色彩讓它易於閱讀和找出錯誤。

無論是用 Python（見第 5 章）或其他程式語言寫程式，Visual Studio Code 都是一個有用的工具。

參閱

簡單的文字編輯器 nano 是編輯程式碼的簡便方法（見訣竅 3.7）。

Thonny 是一款針對初學者的 Python 編輯器（見訣竅 5.3）。

4.11 控制雷射切割機

問題

你要從 Raspberry Pi 控制低成本 K40 雷射切割機。

解決方案

如果你有一台廣受歡迎、低成本的中國雷射切割機 K40 機種（圖 4-15），可以使用 K40 Whisperer 軟體來控制它。因此，不需要一台相對昂貴的 Windows 電腦控制雷射切割機，你可以使用較低成本的 Raspberry Pi。

圖 4-15　K40 雷射切割機

此軟體是用 Python 寫的，但是也會依賴 Inkscape 向量繪圖套件。所以如果你尚未安裝，請依訣竅 4.7 指示安裝 Inkscape。

接著下載 K40 Whisperer 軟體原始碼（*https://oreil.ly/nVQlT*）。從 K40 Whisperer Source 欄位選擇最新下載。雙擊下載 ZIP 檔，再解壓縮到家目錄（*/home/pi*）。在解壓縮的目錄中，可以找到名為 *README_Linux.txt* 的檔案。這裡的說明就是基於該檔案。此 *README* 是 Linux 通用，非專屬於 Raspberry Pi。

首先，執行以下兩個指令來建立軟體的使用者群組。第一個指令會新增新的雷射切割機專用使用者群組，第二個會新增使用者 `pi` 至該群組。如果你在設定 Raspberry Pi 時建立了一個不同的使用者名稱，請將 `pi` 替換成它：

```
$ sudo groupadd lasercutter
$ sudo usermod -a -G lasercutter pi
```

請確認雷射切割機已用 USB 連接線接上 Raspberry Pi 且雷射切割機已開啟。現在需要執行以下指令來找出雷射切割機的 USB 製造商和產品 ID。可能分別是 1a86 和 5512，但是仍須檢查以免雷射切割機的廠商將其變更。執行 lsusb 來檢查：

```
$ lsusb
Bus 001 Device 004: ID 1a86:5512 QinHeng Electronics CH341 in EPP/MEM/I2C mode,
  EPP/I2C adapter
Bus 001 Device 005: ID 0424:7800 Microchip Technology, Inc. (formerly SMSC)
Bus 001 Device 003: ID 0424:2514 Microchip Technology, Inc. (formerly SMSC)
  USB 2.0 Hub
Bus 001 Device 002: ID 0424:2514 Microchip Technology, Inc. (formerly SMSC)
  USB 2.0 Hub
Bus 001 Device 001: ID 1d6b:0002 Linux Foundation 2.0 root hub
```

這會列出所有連上 Raspberry Pi 的 USB 裝置；尋找雷射切割機對應的條目。在此例中，它是那裡唯一的中文名稱（QinHeng）。但是若需要的話，你也可以拔掉雷射切割機並再次執行 lsusb 指令來確認，會看到該條目消失不見。

在那行可以看到 1a86:5512 的文字。：前是製造商 ID，5512 是產品 ID。因為你會在設置檔中使用，所以需要知道它們。

使用此指令在 nano 建立並編輯新檔：

```
$ sudo nano /etc/udev/rules.d/97-ctc-lasercutter.rules
```

你可以在訣竅 3.7 找到編輯檔案的相關資訊。貼上以下文字到檔案中。如果你的製造商和產品 ID 與我的不同，請修改適當的文字部分來符合你的 ID：

```
SUBSYSTEM=="usb", ATTRS{idVendor}=="[1a86]", ATTRS{idProduct}=="[5512]",
  ENV{DEVTYPE}=="usb_device", MODE="0664", GROUP="lasercutter"
```

將 Raspberry Pi 重新開機並執行下列指令繼續安裝某些 K40 Whisperer 需要的模組：

```
$ sudo apt install libxml2-dev libxslt-dev
$ sudo apt install libusb-1.0-0
$ sudo apt install libusb-1.0-0-dev
```

請確認你是位於下載 K40 Whisperer 的目錄中並執行以下指令：

```
$ pip3 install -r requirements.txt
```

現在你已準備好使用以下指令執行程式了。這會開啟一個視窗。按下 File（檔案）選單到 Options（選項）設置軟體（圖 4-16）：

```
$ python3 k40_whisperer.py
```

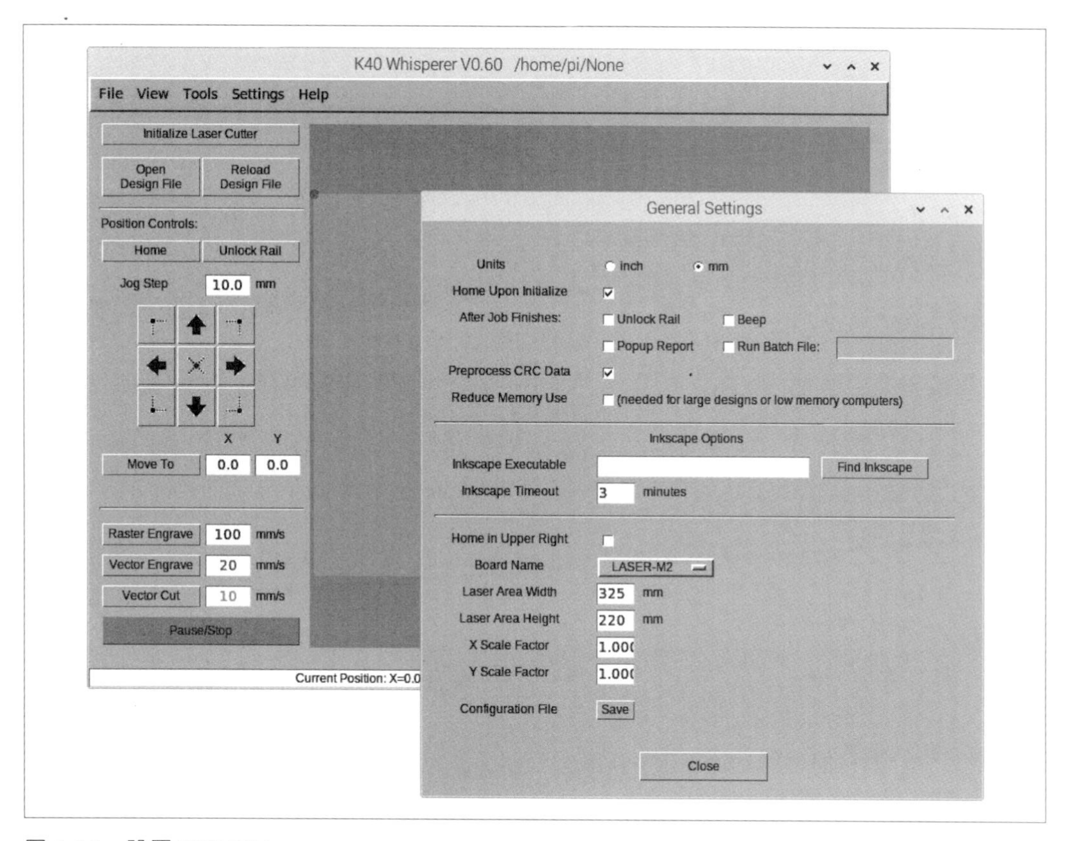

圖 4-16　設置 K40 Whisperer

參考雷射切割機隨附手冊以找出其使用的控制板版本。如果找不到，你可能需要嘗試一些不同的 Board Name 設定選項。你不需要修改其他任何設定。

設定視窗關閉後，你可以載入 SVG 檔案來切割（圖 4-17）。

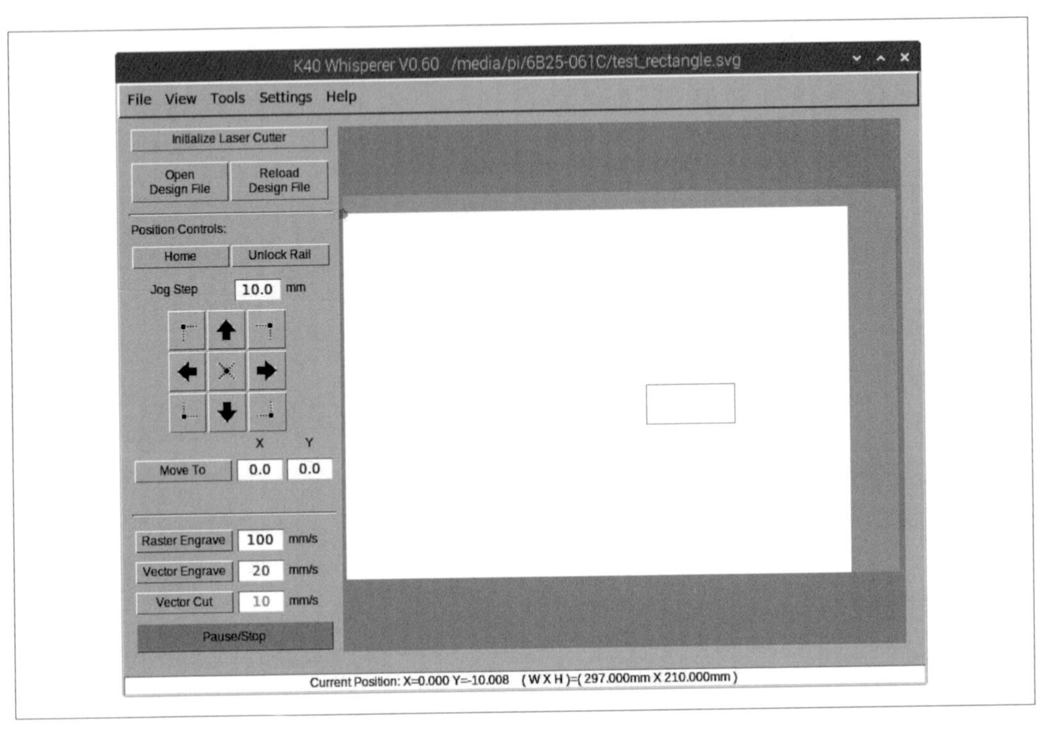

圖 4-17 準備切割

討論

雷射切割機時常附帶一般執行於 Windows 電腦的私有軟體來控制切割機。它可能甚至有硬體的 USB 鎖以綁定電腦的軟體。

K40 Whisperer 軟體能直接從 SVG 檔切割和雕刻。你只要以 0.1mm 線寬及不同顏色繪製出外框線。紅線表示切割，藍線表示向量雕刻（稍微燒出外框線），而黑線表示點陣雕刻（來回掃描以燒出一塊表面積）。

參閱

關於 K40 Whisperer 的完整資訊請見 *https://oreil.ly/5RJth*。

要建立雷射切割和蝕刻的 SVG 圖形可以使用 Inkscape（訣竅 4.7）。

Raspberry Pi 也可以使用 OctoPrint（*https://octoprint.org*）作為很棒的 3D 列印機控制器。

第五章

Python 基礎

5.0 簡介

雖然許多程式語言都能寫出 Raspberry Pi 的程式。但 Python 是最受歡迎的。事實上，Raspberry Pi 的「Pi」就是來自 Python 的這個字的靈感。

本章中，你會找到大量訣竅幫你開始以 Raspberry Pi 寫程式。

5.1 決定用 Python 2 或 Python 3

問題

你需要使用 Pyhon，但是不確定要用哪個版本。

解決方案

請用 Python 3，除非你遇到需要改回 Python 2 才能解決的問題。

要在 Raspberry Pi OS 安裝 Python 2，請執行以下指令：

```
$ sudo apt update
$ sudo apt install python2
```

然後你就能用 `python2` 指令執行 Python 2。

討論

雖然 Python 最新版本 Python 3 已經使用多年，你會發現有很多人仍然使用 Python 2。Python 3（Raspberry Pi OS 預設的版本）使用 `python` 或 `python3` 指令執行。除非另行聲明，否則本書中的範例都是用 Python 3 所寫。它們大部分都不需修改就可以同時在 Python 2 和 Python 3 執行。

因為 Python 3 引進的一些變更會破壞 Python 2 的相容性，所以部分 Python 社群人士非常不願意放棄舊版。因此，有許多以 Python 2 開發的第三方程式庫無法於 Python 3 運作。

我的策略是儘可能以 Python 3 寫，只有遇到相容性問題時才改用 Python 2。

參閱

關於 Python 2 與 Python 3 辯論的精彩總結，請見 Python wiki（*https://oreil.ly/INjql*）。

5.2 選擇 Python 編輯器

問題

當談到 Python 編輯器時會有很多選項可選，你想知道你該從哪一個入門。

解決方案

大部分的人會從 Thonny（訣竅 5.3）或 Mu（訣竅 5.4）入門。兩者都是很好的編輯器，也都簡單易用。

Thonny 預裝於 Raspberry Pi OS，而 Mu 則要另外安裝。你能找到許多關於這兩個編輯器的資源，而大部分 Raspberry Pi 基金會的教材則會推薦 Thonny，而不是 Mu。

討論

你從哪個編輯器入門都沒什麼關係。你可能 Thonny 和 Mu 都想嘗試看看，看你最喜歡哪一個。

當你的程式設計經驗更進階時，應該嘗試 VS Code（訣竅 4.10）這個更專業的工具。

參閱

VS Code 會在訣竅 4.10 描述，而 Thonny 則在訣竅 5.3。

5.3 以 Thonny 編輯 Python 程式

問題

你要使用 Thonny 編輯 Python 程式。

解決方案

Thonny 應該是預裝於 Raspberry Pi OS。但是如果沒有在 Raspberry 選單的程式設計（Programming）群組看到的話，你可以使用建議軟體工具安裝它（訣竅 4.2）。

從 Raspberry 選單的程式設計（Programming）群組開啟 Thonny，並輸入以下文字，如圖 5-1 所示：

```
for i in range(1, 10):
    print(i)
```

當你開始輸入程式的第二行時，print 敘述應該會自動縮排。

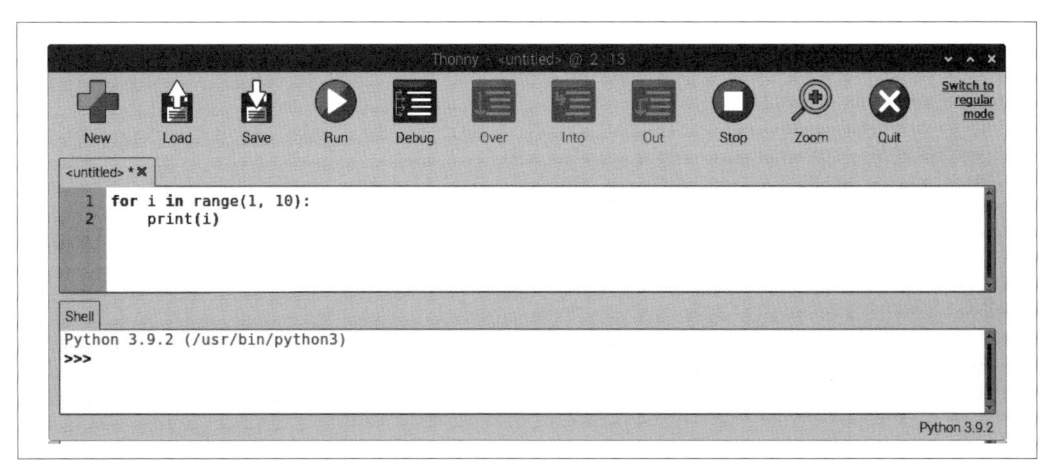

圖 5-1　Thonny 編輯器

你可以按下 Run（執行）按鈕看看程式的運作。在執行程式前，Thonny 會提示你儲存檔案。請賦予它一個名字，像是 *count.py*。然後程式就會執行，你可以在 Thonny 視窗的底部看到輸出結果（圖 5-2）。

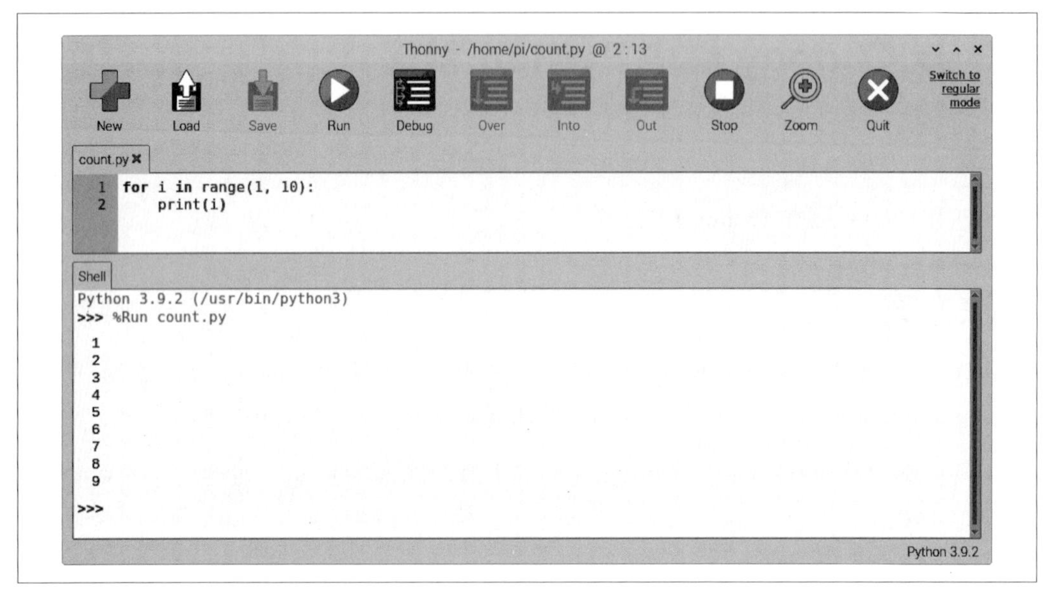

圖 5-2　在 Thonny 執行程式

雖然你可以隨你意命名 Python 程式，但慣例是賦予它們 *.py* 的副檔名。

討論

我們尚未開始 Python 程式設計，但是透過這個範例，你可以看到一個程式是如何以 Python 程式語言對電腦下達指示。在這個例子中，指示是印出一系列數字。

參閱

Thonny 的熱門替代方案是 Mu（訣竅 5.4）。

更多資訊請見 Thonny 官方網頁（*https://thonny.org*）。

除了使用 Mu 編輯和執行 Python 程式，你也可以在 nano（訣竅 3.7）編輯 Python 檔案，然後在終端機執行它們（訣竅 5.6）。

5.4 以 Mu 編輯 Python 程式

問題

你要使用 Mu 編輯 Python 程式。

解決方案

最新版的 Raspberry Pi OS 沒有預先安裝 Mu。要安裝它，請使用建議軟體工具（訣竅 4.2）。裝好後，你就能在 Raspberry 選單的程式設計（Programming）群組找到它（圖 5-3）。

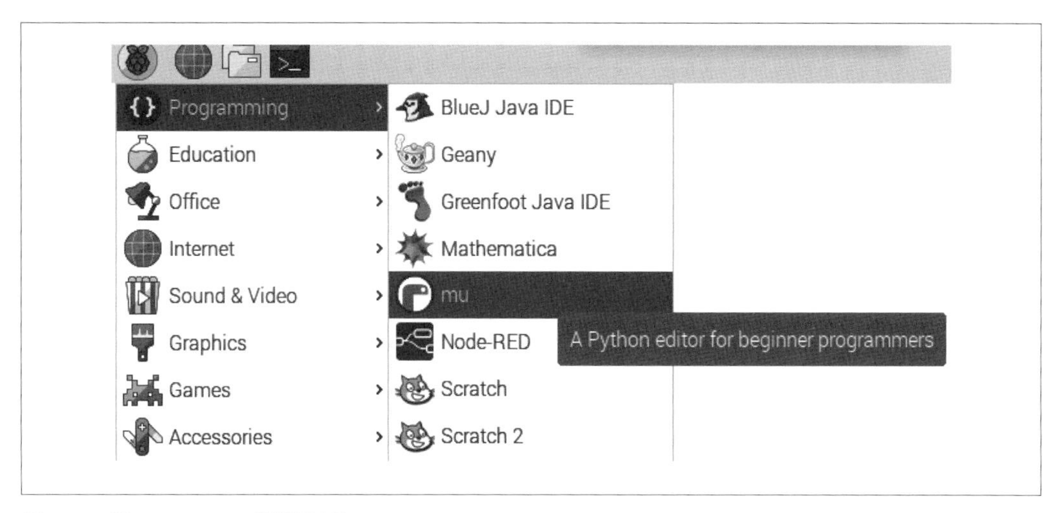

圖 5-3　從 Raspberry 選單開啟 Mu

當你第一次開啟 Mu，會提示你選擇一個模式（圖 5-4）。

選擇 Python 3 模式並按下 OK。這會開啟 Mu 編輯器，你就可以開始寫 Python 程式了。

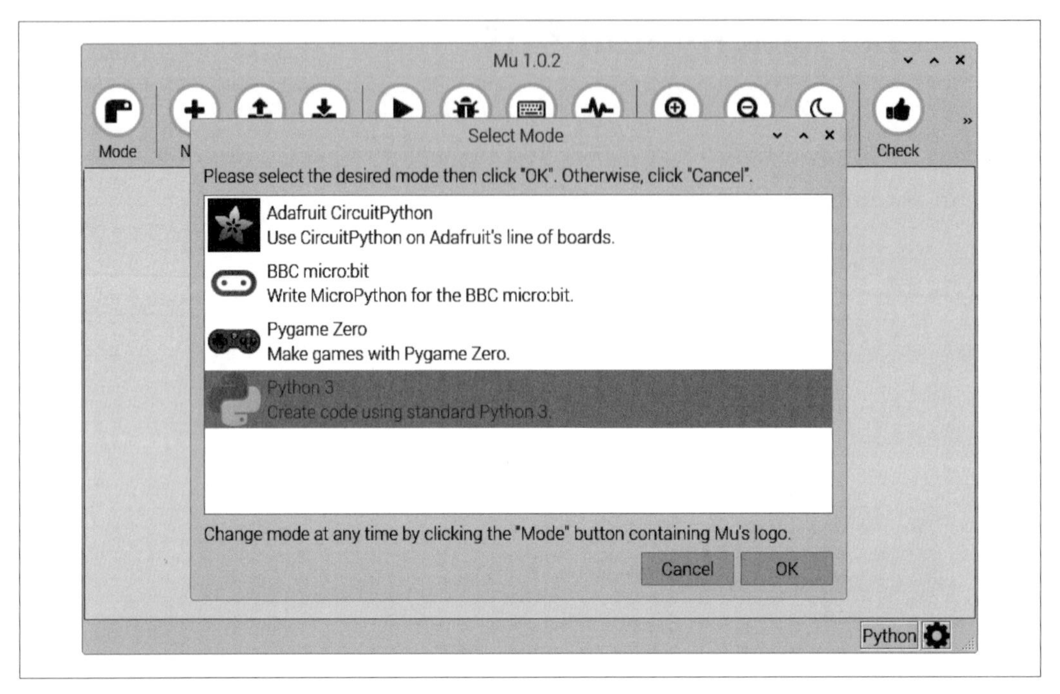

圖 5-4　選擇 Mu 的模式

讓我們一起試看看。仔細地輸入以下測試程式碼到編輯器區域註解「Write your code here :-)」下方：

```
for i in range(1, 10):
    print(i)
```

這個簡短程式會數到 9。現在還不要煩惱它怎麼運作的；它會在訣竅 5.23 中好好解釋。請留意當你在第一行結尾並按下 Enter 後，有 print 敘述的第二行應該會自動縮排（圖 5-5）。

在我們執行程式前，要先將它儲存到檔案，所以按下 Mu 視窗最上方的 Save（儲存）按鈕，並將檔案命名為 count.py（圖 5-6）。

圖 5-5　Mu 的編輯模式

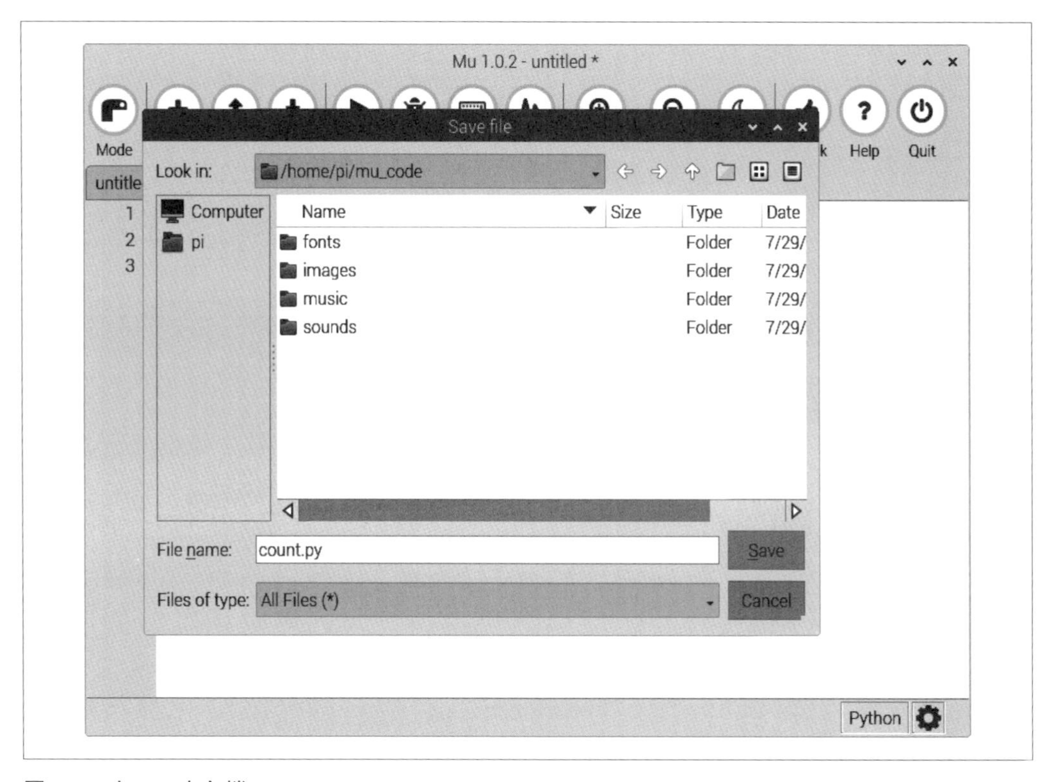

圖 5-6　在 Mu 中存檔

現在檔案已儲存，按下 Mu 視窗最上方的 Run 按鈕執行程式。這會讓 Mu 編輯器的螢幕分成兩半，下半部顯示執行程式的結果（圖 5-7）。

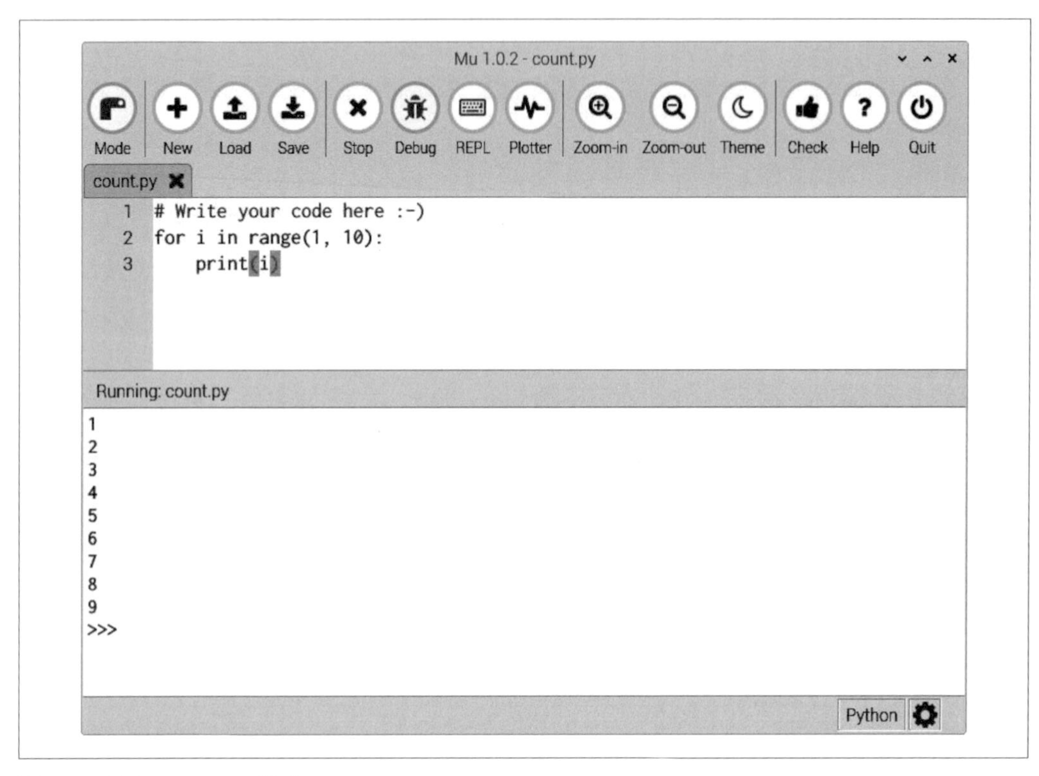

圖 5-7　執行 count.py 程式

如果你已經照著訣竅 3.22 下載本書伴隨的檔案，你可以在 Mu 使用 Open（開啟）按鈕直接開啟它們，然後如圖 5-8 所示巡覽 *~/raspberrypi_cookbook_ed4/python* 資料夾。請注意 Mu 是用 Python 3，而本書有少數程式只能以 Python 2 運作，所以若從 Mu 執行時遇到問題，請檢查該訣竅的程式碼。

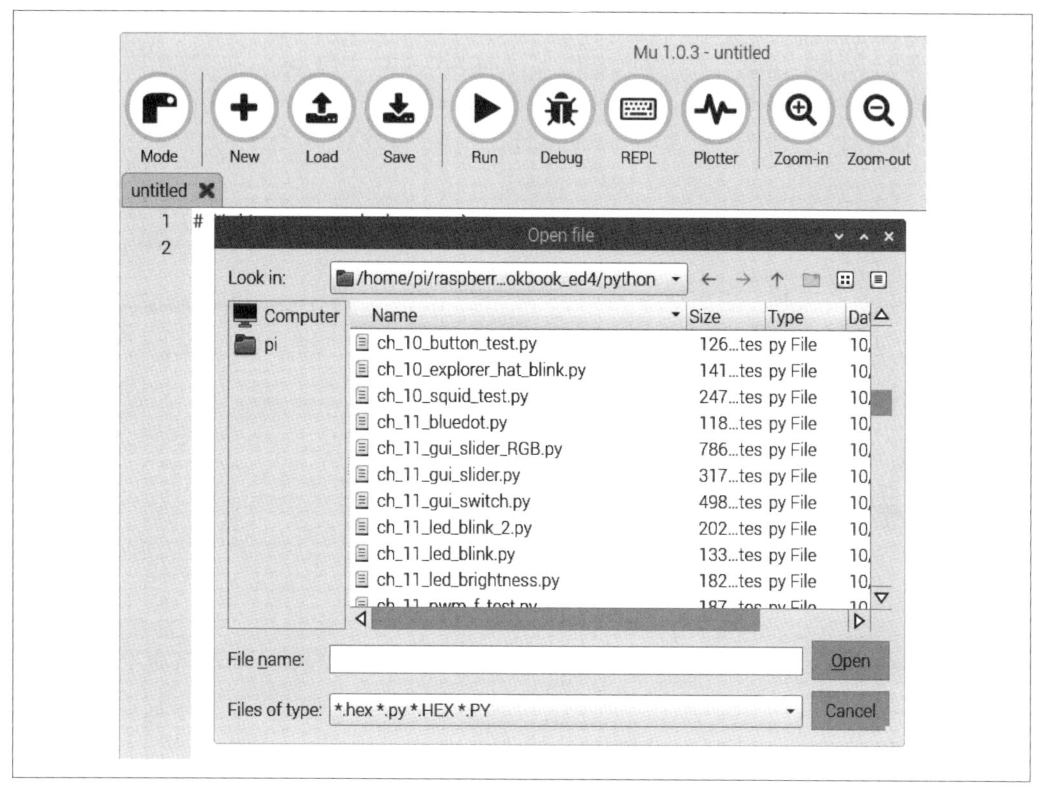

圖 5-8　從 Mu 存取本書的 Python 程式

討論

像 Python 這樣以縮排為基礎規則的程式語言並不常見。許多基於 C 的程式語言使用 { 和 } 劃出程式碼區塊，而 Python 則使用縮排的階層。所以在前一個例子裡，因為 `print` 從左邊縮排四個空格，所以 Python 知道它作為迴圈的一部分而會被重複調用。

當你開始寫 Python，看到像是「IndentationError: unexpected indent（縮排錯誤：未預期的縮排）」的錯誤並非少見，這表示某處的某個東西未正確縮排。如果每個東西似乎都排列整齊，請再次確認沒有任何縮排含有 tab 字元，因為 Python 中的 tab 和空格是不同的。

你可以使用空格或 tab，但是不能在同一個區塊中混用，且在同一個程式中混用也不是個好習慣（即使 Python 允許你這麼做）。

選擇 Python 3 作為我們的編輯模式（圖 5-4），我們忽略了其他模式選項。Adafruit CircuitPython 模式允許你用 Raspberry Pi 為 Adafruit CircuitPython 開發板寫程式，BBC micro:bit 模式讓你為 BBC micro:bit 開發板寫 microPython 程式。兩者都是使用本書未提及的其他開發板；然而了解 Raspberry Pi 能使用這些微控制板也是不錯。

參閱

另一個受歡迎的初學者用編輯器是 Thonny（訣竅 5.3）。

除了使用 Mu 編輯和執行 Python 程式，你也可以在 nano（訣竅 3.7）編輯檔案，然後在終端機執行它們（訣竅 5.6）。

5.5 使用 Python 主控台

問題

你要輸入 Python 指令而非寫整個程式。這麼做對於實驗某些 Python 功能來說很有幫助。

解決方案

請在 Thonny 或終端機使用 Python 主控台（Python Console）。Python 主控台提供有點類似 Raspberry Pi OS 的命令列（訣竅 3.3），但不是輸入作業系統指令，可以輸入 Python 指令。如果你是用 Mu（訣竅 5.4），可以按下 Mu 視窗上方的 REPL（Read Eval Print Loop，讀取、求值、輸出 迴圈）按鈕以存取 Python 主控台（圖 5-9）。

請忽略圖 5-9 中按鈕以外的東西，你可以看到讓你輸入 Python 指令的命令提示處。在這個例子中，我已經在 `In [1]:` 提示之後輸入以下指令：

```
2 + 2
```

並放心地得到答案：

```
4
```

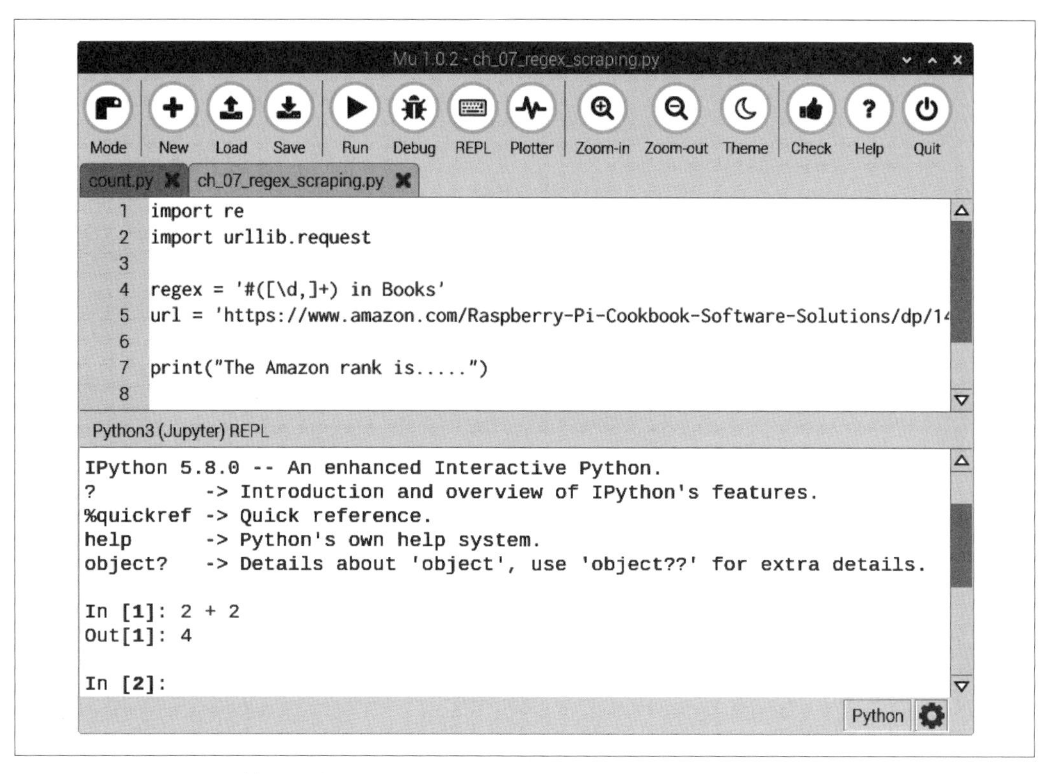

圖 5-9　在 Mu REPL 輸入指令

討論

使用 Mu 執行各別 Python 指令的替代方法是在終端機視窗輸入 `python3` 指令開啟 Python 3 主控台。

`>>>` 提示符號指示你可以輸入 Python 命令。若你需要輸入多個指令，則主控台會自動提供由三個點構成的連續線。你仍然需要縮排四個空格，如下所示：

```
>>> from time import sleep
>>> while True:
...     print("hello")
...     sleep(1)
...
hello
hello
```

輸入完最後的指令後，你需要按兩次 Enter 讓主控台知道是縮排區塊的結尾並執行程式碼。

Python 主控台也提供指令歷史紀錄，所以你可以使用上下方向鍵前後往返於輸入過的指令。

當你用完 Python 主控台，要回到命令列時，請輸入 **`exit()`**。

> **支援就在手邊**
>
> 當你開發程式時，主控台是一個測試數行程式碼的有用地方，不用執行整個程式。你可以在主控台輸入 `help(thing)` 取得許多 Python 功能的支援協助，*thing* 就是你想獲得支援協助的東西。
>
> 舉例來說，請試著在 Python 主控台輸入 `help(print)`。

參閱

若你有超過數行要輸入，可能用 Thonny 或 Mu（訣竅 5.3 或 5.4）來編輯和執行檔案會比較好。

5.6 從終端機執行 Python 程式

問題

從 Thonny（訣竅 5.3）或 Mu（訣竅 5.4）很好，但是有時候你想在終端機視窗執行 Python 程式。

解決方案

請在終端機執行 `python` 或 `python3` 指令，並在指令後加上你要執行程式的檔名。（Raspberry Pi OS 只有 Python 3，所以 `python` 或 `python3` 這兩個指令都會執行 Python 3 程式。要用哪一個指令由你自己決定。）

討論

要從命令列執行 Python 3 程式，請如下執行指令：

```
$ python3 myprogram.py
```

如果你要以 Python 2 執行程式，請如訣竅 5.1 所述安裝完 Python 2 後，將 python3 指令改成 python2。這兩種情況下，你要執行的 Python 程式的檔案都應該是 *.py* 的副檔名。

你能以一般使用者身分執行大部分 Python 程式；然而，有些則需要以超級使用者身分執行。如果你的程式是這種情況，請在指令前綴 sudo，但請注意若有人寫惡意程式，讓它有這個權限則會允許程式做各種惡意的行為：

```
$ sudo python3 myprogram.py
```

在之前的範例，你需要在指令中包含 python3 來執行程式，但是你可以選擇性在 Python 程式開頭增加一行以讓 Linux 知道它是 Python 程式。這特別的一行稱為 *shebang*（兩個符號名稱的縮寫：「hash（井字號）」和「bang（驚嘆號）」。以下列單行範例程式作說明：

```
#!/usr/bin/python3
print("我是一個程式，我能自我執行")
```

在從命令列直接執行此程式之前，你一定要使用以下指令賦予檔案執行權限（請見訣竅 3.14）；此範例假設檔案名為 *test.py*：

```
$ chmod +x test.py
```

+x 參數表示為檔案增加執行權限。

現在你可以使用單一指令執行 Python 程式 *test.py*：

```
$ ./test.py
我是一個程式，我能自我執行
$
```

行首的 ./ 是命令列尋找該檔案所需。

如果你以 -i 選項執行 Python 程式，程式會執行並開啟主控台。這對於除錯很有幫助，因為你能在主控台內存取程式的變數，就如同直接在主控台輸入程式一樣。

參閱

訣竅 3.25 示範如何定時執行 Python 程式。

要在開機時自動執行程式，請見訣竅 3.23。

5.7 為值賦名（變數）

問題

你要為一個值取名。

解決方案

你可以使用 = 為一個名稱賦值。

討論

在 Python，你不必宣告變數型態；可以只用賦值運算子（=）為其賦值，如以下範例所示：

```
a = 123
b = 12.34
c = "Hello"
d = 'Hello'
e = True
```

你可以用單引號或雙引號定義字元 —— 字串常數。Python 的邏輯常數是 `True`（真）和 `False`（假），它們是區分大小寫的。

慣例上，變數名稱是小寫字母開頭，如果變數名稱包含超過一個字，每個字以底線字元連接。變數名稱不能以數字開頭，但是可以在第一個字元後包含數字。

賦予變數有意義的名稱永遠是個好主意，這樣當你休息片刻再回到你的程式時，你才能清楚它的作用。

一些合法變數名稱的範例有 `x`、`total` 和 `number_of_chars`。

參閱

你也可以為變數賦予串列（訣竅 6.1）或字典（訣竅 6.13）的值。

更多關於變數算數計算的資訊請見訣竅 5.10。

5.8 顯示輸出

問題

你想要查看變數的值。

解決方案

請使用 `print` 指令。你可以在 Python 主控台嘗試以下範例（訣竅 5.5）：

```
>>> x = 10
>>> print(x)
10
>>>
```

請注意 `print` 指令會在新的一行列印。

討論

在 Python 2，你使用 `print` 指令時可能不會在值周圍加上括號。但是這在 Python 3 是行不通的，所以為了這兩個版本的相容性，在列印值周圍都要加上括號。

參閱

要讀取使用者輸入，請見訣竅 5.9。

要有較佳的列印格式，請見訣竅 7.1 和 7.2。

5.9 讀取使用者輸入

問題

你要提示使用者輸入一個值。

解決方案

請使用 input（Python 3）指令。你可以在 Python 3 主控台（訣竅 5.5）試試下列範例：

```
>>> x = input("請輸入值：")
請輸入值：23
>>> print(x)
23
>>>
```

討論

在 Python 3 中，input 的表現和在 Python 2 中不同。在 Python 3 中 input 會回傳字串，即使輸入的是數值也是一樣。Python 2 則不是如此，如果文字內容看起來像是數值，它就會被轉換為數值。

參閱

更多關於 Python 2 中 input 的資訊請見 *https://oreil.ly/EhqMt*。

5.10 使用算術運算子

問題

你要在 Python 做算術運算。

解決方案

請使用 +、-、* 和 / 運算子。

討論

算術運算最常用的運算子是 +、-、* 和 /，分別是加、減、乘、除。

你也可以使用括號將運算式分組，如以下範例所示，它會將攝氏溫度轉換成華氏溫度：

```
>>> tempC = input("請輸入攝氏溫度：")
請輸入攝氏溫度：20
>>> tempF = (int(tempC) * 9) / 5 + 32
>>> print(tempF)
68.0
>>>
```

int 函式會將 input 取得的字串轉換成整數數字。

其他算術運算子包括 %（模數餘數）和 **（次方）。舉例來說，2 的 8 次方可以這麼寫：

```
>>> 2 ** 8
256
```

算術運算子評估的順序會造成計算結果的差異。例如 2+3*2 的結果：

- (2 + 3) * 2 = 10
- 2 + (3 * 2) = 8

在 Python 3 的答案是 8，因為 * 永遠在 + 前計算。

運算優先順序的記憶口訣是 BODMAS：

- 括號（Brackets）
- 指數階層（Orders，次方 **）
- 除（Division）
- 乘（Multiplication）
- 加（Adding）
- 減（Subtracting）

程式設計時你常常會做的是為變數加上特定的量。如果你有一個內含數值的變數 *x*，你可以這樣對它加 1：

```
x = x + 1
```

因為這是很常做的事，所以有給 +、-、* 和 / 運算子的捷徑可以應用該運算子又能賦予新的值。所以要將 x 加 1 也可以這樣寫：

```
x += 1
```

參閱

關於使用 `input` 指令請見訣竅 5.9，關於轉換 `input` 取得的字串值為數值，請見訣竅 5.14。

`Math` 程式庫有許多你能使用的有用數學函式（*https://oreil.ly/afV6D*）。

5.11 建立字串

問題

你要建立字串變數 —— 就是包含文字的變數。

解決方案

請使用賦值運算子（`=`），和字串常數來建立新字串。在字串前後使用雙引號或單引號都可以，但是一定要一致。例如：

```
>>> s = "abc def"
>>> print(s)
abc def
>>>
```

討論

如果字串裡有雙引號或單引號，請在字串前後選擇另一種引號。例如：

```
>>> s = " 不熱嗎？ "
>>> print(s)
不熱嗎？
>>>
```

有時候你的字串裡要包含特殊字元，像是 tab 或換行字元。這需要使用一種**脫逸字元**（*escape character*）。要包含 tab，請使用 `\t`，換行字元則用 `\n`，例如：

```
>>> s = "姓名\年齡\nMatt\t14"
>>> print(s)
姓名      年齡
Matt    14
>>>
```

參閱

完整的脫逸字元清單請見 Python 參考手冊（Python Reference Manual，*https://oreil.ly/mrYmw*）。

5.12 連接字串

問題

你要將數個字串連接在一起。

解決方案

請使用 `+`（連接）運算子。

例如：

```
>>> s1 = "abc"
>>> s2 = "def"
>>> s = s1 + s2
>>> print(s)
abcdef
>>>
```

討論

在許多程式語言中，如果你有一串值要連接，其中有些是字串，有些是其他型別，例如數值，那數值在連接時會被自動轉換為字串。在 Python 中並非如此，如果你測試下列指令，你會收到錯誤訊息：

```
>>> "abc" + 23
Traceback (most recent call last):
  File "<stdin>", line 1, in <module>
TypeError: can only concatenate str (not "int") to str
```

在 Python 中，在連接之前，你必須轉換每個你要連接的部分為字串，如此例所示：

```
>>> "abc" + str(23)
'abc23'
>>>
```

參閱

更多關於使用 str 函式轉換數值為字串的資訊請見訣竅 5.13。

5.13 將數值轉換為字串

問題

你想將數值轉換為字串。

解決方案

請使用 Python 函式 str。

例如：

```
>>> str(123)
'123'
>>>
```

討論

將數值轉換成字串的常見理由是接下來你可以將它和另一個字串連接（訣竅 5.12）。

參閱

要將字串轉換成數值的反向操作請見訣竅 5.14。

5.14 將字串轉換為數值

問題

你要將字串轉換為數值。

解決方案

請使用 Python 函式 `int` 或 `float`。

例如，要將字串 `-123` 轉換成數值，你可以使用以下指令：

```
>>> int("-123")
-123
>>>
```

這能作用於正負整數。

要轉換浮點數，可以用 `float` 代替：

```
>>> float("123.45")
123.45
>>>
```

討論

`int` 和 `float` 都可以正確處理前導零（leading zero），並容許數字間有空格或其他空白字元。

你也可以提供第二個引數為底數，以 `int` 轉換表示數值的字串成為預設值 10 以外底數的數值。以下範例會將二進位數 1001 的字串表示法轉換成數值：

```
>>> int("1001", 2)
9
>>>
```

第二個範例會將十六進位數值 AFF0 轉換為整數：

```
>>> int("AFF0", 16)
45040
>>>
```

參閱

要反向將數值轉換為字串請見訣竅 5.13。

5.15 尋找字串長度

問題

你需要知道字串裡有多少字元。

解決方案

請使用 Python 的 `len` 函式。

討論

例如，要找出字串 `abcdef` 的長度，會使用：

```
>>> len("abcdef")
6
>>>
```

參閱

`len` 指令也能作用於串列（訣竅 6.3）。

5.16 找出字串在另一字串中的位置

問題

你要找出字串在另一字串中的位置。

解決方案

請使用 Python 的 `find` 函式。

例如，要找出字串 def 在字串 abcdefghi 中的起始位置，可以使用：

```
>>> s = "abcdefghi"
>>> s.find("def")
3
>>>
```

討論

如果你要找的字串不在被搜尋的字串中，find 會回傳 -1 的值。

參閱

replace 函式用來尋找並取代字串內所有符合處（訣竅 5.18）。

5.17 擷取部分字串

問題

你要在特定字元位置切出字串的一個片段。

解決方案

請使用 Python 的 [:] 切片表示法。

例如，要從字串 abcdefghi 中切出第二到第五字元，你會使用下列指令：

```
>>> s = "abcdefghi"
>>> s[1:5]
'bcde'
>>>
```

字元位置從 0 開始算（非 1），所以位置 1 表示字串的第二個字元，而 5 表示第六個字元；然而在高位的字元範圍是不算的（字元結束於索引位置 4，不是 5）。因此，在此例中，字母 *f* 不包含，即使它是字元 5。

討論

[:] 表示法是很強大的，你可以省略任一引數，這種情況下都會適當地假定字串的起始或結尾的位置。例如：

```
>>> s = "abcdefghi"
>>> s[:5]
'abcde'
>>>
```

和：

```
>>> s = "abcdefghi"
>>> s[3:]
'defghi'
>>>
```

你也可以使用負的索引值從字串結尾往前數回來。這在像是找出檔案副檔名三個字母的情況時很有用，如下例所示：

```
>>> "myfile.txt"[-3:]
'txt'
```

參閱

訣竅 5.12 敘述將字串連接在一起，而非切開。

訣竅 6.11 使用相同語法，但是用於串列而非字串。

另一個更強大的字串操作方法會在訣竅 7.23 敘述。

5.18 取代字串中的字元

問題

你要在另一個字串內取代所有相符的字串。

解決方案

請使用 `replace` 函式。

例如，要以 `times` 取代所有的 X，你會使用以下方法：

```
>>> s = "那是最好的 X。那是最糟的 X"
>>> s.replace("X", "時代")
'那是最好的時代。那是最糟的時代'
>>>
```

`replace` 函式需要兩個參數。第一個是要找的字串，第二個是用來取代的字串。

討論

你要找的字串一定要完全符合；也就是，搜尋是區分大小寫而且包含空格的。

參閱

尋找字串而不取代請見訣竅 5.16。

另一個更強大的字串操作方法會在訣竅 7.23 敘述。

5.19 轉換字串為大寫或小寫

問題

你要轉換字串中所有字元為大寫或小寫字母。

解決方案

視情況使用 `upper` 或 `lower` 函式。

例如，轉換 `aBcDe` 為大寫，你會使用以下方法：

```
>>> "aBcDe".upper()
'ABCDE'
>>>
```

要將它轉換為小寫，可以這麼做：

```
>>> "aBcDe".lower()
'abcde'
>>>
```

請注意，儘管 upper 和 lower 不需要任何參數，但仍然要在結尾加上 ()。

討論

就像大部分以某種方式操作字串的函式，upper 和 lower 函式沒有真的修改字串，而是回傳字串修改後的複本。

例如，下列程式碼會回傳字串的複本 s，但是請注意原始字串並未改變：

```
>>> s = "aBcDe"
>>> s.upper()
'ABCDE'
>>> s
'aBcDe'
>>>
```

要將 s 的值改成全部大寫，請這麼做：

```
>>> s = "aBcDe"
>>> s = s.upper()
>>> s
'ABCDE'
>>>
```

參閱

要取代字串內的文字請見訣竅 5.18。

5.20 有條件地執行指令

問題

你想只在某種條件為真時，執行某些 Python 指令。

解決方案

請使用 Python 的 if 指令。

以下範例只會在 x 的值大於 100 時，印出「x 是大的」訊息：

```
>>> x = 101
>>> if x > 100:
...     print("x 是大的 ")
...
x 是大的
```

討論

在 if 關鍵字之後，有一個條件式（*condition*）。這個條件式時常（但不是一定）會比較兩個值，並給出一個答案 True 或 False。如果是 True，隨後縮排的行就會被執行。

當條件式為 True 時做一件事、為 False 時做另一件事的這種情況，相當常見。在這種情況下，else 指令會和 if 一起使用，如此範例所示：

```
x = 101
if x > 100:
    print("x 是大的 ")
else:
    print("x 是小的 ")

print(" 這一定會印出來 ")
```

你也可以將它們連在一起成為一系列 elif（else if）條件式。如果其中任何一個條件成立，該程式碼區塊就會被執行，隨後其他條件都不會被測試。

例如：

```
x = 90
if x > 100:
    print("x 是大的 ")
elif x < 10:
    print("x 是小的 ")
else:
    print("x 是中的 ")
```

此範例會印出 x 是中的。

參閱

訣竅 5.21 有更多關於不同類型比較的相關資訊。

5.21 比較值

問題

你要比較兩個不同數量的值。

解決方案

使用其中一種比較運算子：<、>、<=、>=、== 或 !=。

討論

你在訣竅 5.20 使用過 <（小於）和 >（大於）運算子。這裡是完整的比較運算子：

```
<    小於
>    大於
<=   小於等於
>=   大於等於
==   等於
!=   不等於
```

有些人偏好使用 <> 運算子代替 !=。兩者作用相同。

你可以使用 Python 主控台（訣竅 5.5）測試這些指令，如以下範例所示：

```
>>> 1 != 2
True
>>> 1 != 1
False
>>> 10 >= 10
True
>>> 10 >= 11
False
>>> 10 == 10
True
>>>
```

常見的錯誤是在比較中以 =（設定值）代替 ==（雙等號）。這很難找出來，因為如果比較式的一邊是變數，這是完美符合規定的語法，且能正常執行，但是可能不是你預期的結果。

和比較數值一樣，你也可以使用這些比較運算子比較字串，如下所示：

```
>>> 'aa' < 'ab'
True
>>> 'aaa' < 'aa'
False
```

字串會以辭典編纂法來比較 —— 也就是你查字典時找到它們的順序。

這並不是很正確，因為對每個字母來說，大寫的字母被認為比小寫的字母小。每個字母都有一個值，稱為 ASCII 碼（*https://oreil.ly/87YKO*），而大寫字母比同一字母的小寫有較小的值。

例如：

```
>>> 'B' > 'a'
False
>>> 'B' > 'A'
True
```

參閱

對於更多關於使用 `if` 指令和邏輯運算子的資訊，請見訣竅 5.20 和 5.22。

另一個更強大的字串操作方法會在訣竅 7.23 敘述。

5.22 使用邏輯運算子

問題

你要在 `if` 敘述內指定更複雜的條件式。

解決方案

使用其中一個邏輯運算子：`and`、`or` 或 `not`。

討論

舉例來說，你可能要檢查變數是否有界於 10 和 20 之間的值。要這麼做，你會使用 and 運算子：

```
>>> x = 17
>>> if x >= 10 and x <= 20:
...     print('x 在中間 ')
...
x 在中間
```

你可以如你所需地結合多個 and 和 or 敘述，如果運算式複雜的話，你也可以使用括號將它們分組。

參閱

更多關於 if 指令和比較值的資訊，請見訣竅 5.20 和 5.21。

5.23 重複執行指令特定次數

問題

你需要重複某段程式碼特定的次數。

解決方案

使用 Python 的 for 指令，迭代一個範圍。

例如，要重複一個指令 10 次，請使用以下方法：

```
>>> for i in range(1, 11):
...     print(i)
...
1
2
3
4
5
6
```

```
7
8
9
10
>>>
```

討論

`range` 指令第二個參數是會被排除在外的，也就是如果要數到 10，你必須指定 11 這個值。

參閱

若迴圈停止的條件比簡單重複指令數次還要複雜，請參考訣竅 5.24。

如果你試著對串列或字典的每個元素重複執行指令，請分別參閱訣竅 6.7 或 6.16。

5.24 重複執行指令直到條件改變

問題

你需要重複某段程式碼，直到某件事改變為止。

解決方案

請使用 Python 的 `while` 敘述。`while` 敘述會重複執行巢式指令直到條件式為假。以下範例會一直維持在迴圈內，直到使用者輸入 **X** 離開：

```
>>> answer = ''
>>> while answer != 'X':
...     answer = input('Enter command:')
...
輸入指令：A
輸入指令：B
輸入指令：X
>>>
```

討論

請注意 answer 在 while 迴圈開始前，被賦予空字串的初始值。如果你不這麼做，while 這行會造成錯誤，因為此刻 answer 尚未定義，沒有值可以比較。

參閱

如果你想要重複某些指令特定次數，請見訣竅 5.23。

如果你要對串列或字典的每個元素重複執行指令，請分別參閱訣竅 6.7 或 6.16。

5.25 打斷迴圈

問題

你在迴圈內，要在某個條件發生時離開迴圈。

解決方案

請使用 Python 的 break 敘述以離開 while 或 for 迴圈。

以下範例和訣竅 5.24 的範例程式碼作用完全相同：

```
>>> while True:
...     answer = input(' 輸入指令：')
...     if answer == 'X':
...             break
...
輸入指令：A
輸入指令：B
輸入指令：X
>>>
```

while True: 乍看之下有點奇怪。這只是表示它會永遠重複，或直到你以某種方法跳出迴圈。

討論

本範例使用 Python 3 的 input 指令。要在 Python 2 執行此範例，請以 raw_input 指令代替 input。

本例和訣竅 5.24 的範例作用一模一樣。然而本例中，while 的條件式就只是 True，所以迴圈永遠不會結束，除非當使用者輸入 X 時，我們使用 break 跳出迴圈。

參閱

你也可以使用條件式離開 while 迴圈；請見訣竅 5.24。

5.26 定義 Python 函式

問題

你要避免在程式中一再地重複相同的程式碼。

解決方案

建立一個將數行程式碼組合起來的函式，讓它能從程式許多地方呼叫。

以下範例說明如何在 Python 建立然後呼叫一個函式：

```
def count_to_10():
    for i in range(1, 11):
        print(i)
```

此範例使用 def 指令定義名為 count_to_10 的函式，無論何時呼叫，它都會印出數字 1 到 10：

```
>>> count_to_10()
1
2
3
4
5
6
```

```
7
8
9
10
>>>
```

討論

命名函式的慣例就如同訣竅 5.7 的變數一樣；亦即應該是小寫字母開頭，如果名稱由超過一個字組成，每個字應該以底線分隔。

範例函式有點死板，因為它只能數到 10。如果我們想讓它更有彈性 —— 例如，讓它能數到任何數字。我們可以將最大數字設為函式的參數（*parameter*），如這個範例所示：

```
def count_to_n(n):
    for i in range(1, n + 1):
        print(i)

>>> count_to_n(5)
1
2
3
4
5
>>>
```

參數 n 包含在括號內，會在 range 指令內使用，但不在 1 加上它之前。

使用參數表示你想數到的最高數字意謂著若你通常數到 10，但有時候想數到不同的數字，你一定要指定一個數字。然而你可以指定參數的預設值，因此有兩全其美的方式，如此範例所示：

```
def count_to_n(n=10):
    for i in range(1, n + 1):
        print(i)

count_to_n()
```

現在除非呼叫函式時指定一個不同的數字，不然它會數到 10。

如果你的函式需要超過一個參數，或許是在兩個數字間計數，參數間要以逗號分隔：

```
def count(from_num=1, to_num=10):
    for i in range(from_num, to_num + 1):
     print(i)

count()
1
2
3
4
5
6
7
8
9
10
>>>
count(5)
1
2
3
4
5
>>>
count(5, 10)
5
6
7
8
9
10
>>>
```

如果你希望某些參數有預設值，某些沒有，有預設值的要在沒有預設值的之後。也就是 `count(from_num,to_num=10)` 是允許的，但 `count(from_num=1, to_num)` 則不被允許。

這些範例都是不會回傳任何值的函式；它們只會做某件事。如果你要一個會回傳值的函式，你需要使用 `return` 指令。

以下函式會接受一個字串當參數，並將「請」字加到字串開頭：

```
def make_polite(sentence):
    return "請" + sentence

print(make_polite("給我起司"))
```

當函式回傳一個值，你可以將該結果指定給變數，或如本範例將結果印出來。

參閱

要從函式回傳超過一個值，請見訣竅 7.3。

第六章

Python 串列與字典

6.0 簡介

在第 5 章中，我們看了 Python 語言的基礎。本章我們會看兩個關鍵的 Python 資料結構：串列與字典。

6.1 建立串列

問題

你要用變數放置一系列的值，而非只有一個值。

解決方案

請使用串列。在 Python 中，串列是一系列以特定順序儲存的值，所以可以藉由位置存取它們。

你可以使用 [和] 字元來建立包含初始值的串列：

```
>>> a = [34, 'Fred', 12, False, 72.3]
>>>
```

不像 C 語言之類的固定陣列，你不需要在宣告時指定 Python 的串列大小。你也可以隨時改變元素數目。

討論

如本範例所示，串列中的項目不需是同一種型別，雖然它們常常如此。事實上，串列的元素本身就是串列是相當常見的。

要建立你稍後能加入項目的空串列，可以這麼做：

```
>>> a = []
>>>
```

6.2 存取串列元素

問題

你想找出串列的個別元素或修改它們。

解決方案

使用 [] 表示法以它們在串列中的位置存取串列元素。例如，要存取串列中位置 1 的元素：

```
>>> a = [34, 'Fred', 12, False, 72.3]
>>> a[1]
'Fred'
```

討論

串列第一個元素的位置（索引，index）由 0 開始（不是 1）。

和使用 [] 表示法從串列讀取值一樣，你也可以使用它改變特定位置的值，如下所示：

```
>>> a = [34, 'Fred', 12, False, 72.3]
>>> a[1] = 777
>>> a
[34, 777, 12, False, 72.3]
```

如果你試著用太大的索引值改變（或是讀取）一個串列元素，你會得到「out of range（超出範圍）」的錯誤訊息：

```
>>> a[50] = 777
Traceback (most recent call last):
  File "<stdin>", line 1, in <module>
IndexError: list assignment index out of range
>>>
```

Python 串列有一個方便的怪招是，你也能使用負的索引值從串列尾部（右側）開始存取元素。索引值 -1 是串列最後一個元素，-2 是倒數第二個，以此類推。如同此範例：

```
>>> a = [34, 'Fred', 12, False, 72.3]
>>> a[-1]
72.3
>>> a[-2]
False
>>>
```

6.3 尋找串列長度

問題

你想知道一個串列有多少元素。

解決方案

請使用 Python 函式 len。

例如：

```
>>> a = [34, 'Fred', 12, False, 72.3]
>>> len(a)
5
```

函式 len 從 Python 第 1 版就有了，和更物件導向、基於類別的第 2 和第 3 版相當不同。你可能會因此寫出這樣的東西：

```
>>> a = [34, 'Fred', 12, False, 72.3]
>>> a.length() # 這個例子是行不通的
```

討論

len 指令也可以作用於字串（訣竅 5.15）。

6.4 加入串列元素

問題

你要加入串列元素。

解決方案

請使用 Python 函式 append、insert 和 extend。

要增加單一元素到串列尾部，請使用 append，如下所示：

```
>>> a = [34, 'Fred', 12, False, 72.3]
>>> a.append("new")
>>> a
[34, 'Fred', 12, False, 72.3, 'new']
```

討論

有時候你不想新增元素到串列尾部，而是要插入到串列的特定位置。要這麼做，請使用 insert 指令。第一個引數是項目應插入位置的索引值，第二個引數是要插入的項目：

```
>>> a.insert(2, "new2")
>>> a
[34, 'Fred', 'new2', 12, False, 72.3]
```

請留意新插入元素之後的元素會往後移動一個位置。

append 和 insert 都只會新增一個元素至串列。extend 函式會新增一個串列所有的元素至另一個串列尾端：

```
>>> a = [34, 'Fred', 12, False, 72.3]
>>> b = [74, 75]
>>> a.extend(b)
>>> a
[34, 'Fred', 12, False, 72.3, 74, 75]
```

append 的替代方案是使用 +=，如以下範例所示：

```
>>> a = [34, 'Fred', 12, False, 72.3]
>>> b = [74, 75]
>>> a += b
>>> a
[34, 'Fred', 12, False, 72.3, 74, 75]
```

6.5 移除串列元素

問題

你要從串列移除一個項目。

解決方案

請使用 Python 函式 pop。

不加上參數的 pop 指令會移除串列最後一個元素：

```
>>> a = [34, 'Fred', 12, False, 72.3]
>>> a.pop()
72.3
>>> a
[34, 'Fred', 12, False]
```

討論

請注意 pop 會回傳從串列移除的值。

要移除位於最後一個元素以外的項目時，請使用 pop 加上指示應移除項目位置的參數：

```
>>> a = [34, 'Fred', 12, False, 72.3]
>>> a.pop(0)
34
```

如果你使用的索引值位置在串列結尾之後，你會得到「Index out of range（索引值超出範圍）」的錯誤訊息。

如果你要從串列以某個項目的值來移除它，而非在串列中的位置，你可以使用 remove，如以下範例所示：

```
>>> a = [34, 'Fred', 12, False, 72.3]
>>> a.remove(12)
a
[34, 'Fred', False, 72.3]
>>>
```

6.6 剖析字串來建立串列

問題

你要轉換以某個字元分隔單字的字串成為字串陣列，陣列中每個字串都是其中一個單字。

解決方案

請使用 Python 字串函式 split。

不加參數的 split 指令會將字串單字分成陣列的元素：

```
>>> "abc def ghi".split()
['abc', 'def', 'ghi']
```

如果提供 split 參數，它就會使用該參數當分隔符來分割字串。

例如：

```
>>> "abc--de--ghi".split('--')
['abc', 'de', 'ghi']
```

討論

本指令在當你想要像是從檔案匯入資料時非常有用。當要分割字串時，split 指令能選擇性取用一個當分隔符（delimiter）的引數。所以若你要用逗號當分隔符，你可以如下分割字串：

```
>>> "abc,def,ghi".split(',')
['abc', 'def', 'ghi']
```

如果你要反過來，將字串串列轉換成單一字串，可以如下使用 `join` 指令：

```
>>> a = ['abc', 'def', 'ghi']
>>> "".join(a)
'abcdefghi'
```

參閱

另一個更強大的字串操作方法會在訣竅 7.23 敘述。

6.7 迭代串列

問題

你要輪流對串列的每個項目執行某些程式碼。

解決方案

請使用 Python 的 `for` 指令：

```
>>> a = [34, 'Fred', 12, False, 72.3]
>>> for x in a:
...     print(x)
...
34
Fred
12
False
72.3
>>>
```

討論

`for` 關鍵字後緊接著一個變數名稱（此例中為 `x`）。這稱為**迴圈變數**（*loop variable*）；它會被設成 `in` 之後指定串列的每個元素。

後接的縮排程式碼會對串列中每個元素執行一次。每執行一次迴圈，`x` 會被賦予串列中相對位置元素的值。然後你能使用 `x` 印出該值，如範例所示。

參閱

生成式是另一種操作串列的方法。（請見訣竅 6.12）。

6.8 列舉串列

問題

你要輪流對串列中每個項目執行一些程式碼，但你也要知道每個項目的索引值位置。

解決方案

請一起使用 Python 的 for 和 enumerate 指令：

```
>>> a = [34, 'Fred', 12, False, 72.3]
>>> for (i, x) in enumerate(a):
...     print(i, x)
...
(0, 34)
(1, 'Fred')
(2, 12)
(3, False)
(4, 72.3)
>>>
```

討論

當列舉每個串列值時，想知道它在串列中的位置是很常見的。另一種方法是只用索引值變數計數，再以 [] 語法存取串列值：

```
>>> a = [34, 'Fred', 12, False, 72.3]
>>> for i in range(len(a)):
...     print(i, a[i])
...
(0, 34)
(1, 'Fred')
(2, 12)
(3, False)
(4, 72.3)
>>>
```

參閱

生成式是另一種操作串列的方法。（請見訣竅 6.12）

想不需知道每個項目的索引值位置來迭代串列，請見訣竅 6.7。

6.9 測試元素是否在串列內

問題

你要知道串列是否含有特定元素。

解決方案

請如下例使用 `in` 關鍵字：

```
>>> x = [12, 66, 32, 6, 99]
>>> 66 in x
True
>>> 77 in x
False
>>>
```

討論

雖然你能迭代串列以尋找元素，但使用 `in` 指令能讓程式碼更簡單易讀。

`in` 指令也能作用於字串。

參閱

欲迭代串列的元素，請見訣竅 6.7。

6.10 排序串列

問題

你要排序串列的元素。

解決方案

請使用 Python 的 sort 指令：

```
>>> a = ["it", "was", "the", "best", "of", "times"]
>>> a.sort()
>>> a
['best', 'it', 'of', 'the', 'times', 'was']
```

sort 指令使用標準 Python 比較運算子。這表示對字串來說，串列元素將以字母升冪順序排序。

討論

當你要排序串列時，實際上你是修改它，而非回傳原始串列已排序過的副本。這表示如果你也需要原始串列，在排序前，你需要使用標準程式庫的 copy 指令來建立原始串列的副本：

```
>>> from copy import copy
>>> a = ["it", "was", "the", "best", "of", "times"]
>>> b = copy(a)
>>> b.sort()
>>> a
['it', 'was', 'the', 'best', 'of', 'times']
>>> b
['best', 'it', 'of', 'the', 'times', 'was']
>>>
```

需要 copy 模組以複製物件。你能在訣竅 7.11 找到更多關於模組的資訊。

6.11 分割串列

問題

你要使用原始串列元素建立串列的子串列。

解決方案

請使用 Python[:] 結構。下列範例會回傳包含原始串列索引位置 1 到 2 的元素（: 後的數字是除外的 —— 也就是元素範圍到 3，但不包含 3）：

```
>>> l = ["a", "b", "c", "d"]
>>> l[1:3]
['b', 'c']
```

請注意字元位置由 0 開始（非由 1），所以 1 的位置表示字串的第 2 個字元，而 3 表示第 4 個；但是字元範圍在最末端是除外的（*exclusive*），所以此範例中的字母 *d* 是不包含的。

討論

[:] 表示法很強大。你可以省略任一個引數，在這種情況下，視狀況假設為串列的開頭或結尾。

例如：

```
>>> l = ["a", "b", "c", "d"]
>>> l[:3]
['a', 'b', 'c']
>>> l[3:]
['d']
>>>
```

你也可以使用負索引值從串列尾部數回來。下列範例會回傳串列最後兩個元素：

```
>>> l[-2:]
['c', 'd']
```

順帶一提，`[:-2]` 會回傳 `['a', 'b']`。

參閱

字串所使用的相同語法請見訣竅 5.17。

6.12 使用生成式

問題

你想要從一個原始串列透過篩選或轉換來建立另一個串列的工整方法。

解決方案

請使用**生成式**（*comprehension*）。

生成式不會做任何無法用常規迴圈做的事，但是它們能簡化涉及串列的動作，好好使用的話能讓你的程式碼更易讀。

生成式會接受現成串列，並從原始串列建立新串列，無論是篩選串列後只取符合的元素至新串列，或建立新串列，其中含有與原始串列相同數量的元素，但以某種方式操縱每個元素。

溫馨提示，下列程式碼不使用生成式，它會接受一個串列，篩選成只包含以字母 *a* 開頭元素的新串列：

```
new_list = []
people = ['agnes', 'andrew','jane','peter']
for person in people:
    if person[0] == 'a':
        new_list.append(person)
print(new_list)
```

當執行此程式時（*ch_06_filter.py*），會看到 `new_list` 只包含以 *a* 開頭的名字：

```
$ python3 ch_06_filter.py
['agnes', 'andrew']
```

我們可以使用生成式來大幅縮短此範例（*ch_06_filter_comp.py*）：

```
people = ['agnes', 'andrew','jane','peter']
new_list = [person for person in people if person[0] == 'a']
print(new_list)
```

這會產生和 *ch_06_filter.py* 完全相同的輸出結果，但使用更少的程式碼。生成式被包在中括號（`[]`）裡，生成式的第一個字是 `person`。這表示 `person`（尚未指定）會被加到串列副本。然後有迭代串列的正常作法 `for person in people`，與被稱為 `people` 的串列，串列中每個元素稱為 `person`。生成式最後一個部分是條件式 `if person[0] == 'a'`。這就是剔除所有不是 *a* 開頭元素的部分。

生成式的條件式是選擇性的，你可能只想以生成式修改串列每個元素。範例 *ch_06_change_comp.py* 會將名字的首字母改成大寫，再回傳每個名字第一個字母為大寫的新串列：

```
people = ['agnes', 'andrew','jane','peter']
new_list = [person.capitalize() for person in people]
print(new_list)
$ python3 ch_06_change_comp.py
['Agnes', 'Andrew', 'Jane', 'Peter']
```

討論

生成式真的是個操作串列很強大有用的技術。第一眼看起來，包圍在中括號內的語法可能有點奇怪。但這是保持程式碼簡潔的好方法，也不會增加我們了解其如何運作的困難度。

參閱

要不用生成式迭代串列，請見訣竅 6.7。

6.13 建立字典

問題

你要建立鍵與值關聯的查找表。

解決方案

請使用 Python 的字典（dictionary）。

當你要照順序存取一串項目，或當你知道想要用的項目索引值時，串列是很棒的。字典是儲存資料集合的替代方案，但它們的組織相當不同，如圖 6-1 所示。

phone_numbers（電話號碼）

鍵：Simon	值：01234 567899
鍵：Jane	值：01234 666666
鍵：Pete	值：01234 777555
鍵：Linda	值：01234 887788

圖 6-1 Python 字典

字典以一種能非常有效率地用鍵找回值的方式儲存鍵／值對（key/value pairs），不須搜尋整個字典。

要建立字典，請使用 {} 表示法：

```
>>> phone_numbers = {'Simon':'01234 567899', 'Jane':'01234 666666'}
```

討論

在此例中，字典的鍵是字串，但它們不一定要是字串；它們可以是數值或任何資料型別，然而最常用的是字串。

值也可以是任何資料型別，包括其他的字典或串列。以下範例建立一個字典（a），然後用它當作第二個字典（b）的值：

```
>>> a = {'key1':'value1', 'key2':2}
>>> a
{'key2': 2, 'key1': 'value1'}
>>> b = {'b_key1':a}
>>> b
{'b_key1': {'key2': 2, 'key1': 'value1'}}
```

當你顯示字典的內容時，請注意字典項目的順序可能不符合它們在字典建立或以某些內容初始化時指定的順序：

```
>>> phone_numbers = {'Simon':'01234 567899', 'Jane':'01234 666666'}
>>> phone_numbers
{'Jane': '01234 666666', 'Simon': '01234 567899'}
```

與串列不同，字典沒有維持項目順序的概念。由於它們在內部表現的方法，字典內容的順序實際上會是隨機的。

順序是隨機的原因是其底層的資料結構是一個**雜湊表**（*hash table*）。雜湊表使用 hasing 函式來決定將每個值儲存在哪裡；hasing 函式會計算任何物件的數值等價（numeric equivalent）。

你能在維基百科找到更多關於雜湊表的資訊（*https://oreil.ly/gU0OI*）。

參閱

訣竅 7.20 敘述了字典和 JSON 資料結構語言的許多相同處。

6.14 存取字典

問題

你要尋找和變更字典的條目。

解決方案

請使用 Python 的 [] 表示法。在括號內指定你要存取條目的鍵值，如下所示：

```
>>> phone_numbers = {'Simon':'01234 567899', 'Jane':'01234 666666'}
>>> phone_numbers['Simon']
'01234 567899'
>>> phone_numbers['Jane']
'01234 666666'
```

討論

查找的過程只有單向的，從鍵找值。

如果你用的鍵不在字典內，你會得到一個「KeyError（鍵值錯誤）」的訊息。例如：

```
>>> phone_numbers = {'Simon':'01234 567899', 'Jane':'01234 666666'}
>>> phone_numbers['Phil']
Traceback (most recent call last):
  File "<stdin>", line 1, in <module>
KeyError: 'Phil'
>>>
```

和使用 [] 表示法從字典讀取值一樣，你也可以用它新增值或覆蓋已存在的值。

以下範例會以鍵 Pete 和值 01234 777555 新增一個新條目到字典：

```
>>> phone_numbers = {'Simon':'01234 567899', 'Jane':'01234 666666'}
>>> phone_numbers['Pete'] = '01234 777555'
>>> phone_numbers['Pete']
'01234 777555'
```

如果鍵不在字典內，就會自動新增條目。如果鍵已存在，無論之前是什麼值，都將會被新值覆蓋。

參閱

更多關於處理錯誤的資訊，請見訣竅 7.10。

6.15 移除字典元素

問題

你要從字典移除項目。

解決方案

請使用 pop 指令，並指定你要移除項目的鍵：

```
>>> phone_numbers = {'Simon':'01234 567899', 'Jane':'01234 666666'}
>>> phone_numbers.pop('Jane')
'01234 666666'
>>> phone_numbers
{'Simon': '01234 567899'}
```

討論

pop 指令會回傳從字典被移除項目的值。在先前的例子中，雖然 Jane 從字典被移除了，但是假如你因為某個目的需要的話，pop 指令會回傳 Jane 條目。

6.16 迭代字典

問題

你要輪流對字典的每個項目做某些處理。

解決方案

請使用 for 指令迭代字典的鍵：

```
>>> phone_numbers = {'Simon':'01234 567899', 'Jane':'01234 666666'}
>>> for name in phone_numbers:
...     print(name)
...
Jane
Simon
```

請注意鍵不會以當初建立的相同順序列印出來。這是字典的特色。條目的順序不會被記下來。

討論

你可以使用一些技巧迭代字典。如果你要存取值和鍵時，下列的形式很有用：

```
>>> phone_numbers = {'Simon':'01234 567899', 'Jane':'01234 666666'}
>>> for name, num in phone_numbers.items():
...     print(name + " " + num)
...
Jane 01234 666666
Simon 01234 567899
```

參閱

for 指令於別處的運用請見訣竅 5.23 和 6.7。

第七章

Python 進階

7.0 簡介

本章中，我們會探索 Python 語言一些更進階的觀念 —— 特別是讀取和寫入檔案、例外處理、模組使用和基礎的網際網路程式設計。

雖然我們已經看過物件導向、類別和方法的許多面向，在本章我們會更詳細地檢視它們，並解釋發生什麼事。

7.1 格式化數值

問題

你要格式化數值到特定小數位數。

解決方案

請運用 `format` 字串至數值。

例如：

```
>>> x = 1.2345678
>>> "x={:.2f}".format(x)
'x=1.23'
>>>
```

format 方法回傳的結果是字串，因為我們使用互動介面，所以它會於終端機中顯示。然而，當程式中使用 format，它很可能會用在 print 敘述中，像這樣：

```
x = 1.2345678
print("x={:.2f}".format(x))
```

討論

格式化字串可以包含一般文字和以 { 與 } 分隔的標誌。format 函式的參數（你要多少就放多少）會依據格式說明符（format specifier）替換掉標誌。

在前一個例子中，格式說明符是 :.2f，它表示數值會被指定成小數點後兩位，且是浮點數 —— f。

如果你希望數值被格式化成數值的總長度永遠是七位數（或填補空格），你要在小數位數前加上其他數字，像這樣：

```
>>> "x={:7.2f}".format(x)
'x=   1.23'
>>>
```

在這個例子裡，因為數值只有三位數長，所以在 1 之前有三個空格。如果你要在前方補零，你可以這樣做：

```
>>> "x={:07.2f}".format(x)
'x=0001.23'
>>>
```

更複雜的範例是顯示攝氏和華氏兩種溫度，如下所示：

```
>>> c = 20.5
>>> "溫度 攝氏 {:5.2f} 度，華氏 {:5.2f} 度。".format(c, c * 9 / 5 + 32)
'溫度 攝氏 20.50 度，華氏 68.90 度。'
>>>
```

你也可以用 format 方法以十六進位和二進位顯示數字。

例如：

```
>>> "{:X}".format(42)
'2A'
>>> "{:b}".format(42)
'101010'
```

從 Python 3.6 版後，有一個格式化字串和其他物件的新方法叫 *f-strings*。它讓你在 Python 字串內放少量 Python 程式（常常只是變數名稱）來估算。例如：

```
>>> temp = 20.4
>>> humidity = 80
>>> F" 攝氏溫度：{temp} 濕度：{humidity}"
' 攝氏溫度：20.4 濕度：80'
>>>
```

f-string 在字串引號前用 F，在 { 與 } 之間的任何東西都會被視為 Python 程式碼來評估。所以，如果你想要華氏溫度，可以這麼寫：

```
>>> temp = 20.4
>>> humidity = 80
>>> F" 華氏溫度：{temp * 9 / 5 + 32} 濕度：{humidity}"
' 華氏溫度：20.4 濕度：80'
>>>
```

f-string 語法在許多情況比字串格式化方法更易讀。

參閱

Python 的格式化涉及了整個格式化語言（*https://oreil.ly/988vF*）。

更多關於 f-string 的資訊請見 *https://realpython.com/python-f-strings*。

7.2 格式化日期與時間

問題

你要將日期轉換成字串，並以特定方式格式化。

解決方案

請於日期物件運用 format 字串。

例如：

```
>>> from datetime import datetime
>>> d = datetime.now()
>>> "{:%Y-%m-%d %H:%M:%S}".format(d)
'2021-12-09 16:00:45'
>>>
```

format 方法回傳的結果是字串，因為我們使用互動介面，所以它會於終端機中顯示。然而，當程式中使用 format，它很可能會用在 print 敘述中，像這樣：

```
from datetime import datetime
d = datetime.now()
print("{:%Y-%m-%d %H:%M:%S}".format(d))
```

討論

Python 格式化語言包含一些格式化日期的特別符號：%y（會以零填補的十進位數賦予沒有世紀年份的年）、%m 和 %d 分別是年、月、日的數字。

其他格式化日期的有用符號有 %B，它會提供月份全名，和 %Y，它會賦予年份四位數格式，如下所示：

```
>>> "{:%d %B %Y}".format(d)
'09 December 2021'
```

於訣竅 7.1 敘述的 f-string 語法也可以如下用於格式化日期：

```
>>> from datetime import datetime
>>> d = datetime.now()
>>> F"{d:%B %d, %Y}"
'August 19, 2022'
>>>
```

參閱

關於格式化數值請見訣竅 7.1。

更多關於格式化日期與時間全部選項的資訊請見 Python 的 strftime 備忘表。

7.3 回傳超過一個數值

問題

你要寫回傳超過一個值的函式。

解決方案

請設計會回傳 Python *tuple* 的函式，並使用多重變數賦值語法。tuple 是 Python 中有點像串列的資料結構，除了 tuple 是以小括號（()）包圍，而非中括號（[]）。它們也是固定大小。

舉例來說，你可以有一個將絕對溫度轉換為華氏溫度及攝氏溫度的函式。可以用逗號分隔多重回傳值以安排這個函式回傳兩種單位的溫度：

```
>>> def calculate_temperatures(kelvin):
...     celsius = kelvin - 273
...     fahrenheit = celsius * 9 / 5 + 32
...     return (celsius, fahrenheit)
...
>>> (c, f) = calculate_temperatures(340)
>>>
>>> print(c)
67
>>> print(f)
152.6
```

當你呼叫此函式，你只要在 = 前提供相同數量的變數，每個回傳值就會被賦值到相同位置的變數。

討論

有時候，當你只有一些值要回傳，這是回傳多個值的最佳方法。然而，若是資料很複雜，你可能會發現使用 Python 物件導向功能並定義含有該資料的類別是較簡潔的方案。你可以這樣回傳類別實體而非 tuple。

參閱

關於定義類別的資訊請見訣竅 7.4。

7.4 定義類別

問題

你要將相關資料和功能組成一個類別。

解決方案

類別（class）的觀念是物件導向的核心。類別有點像 Python 的模組（事實上，許多 Python 模組包含類別），模組會將一組函式集合在一起。但是類別將此以特定方式建立類別的結構正式化，所有類別相關的模組和變數都捆綁成一個類別。類別也能以階層方式來安排，其中更特定的類別會從更通用的類別繼承方法，以易於在程式中寫出不到處重複的程式碼。

定義類別並提供它你所需的變數。

下列範例定義代表通訊錄條目的類別：

```
class Person:
    ''' 此類別代表一個聯絡人物件 '''

    def __init__(self, name, tel):
        self.name = name
        self.tel = tel
```

類別定義第一行使用三個單引號表示**文件字串**（*documentation string* 或 *doc string*），它應該用來解釋類別目的。雖然是選擇性的，但是加上文件字串到類別能讓其他人看出類別的功能。如果類別是讓其他人使用的話，這樣特別有幫助。

文件字串不像一般的註解，因為雖然它們不是活躍的程式碼，但是它們確實和類別相關；因此，在任何時候，你都可以用下列指令（在單字 doc 兩側有雙底線）讀取類別的文件字串：

```
Person.__doc__
```

在類別定義中有**建構子方法**（*constructor method*），當你建立類別實例時它會被自動呼叫。類別像是一個模板，所以定義叫做 Person 的類別時，我們尚未沒有建立任何實際的 Person 物件：

```
    def __init__(self, name, tel):
        self.name = name
        self.tel = tel
```

建構子方法一定要如此命名，在單字 init 兩側有雙底線。

討論

Python 和大多數物件導向語言不同的一個地方是你需要包含 self 特殊變數至你在類別內定義的所有方法之參數。在此例中，這是新建實例的參考。self 變數和你在 Java 和其他程式語言看到的 this 特殊變數是相同觀念。

此方法中的程式碼會將提供給它的參數轉成**成員變數**（*member variables*）。成員變數不需要事先宣告，但是它們必須以 self 前綴。

所以此行：

```
self.name = name
```

建立一個稱為 name 的變數，可以被 Person 類別每一個成員存取並以呼叫時傳入的值建立實例，看起來像這樣：

```
p = Person("Simon", "1234567")
```

我們就可以如下檢查新的 Person 物件 —— p，它的名稱是「Simon」：

```
>>> p.name
Simon
```

在複雜的程式中，將每一個類別放進和該類別名稱相符的檔案是很好的實作。這也讓它容易從類別轉換成模組（請見訣竅 7.11）。

參閱

關於定義方法的資訊請見訣竅 7.5。

7.5 定義方法

問題

你要新增一些程式碼到類別。

解決方案

和特定類別相關的函式叫做**方法**（*methods*）。

下列範例示範如何將方法包含進類別定義內：

```
class Person:
    ''' 此類別代表一個聯絡人物件 '''

    def __init__(self, first_name, surname, tel):
        self.first_name = first_name
        self.surname = surname
        self.tel = tel

    def full_name(self):
        return self.first_name + " " + self.surname
```

`full_name` 方法將聯絡人的姓和名字連接起來，並在中間放一個空格，會產生像這樣的輸出結果：

```
Simon Monk
```

討論

你可以將方法想成和特定類別綁定的函式，可能會也可能不會在處理過程中使用類別的成員變數。所以如同函式一樣，你可以在方法中寫任何你要的程式碼，也能呼叫其他方法。

參閱

關於定義類別的資訊請見訣竅 7.4。

7.6 繼承

問題

你需要已存在類別的特別版本。

解決方案

請使用繼承（*inheritance*）來建立已存在類別的子類別，並新增新的成員變數和方法。

你建立的所有新類別預設都是 `object` 的子類別。你可以藉由在類別定義的類別名稱後的中括號內指定你要用的父類別來修改它。下列範例定義一個類別（`Employee`）當 `Person` 的子類別，並增加新的成員變數（`salary`）和額外的方法（`give_raise`）：

```
class Employee(Person):

    def __init__(self, first_name, surname, tel, salary):
        super().__init__(first_name, surname, tel)
        self.salary = salary

    def give_raise(self, amount):
        self.salary = self.salary + amount
```

請留意前述範例是 Python 3 的，在 Python 2，你不能這樣使用 `super`。你必須如下這樣替代：

```
class Employee(Person):

    def __init__(self, first_name, surname, tel, salary):
        Person.__init__(self, first_name, surname, tel)
        self.salary = salary

    def give_raise(self, amount):
        self.salary = self.salary + amount
```

討論

在這些範例中，子類別的初始化方法會先用父類別的初始化方法，然後再加入成員變數。這樣的優點是你不需在新子類別中重複初始化的程式碼。

參閱

關於定義類別的資訊請見訣竅 7.4。

Python 繼承機制非常強大，且支援**多重繼承**（*multiple inheritance*），子類別會繼承超過一個父類別。更多關於多重繼承的資訊，請參閱 Python 官方文件（*https://oreil.ly/BCjqx*）。

7.7 寫入檔案

問題

你要寫入某些東西到檔案。

解決方案

請使用 `open`、`write` 和 `close` 函式來開啟檔案、寫入某些資料，然後關閉檔案：

```
>>> f = open('test.txt', 'w')
>>> f.write('這個檔案不是空的')
>>> f.close()
```

討論

在前例中，檔案有副檔名 *txt*，表示是文字檔，但是此處可以用任何副檔名。

當開啟檔案時，你可以在關閉檔案之前，執行任意次數的寫入。請注意，使用 `close` 很重要，因為雖然每次寫入都應該會立刻更新檔案，但是有可能會先緩衝於記憶體內，資料就有可能會流失。它也可能會讓檔案被鎖住，以至於其他程式無法開啟它。

`open` 函式會接受兩個參數。第一個是要寫入檔案的路徑。可以是相對於目前工作目錄，或是以 / 開頭的絕對路徑。

第二個（選擇性）參數是檔案應該開啟的模式。如果它被省略了，就會假設是唯讀模式（`r`）。要覆蓋已存在的檔案，或如果檔案不存在就用指定檔名建立檔案，請用 `w`。表 7-1 列出檔案模式字元的完整清單。你可以用 `+` 結合它們。舉例來說，要以讀取和二進位模式開啟檔案，可以這麼做：

```
>>> f = open('test.txt', 'r+b')
```

表 7-1　檔案模式

模式	敘述
r	讀取
w	寫入
a	附加
b	二進位
t	文字模式（預設值）
+	r+w 的簡寫

二進位模式讓你能讀取或寫入資料的二進位串流，例如影像，而不是文字。

參閱

要讀取檔案內容，請見訣竅 7.8。

更多關於例外處理的資訊，請見訣竅 7.10。

7.8 讀取檔案

問題

你要讀取檔案的內容到字串變數中。

解決方案

要讀取檔案內容，你需要使用檔案方法 `open`、`read` 與 `close`。下列範例會讀取檔案的全部內容並將它賦值給變數 `s`：

```
f = open('test.txt')
s = f.read()
f.close()
```

討論

你也可以用 `readline` 方法一次一行讀取文字檔案。

前例中，如果檔案不存在或因為某些其他因素無法讀取，則會丟出一個例外。你可以將程式碼放在 try ／ except 結構中處理它，像這樣：

```
try:
    f = open('test.txt')
    s = f.read()
    f.close()
except IOError:
    print(" 無法開啟檔案 ")
```

參閱

要寫入東西到檔案，和取得檔案開啟模式清單，請見訣竅 7.7。

更多關於例外處理的資訊，請見訣竅 7.10。

要剖析 JSON 資料，請見訣竅 7.20。

7.9 使用 Pickling 存取檔案的資料

問題

你要儲存資料結構的全部內容到檔案，以讓它能在下次程式執行時被讀取。

解決方案

請使用 Python 的 *pickling*（醃製）功能將資料結構以稍後能自動讀取回記憶體相同資料結構的格式傾印（dump）至檔案。

以下範例會將儲存複雜的串列結構到名為 *mylist.pickle* 的檔案：

```
>>> import pickle
>>> mylist = ['some text', 123, [4, 5, True]]
>>> f = open('mylist.pickle', 'wb')
>>> pickle.dump(mylist, f)
>>> f.close()
```

要 *unpickle*（反醃製）檔案內容成新串列，請使用以下方法：

```
>>> f = open('mylist.pickle', 'rb')
>>> other_array = pickle.load(f)
>>> f.close()
>>> other_array
['some text', 123, [4, 5, True]]
```

討論

Pickling 能運作於許多你想丟給它的任何資料結構。不一定要是串列。檔案的副檔名也不重要。使用 *.pickle* 很合理，但是你也可以用 .txt 或 .pic。

檔案會以人類無法閱讀的二進位格式儲存；寫入檔案時，你一定要用 wb（寫入二進位）選項開啟檔案，讀取檔案時，則用 rb（讀取二進位）選項。

參閱

要寫入東西到檔案，和取得檔案開啟模式清單，請見訣竅 7.7。

Pickling 的替代方法是如訣竅 7.21 所述，將物件儲存為 JSON 檔案。

7.10 處理例外

問題

若程式執行時有東西出錯了，你想要擷取錯誤或例外，並顯示使用者友善的錯誤訊息。

解決方案

請使用 Python 的 try ／ except 結構。

以下來自訣竅 7.8 的範例，會擷取任何檔案開啟的問題：

```
try:
    f = open('test.txt')
    s = f.read()
    f.close()
except IOError:
    print("無法開啟檔案")
```

因為你將可能出錯的開啟檔案指令包裝在 try ／ except 結構裡，任何發生的錯誤都會在顯示錯誤訊息前被捕捉到，讓你能以自己的方式處理它。在此，這表示顯示了友善的「無法開啟檔案」訊息。

討論

常見的執行期例外，除了檔案存取之外，也可能是你在存取串列時，使用的索引值超出串列範圍所導致。例如，這會發生在若你存取三元素串列的第五個元素（索引值 4）：

```
>>> list = [1, 2, 3]
>>> list[4]
Traceback (most recent call last):
  File "<stdin>", line 1, in <module>
IndexError: list index out of range
```

錯誤和例外會以階層排列，你能擷取特定或通用的例外。

Exception 類別非常接近階層樹頂部（更通用），會擷取幾乎任何的例外。你也可以有不同類型例外的個別 except 區段，以不同方式處理每種例外。如果你不指定任何例外類型，所有例外都會被 except 指令捕捉。

Python 也允許你在例外處理時使用 else 與 finally 子句：

```
list = [1, 2, 3]
try:
    list[8]
except
    print(" 超出範圍 ")
else:
    print(" 在範圍內 ")
finally:
    print(" 一定會執行這個指令 ")
```

如果沒有例外，else 子句將會被執行，而無論有沒有例外，finally 子句一定會被執行。

每當例外發生時，你可以使用 Exception 物件取得更多關於它的資訊，它只會在你用 as 關鍵字將它放進變數時才能用，如下範例所示：

```
>>> list = [1, 2, 3]
>>> try:
...     list[8]
... except Exception as e:
```

```
...     print(" 超出範圍 ")
...     print(e)
...
超出範圍
list index out of range
>>>
```

這能讓你以自己的方式處理錯誤，並保留原始的錯誤訊息。

參閱

關於 Python 例外類別階層的資訊請見 Python 官方文件（*https://oreil.ly/TQIdm*）。

7.11 使用模組

問題

你要在程式中使用 Python 模組。

解決方案

請使用 `import` 指令：

```
import random
```

討論

Python 有大量的模組（有時候稱為**程式庫**（*libraries*））可用。有許多是內含於 Python 標準程式庫的一部分，其他的則可以下載並安裝到 Python。Python 標準程式庫包含隨機數、資料庫存取、不同的網際網路協定、物件序列化和許多其他函式的模組。

有這麼多模組的一個結果是可能發生衝突 —— 舉例來說，如果兩個模組有相同名稱的函式。要避免這樣的衝突，匯入模組時，可以指定有多少模組是能存取的。

所以若你只用像這樣的指令：

```
import random
```

就不會有衝突的可能性，因為你只能存取以 `random` 前綴的模組內函式或變數（例如，`random.randint`）。順道一提，你會在訣竅中看到 `random` 套件。

另一方面，如果你使用下列範例的指令，則模組內每個函式或變數都可以存取，不必加任何東西在前方；除非你知道使用的所有模組裡的所有函式，否則會有很大的機會遇到衝突：

```
from random import *
```

在這兩個極端之間，你可以明確指定程式需要模組的組件，以讓它們能不需任何前綴地方便使用。

舉例來說：

```
>>> from random import randint
>>> print(randint(1,6))
2
>>>
```

另一個選項是使用 `as` 關鍵字提供模組被參考時更方便或有意義的名稱：

```
>>> import random as R
>>> R.randint(1, 6)
```

參閱

Python 標準程式庫包含最完整的 Python 模組清單（*https://oreil.ly/N6iF9*）。

7.12 產生隨機數值

問題

你要在一個數值範圍內產生隨機數字。

解決方案

請使用 `random` 程式庫：

```
>>> import random
>>> random.randint(1, 6)
```

```
2
>>> random.randint(1, 6)
6
>>> random.randint(1, 6)
5
```

產生的數字會在兩個參數之間（包含）—— 在此例中，會模擬骰子。

討論

產生的數字不是真的隨機數，但是是被稱為**偽隨機數字序列**（*pseudo random number sequence*）；亦即它們是很長的數字序列，當數量很大的時候，會顯示統計學家所稱的**隨機分佈**（*random distribution*）。對遊戲來說，這已經夠完美了，但是如果你要產生樂透數字，需要看看隨機化硬體。電腦並不擅長隨機，這不是它們的本質。

隨機數的常見用法是從串列中隨機選擇某物。你能藉由產生索引值位置並使用它來這麼做，但 random 模組也有一個指令專門來做這件事。請試看看下列範例：

```
>>> import random
>>> random.choice(['a', 'b', 'c'])
'a'
>>> random.choice(['a', 'b', 'c'])
'b'
>>> random.choice(['a', 'b', 'c'])
'a'
```

像這樣建立隨機選擇時，不重複做選擇，並非不常見。打個比方，如果你已隨機選擇了「a」，它就不應該再次被選到。

一個方法是建立你的串列副本，每當從中選擇一個項目時，移除該項目讓它不會再次被選到。這裡有個示範怎麼做的小程式，你可以在本書網站下載（訣竅 3.22）；本程式是 *ch_07_random.py*：

```
import random
from copy import copy

list = ['a', 'b', 'c']

working_list = copy(list)
while len(working_list) > 0 :
    x = random.choice(working_list)
    print(x)
    working_list.remove(x)
```

請執行本程式，它會顯示串列項目，並從中隨機選擇，只會選一次：

```
$ python3 ch_07_random.py
b
c
a
```

你每次執行程式顯示的順序可能不一樣。

參閱

更多資訊請見 `random` 套件的官方參考文獻（*https://oreil.ly/MAJOm*）。

7.13 從 Python 建立網路請求

問題

你需要使用 Python 讀取網頁的內容到字串。

解決方案

Python 有一個建立 HTTP 請求的龐大程式庫稱為 `urllib`（URL 程式庫）。

下列 Python 3 範例會讀取 Google 首頁內容至字串 `contents`：

```
import urllib.request
contents = urllib.request.urlopen("https://www.google.com/").read()
print(contents)
```

討論

讀取 HTML 後，你可能想要搜尋並擷取你要的文字部分。要這麼做，需要使用字串操作函式（請見訣竅 5.16 和 5.17）。

參閱

更多 Python 網際網路相關範例，請見第 17 章。

當網頁請求回傳 JSON 資料時，你可以使用訣竅 7.20 剖析它。

7.14 在 Python 指定命令列引數

問題

你要從命令列執行 Python 程式，並傳遞參數給它。

不僅是執行 Python 程式，你還想提供更多額外的參數給程式，讓程式可以利用。例如：

```
$ python3 ch_07_cmdline.py a b c
```

解決方案

匯入 sys 並使用它的 argv 變數，如下列範例所示。它會回傳串列，其中第一個元素是程式名稱。其他元素是程式名稱後於命令列所輸入的任何參數（以空格分隔）。

此例的程式碼和本書中其他範例可以從網路下載（見訣竅 3.22）；程式名為 *ch_07_cmdline.py*：

```
import sys

for (i, value) in enumerate(sys.argv):
    print(F"arg: {i} {value}")
```

請從命令列執行程式，並在其後加上一些參數，結果如下輸出：

```
$ python3 ch_07_cmdline.py a b c
arg: 0 cmd_line.py
arg: 1 a
arg: 2 b
arg: 3 c
```

討論

能指定命令列參數對於自動執行 Python 程式是很有用的，無論是啟動時（訣竅 3.23）或是定時執行（訣竅 3.25）。

參閱

關於從命令列執行 Python 的基礎知識，請見訣竅 5.6。

要印出 argv，我們會用串列列舉（訣竅 6.8）。

關於使用命令列引數的替代或更進階方法，請訪視 Python 文件（*https://oreil.ly/ffNSo*）。

7.15 從 Python 執行 Linux 指令

問題

你要從你的 Python 程式執行 Linux 指令或程式。

解決方案

請使用 system 指令。

例如，要刪除啟動 Python 目錄內名為 *myfile.txt* 的檔案，你可以如下這麼做：

```
import os
os.system("rm myfile.txt")
```

討論

有時候不是如前例一樣，只是盲目地執行指令，你需要擷取指令的回應。比如說你要使用 hostname 指令找出 Raspberry Pi 的 IP 位址（見訣竅 2.2）。在這樣的情況下，你可以使用 subprocess 程式庫的 check_output 函式：

```
import subprocess
ip = subprocess.check_output(['hostname', '-I'])
```

變數 ip 會有 Raspberry Pi 的 IP 位址。不像 system，check_output 需要指令本身和任何以分隔串列元素提供的參數。

參閱

關於 os 程式庫的文件，請見 *https://oreil.ly/1LL8G*。

關於 subprocess 程式庫的資訊，請見 *https://oreil.ly/HVBq-*。

在訣竅 15.7 中，你會找到使用 subprocess 在電子紙顯示器顯示 Raspberry Pi 的 IP 位置、主機名稱和時間的範例。

7.16 從 Python 寄電子郵件

問題

你要從 Python 程式傳送電子郵件訊息。

解決方案

Python 有你可以用來寄電子郵件的簡易郵件傳輸通訊協定（Simple Mail Transfer Protocol，SMTP）程式庫：

程式碼中的密碼

在你的程式中存放使用者名稱和密碼要非常小心，特別是當這些程式碼是你要上傳至網際網路之專案的一部分時。你會很容易忘記這件事並將密碼上傳到像是 GitHub 的地方。

接下來的範例是給 Google 的 Gmail 用的。Google 有應用程式專屬密碼的概念，它透過堅持使用不同尋常的、冗長且隨機密碼來使這種存取更安全。要取得這個密碼，你必須先從瀏覽器正常地登入 Google，請前往 *https://myaccount.google.com*，並按下左手邊瀏覽列的「Security（安全）」標籤。在「Signing in to Google（登入 Google）」區塊，選擇「App passwords（App 密碼）」選項（圖 7-1）。請注意你的 Google 帳號必須有開啟兩階段認證才能存取此選項。

圖 7-1　Google 的 App 密碼

在「Select App（選擇 App）」下拉式清單中選擇「email（電子郵件）」，並在「Select Drive（選擇裝置）」下拉式清單中選擇「Other（其他）」，替裝置（你的 Raspberry Pi）取名（例如 Raspberry Pi Python），以讓你能記得 App Password 的目的。當你按下 Generate（產生）按鈕，就會幫你產生密碼（圖 7-2）。

圖 7-2　Google 產生新的 App 密碼

你需要複製密碼並貼到如下列出的 Python 程式（*ch_07_gmail.py*）：

```
import smtplib

GMAIL_USER = 'your email address'
```

```
GMAIL_PASS = 'your password'
SMTP_SERVER = 'smtp.gmail.com'
SMTP_PORT = 587

def send_email(recipient, subject, text):
    smtpserver = smtplib.SMTP(SMTP_SERVER, SMTP_PORT)
    smtpserver.ehlo()
    smtpserver.starttls()
    smtpserver.ehlo
    smtpserver.login(GMAIL_USER, GMAIL_PASS)
    header = 'To:' + recipient + '\n' + 'From: ' + GMAIL_USER
    header = header + '\n' + 'Subject:' + subject + '\n'
    msg = header + '\n' + text + ' \n\n'
    smtpserver.sendmail(GMAIL_USER, recipient, msg)
    smtpserver.close()

send_email('destination email address', 'subject', 'message')
```

如同本書所有程式範例，你也可以下載此程式碼（見訣竅 3.22）。

要利用此範例傳送電子郵件到你選的位址，請先變更變數 `GMAIL_USER` 與 `GMAIL_PASS` 以符合你的電子郵件驗證資訊。對 Gmail 來說，密碼應該是你剛剛產生的應用程式專屬密碼。

如果你不是用 Gmail，也要修改 `SMTP_SERVER` 的值，可能還有 `SMTP_PORT`，以符合 email 提供者的資料。

你需要修改最後一行的收件人 email 位址，如果需要，可以變更這裡的主旨和訊息內容。

討論

`send_email` 方法簡化了 `smtplib` 程式庫的使用到你能在專案中重複利用的單一函式。

能從 Python 傳送電子郵件開啟了各種專案的機會。例如，你可以使用像是被動紅外線感應器（PIR）裝置在偵測到物體移動時傳送電子郵件。

參閱

使用 IFTTT 網路服務傳送電子郵件的相似範例，請見訣竅 17.4。

要從 Raspberry Pi 執行 HTTP 請求，請見訣竅 7.13。

更多關於 `smtplib` 的資訊位於 Python.org（*https://oreil.ly/R19Uj*）。

Google 支援有更多關於 Google App passwords 的資訊（*https://oreil.ly/T38fZ*）。

更多關於網際網路相關訣竅，請見第 17 章。

7.17 以 Python 寫簡單的網頁伺服器

問題

你要建立簡單的 Python 網頁伺服器，但是你不想執行完整的網頁伺服器架構。

解決方案

請使用 Python `bottle` 程式庫執行會回應 HTTP 請求的純 Python 網頁伺服器。

要安裝 `bottle`，請使用以下指令：

```
$ sudo pip3 install bottle
```

以下 Python 程式（名為 *ch_07_bottle_test.py*）只會提供訊息顯示 Raspberry Pi 認為的現在時間。如同本書所有程式範例，你也可以下載此程式碼（見訣竅 3.22）：

```
from bottle import route, run, template
from datetime import datetime

@route('/')
def index(name='time'):
    dt = datetime.now()
    time = "{:%Y-%m-%d %H:%M:%S}".format(dt)
    return template('<b>Pi thinks the date/time is: {{t}}</b>', t=time)

run(host='0.0.0.0', port=80)
```

要啟動此程式，你需要以超級使用者權限：

```
$ sudo python3 ch_07_bottle_test.py
```

圖 7-3 顯示你從網路上任何位置的瀏覽器連接到 Raspberry Pi 時所看到的頁面。

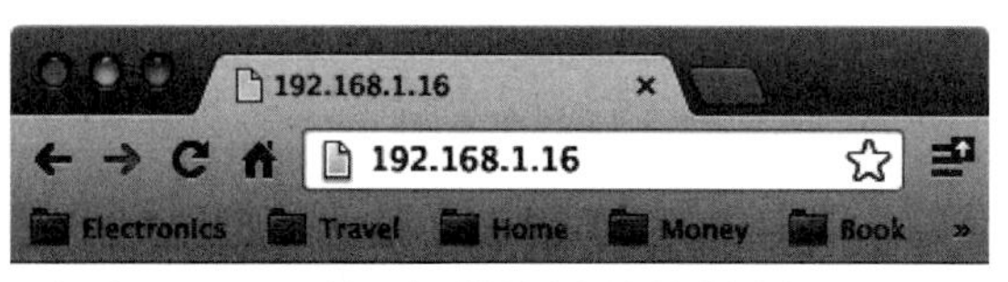

圖 7-3　瀏覽 Python 網頁伺服器

本範例需要一些說明。

在 `import` 指令之後，`@route` 指令會連接 URL 路徑 / 於其後的處理函式（handler function）。

處理函式會格式化日期與時間，然後回傳讓瀏覽器解譯的 HTML 字串。在本例中，它使用值會被替換掉的模板。

最後 `run` 那一行會實際啟動網頁服務行程。Port 80 是預設網頁服務的連接埠；如果你要用不同的連接埠，請在伺服器位址之後加上連接埠編號。

討論

你可以在程式裡定義你想要任意數量的路由和處理函式。

`bottle` 很適合小型簡單的網頁伺服器專案，且因為它是 Python 所寫的，所以很容易寫處理函式來控制硬體以回應瀏覽器頁面的使用者互動。你可以在第 17 章找到其他使用 `bottle` 的範例。

Raspberry Pi（尤其是 Raspberry Pi 4）非常適合執行完整的網頁伺服器架構（網頁伺服器、web 框架和資料庫），熱門的例子是 Apache、PHP 和 MySQL。它無法表現得和適當的伺服器硬體一樣，但是它是很棒的學習它們如何運作之試驗場。

參閱

要將 Raspberry Pi 設為 LAMP（Linux、Apache、MySQL 與 PHP），請見 *https://oreil.ly/MlE00*。

更多資訊請見 `bottle` 文件（*https://oreil.ly/DCAdz*）。

關於 Python 格式化日期與時間的更多資訊，請見訣竅 7.2。

關於全部網際網路相關訣竅，請見第 17 章。

7.18 在 Python 中什麼都不做

問題

你希望 Python 殺殺時間。打個比方，你可能會希望這麼做以在傳訊息到終端機之間製造一些延遲。

解決方案

請像下列程式範例 *ch_07_sleep_test.py* 般，使用 `time` 程式庫的 `sleep` 函式：

```
import time

x = 0
while True:
    print(x)
    time.sleep(1)
    x += 1
```

你可以在本書提供下載的程式碼中找到此範例程式碼和本訣竅中其他範例程式碼（見訣竅 3.22）。

程式的主要迴圈在印出下個數字前會延遲一秒。

討論

`time.sleep` 函式會接受表示秒的值當參數。然而，如果你想要比秒更短的延遲，你可以指定小數。例如，要延遲一毫秒，會用 `time.sleep(0.001)`。

在任何無限持續的迴圈中放置短暫的延遲，或甚至只有不到一秒鐘，會是個好主意，因為當 sleep 被呼叫時，將會釋放處理器好讓其他行程能處理一些工作。

當你在訣竅 11.1 和其他許多訣竅中使用 GPIO 接腳時，延遲被用來做某些事，像是控制 LED 點滅的時機。

參閱

關於 `time.sleep` 能減少 Python 程式 CPU 負荷的有趣討論，請見 *https://oreil.ly/FgpUQ*。

7.19 一次做超過一件事

問題

你的 Python 程式忙著做一件事，而你要讓它同時做其他事。

解決方案

請用 Python 的 `threading` 程式庫。

以下範例（*ch_07_thread_test.py*）將設定會中斷主執行緒計數的執行緒。和本書中所有範例程式一樣，你也可以下載它（訣竅 3.22）：

```
import threading, time, random

def annoy(message):
    while True:
        time.sleep(random.randint(1, 3))
        print(message)

t = threading.Thread(target=annoy, args=('BOO !!',))
t.start()

x = 0
while True:
    print(x)
    x += 1
    time.sleep(1)
```

終端機主控台的輸出結果看起來會像這樣：

```
$ python3 ch_07_thread_test.py
0
1
BOO !!
2
BOO !!
3
```

```
4
5
BOO !!
6
7
8
```

當你用 Python `threading` 程式庫啟動新的**執行緒**（*thread of execution*），你必須指定一個該執行緒執行的（`target`，目標）函式。在這個範例中，稱為 `annoy` 的函式包含會無限循環於隨機 1 至 3 秒後印出訊息的迴圈。請注意 `args` 參數被用來傳送字串給 `annoy`。

要啟動實際執行的執行緒，要呼叫 `Thread` 類別的 `start` 方法。此方法有兩個參數：第一個是要執行的函式名稱（此例中是 `annoy`），第二個是含有任何要傳遞給函式參數的 tuple（元組）（此例中是「`BOO !!`」）。

你可以看到只是開心計數的主執行緒每幾秒鐘就會被執行 `annoy` 函式的執行緒所中斷。

討論

像這樣的執行緒有時候也被稱為**輕量級行程**（*lightweight processes*），因為它們實際上類似同時執行超過一個程式或行程。然而它們有個優點在同一個程式執行的執行緒能存取相同的變數，當程式的主執行緒退出時，在其中啟動的執行緒也會退出。

參閱

關於 Python 執行緒的優質簡介，請見 *https://pymotw.com/3/threading*。

7.20 剖析 JSON 資料

問題

你要剖析受歡迎的 JSON 資料結構語言中的資料。

這可能是因為你從網路服務下載資料或有儲存在 JSON 檔案的資料。

解決方案

請使用 json 套件，如下列範例所示：

```
import json

s = '{"書籍" : [
        {"書名" : "Programming Arduino", "價格" : 10.95},
        {"書名" : "Pi Cookbook", "價格" : 19.95}
     ]}'

j = json.loads(s)
print(j['書籍'][1]['書名'])
```

如本書所有範例程式一樣，你也可以下載此程式（訣竅 3.22）。檔案名為 *ch_07_parse_json.py*。

我已經將前例的 JSON 字串分成數行讓它較容易看出資料的結構。

loads（load string，載入字串）函式會剖析字串成儲存於變數 j 的資料結構。你可以稍後存取結構的內容，彷彿它就是 Python 串列和表格的結合。在本例中，書籍串列元素 1 的書名會印出（Pi Cookbook）。

討論

如果你要剖析內含 JSON 資料的檔案內容，你可以用訣竅 7.8 讀取檔案至字串，然後用示範的方法。然而使用 json.load（請注意是 load，而非 loads）直接讀取會更有效率，尤其是對大檔案來說。

例如，你可以建立含有以下 JSON，名為 *ch_07_example_file.json* 的檔案：

```
{"書籍" : [
    {"書名" : "Programming Arduino", "價格" : 10.95},
    {"書名" : "Pi Cookbook", "價格" : 19.95}
]}
```

下列程式碼會讀取檔案並剖析它，產生與本訣竅第一例相同的結果，但是程式碼會從檔案抓取 JSON（你可以在檔案 *ch_07_parse_json_file.py* 找到這個範例）：

```
import json

file_name = 'ch_07_example_file.json'
json_file = open(file_name)

j = json.load(json_file)
json_file.close()

print(j['書籍'][1]['書名'])
```

本訣竅最後的範例會剖析來自網路請求的資料。大部分網路服務 API 有 JSON 介面。以下範例使用 weatherstack.com（原名為 Apixu）氣象服務。要使用此服務，你需要註冊一個帳號（*https://weatherstack.com*）（免費的帳號即可）：

```
import json
import urllib.request

key = 'paste_your_key_here'

response = urllib.request.urlopen('http://api.weatherstack.com/current?
    access_key=' + key + '&query=Paris')
j = json.load(response)

print(j['current']['weather_descriptions'][0])
```

執行 *ch_07_parse_json_url.py* 之前，記得修改 `key` 的值為你的金鑰（key）。你可能也想將位置從巴黎（Paris）改成你的位置。

執行程式時，你應該會看到像這樣的結果：

```
$ python3 ch_07_parse_json_url.py
Partly cloudy
```

API 實際上會回傳大量的資料。如果你修改程式加入最後一行 `print(j)`，就可以看到全部的資料。

你可以稍後修改瀏覽資料的方式以取得你要的資訊。

參閱

關於讀取和寫入檔案，請見訣竅 7.7 和 7.8。

7.21 將字典存成 JSON 檔

問題

你有一個要存成 JSON 格式文字檔的字典。

解決方案

請使用 `json` 套件的 `dump` 函式將字典或其他物件寫入至檔案。

ch_07_json_dump.py 的範例是：

```
import json

phone_numbers = {'Simon':'01234 567899', 'Jane':'01234 666666'}

f = open('test.txt', 'w')
json.dump(phone_numbers, f)
f.close()
```

如本書所有範例程式一樣，你也可以下載此程式（見訣竅 3.22）。

討論

dump 函式也能作用於串列，和串列及字典的組合，或是其他你想要這樣儲存的物件。

當要重組檔案的文字時，可以如訣竅 7.20 敘述般用 `json.load` 這麼做。

將物件存成 JSON 而非 Pickling（訣竅 7.9）有個優點是檔案可以在文字編輯器讀取和編輯，Pickling 無法這麼做。

參閱

更多關於 Pickling 的資訊請見訣竅 7.9。

7.22 建立使用者介面

問題

你要輕鬆地幫你的 Python app 建立圖形化使用者介面（GUI）。

解決方案

請使用 `guizero`。Raspberry Pi 基金會的 Laura Sach 與 Martin O'Hanlon 建立了一個 Python 程式庫，讓你為專案設計 GUI 變得超級簡單。

最初是為 Raspberry Pi 設計，`guizero` 在大部分執行 Python 的環境也能完美運作，所以你可以將它用在你的 PC 或 Mac 及 Raspberry Pi。要安裝 `guizero`，請從終端機執行下列指令：

```
$ sudo pip3 install guizero
```

當安裝完成後，你可以使用本書下載附件（訣竅 3.22）中的範例程式 *ch_07_guizero.py* 測試 `guizero`：

```
from guizero import *

def say_hello():
    info("An Alert", "Please don't press this button again")

app = App(title="Pi Cookbook Example", height=200)
button = PushButton(app, text="Don't Press Me", command=say_hello)

app.display()
```

當你以下列指令執行本程式，螢幕上會開啟一個有按鈕的視窗。如果你按下按鈕，警告訊息會跳出來（圖 7-4）：

```
$ python3 ch_07_guizero.py
```

此範例示範要將 Python 函式接上按鈕有多簡單，這樣按鈕被按下時，函式就會執行。

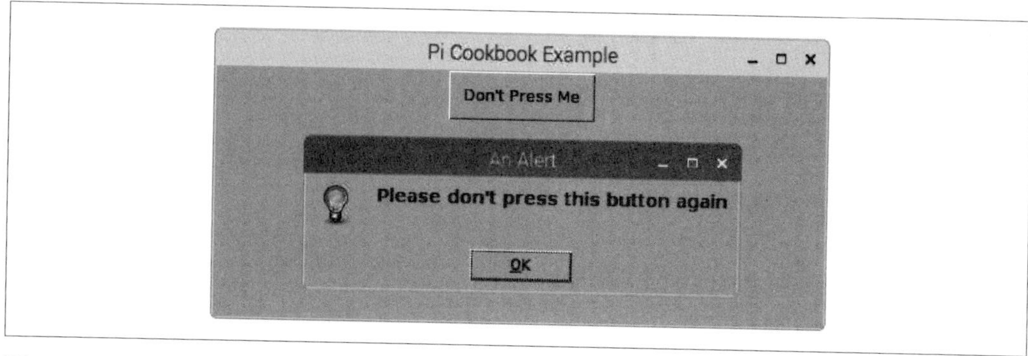

圖 7-4　guizero 範例程式

函式（say_hello）先在程式中被定義。然後。新的變數 app 被定義，並初始化為 App 類別的實例，此類別有一些指定視窗上方標題和視窗像素高度的參數。兩個參數都是選擇性的，其他可用的許多選項則定義於 guizero 的文件中（*https://oreil.ly/T1IQr*）。

然後將 app 變數當作下一行建立的 PushButton 之第一個參數。按鈕使用 command 參數指定按下按鈕時要執行的函式。請注意當你指定要執行的函式時，不會將 () 放在其後，因為你是參考該函式，而非呼叫它。

討論

這是讓你入門的 guizero 的說明範例。此程式庫並不限於螢幕上的按鈕。這個程式庫的主要目的是讓你以最少的程式設計來建立簡單的使用者介面。當你想開始做更炫的東西時，你可以鑽研佈局視窗中小工具（按鈕、核取方塊和滑桿等）的不同作法和修改字型大小和顏色。但是，請從保持簡潔開始。

參閱

關於 guizero 的完整資訊，請見 guizero GitHub 網站優質的文件（*https://oreil.ly/kb1jz*）。

guizero 亦用於訣竅 11.9、11.10 和 11.11。

7.23 用正規表達式尋找文字中的樣式

問題

你要執行複雜的搜尋，以一段文字查找某個東西。

解決方案

請使用 Python 的正規表達式（regular expression，regex）功能。正規表達式在電腦科學的早期就有了，當時電腦科學是數學的分支，也受惠於數學家的嚴謹。

正規表達式是描述某段文字內樣式（pattern）的方法。這和訣竅 5.16 相似。然而有了正規表達式，你可以找到更有彈性且匹配的通配符，如以下示範：

```
import re

text = "looking forward to finding the word for"
x = re.search("(^|\s)for($|\s)", text)

print(x.span())
```

如本書所有範例程式一樣，你也可以下載此程式（訣竅 3.22）。檔案名為 *ch_07_regex_find.py*。

如果你執行此程式，你會看到以下輸出結果：

```
$ python3 ch_07_regex_find.py
(35, 39)
```

這表示 *for* 單字出現在字串中字元位置 35（實際上是 *for* 之前的空白）。第 2 個值是結尾的索引值。請注意程式忽略了單字 *forward*。讓我們來看看這段程式碼怎麼運作的。

首先，我們需要匯入 re（regular expression）模組。接著，我們新增要搜尋其中包含測試字串的變數。

我們再使用 search 函式尋找字串中我們要的部分。第一個參數是正規表達式，第二個是要搜尋的字串。在本例中，正規表達式是下列字串：

```
"(^|\s)for($|\s)"
```

正規表達式的正中間是單字 *for*。這正如預期，因為它是我們要找的單字。*for* 兩側是括號內的表達式。前面是：

```
(^|\s)
```

這三個神奇符號是 ^，表示字串的開頭；| 表示或；\s 表示任何空白字元（空格或 tab）。所以你可以將這段解讀為匹配字串開頭或是前有空格或其他空白字元。這確保了正規表達式不會符合以 *for* 結尾的單字。

for 之後也有必須相符且類似的正規表達式：

```
($|\s)
```

在此處，新的特殊符號是 $，表示字串結尾。換句話說，在字母 *for* 之後，如果是在字串結尾或有空格或其他空白字元，才會相符。

表 7-2 列出一些常用的正規表達式符號。你可以在這個 W3Schools.com 網站找出完整的列表（*https://oreil.ly/bzhpm*）。

表 7-2　常見正規表達式符號

特殊符號	意義
.	符合任何單一字元
^	符合字串開頭
$	符合字串結尾
\d	任何數字
\s	空白字元
\w	英數字母（數字和大小寫英文字母）
*	零或多個其後的項目，例如，*\d 會匹配 0 或多個數字的字串。
+	一或多個其後的項目。
[]	會匹配任何括號中的字元。你也可以寫出範圍，例如 [a-d]，它會匹配任何 a 到 d 的字元。

熟悉正規表達式最好的方法是找個線上正規表達式測試網站玩看看。

討論

要調整正規表達式到匹配精準是很棘手的。線上正規表達式工具（*https://pythex.org*）（圖 7-5）能於學習如何適當地建構和測試正規表達式時，提供很大的協助。

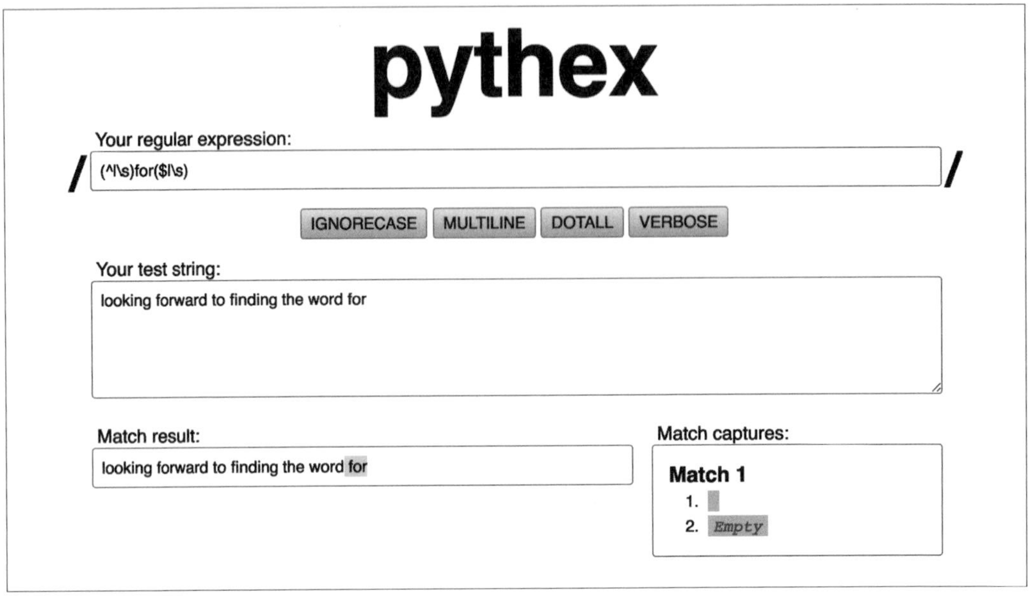

圖 7-5　pythex 線上正規表達式測試工具

線上測試工具有個讓你寫正規表達式的區域，以及測試字串區，你能在其中放置你要用你的正規表達式測試的文字。工具會凸顯出匹配的部分。在圖 7-5 中，工具正確地凸顯出單字 *for*。

參閱

要取代你匹配出的文字，請見訣竅 7.24。

更多關於 Python 的正規表達式細節，請見 W3Schools.com 網頁（*https://oreil.ly/bzhpm*）。

7.24 用正規表達式驗證資料項目

問題

你有一些想要驗證的文字；例如，你要確定文字看起來像是電子郵件位址。

解決方案

請使用正規表達式（訣竅 7.23）。

正規表達式主要用來驗證使用者輸入的資訊。舉例來說。如果你曾經填寫過含有電子郵件位址的線上表單，而輸入的內容不像是電子郵件位址，就會接到說你輸入的不是有效格式的訊息，它可能就來自正規表達式的驗證。

請試看看 *ch_07_regex_email.py* 檔案的程式碼（本書所有程式範例皆可下載；請見訣竅 3.22）：

```
import re

regex = '^[\w_\.+-]+@[\w_\.-]+\.[\w_-]+$'
while True:
    text = input(" 請輸入電子郵件位址 ")
    if re.search(regex, text):
        print(" 有效的 ")
    else:
        print(" 無效的 ")
```

程式會重複提示你輸入電子郵件位址，並會回報是否有效。上網搜尋還會發掘電子郵件或更多其他種類驗證的替代正規表達式。

這一個範例會找出一或多個英數字母（加上 _ 、+ 或 -），後面接著 @ 符號，再接一個重複序列，然後又是同一序列但是字串內沒有句號，確保電子郵件不是句號結尾。

討論

如果你心中想到一個特別的驗證（例如：電話號碼或是網站），幾乎一定會有某個人已經設計了它的正規表達式。所以在自己寫之前，請先在網路上搜尋。沒有必要重複打造輪子。

參閱

關於正規表達式的基礎，請參閱訣竅 7.23。

7.25 用正規表達式做網頁爬取

問題

你要寫一個自動從網頁抓取（爬取）資訊的 Python 程式。

解決方案

使用正規表達式匹配 HTML 格式的頁面內容之文字。

正規表達式對網頁爬取非常有用。網頁爬取表示自動從網頁的 HTML 讀取內容。例如，如果我要 Python 程式自動給我本書目前在亞馬遜的排名，我需要能從亞馬遜銷售排名抓取數字（圖 7-6 圈選處）。

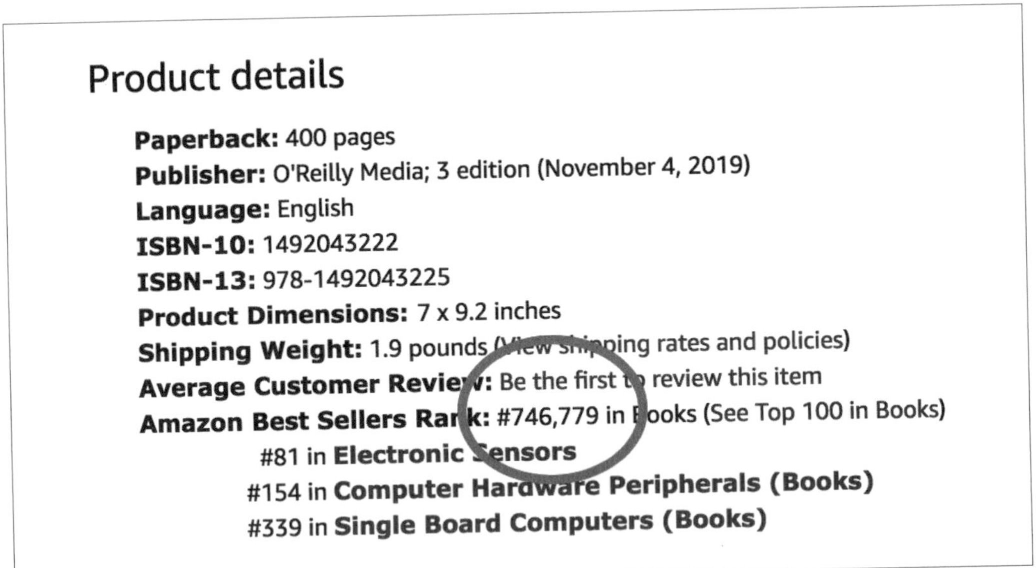

Product details

Paperback: 400 pages
Publisher: O'Reilly Media; 3 edition (November 4, 2019)
Language: English
ISBN-10: 1492043222
ISBN-13: 978-1492043225
Product Dimensions: 7 x 9.2 inches
Shipping Weight: 1.9 pounds (View shipping rates and policies)
Average Customer Review: Be the first to review this item
Amazon Best Sellers Rank: #746,779 in Books (See Top 100 in Books)
#81 in **Electronic Sensors**
#154 in **Computer Hardware Peripherals (Books)**
#339 in **Single Board Computers (Books)**

圖 7-6　從亞馬遜爬取網頁

如果我按下檢視網頁原始碼，然後搜尋「Sellers Rank（賣家排名）」，可以找到 HTML 的相對片段，看起來像這樣：

```
<li id="SalesRank">
<b>Amazon Best Sellers Rank:</b>
#746,779 in Books (<a href="https://www.amazon.com/best-sellers-books-Amazon
/zgbs/books/ref=pd_dp_ts_books_1">See Top 100 in Books</a>)
```

我可以用這段作為線上正規表達式測試工具的測試文字，建立能提取亞馬遜排名的表達式。我們假設它是位於 # 和 *in Books* 之間的全部數字。

這裡是它的程式碼，你也可以在本書網站下載的 *ch_07_regex_scraping.py* 中找到（訣竅 3.22）：

```
import re
import urllib.request

regex = '#([\d,]+) in Books'
url = 'https://www.amazon.com/Raspberry-Pi-Cookbook-Software-Solutions/
        dp/1492043222/'

print(" 亞馬遜排名是 .....")
text = urllib.request.urlopen(url).read().decode('utf-8')
print(re.search(regex, text).group())
```

檔案的輸出結果看起來會像這樣：

```
$ python3 test.py
亞馬遜排名是 .....
#746,779 in Books
```

程式碼會先讀取網頁內容。文字在使用 `re` 正規表達式模組處理前要先轉換成 UTF-8 格式（只有拉丁字母）。

討論

很多網站有提供 API（見訣竅 7.20）。如果你試著爬取的資訊可以透過 API 取得，那會是獲取資訊比較好的方式，尤其是因為網頁爬取非常依賴網頁的樣貌與用語，這意謂著若網站修改了，你可能需要寫新的正規表達式。

參閱

要讀取網頁內容，請見訣竅 7.13。

關於正規表達式的基礎，請參閱訣竅 7.23。

第八章

電腦視覺

8.0 簡介

電腦視覺（*computer vision*，*CV*）讓你的 Raspberry Pi 能「看見」東西。實務上，這表示你的 Raspberry Pi 能分析影像、尋找有興趣的項目，甚至是辨識臉部或文字。

如果你將 Raspberry Pi 連接照相機來提供影像，就會開啟各種可能性。這個主題會延續到第 9 章，我們會更進一步邁入機器學習的領域。

8.1 安裝 OpenCV

問題

你要在 Raspberry Pi 安裝 OpenCV 電腦視覺軟體（*https://opencv.org*）。

解決方案

要安裝 OpenCV，要先安裝必要套件，並使用下列指令更新 NumPy Python 程式庫：

```
$ sudo apt install libatlas-base-dev
$ pip3 install --upgrade pip
$ pip3 install imutils
$ pip3 install numpy --upgrade
```

接著安裝 OpenCV：

```
$ pip3 install opencv-python
```

安裝完成後，你可以啟動 Python 3、匯入 cv2，並檢查版本來看是否一切運作正常：

```
$ python3
Python 3.9.2 (default, Mar 12 2021, 04:06:34)
[GCC 10.2.1 20210110] on linux
Type "help", "copyright", "credits" or "license" for more information.
>>> import cv2
>>> cv2.__version__
'4.6.0'
>>>
>>> exit()
```

請注意 `__version__` ，是單字「version」，前後有雙底線。

討論

電腦視覺是處理器和記憶體密集的，所以雖然 OpenCV 能剛好運作於舊的 Raspberry Pi，但是它在 Raspberry Pi 2 前的機型會很慢。所以若你的專案是嘗試第 9 章的訣竅，你至少需要 Pi 4 或 400。

參閱

本章第一個使用 OpenCV 的訣竅是訣竅 8.4。它含有入門 OpenCV 的實用細節。

8.2 設定電腦視覺用的 USB 相機

問題

你要設定 USB 網路攝影機以用於電腦視覺（CV）專案。

解決方案

使用和 Raspberry Pi 相容的 USB 網路攝影機（*https://oreil.ly/wrI0U*）。請選一個高品質的相機。如果你正在做的專案所需的相機離主體很近，請選擇有手動對焦選項的。要很靠近主體的話，低成本的 USB 內視鏡也很有用。

根據你的 CV 專案，你可能要設定光線良好的區域。圖 8-1 示範了一個由半透明塑膠儲存盒做成的簡單燈箱，能由側邊和上方均勻打光。網路攝影機安裝在盒頂的洞。訣竅 8.4 使用了這樣的設置。

圖 8-1　使用自製的柔光燈箱

你也可以買商品化的攝影用**柔光攝影棚**（*light tent*），也可以用。

你可能需要一點嘗試錯誤來讓你的系統更明亮和柔光。影子特別會是問題所在。

討論

你可以從 OpenCV 主控台測試 USB 相機。開啟 Python 3，然後輸入下列指令：

```
$ python3
Python 3.9.2 (default, Mar 12 2021, 04:06:34)
[GCC 10.2.1 20210110] on linux
Type "help", "copyright", "credits" or "license" for more information.
>>> import cv2
>>> from imutils.video import VideoStream
>>> vs = VideoStream(src=0).start()
>>> img = vs.read()
>>> cv2.imshow('image',img)
>>> cv2.waitKey(0)
```

一個視窗會開啟，在最後一行程式碼輸入之後會顯示相機的影像。你可能必須關閉整個終端機視窗以讓影像視窗關閉。

在 OpenCV 中，即使是單張影像也是由影像串流的影格（frame）取得。請注意你先前輸入的第三行，我們設 `src=0`。這表示 OpenCV 找到的第一台相機。所以如果你有多台相機，你可以在此用不同數字。

當影像用 `vs.read()` 讀取，你可以用 OpenCV 的 `imshow` 公用程式方法來顯示影像。你會發現很常使用它來幫你的電腦視覺專案除錯。

需要最後的 `cv2.waitKey(0)` 來讓 OpenCV 在按鍵按下後實際在背景中算出影像。

參閱

要以 OpenCV 使用 Raspberry Pi 攝影模組，請見訣竅 8.3。

8.3 使用 Raspberry Pi 相機模組做電腦視覺

問題

你要以 OpenCV 使用 Raspberry Pi 直接連接的相機模組。

解決方案

當你照訣竅 1.16 安裝 Raspberry Pi 相機模組後，它應該會自動顯示為相機裝置。

安裝相機後，現在你可以嘗試下列指令以確定它正常運作：

```
$ python3
Python 3.9.2 (default, Mar 12 2021, 04:06:34)
[GCC 10.2.1 20210110] on linux
Type "help", "copyright", "credits" or "license" for more information.
>>> import cv2
>>> from imutils.video import VideoStream
>>> vs = VideoStream(src=0).start()
>>> img = vs.read()
>>> cv2.imshow('image',img)
>>> cv2.waitKey(0)
```

討論

請留意，在 Raspberry Pi OS 的早期版本，你必須安裝**驅動程式**來讓 OpenCV 認得相機模組；如果 OpenCV 無法偵測到相機模組，請試著更新 Raspberry Pi OS 到最新版本（訣竅 3.40）。

參閱

關於安裝 Raspberry Pi 相機模組的資訊請見訣竅 1.16。

關於 Python 模組 `picamera` 的資訊請見（*http://picamera.readthedocs.org*）。

要以 OpenCV 使用 USB 相機，請見訣竅 8.2。

8.4 計數錢幣

問題

你要使用電腦視覺計算網路攝影機視野的錢幣數量。

解決方案

請使用 OpenCV 的**霍夫圓轉換**（*Hough Circles*）偵測器來提供網路攝影機視野的錢幣數量即時計數。霍夫圓轉換會偵測任何類型的圓，能有效偵測大部分錢幣。

這是 CV 的一個應用，你真的需要好的照明和固定好的相機。我使用圖 8-1 所示的設定。

許多電腦視覺專案關鍵的部分在設定正確的參數，而這個訣竅也不例外。因此在使用最終的程式計數錢幣前，我們會使用畫出錢幣外框的測試程式，以讓我們看看中間的過程。

你可以於本書下載附件中找到此範例程式，以及本訣竅其他範例（見訣竅 3.22）。程式名為 *ch_08_coin_count_test.py*。

放一些錢幣在相機下，並執行程式。如圖 8-2 的視窗應該會出現。

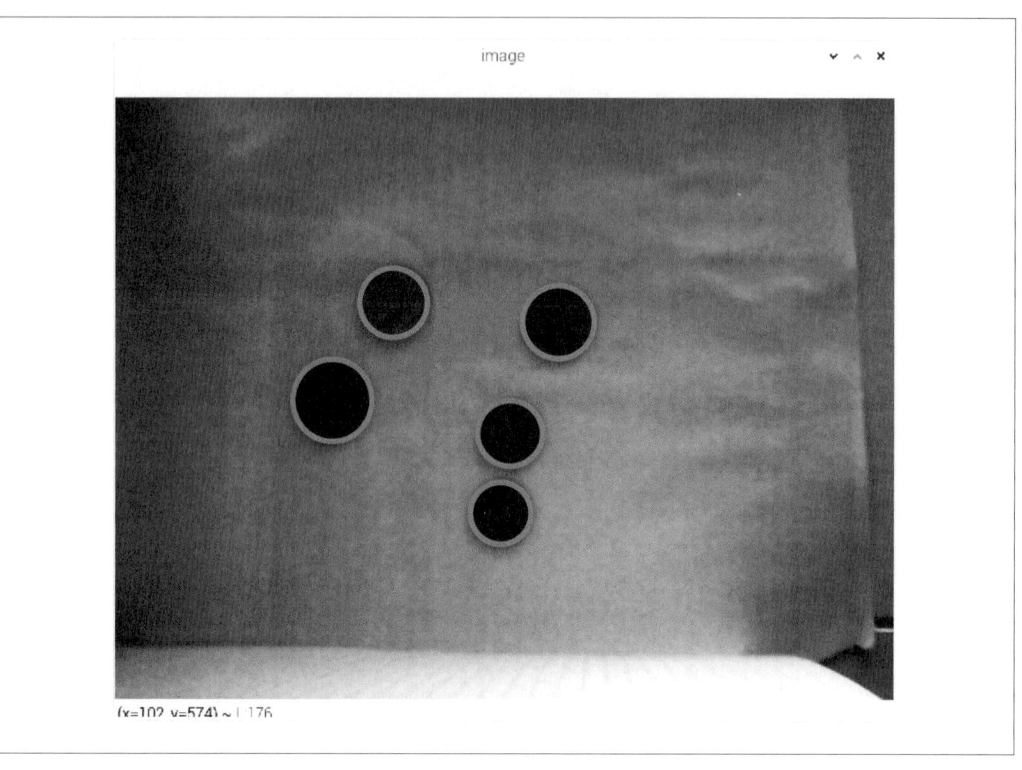

圖 8-2　計數錢幣

如果你運氣好，錢幣周圍會出現圓圈，而你應該會在主控台看到這樣的輸出結果：

```
$ python3 ch_08_coin_count_test.py
[[[380.5 338.5  37.9]
  [553.5 249.5  34.9]
  [538.5 357.5  31.4]
  [546.5 442.5  30.7]
  [418.5 244.5  33.1]]]
```

按任意鍵，以重整影像；當你要離開程式時，請按 X 鍵。

如果你的錢幣沒有全被圈選，你需要調整 *ch_08_coin_count_test.py* 程式中某些參數（param1、param2、minRadiu 和 maxRadius）。

```
import cv2
from imutils.video import VideoStream
from imutils import resize
```

```
vs = VideoStream(src=0).start()

while True:
    img = vs.read()
    img = resize(img, width=800)
    img = cv2.cvtColor(img, cv2.COLOR_BGR2GRAY)
    img = cv2.blur(img, (3, 3))

    detected_circles = cv2.HoughCircles(img,
        cv2.HOUGH_GRADIENT, 1, 20, param1 = 50,
        param2 = 30, minRadius = 15, maxRadius = 100)

    print(detected_circles)

    for pt in detected_circles[0]:
        a, b, r = pt[0], pt[1], pt[2]
        cv2.circle(img, (int(a), int(b)), int(r), (0, 255, 0), 2)

    cv2.imshow('image', img)
    key = cv2.waitKey(0)
    cv2.destroyAllWindows()
    if key == ord('x'):
        break

vs.stop()
```

你不需要修改參數 `param1`。如果你對他和其他參數的作用有興趣，可以在 *https://oreil.ly/3AmKn* 了解它們。

如果出現一些偽圓形，試著增加 `param2` 的值。但是最有可能要修改的參數是 `minRadius` 和 `maxRadius`，因為這些參數對相機解析度、鏡頭焦距和錢幣距離很敏感。所以如果沒有錢幣被圈選，請增加 `maxRadius` 的值。

請調校參數直到你的錢幣被正確辨識。

討論

以下是測試程式如何運作的快速說明。

大部分程式碼在 `while True:` 區塊中的 `try` 區塊。這確保當你按下 Ctrl-C 離開程式時，影片串流會停止。

讀取影像後，會有一些處理階段。首先，影像大小被調整成 800 像素寬，然後轉換成灰階，最後加上模糊濾鏡。模糊濾鏡有助於改善圓圈匹配。

呼叫 `cv.HoughCircles` 會回傳 OpenCV 找到的圓圈陣列。這 3 個值是圓心的 X 和 Y 軸及圓的半徑。

要算出錢幣影像上方的圓圈，會用 `for` 迴圈迭代每個偵測到的圓圈，然後用 `cv2.circle` 方法在每個錢幣周圍畫 2 個像素寬的黑色（0, 0, 0）圓圈。

實際的錢幣計數程式只是測試程式的簡化，所以當你準備好時，請執行 *ch_08_coin_count.py* 程式。試著在視野中將錢幣移進移出，觀察計數的改變。你也可以在錢幣之間增加不同形狀的物件，確認它們沒有被辨識成錢幣。

有個有趣的專案是使用錢幣的半徑，辨認它們的幣值，並在表格中合計錢幣的價值。

參閱

更多關於安裝 Open CV 的資訊，請見訣竅 8.1。

更多關於設定相機的資訊，請見訣竅 8.2。

8.5 臉部辨識

問題

你要找到相片或網路攝影機影像中的臉部座標。

解決方案

請使用 Open CV 中的哈爾特徵（HAAR-like feature）偵測來分析影像並挑選出臉部。HAAR（哈爾）表示高空偵察（High Altitude Aerial Reconnaissance），我們在這個應用使用一些這樣的功能。

如果你還沒安裝 Open CV，請安裝它（見訣竅 8.1）。

你可以於本書下載附件中找到此範例程式，以及本訣竅其他範例（見訣竅 3.22）。程式名為 *ch_08_faces.py*。

你會在 Pyton 程式同一個資料夾中找到適合測試的影像檔案 *faces.jpg*。執行該程式，你應該會看到像這樣的輸出結果和像圖 8-3 的影像：

```
$ python3 ch_08_faces.py
[[173 139  66  66]
 [367  60  66  66]
 [564  73  66  66]]
```

請注意檔案 *faces.jpg*（或你用的任何影像檔）須和 Python 程式在同一個目錄。

圖 8-3　辨識臉部

討論

此處列出程式 *ch_08_faces.py*：

```
import cv2, pkg_resources

haar_file = pkg_resources.resource_filename('cv2',
        'data/haarcascade_frontalface_default.xml')
face_cascade = cv2.CascadeClassifier(haar_file)

img = cv2.imread('faces.jpg', cv2.IMREAD_GRAYSCALE)

scale_factor = 1.4
min_neighbors = 5

faces = face_cascade.detectMultiScale(img, scale_factor, min_neighbors)
print(faces)

for (x,y,w,h) in faces:
    img = cv2.rectangle(img, (x,y), (x+w,y+h), (255, 255, 255), 2)

cv2.imshow('image',img)
cv2.waitKey(0)
cv2.destroyAllWindows()
```

OpenCV 系統包含全部偵測臉部和其他特徵的分類器。這些全部都包含在使用 `pkg_resources` 公用程式套件的目錄中。我們在本程式中實際使用的臉部偵測器是含在名為 *haarcascade_frontalface_default.xml* 的 XML 描述檔。

影像以灰階讀進檔案。如果你使用自己的影像而非測試影像檔，參數 `scale_factor` 和 `min_neighbors` 可能需要調校。

`scale_factor`

這決定了臉部偵測器自動變更影像比例以用來試著找出臉部的級距大小。在此例中，1.4 的值表示比例每次會改變 40%。設定為較高的數值會加快臉部比對，但是可能導致有些臉會被忽略。

`min_neighbors`

如果此參數太低，演算法對於它認為的人臉本質上會變得比較不模糊。

一旦偵測出人臉，`print` 指令會顯示找到的長方形座標，然後 `for` 迴圈會在顯示前將它們疊加在影像上。

有許多內建的哈爾特徵。你可以使用以下指令將它們全部列出：

```
$ cd /.local/lib/python3.9/site-packages/cv2/data/
$ ls
haarcascade_eye.xml                      haarcascade_lowerbody.xml
haarcascade_frontalcatface_extended.xml  haarcascade_profileface.xml
haarcascade_frontalcatface.xml           haarcascade_righteye_2splits.xml
haarcascade_frontalface_alt2.xml         haarcascade_russian_plate_number.xml
haarcascade_frontalface_alt_tree.xml     haarcascade_smile.xml
haarcascade_frontalface_alt.xml          haarcascade_upperbody.xml
haarcascade_frontalface_default.xml      __init__.py
haarcascade_fullbody.xml                 __pycache__
haarcascade_lefteye_2splits.xml
```

如你所見，它們全都和身體的部分相關。你甚至能尋找笑容！

參閱

在第 9 章中，我們會回到物品辨識，但是藉由使用機器學習技術，我們能偵測各種物品。

關於安裝 OpenCV 的資訊，請見訣竅 8.1。

關於設定相機的資訊，請見訣竅 8.2。

關於臉部辨識的更多資訊，請參閱 *https://oreil.ly/iNJu8*。

8.6 動作偵測

問題

你要使用 Raspberry Pi 連接的相機偵測視野中移動的某物。

解決方案

請使用 OpenCV 和 NumPy 偵測相機連續畫面的改變。

以下程式會比較每個擷取影像和前一個影像。然後使用 NumPy（一個 Python 數值程式庫）來計算兩個影像有多少差異。如果差異超過閾值，它會印出偵測到移動的訊息。

你可以於本書下載附件中找到此範例程式，以及本訣竅其他範例（見訣竅 3.22）。本程式名為 *ch_08_detect_motion.py*。

請連接 USB 網路攝影機或 Raspberry Pi 相機，然後執行此程式。試著在視野前移動你的手，你應該會看到「Movement detected（偵測到移動）」的訊息：

```
import cv2
import numpy as np
from imutils.video import VideoStream
from imutils import resize

diff_threshold = 1000000

vs = VideoStream(src=0).start()

def getImage():
    im = vs.read()
    im = cv2.cvtColor(im, cv2.COLOR_BGR2GRAY)
    im = cv2.blur(im, (20, 20))
    return im

old_image = getImage()

while True:
    new_image = getImage()
    diff = cv2.absdiff(old_image, new_image)
    diff_score = np.sum(diff)
    # print(diff_score)
    if diff_score > diff_threshold:
        print("Movement detected")  # 偵測到移動
    old_image = new_image
```

如果你接到很多假警告，那就增加 `diff_threshold` 的值。你也可能要將 `print(diff_score)` 這行的註解取消，因為這樣會顯示偵測值的差異有多少。

將影像設為灰階或加上模糊濾鏡能改善結果。

討論

連續的影像框（image frame）看起來可能會像圖 8-4 和 8-5。當第二個影像減去第一個影像，結果的影像看起來會像圖 8-6。

圖 8-4　移動偵測，影像框 1

圖 8-5　移動偵測，影像框 2

圖 8-6　移動偵測，差異影像框

雖然本訣竅的程式碼只顯示一個訊息，沒有理由你的程式碼不能開啟燈光或使用 GPIO 接腳執行其他動作。

參閱

關於安裝 OpenCV 的資訊，請見訣竅 8.1。

關於設定相機的資訊，請見訣竅 8.2。

另一種偵測移動的方法是使用被動紅外線（PIR）感測器；請見訣竅 13.9。

8.7 從影像擷取文字

問題

你希望能轉換含有文字的影像成為實際的文字。

解決方案

請使用 Tesseract 光學文字辨識（optical character recognition，OCR）軟體從影像擷取文字。要安裝 Tesseract 請執行下列指令（你可能要從本書下載附件的 *long_commands.txt* 檔案複製貼上，請參考訣竅 3.22）：

```
$ sudo apt install tesseract-ocr
$ sudo apt install libtesseract-dev
```

要測試 Tesseract，你需要包含一些文字的影像檔。你可以在本書的下載附件（訣竅 3.22）中找到一個 *ocr_test.tiff* 檔案。要轉換影像成文字，請執行下列指令：

```
$ cd ~/raspberrypi_cookbook_ed4
$ tesseract ocr_test.tiff stdout
Page 1
This is an image

of some text.
```

如果你看過影像檔 *ocr_test.tiff*，你會看到這就是影像包含的那些文字。

討論

雖然我用 TIFF 影像，但 `tesseract` 程式庫能運作於大部分影像類型，包括 PDF、PNG 和 JPEG 檔。

參閱

更多關於 `tesseract` 程式庫的資訊，請見 *https://oreil.ly/Evdxw*。

第九章

機器學習

9.0 簡介

你可能會驚訝地聽到，你不起眼的 Raspberry Pi 竟然是實驗機器學習很棒的平台。在本章中，你會實驗在即時影片中辨識物體、辨識聲音，並將它們和你的 Python 程式連結在一起。

為電腦進行程式設計牽涉到賦予電腦一串遵循的指令。建立程序以完成我們要電腦做的事。這表現在程式語言上，例如 Python，在排序資料或計算這方面運作得很好。然而很難想到要怎麼寫一個回應語音指令或辨識照片中物體的程式。人類和其他動物學習的方法是透過練習。我們的大腦隨著經驗逐漸學習辨識東西。沒有做過這些事的程式在我們的腦中執行；我們是學習怎麼去做的。

機器學習（machine learning，ML）涉及一般電腦執行特別的機器學習程式（那是一般的程式設計），它會處理大量資料並像大腦一樣從資料中學習。例如，我們能夠訓練電腦，藉由提供它大量指令樣本和其他範例與我們希望電腦學會忽視的背景噪音來辨識出語音指令。

大部分 ML 涉及分類（*classification*）。也就是接受一些輸入，並將它放到分類中。例如，它可能接受聲音樣本資料，再給予樣本包含一組預定義單字或片語的機率。或者，它可能是分類影像中的物體以決定它表示哪一種動物或是否有動物在包含很多物體的影片串流中。

這樣的學習有許多不同的機制，有一些依賴傳統的統計學，有些則使用神經網路模擬。神經網路方法使用傳統程式模擬大腦中的神經元網路。每個神經元在全部的輸入加權值超過閾值時會發出輸出結果。這些權重會在訓練過程中調整，改善神經網路的正確率，直到神經網路的運作能令人滿意。訓練實際上比描述得更困難，常需要修改神經網路設置，而不只是修改權重。然而好的軟體有助於自動化許多流程。

在本章中，我們會使用預先訓練好的模型開始，它們是由機器學習專家從巨量資料製作的，並由 TensorFlow 提供給我們免費使用。我們會看看如何運用這些模型來分類即時影片和聲音中的物體，也會看要如何將我們的 Python 程式碼整合進此流程。這些標準、預訓練模型需要我們對原始影片做處理。

我們會看一看 Edge Impulse 平台以說明如何建立和訓練我們自己的機器學習模型。Edge Impulse 藉由提供處理需要高效能運算（資料處理和訓練）的雲端服務來大幅簡化利用機器學習的流程。在雲端做完所有吃力的工作，能讓你直接將訓練好的模型下載到效能低許多的裝置，像 Raspberry Pi。

TensorFlow 與 Edge Impulse 需使用 Raspberry Pi 4 或 400。此外你會需要連接到 Raspberry Pi 的網路攝影機（或 Raspberry Pi 相機模組）以及麥克風。USB 網路攝影機的麥克風就能勝任（只要插上就好），或你可以使用訣竅 16.6 聲音專案所敘述的 USB 麥克風。

機器學習是一個已經出版許多書籍的龐大主題，所以出於必要，本章預計只會讓你入門一些 ML 專案。

9.1 以 TensorFlow Lite 辨識影片中的物體

問題

你要用 Raspberry Pi 從影片中動態地辨識物體。

解決方案

請按照訣竅 8.1 安裝 OpenCV，這會是本章大多數訣竅所需的步驟。

請使用 TensorFlow 預訓練模型和 USB 網路攝影機或 Raspberry Pi 相機模組。這會在偵測到物體時動態地標註你的影片串流（圖 9-1）。

圖 9-1　影片串流的物體辨識

要執行此範例，請切換到家目錄並使用以下指令下載 TensorFlow 範例：

```
$ git clone https://github.com/tensorflow/examples --depth 1
```

切換目錄到下列範例專案資料夾，執行 *setup.sh* 腳本以組建（build）此專案，最後執行 Python 程式。這會以約每秒 6 幀的速度標註影片，從網路攝影機或 Raspberry Pi 相機模組辨識各種物體。請試著拿不同物體讓它辨識：

```
$ sudo apt install libportaudio2
$ cd ~/examples/lite/examples/object_detection/raspberry_pi
$ sh setup.sh
$ python3 detect.py --model efficientdet_lite0.tflite
```

討論

在第 8 章中我們有做到計數錢幣。但是這是依靠傳統影像處理技術，尋找影像邊緣，尋找影像間的差異等等。這個方法倚賴控制好的光線，沒有涉及機器學習。

花點時間想想這到底是怎麼回事。這太神奇了：你的 Raspberry Pi 真的看到和辨識出物體。能做到這樣是因為模型用成千上萬張物體影像訓練出來，已學會如何分辨他們，或至少做了很棒的猜測。而無論從什麼角度觀看、什麼光線和背景，它都能做到。

圖 9-1 的一個有趣特點是作者手上的小咖啡杯被錯誤辨識「遙控器」，或許是因為它被拿著的方式。這種錯誤連人類都有可能發生，因為都是以類似的方式在「看」。

參閱

在訣竅 9.2。我們會修改此範例程式以在偵測到有興趣的物體時執行一些我們自己的程式碼。

你可以用其他訓練好的 TensorFlow Lite 模型（*https://oreil.ly/YpBVp*）。你可以在 TensorFlow 網站學到更多（*https://www.tensorflow.org*）。

9.2 以 TensorFlow Lite 回應影片中的物體

問題

你要用 Python 程式在影像串流辨識到特定類型物體時執行一個動作。

解決方案

修改訣竅 9.1 的 TensorFlow 物體辨識範例，以讓它在偵測到特定類型物體時執行你自己的一些程式碼。

遵循訣竅 9.1 安裝預訓練的 TensorFlow 物體偵測模型。

複製 *ch_09_person_detector.py* 檔案到物體偵測範例的工作資料夾。切換到該目錄，並使用以下指令執行程式：

```
$ cd ~/examples/lite/examples/object_detection/raspberry_pi/
$ cp ~/raspberrypi_cookbook_ed4/python/ch_09_person_detector.py .
$ python3 ch_09_person_detector.py
```

如同本書所有範例程式，你可以下載此程式碼（見訣竅 3.22）。

當你執行程式時，每當有人在網路攝影機前，終端機就會出現「Something Detected!（偵測到東西！）」訊息。發生時，又時間戳記的 PNG 影像檔會被建立，內含 Raspberry Pi 看到的影像：

```
$ ls *.png
2022-04-21-05-57-27.png
2022-04-21-05-57-37.png
2022-04-21-06-19-17.png
```

如果你用檔案總管看這些檔案，你可以點兩下開啟和檢視它。

討論

程式 *ch_09_person_detector.py* 來自於 TensorFlow 範例程式 *detect.py* 的副本。本訣竅的程式太長了，無法完整在此列出，所以你可能會想在編輯器中開啟它。這裡是關鍵的部分，全都含在 run 函式中：

```
last_detection_time = 0

# 持續從相機擷取影像並進行推論
while cap.isOpened():
  success, image = cap.read()
  if not success:
    sys.exit(
        'ERROR: Unable to read from webcam. Please verify your webcam settings.'
    )
  image = cv2.flip(image, 1)

  # 將影像依 TFLite 模型需求從 BGR 轉換為 RGB
  rgb_image = cv2.cvtColor(image, cv2.COLOR_BGR2RGB)

  # 從 RGB 影像建立 TensorImage 物件

  input_tensor = vision.TensorImage.create_from_array(rgb_image)

  # 使用模型執行物體偵測的判斷
  detection_result = detector.detect(input_tensor)

  # 在輸入影像上繪製特徵點和邊緣
  image = utils.visualize(image, detection_result)

  for detection in detection_result.detections:
      object_type = detection.categories[0].category_name
```

```
time_now = time.time()
if object_type == 'person' and time_now > last_detection_time + 10:
  print("***********************************")
  print("Person Detected!")
  print("***********************************")
  # 在此處加上你要執行的程式
  last_detection_time = time_now
  ts = "{:%Y-%m-%d-%H-%M-%S}".format(datetime.datetime.now())
  cv2.imwrite(ts + ".png", image)
```

我們增加的程式碼以粗體表示。

變數 `last_detection_time` 追蹤最後一次偵測到人的時間，讓程式偵測到人之後，寫入檔案之前，可以等一會兒。否則會產生許多檔案。

`detection_result = detector.detect(input_tensor)` 會建立偵測事件串列，每一項可能長得像這樣：

```
Detection(bounding_box=BoundingBox(origin_x=418, origin_y=285, width=16,
    height=40),
categories=[Category(index=83, score=0.3515625,
display_name='', category_name='book')])
```

這是 tuple 串列，tuple 的第一個部分是偵測到物體的邊界框，第二部分是物體可能符合的分類，最可能的優先。這表示要取得能告訴我們物體類型的分類名稱，我們要先取得在串列 `[0]` 的第一個分類，取它的 `category_name`。

迭代這個 `detection_result` 串列，我們會檢查時間，然後看看 `object_type` 是否是「person」。如果它是，物體被偵測後也過了一段時間（10 秒），檔案會用 `cv2.imwrite` 儲存，並以目前日期和時間當作檔名。

你可以用這樣的程式做各種事情。例如，你可以偵測你的寵物，建立控制馬達和掉下寵物食品的寵物自動餵食器。

參閱

你可以用其他訓練好的 TensorFlow Lite 模型（*https://oreil.ly/YpBVp*）。可以在 TensorFlow 網站學到更多資訊（*https://www.tensorflow.org*）。

9.3 以 TensorFlow Lite 辨識聲音

問題

你要讓 Raspberry Pi 辨識麥克風聽到的不同類型聲音。

解決方案

請使用來自 TensorFlow 範例中預先訓練好的 TensorFlow 模型。

如果你尚未這麼做，請切換到家目錄，使用下列指令下載 TensorFlow 範例：

```
$ git clone https://github.com/tensorflow/examples --depth 1
```

切換目錄到下列範例專案資料夾，執行 *setup.sh* 指令稿以組建專案，最後執行 Python 程式：

```
$ cd ~/examples/lite/examples/sound_classification/raspberry_pi
$ sh setup.sh
$ python3 classify.py
```

這會開啟如圖 9-2 所示的視窗。試著吹口哨和製造其他聲響，看看分類器如何分類。

討論

在本範例中，任何小於 0.2 分的都可能是不正確的 —— 若非如此，就是 TensorFlow 的聽力比作者還要好。然而，最上方的結果似乎很可靠，此模型能辨識許多不同的聲音。

像這裡使用的預訓練模型依靠成千上萬、仔細分類的聲音樣本。模型以這些樣本連同其他背景噪音一起細心訓練，讓它能有效辨識不同的聲音。

參閱

參閱訣竅 9.4 以新增你自己的程式碼，在偵測到口哨時做某些事。

參閱訣竅 9.6 訓練你自己的網路來辨識語音指令。

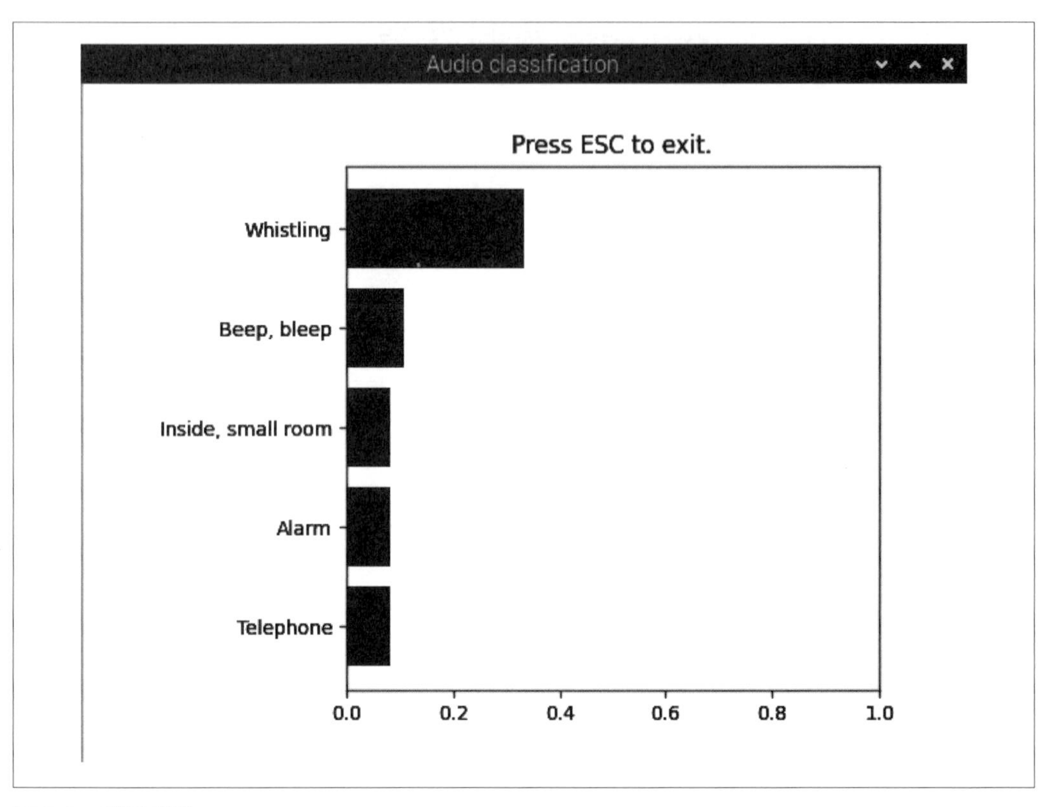

圖 9-2　聲音辨識

9.4 以 TensorFlow Lite 回應口哨

問題

你要讓 Raspberry Pi 執行自己的 Python 程式碼來回應口哨聲。

解決方案

首先，安裝訣竅 9.3 的 TensorFlow 範例，然後改寫 Python 範例程式。

複製 *ch_09_detect_whistle.py* 檔案到聲音分類範例的工作資料夾。然後切換到該目錄並使用下列指令執行程式：

```
$ cd ~/examples/lite/examples/sound_classification/raspberry_pi/
$ cp ~/raspberrypi_cookbook_ed4/python/ch_09_detect_whistle.py .
$ python3 ch_09_detect_whistle.py
```

如同本書所有範例程式一樣，你也可以下載本程式碼（參閱訣竅 3.22）。

執行程式時，你會看到像是下列的結果。每次你靠近麥克風吹口哨，都會看到「Whistling Detected（偵測到口哨）」的訊息：

```
$ python3 ch_09_detect_whistle.py
Listening for Whistles...
Whistling Detected
```

討論

讓我們看看它的程式碼：

```
import time
from tflite_support.task import audio
from tflite_support.task import core
from tflite_support.task import processor

model = 'yamnet.tflite'
num_threads = 4
score_threshold = 0.6
overlapping_factor = 0.5

# 初始化聲音分類模型
base_options = core.BaseOptions(
      file_name=model, use_coral=False, num_threads=num_threads)
classification_options = processor.ClassificationOptions(
      max_results=1, score_threshold=score_threshold)
options = audio.AudioClassifierOptions(
      base_options=base_options, classification_options=classification_options)
classifier = audio.AudioClassifier.create_from_options(options)

# 初始化錄音程式和儲存輸入聲音的張量（tensor）
audio_record = classifier.create_audio_record()
tensor_audio = classifier.create_input_tensor_audio()

# 我們會試著在每個推論間隔間（interval_between_inference）的秒數之間執行推論。
# 通常是模型輸入長度的一半，
# 讓輸入聲音片段間有所重疊以改善分類準確度。
input_length_in_second = float(len(
    tensor_audio.buffer)) / tensor_audio.format.sample_rate
```

```
interval_between_inference = input_length_in_second * (1 - overlapping_factor)
pause_time = interval_between_inference * 0.1
last_inference_time = time.time()

# 在背景啟動聲音錄製
audio_record.start_recording()

print('Listening for Whistles...')  #聆聽口哨聲 ...

while True:
  tensor_audio.load_from_audio_record(audio_record)
  results = classifier.classify(tensor_audio)
  if len(results.classifications) > 0:
    classification = results.classifications[0]
    if len(classification.categories) > 0:
      top_category = classification.categories[0]
      if top_category.category_name == 'Whistling':
        print('Whistling Detected')
  time.sleep(pause_time)
```

此程式碼是 TensorFlow 範例的簡化版本，就像該範例一樣，有許多工作是隱藏在我們能在程式中利用的 `AudioClassifier` 類別中。

聲音分類器是以參數來設置。大部分選項都很明顯，像是 `max_results` 與 `score_threshold`。`num_threads` 選項指定投入執行範例程式碼的執行緒數量（參閱訣竅 7.19），而 `enable_edge_tpu` 只會在你有機器學習加速器硬體連接到 Raspberry Pi 時才會使用。

程式會定期接收聲音樣本，然後試著推斷其中是否有口哨聲存在。它使用重疊時間視窗來做到這一點，以便它不太會錯過任何口哨聲。

主要的 `while` 會檢查是否該再次尋找口哨聲。如果是，它就會分類聲音，若有結果，就會檢查是否是口哨聲。

最後的 `time.sleep` 讓 Pi 的處理器在需要再次分類前，繼續做其他事情。

參閱

要將你自己的程式碼連結到影像辨識，請見訣竅 9.2。

9.5 安裝 Edge Impulse

問題

你要使用 Edge Impulse 平台訓練自己的 ML 模型以用於 Raspberry Pi。

解決方案

許多 Edge Impulse 的工作都在該公司伺服器完成，並透過網站存取（*http://edgeimpulse.com*）。要使用這些伺服器，Edge Impulse 要求建立一個帳號 —— 並非不合理。這對非商業「開發者」是免費的。

除了 Edge Impulse 網站，我們也需要在 Raspberry Pi 安裝本地端軟體。在開始前，確定你的 Raspberry Pi OS 在最新版本是個好主意（訣竅 3.40）。

在終端機視窗執行以下指令來開始：

```
$ curl -sL https://deb.nodesource.com/setup_12.x | sudo bash -
$ sudo apt install -y gcc g++ make build-essential nodejs sox gstreamer1.0-tools
        gstreamer1.0-plugins-good gstreamer1.0-plugins-base
        gstreamer1.0-plugins-base-apps
$ npm config set user root && sudo npm install edge-impulse-linux -g
        --unsafe-perm
```

因為複製這麼長的指令，無聊又容易出錯，所以本書所附程式碼的 *long_commands.txt* 檔案中也有這些指令。

我們也需要 Edge Impulse 的 Python 介面。Edge Impulse 依賴 Python 程式庫 NumPy。要將它升級到最新版本：

```
$ pip3 install numpy --upgrade
```

討論

Edge Impulse 是基於我們之前訣竅所使用的 TensorFlow 機器學習程式庫。但是，它增加了平順且有幫助的網路使用者介面和雲端伺服器，更容易入門以訓練我們自己的 ML 模型。

儘管 Edge Impulse 現在已安裝到 Raspberry Pi，但我們還需要執行範例。我們將在訣竅 9.6 探討它。

參閱

Edge Impulse 網站（*http://edgeimpulse.com*）有豐富的資源。

請學習 Edge Impulse 所基於的 TensorFlow（*https://www.tensorflow.org*）。

9.6 辨識語音指令（雲端）

問題

你要讓 Raspberry Pi 能以雲端服務辨識語音指令。

解決方案

註冊 Edge Impulse 網站並在 Raspberry Pi 安裝軟體後，請使用精靈（*wizard*）來訓練神經網路。在將訓練模型執行於本地端的 Rapsberry Pi 前，你可以在瀏覽器測試它運作得多好。

前往 *https://studio.edgeimpulse.com*，以你在訣竅 9.5 建立的帳號登入。

現在你需要建立新專案，並為它命名。如果你剛註冊 Edge Impulse，網站可能會帶你到 New Project Wizard（新計畫精靈）。如果啟動了精靈，請先取消它，再按下「+ Create new project（建立新計畫）」按鈕。這會開啟一個對話框（圖 9-3），你要在其中輸入專案名稱；請用「hey pi」這個名稱。

選擇 Developer（開發者）選項。這是免費選項，在 Edge Impulse 的使用加上了一些限制，不過我們不可能會超過這些限制。

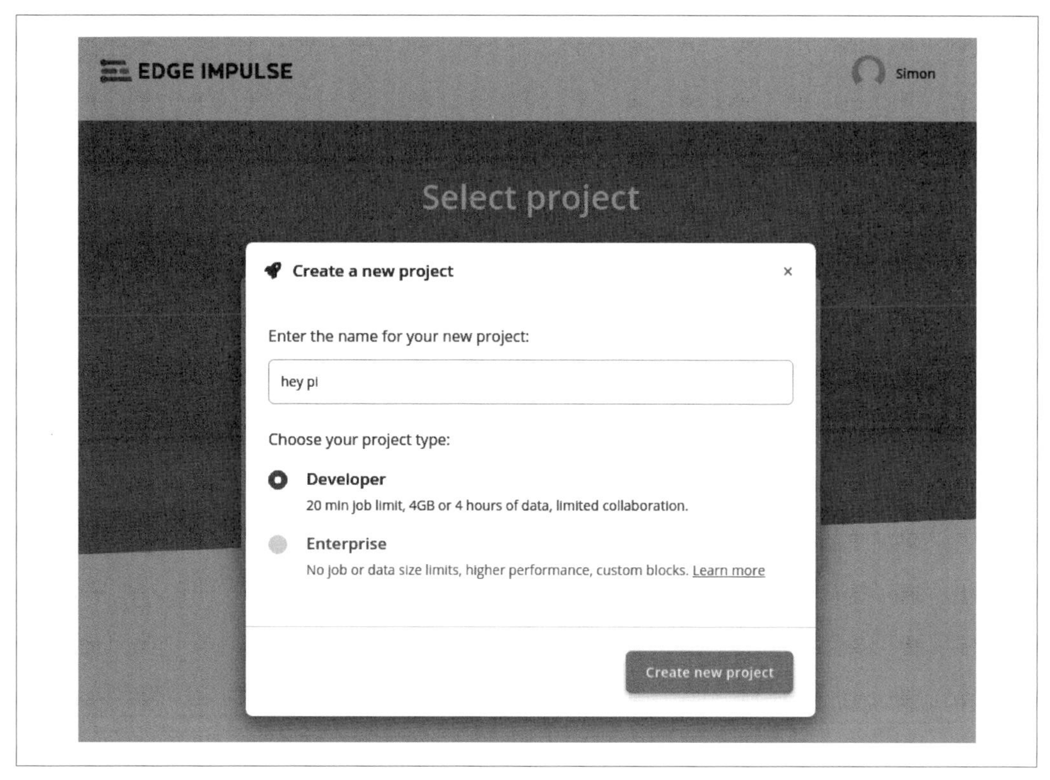

圖 9-3　建立新的 Edge Impulse 專案

按下「Create new project（建立新計畫）」按鈕會帶我們到一個對話框以選擇我們要處理的資料類型。但是我們會使用 getting started wizard（入門精靈），所以請關閉這個彈出視窗。你會回到「hey pi」專案頁面。捲動到頁面底部並選擇「Luanch getting started wizard（啟動入門精靈）」選項。它會警告說你的專案會被清空，不過這沒關係，所以請選擇 Yes，然後確認。Welcome wizard（歡迎精靈）會啟動，協助你在五分鐘內建立自己的模型。按下按鈕接受此選項，你要辨識的片語請用「hey pi」（圖 9-4），然後按 Next。

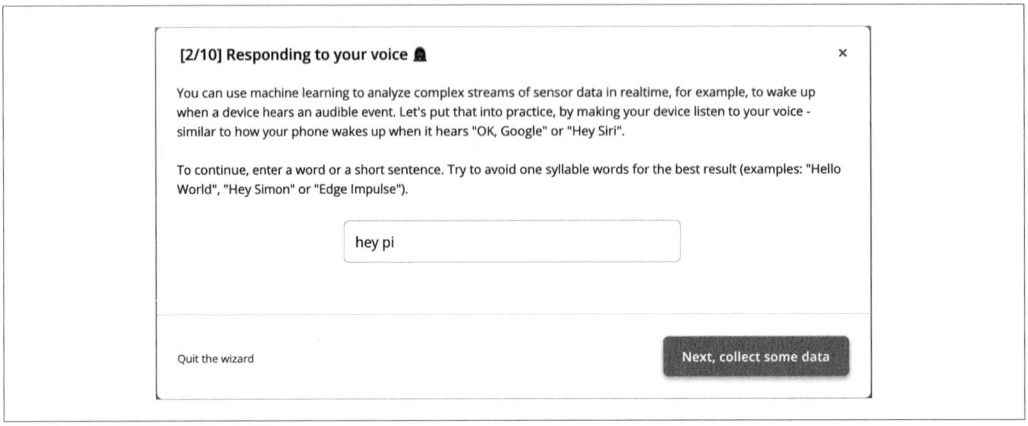

圖 9-4　選擇要辨識的片語

現在有趣的部分來了。要讓 Raspberry Pi 辨識「hey pi」片語，我們需要提供許多我們說它的樣本。精靈會要求我們重複說「hey pi」，並奇怪的依照網站規定，持續錄製長達 38 秒（圖 9-5）。你也會被要求應該賦予的存取麥克風權限。

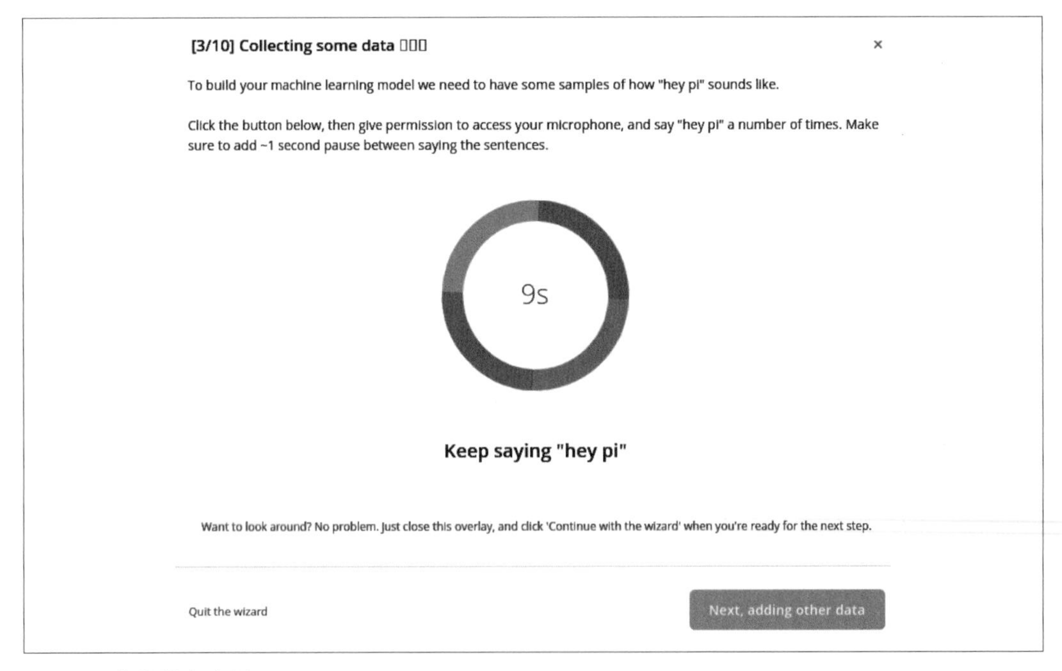

圖 9-5　蒐集聲音資料

如果 Edge Impulse 需要更多資料，它會要求你說更多次片語。最後，它會有足夠的樣本，你就能移至新增其他資料的下一步。

其他資料會以隨機單字和背景噪音的形式從 Edge Impulse 的資料取得，能協助神經網路區別「hey pi」和其他麥克風收集到的聲音。

精靈的下一步是「Design your Impulse（設計你的 impulse）」。impulse（衝動）是 Edge Impulse 描述神經網路（或其他類型的 ML 模型）和資料相關預處理的方式。設計 impulse 時，我們也有機會查看模型內部並對它如何運作獲得一些驗證。

如果你要看看精靈後台是怎麼回事，只要關閉精靈疊層，然後繼續下去。例如，圖 9-6 顯示稱為聲音樣本特徵總覽觀點（*feature explorer view*）的圖，其中「hey pi」樣本、噪音和其他隨機片語都描繪在 3D 空間。「hey pi」的實例全部都聚集在一起，表示它是很不錯的 impulse 辨識。

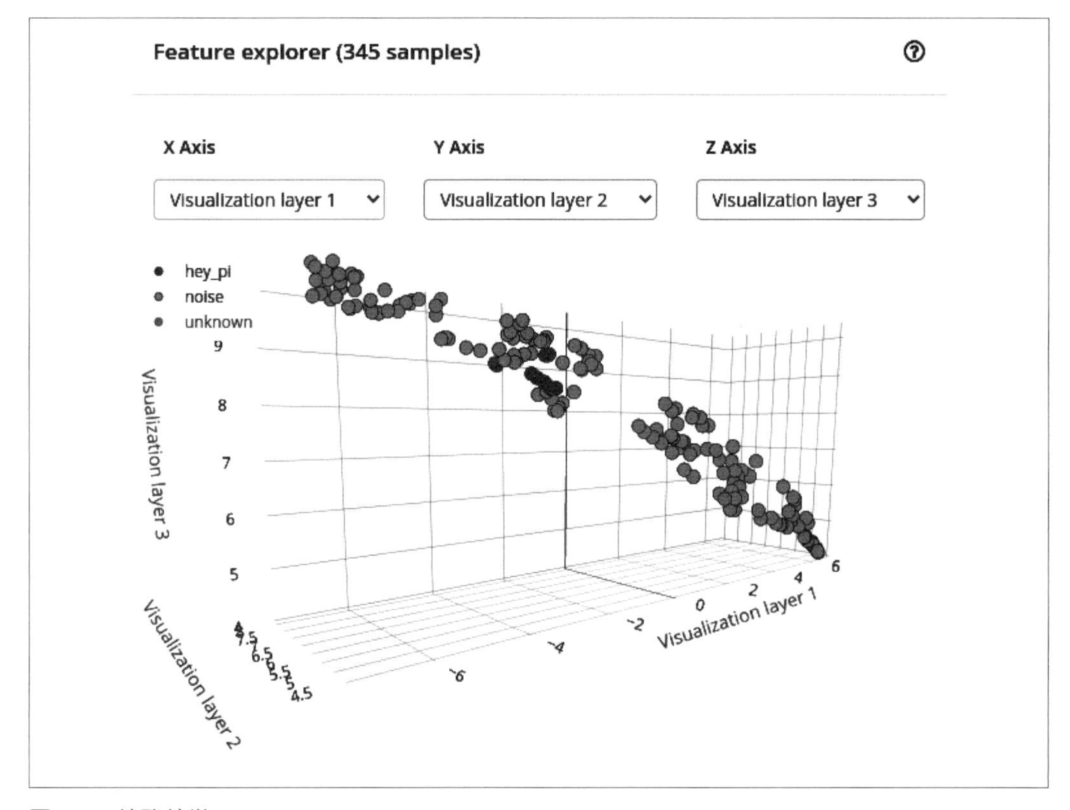

圖 9-6　總覽特徵

當精靈恢復時，下一步是訓練神經網路。這會需要幾分鐘，因為神經網路的權重在調整，直到它能正確辨識「hey pi」片語。我們現在可以檢查 impulse 看它表現有多好，這都在瀏覽器進行（圖 9-7）。請注意，在我們啟用 impules 之前，它要被組建成可以讓我們稍後能部署到 Raspberry Pi 的部署套件。

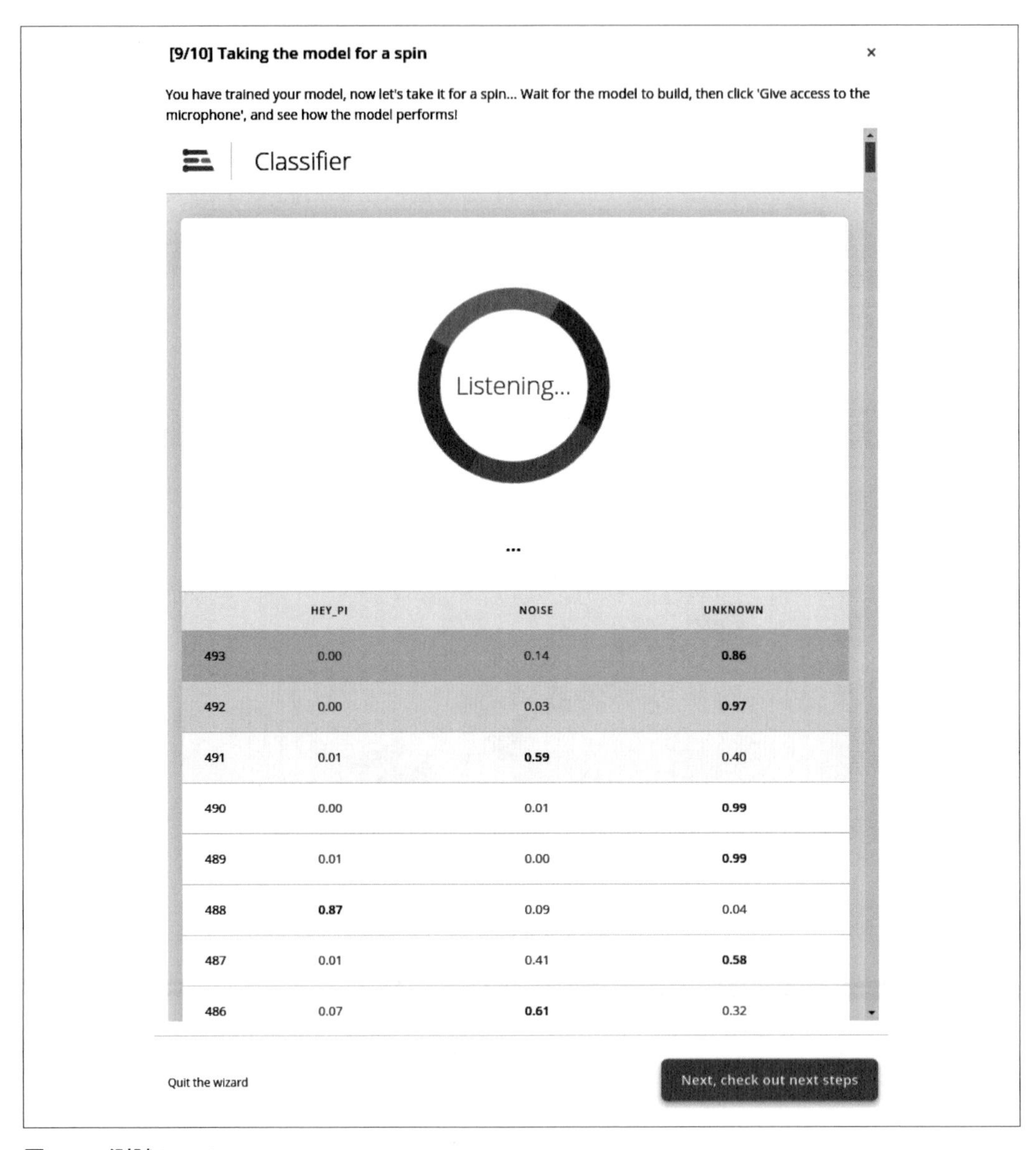

圖 9-7　測試 impulse

在圖 9-7 中，每當我們說出一些東西或是噪音被聽到，impulse 就會將它分類為 HEY_PI、NOISE 或 UNKNOWN，它會針對每個分類提供機率。所以如果你看 488 開頭的那一列（簡單的數字），可以看到「hey pi」被偵測到有 87% 的機率，噪音或未知聲音的機率則非常低。

討論

要看語音辨識運作得如何，請讓其他人說「hey pi」或你自己說出類似的片語。

這是讓人印象深刻的示範。但是在此時，一切都還發生於 Edge Impulse 的伺服器上。唯一在 Raspberry Pi 發生的事只有從麥克風傳遞聲音資料到 Edge Impulse。在訣竅 9.7 中，我們會看看如何將這些動作帶回 Raspberry Pi 執行。

參閱

Edge Impulse 提供了許多有用的文件（*https://oreil.ly/QmEWg*）。

9.7 辨識語音指令（本地端）

問題

你希望 Raspberry Pi 能在本地端辨識語音指令，不用連上網際網路。

解決方案

若你尚未遵循訣竅 9.5 與 9.6 的方案執行，你需要先照著做。

要在 Raspberry Pi 本地端執行片語辨識 impulse，可以先下載它，再使用 Edge Impulse Linux runner 執行。它已經在訣竅 9.5 中安裝過了。

執行下列指令（請注意如果你是第一次執行這個指令，那就不需要 `--clean` 選項）：

```
$ edge-impulse-linux-runner --clean
Edge Impulse Linux runner v1.3.5
? What is your user name or e-mail address (edgeimpulse.com)?
  anonymised@email.com
? What is your password? [hidden]
```

```
[RUN] Downloading model...
[BLD] Created build job with ID 2540059
[BLD] Writing templates...
.... lots of build messages
[BLD] Building binary OK
[RUN] Downloading model OK
[RUN] Stored model version in /home/pi/.ei-linux-runner/models/93963/v2/model.eim
[RUN] Starting the audio classifier for Simon / hey pi (v2)
[RUN] Parameters freq 16000Hz window length 1000ms. classes
  [ 'hey_pi', 'noise', 'unknown' ]
? Select a microphone USB-Audio - HD Pro Webcam C920
[RUN] Using microphone hw:2,0
classifyRes 11ms. { hey_pi: '0.0049', noise: '0.9479', unknown: '0.0472' }
classifyRes 5ms. { hey_pi: '0.9590', noise: '0.0001', unknown: '0.0409' }
classifyRes 5ms. { hey_pi: '0.9899', noise: '0.0000', unknown: '0.0101' }
q
```

這實際上是個冗長的過程，有許多我在前面沒有列出的組建訊息出現在終端機。

當執行指令時，你會被要求輸入 Edge Impulse 登入細節（電子郵件和密碼）。它會開始組建的過程並下載 impulse 至可以在 Raspberry Pi 執行的壓縮形式。組建會花一些時間，但是只需要做一次。

當組建程序完成，就會提示你選擇要使用的麥克風，最後 Raspberry Pi 會開始聆聽，並回報它聽到的每個聲音樣本。且會提供每個樣本是「hey pi」的機率。

討論

這個流程最妙的是進階機器學習模型被組建並壓縮成可以在相對不是那麼強大的 Raspberry Pi 上執行的形式。你能從 Edge Impulse Dashboard 看到相關資訊。

花一些時間探索那裡的資訊。特別是試著按下側邊欄的 Transfer Learning from the Impulse Design（從 Impulse 設計轉移學習）選項（圖 9-8）。

如你所見，在其他有趣資訊中，部署的 impulse 能執行於 45k 位元組的記憶體且只需要 123k 位元組的永久儲存空間。

雖然我們能在 Raspberry Pi 直接執行 impulse，但如果能以 Python 運作讓我們可以用 Edge Impulse 寫自己的專案就更好了。這就是訣竅 9.8 的主題。

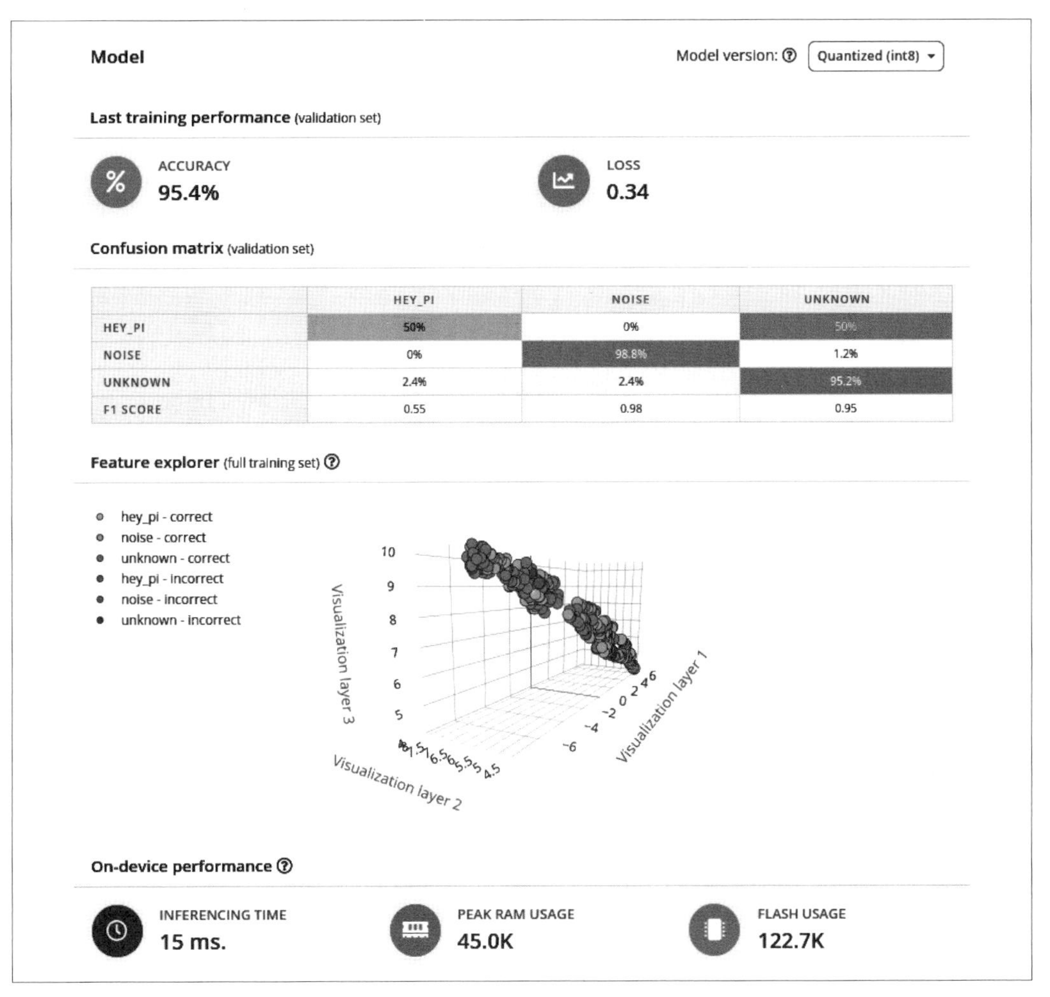

圖 9-8　部署 impulse 的細節

參閱

你可以在 *https://oreil.ly/9gCre* 找到在 Linux 執行 Edge Impulse 的說明文件。

9.8 以 Python 回應語音指令

問題

看到 Edge Impulse 系統辨識語音片語相當神奇，但是你想更進一步讓它在自己的 Python 程式觸發動作。

解決方案

首先，按照訣竅 9.5 設定 Edge Impulse，然後照著訣竅 9.6 建立訓練的 impulse。

接著，你需要安裝 Python SDK（software development kit，軟體開發套件）：

```
$ sudo apt install libatlas-base-dev libportaudio0 libportaudio2 libportaudiocpp0
      portaudio19-dev
$ pip3 install edge_impulse_linux -i https://oreil.ly/ua1nS
```

我發現須更新 Python NumPy 程式庫版本，然後安裝 PyAudio 模組：

```
$ pip3 install numpy --upgrade
$ pip3 install pyaudio
```

再來，我們要用下列指令從 Edge Impulse 伺服器下載訓練模型：

```
$ edge-impulse-linux-runner --download modelfile.eim
```

下方列出的 *09_hey_pi.py* 程式每次聽到「hey pi」片語時都會印出「Hello you!」回應。在執行前，你可能需要修改 `audio_device_id` 這行，從 2 改成你的麥克風 ID：

```
import sys
import signal
from edge_impulse_linux.audio import AudioImpulseRunner

modelfile = '/home/pi/modelfile.eim'
audio_device_id = 2

runner = None

def signal_handler(sig, frame):
    print('Interrupted')
    if (runner):
        runner.stop()
    sys.exit(0)
```

```
signal.signal(signal.SIGINT, signal_handler)

with AudioImpulseRunner(modelfile) as runner:
    try:
        model_info = runner.init()
        labels = model_info['model_parameters']['labels']
        print('Loaded runner for "' + model_info['project']['owner'] + ' / ' +
                model_info['project']['name'] + '"')

        for res, audio in runner.classifier(device_id=audio_device_id):
            score = res['result']['classification']['hey_pi']
            if (score > 0.7):
                print('Hello you!')

    finally:
        if (runner):
            runner.stop()
```

執行程式，試著以不同片語實驗看看「hey pi」的偵測有多準確：

```
$ python3 07_hey_pi.py
Loaded runner for "Simon / Hey Pi"
selected Audio device: 2
Hello you!
Hello you!
Hello you!
```

討論

程式是基於 Edge Impulse Python 程式庫的 `AudioImpulseRunner`。這個 runner 會重複聽取聲音樣本，然後試著分類它聽到的聲音。在這種情況下，如果聽到片語「hey pi」，它就會做出決定。runner 會佔用麥克風資源，所以重要的是如果按下 Ctrl-C 停止程式，程式碼就會馬上終止，釋放出聲音裝置。那就是 `signal_handler` 函式作用之處，連結到 `signal.SIGINT`（Ctrl-C）。

在 runner 內部的 `with/as` 區塊，它會先以 `runner.init()` 初始化，然後顯示出模型的細節。

`for` 迴圈有效率地迭代 `runner.classifier` 提供的無限串流結果。每個結果都有一個 `score`，如果 `score` 超過 0.7，就會印出「Hello you!」訊息。0.7 的閾值相當低，所以你會發現能用類似的片語愚弄 Pi 做出回應。請試著將它增加到 0.95 看看。

參閱

雖然我們在此所做的是偵測到片語時印出訊息。沒有理由我們不能用它來使用 GPIO 接腳控制硬體（訣竅 10.1）或搭配第 18 章的一些訣竅使用。

第十章

硬體基礎

10.0 簡介

本章涵蓋一些設定和使用 Raspberry Pi 的通用輸入 / 輸出（general-purpose input/output，GPIO）接腳的基礎訣竅。這個接腳能讓你連接各種有趣的電子裝置到 Raspberry Pi。

10.1 熟悉 GPIO 接腳

問題

你要連接電子裝置到 GPIO 接腳，但是你要先多了解全部針腳的作用。

解決方案

Raspberry Pi GPIO 接腳有三種版本：原始 Raspberry Pi 的兩個 26 針腳佈局、Raspberry Pi「+」引入的一個 40 針腳佈局，一直沿用至今。

26 針的 Raspberry Pi 與其說是一台實用的電腦，不如說是一件收藏品，你會覺得它很慢，且和一大堆軟體不相容。所以為了實用性，你可能需要 Raspberry Pi 4 或 400，或至少要 Pi 3。

圖 10-1 圖示出目前的 40 針腳佈局，和所有一直到 Raspberry Pi 4 和 400 的 Raspberry Pi 型號 40 針腳 GPIO 一樣。

最上方的 26 針腳和原始 Raspberry Pi model B 第 2 版的一樣，這讓 40 針腳的 Raspberry Pi 能沿用為早期 26 針腳 Raspberry Pi 設計的軟硬體。40 針接腳的額外針腳是由三個有用的額外 GND 連接腳和九個 GPIO 接腳組成。ID_SD 與 ID_SC 是用來與特殊序列記憶體晶片溝通用，它會包含在符合硬體擴充板（hardware attached on top，HAT）標準的介面板上，讓 Raspberry Pi 能辨識該板（請見討論小節）。

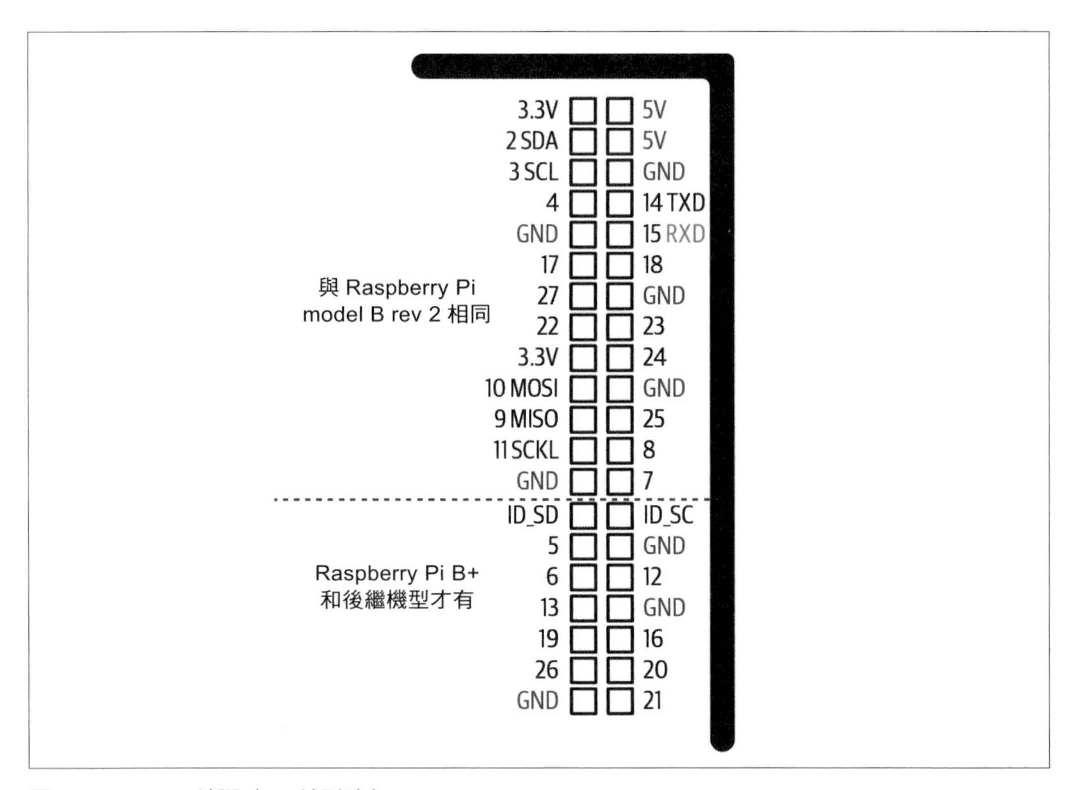

圖 10-1　GPIO 針腳（40 針型號）

接腳最上方有 3.3V 和 5V 電源供應。GPIO 全部的輸入和輸出都使用 3.3V。任何旁邊有數字的針腳都能當作 GPIO 針腳。有其他名字在數字後的針腳也有其他特殊用途：14 TXD 和 15 RXD 是序列介面的傳送和接收針腳；2 SDA 和 3 SCL 構成 I2C 介面；而 10 MOSI 和 11 SCKL 構成 SPI 介面。

只有 3V

GPIO 接腳有 3V（實際上是 3.3V）和 5V 電源針腳。這會讓人有錯誤印象認為 Raspberry Pi 能連接 5V 電子裝置。但是雖然它能供應裝置 5V 電源，但是所有 Pi 的 GPIO 針腳連接都必須是 3V，否則會損壞你的 Raspberry Pi。通常連接 5V 到 GPIO 針腳會燒壞針腳，甚至可能是整個 Raspberry Pi 的處理器。

討論

如果只靠數數來找出你需要的針腳，在你要分辨出 Raspberry Pi 的針腳究竟是哪個時會很容易出錯。找出正確針腳比較好的方法是用像圖 10-2 所示的 Raspberry Leaf GPIO 模板。

圖 10-2　Raspberry Leaf GPIO 模板

這個模板和 GPIO 針腳相符，會指出哪個針腳是哪個。其他 GPIO 模板包含 Pi GPIO 參考卡（Pi GPIO reference board）。

HAT 標準是你能用於 Raspberry Pi 4、3、2、B+、A+ 和 Zero 的介面標準。無論如何這個標準無法阻止你直接使用 GPIO 針腳；但是符合 HAT 標準的介面板能自稱為 HAT（擴充板）。HAT 和一般的 Raspberry Pi 介面板不同，它們必須有一些電子抹除式可複寫唯讀記憶體（Electrically Erasable Programmable Read-Only Memory，EEPROM）晶片用以辨識 HAT，讓 Raspberry Pi 最終能自動安裝所需軟體。執筆之時，HAT 尚無法做到這樣精細的程度，但是這樣的構想是很棒的。ID_SD 與 ID_SC 針腳是用來和 HAT EEPROM 溝通的。

參閱

Raspberry Pi GPIO 接腳只有數位數入和輸出；類似的板子也都沒有類比訊號輸入。你能使用單獨的類比數位轉換（analog-to-digital converter，ADC）晶片克服這樣的缺點，或是使用電阻式感測器（訣竅 14.1）。

HAT 的範例請見訣竅 10.15 敘述的 Sense HAT。

10.2 使用 Raspberry Pi 400 的 GPIO 接腳

問題

Raspberry Pi 400 的 GPIO 接腳有點難觸及，因為它在背後且嵌入其中。我該怎樣做比較好接上呢？

解決方案

Raspberry Pi 400 的 GPIO 接腳的針腳輸出和所有 40 針 GPIO 的 Raspberry Pi 一樣。要讓跳線容易接上接腳，請使用像是圖 10-3 所示的 Pi 400 專用 MonkMakes GPIO Adapter（*https://oreil.ly/Nb5ez*）GPIO 轉接頭。

其他類型的 GPIO 轉接頭可以在 SparkFun、Pi Hut 或其他商家購得。

討論

你不可能想要嵌入大又相對較貴的 Pi 400 到你的電子專案。但是如果你的目標是以 Pi 400 學習電子電路，那轉接頭可以很容易地將跳線連接到 Pi 400。

不用轉接頭的話，HAT 無法接上 Pi 400，所以 GPIO 轉接頭也能讓 HAT 用於 Pi 400，例如圖 10-4 所示的 Sense HAT。

圖 10-3　Raspberry Pi 400 GPIO 轉接頭與模板

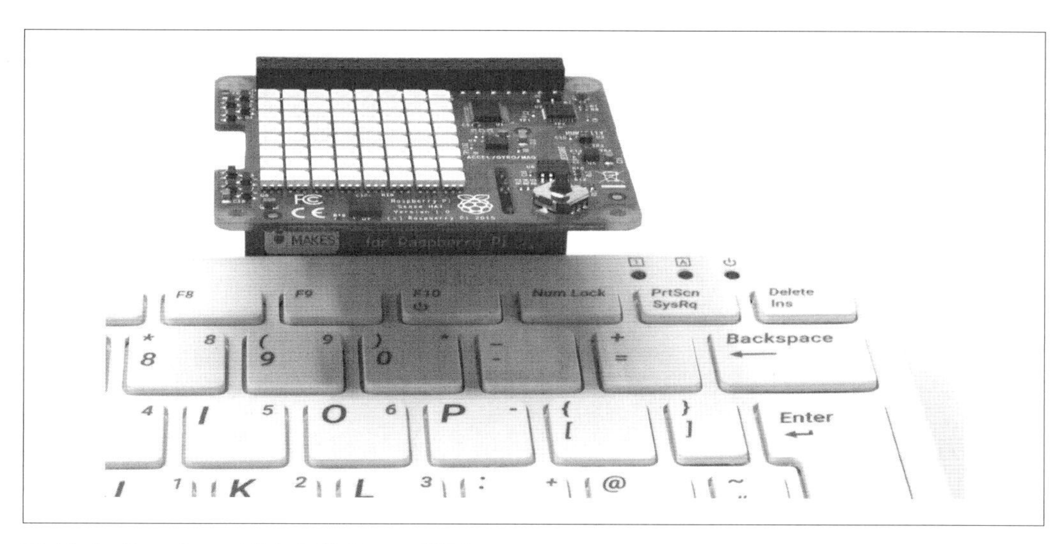

圖 10-4　Raspberry Pi 400 與 Sense HAT

也有一些擴充板（add-on boards，Adafruit 稱其為 *bonnets*）設計讓 Pi 400 可以用，例如圖 10-5 所示的 Air Quality board、Pimoroni Breakout Garden for Pi 400 和 Adafruit Cyberdeck Bonnet。

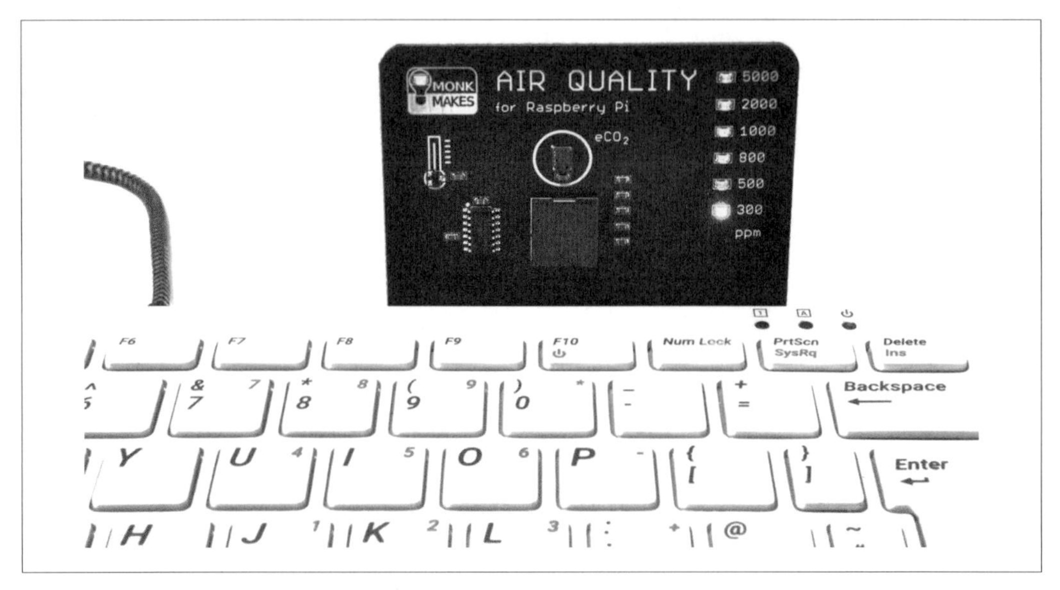

圖 10-5　Raspberry Pi 400 與 Air Quality board

參閱

更多關於圖 10-4 中 Sense HAT 的資訊，請見訣竅 10.15。

10.3 使用 GPIO 接腳時確保 Raspberry Pi 的安全

問題

你要連接外部電子裝置到 Raspberry Pi，且不想不小心損壞或破壞它。

解決方案

請遵守這些簡單的原則，以減少使用 GPIO 接腳時損壞 Raspberry Pi 的風險：

- 不要在 Pi 通電時用螺絲起子或任何金屬物品戳 GPIO 接腳。
- 不要在 Pi 通電時連接電子零組件到 GPIO 針腳和麵包板。
- 不要以超過 5V 幫 Pi 供電。
- 無論你連接什麼裝置，都要將 Raspberry Pi GND 針腳接地。
- 不要連接超過 3.3V 到作為輸入的 GPIO 針腳。
- 每個輸出不要消耗超過 16mA；在 40 針 Raspberry Pi 上維持總輸出低於 100mA，而 26 針 Raspberry Pi 上維持總輸出低於 50mA。
- 當使用 LED 時，3mA 就足以與 470Ω 電阻點亮紅色 LED。
- 不要從 Raspberry Pi models 1 到 3 的 5V 電源針腳總消耗超過 250mA，對 Pi 4 來說 5V 電源是直接來自 USB，所以最大值取決於你的電源供應器。1A 是 3A 電源供應器的合理最大值。

討論

毫無疑問的：當要加上外部電子裝置時，Raspberry Pi 是易損壞的。新的 Raspberry Pi 型號比較堅固，但是仍然相當容易損毀。在你將 Raspberry Pi 供電前，謹慎行事並檢查你做了什麼，否則您會冒著必須更換它的風險。

參閱

可以看看這裡關於 Raspberry Pi GPIO 輸出能力很棒的討論（*https://oreil.ly/RGot4*）。

10.4 設定 I2C

問題

你要設定 I2C bus（積體匯流排電路，Inter-Integrated Circuit bus），讓你能用一些 Raspberry Pi 需要的擴充套件。

解決方案

在最新版的 Raspberry Pi OS 啟用 I2C 就只要用 Raspberry 選單的偏好設置中的 Raspberry Pi 設置工具（圖 10-6）。在 Interface 標籤頁，按下 I2C 的開關啟用它，並按下 OK。

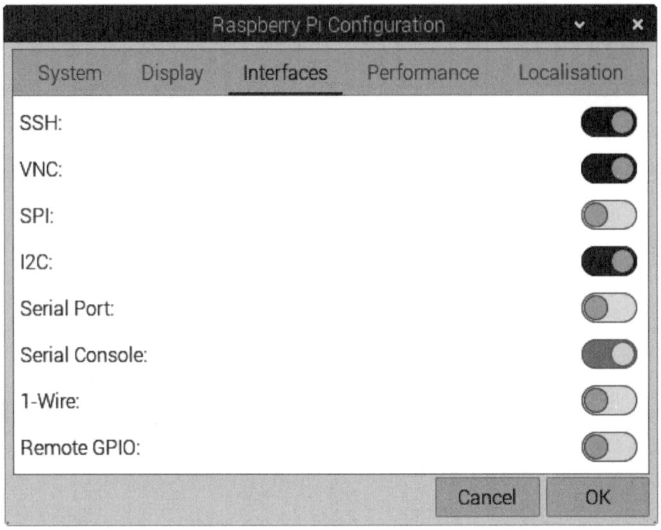

圖 10-6　使用 Raspberry Pi 設置工具啟用 I2C

在舊版的 Raspberry Pi OS 或如果你偏好命令列，那 `raspi-config` 公用程式一樣能勝任。

使用下列指令開啟 `raspi-config`：

```
$ sudo raspi-config
```

然後，會出現選單，選擇 Interfacing 選項，捲動到 I2C（圖 10-7）。

你會被詢問「Would you like the ARM I2C interface to be enabled?（你想要啟用 ARM I2C 嗎？）」，你應該回答 **Yes**。你也會被詢問是否要在開機時載入 I2C 模組，你也應該回答 **Yes**。

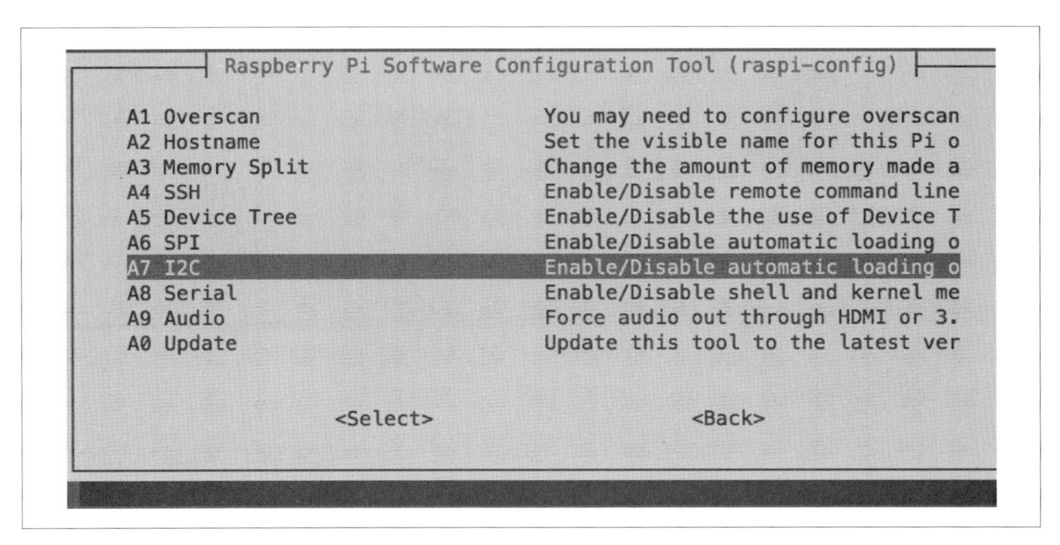

圖 10-7　使用 `raspi-config` 啟用 I2C

此時，你可能也想用這個指令安裝 Python I2C 程式庫：

```
$ sudo apt install python-smbus
```

你會需要重新啟動 Raspberry Pi 讓修改生效。

討論

使用 I2C 模組是和 Pi 互動的好方法。它減少你要連接每個東西的接線數量（到只要四條），可以買到一些不錯的 I2C 模組。

但是別忘了計算 I2C 模組使用的總電流，確保它不會超過訣竅 10.3 指出的限制。

圖 10-8 秀出 Adafruit 可購得的 I2C 模組選擇。其他供應商，例如 SparkFun 也有 I2C 裝置。圖片中從左到右有 LED 矩陣顯示器、四位數七段顯示器、16 通道 PWM ／伺服控制器和實時時鐘模組。

其他 I2C 模組包括 FM 無線電發射機、超聲波距離偵測器、OLED（organic light-emitting diode，有機發光二極體）顯示器和其他種類的感測器。

圖 10-8　I2C 模組

參閱

請參閱本書其他 I2C 訣竅，包括訣竅 12.3、15.1 和 15.2。

10.5 使用 I2C 工具

問題

你有一個 I2C 裝置連接到 Raspberry Pi，你要檢查它是否連接妥當，並找出使用該裝置的正確 I2C 位址。

解決方案

請安裝並使用 `i2c-tools`。

你可能會發現 `i2c-tools` 已經安裝於較新的發行版。

從 Pi 的終端機視窗輸入以下指令來下載並安裝 `i2c-tools`：

```
$ sudo apt install i2c-tools
```

連接 I2C 裝置到 Pi 並執行以下指令：

```
$ sudo i2cdetect -y 1
```

請注意，如果你用的是很舊的 Raspberry Pi revision 1，你需要將上述指令的 `1` 改成 `0`。

如果 I2C 可以使用，你會看到像是圖 10-9 所示的輸出結果，它指出有兩個 I2C 位址正在使用 —— `0x68` 與 `0x70`。

十六進位

十六進位（Hexadecimal 或只稱 *hex*）是以基數 16 表示數字的方法，而不是我們日常生活用的基數 10。

十六進位中，每位數都是十六個可能值之一。除了熟悉的 0 到 9 以外，十六進位使用了字母 A 到 F；字母 A 表示十進位 10，而 F 是十進位 15。

沒有特別理由要用十六進位，不用十進位，除了在你想將數字轉換為二進位的情況時，使用十六進位會比十進位簡單許多。

要避免造成對於一個數字是十六進位還是十進位的混淆，在十六進位數字前通常會加上 0x 的前綴。在先前的例子中，十六進位數字 0x68（換成十進位）6 x 16 + 8 = 104，而 0x70 是 7 x 16 = 112。

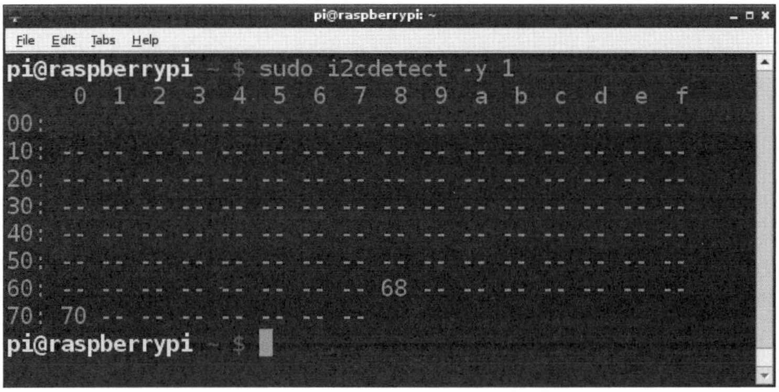

```
pi@raspberrypi ~ $ sudo i2cdetect -y 1
     0  1  2  3  4  5  6  7  8  9  a  b  c  d  e  f
00:          -- -- -- -- -- -- -- -- -- -- -- -- --
10: -- -- -- -- -- -- -- -- -- -- -- -- -- -- -- --
20: -- -- -- -- -- -- -- -- -- -- -- -- -- -- -- --
30: -- -- -- -- -- -- -- -- -- -- -- -- -- -- -- --
40: -- -- -- -- -- -- -- -- -- -- -- -- -- -- -- --
50: -- -- -- -- -- -- -- -- -- -- -- -- -- -- -- --
60: -- -- -- -- -- -- -- -- 68 -- -- -- -- -- -- --
70: 70 -- -- -- -- -- -- --
pi@raspberrypi ~ $
```

圖 10-9 `i2c-tools`

討論

`i2cdetect` 是有用的診斷工具，值得在你第一次使用新的 I2C 裝置時執行。

你需要確定裝置所用的 I2C 位址和軟體需要的一樣。有時候你會發現用來改變裝置 I2C 位址的小開關或銲錫橋接（solder bridge）。這在你有超過一個相同位址裝置連到同一台 Raspberry Pi 時特別有幫助。

參閱

請參閱本書其他 I2C 訣竅，包括訣竅 12.3、15.1 和 15.2。

更多關於以 `apt` 安裝的資訊，請參閱訣竅 3.17。

10.6 設定 SPI

問題

你有使用序列周邊介面匯流排（Serial Peripheral Interface bus，SPI）的裝置，想將它應用於 Raspberry Pi。

解決方案

SPI 預設在 Raspberry Pi OS 是停用的。要啟用它，步驟幾乎和訣竅 10.4 一模一樣。在 Raspberry 選單的偏好設置下，開啟 Raspberry Pi 設置工具（圖 10-10）。前往 Interface 標籤頁，按下 SPI 的開關，並按 OK。

在較舊版的 Raspberry Pi OS，或如果你偏好使用命令列，請使用 `raspi-config` 公用程式：

```
$ sudo raspi-config
```

選擇 Interfacing 選項，SPI，然後在重新開機前回答 **Yes**。重新開機後，SPI 就可以用了。

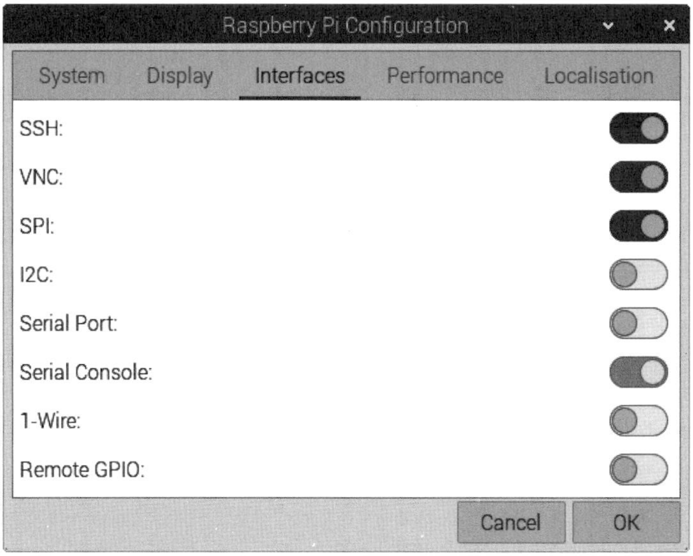

圖 10-10　使用 Pi 設置工具啟用 SPI

討論

SPI 允許在 Raspberry Pi 和周邊裝置之間的資料序列傳輸，例如 ADC 和擴充埠晶片（為了增加額外的 GPIO 針腳）。

你能用下列指令檢查 SPI 的運作：

```
$ ls /dev/*spi*
/dev/spidev0.0 /dev/spidev0.1
```

如果不是回報 `spidev0.0` 和 `spidev0.1`，沒有出現任何東西，表示 SPI 未被啟用。

參閱

我們會在訣竅 14.7 使用 SPI 類比數位轉換晶片。

10.7 安裝 pySerial 以從 Python 存取序列埠

問題

你要用 Python 在 Raspberry Pi 的序列埠接收和傳送（RXD 和 TXD 針腳）。

解決方案

首先，請用訣竅 2.6 的方法啟用序列埠。

然後，安裝 pyserial 程式庫：

```
$ sudo pip3 install pyserial
```

討論

程式庫相當簡單易用。以下列語法建立連線：

```
ser = serial.Serial(DEVICE, BAUD)
```

DEVICE 是要用序列埠的裝置（/dev/serial0），BAUD 是鮑率（baud rate），是數字，非字串。GPIO 接腳上的 RXD 和 TXD 針腳是映射至 Linux 裝置 /dev/serial0，而最後的 9600 是大部分裝置用的標準鮑率：

```
ser = serial.Serial('/dev/serial0', 9600)
```

連線建立後，你可以像這樣透過序列埠傳送資料：

```
ser.write('some text')
```

傾聽回應一般涉及讀取和印出迴圈，如本範例所示：

```
while True:
    print(ser.read())
```

參閱

你需要在連接硬體到序列埠的訣竅用此技術，例如訣竅 13.10。

10.8 安裝 Minicom 測試序列埠

問題

你要從終端機 session 傳送和接收序列指令。

解決方案

請安裝 Minicom：

```
$ sudo apt install minicom
```

Minicom 安裝好後，可以用以下指令開啟連接到 GPIO 接腳之 RXD 與 TXD 針腳的序列裝置的序列通訊 session：

```
$ minicom -b 9600 -o -D /dev/serial0
```

`-b` 之後的參數是鮑率，`-D` 之後的參數是序列埠。要確定使用和你要通訊之裝置相同的鮑率。

這會開啟 Minicom session。（古老的）Minicom 標準的特點是輸入時螢幕上不會出現東西。所以第一件事要做的就是開啟 `local Echo`，讓你能看見輸入的指令。要這麼做，請按 Ctrl-A，然後 Z；你會看到圖 10-11 所示的指令清單。按 E 開啟 `local Echo`。

現在你輸入的任何東西都會被送到序列裝置，所有裝置來的訊息也都會顯示出來。

討論

Minicom 是檢查序列裝置訊息或確認它是否運作正常很棒的工具。

參閱

請查看 Minicom 文件（*https://oreil.ly/fVKAF*）。

如果要寫 Python 程式處理序列通訊，你會需要 Python `pyserial` 程式庫（訣竅 10.7）。

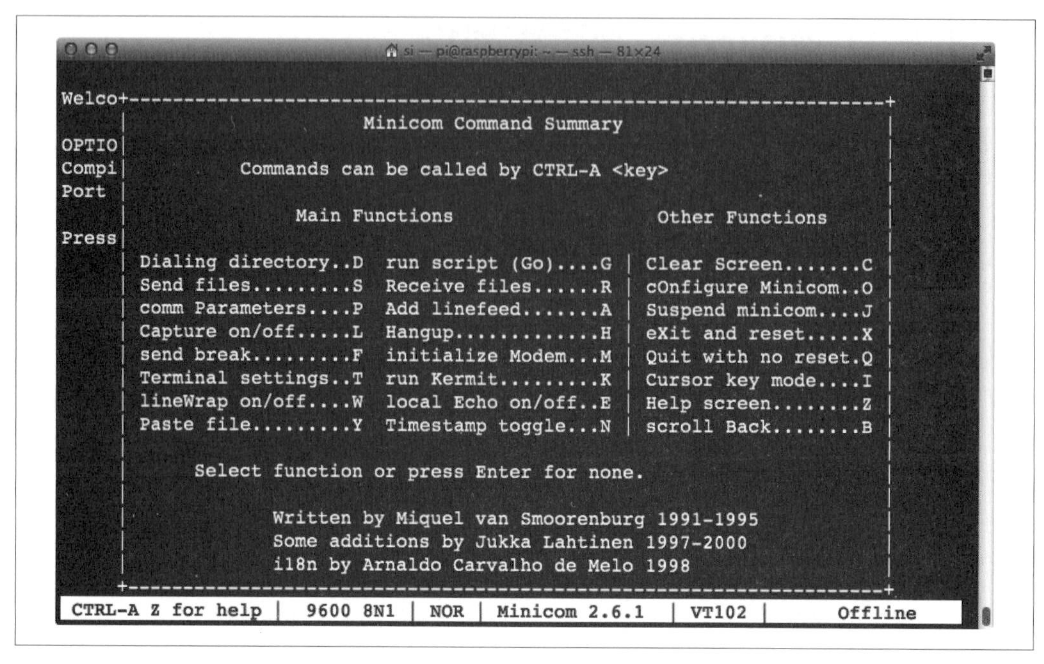

圖 10-11　Minicom 指令

10.9 以跳線使用麵包板

問題

你要用 Raspberry Pi 和免焊接麵包板做一些電子裝置原型。

解決方案

請用公對母跳線和 GPIO 針腳標籤模板，例如 Raspberry Leaf（圖 10-12）。

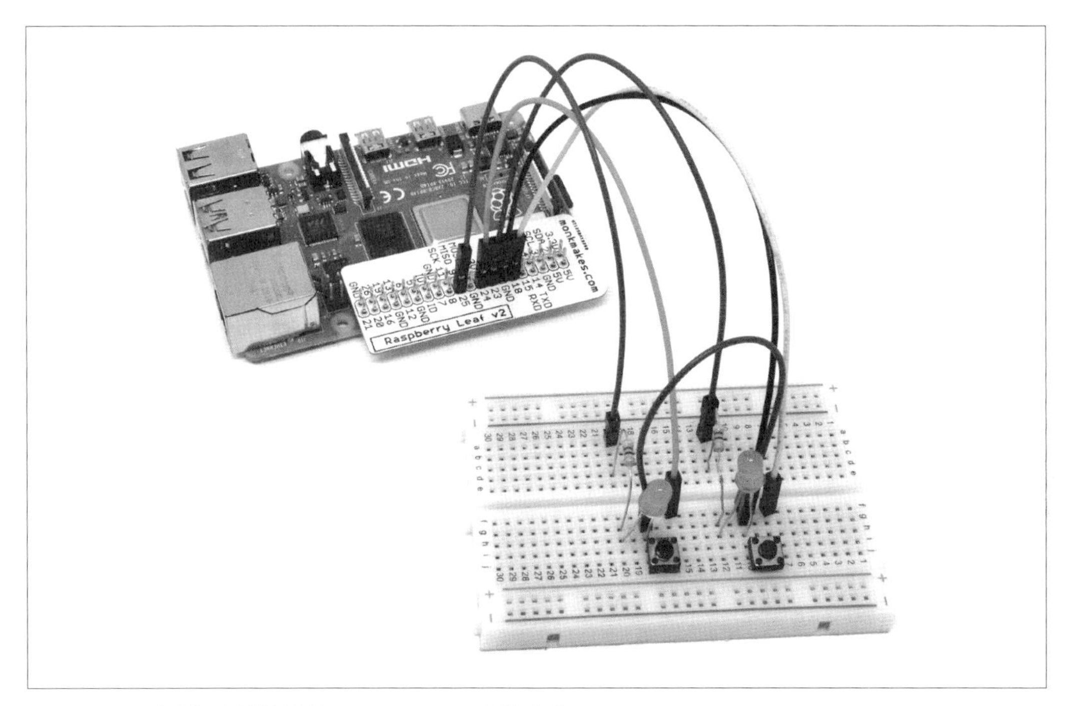

圖 10-12　以公對母跳線連接 Raspberry Pi 到麵包板

討論

辨認 Raspberry Pi 板子上你要用的針腳不是很容易。你可以印出像是 Raspberry Leaf 的模板放在針腳上來大幅簡化這件事。

有公對公跳線的選擇來連接麵包板的不同部分也是很有幫助的。

母對母跳線對於沒有其他零組件會用到麵包板，而要直接連接公接頭針腳模組到 Raspberry Pi 很有用。

取得麵包板、Raspberry Leaf 和跳線組的好方法是買麵包板入門套件，像是 MonkMakes 的 Project Box 1 kit for Raspberry Pi（*https://oreil.ly/ldYBL*）。

參閱

我們會在訣竅 11.1 完整討論連接 LED 的範例。

10.10 使用 Raspberry Squid

問題

你想不用組裝麵包板就連接 RGB LED 到 Raspberry Pi。

解決方案

請使用 Raspberry Squid RGB LED（圖 10-13）。

圖 10-13　Raspberry Squid

Raspberry Squid 是內建序列電阻與母杜邦接頭的 RGB LED；因此它可以直接插上 Raspberry Pi 的 GPIO 針腳。Squid 有色彩標示接頭。黑色接頭連到 GPIO 的 GND 針腳、紅色、綠色和藍色接頭連到 GPIO 針腳用以表示紅色、綠色和藍色的色版（channel）。紅色、綠色和藍色輸出可以是簡單的數位輸出，或是讓你混合不同顏色的脈衝寬度調變（pulse-width modulation，PWM）輸出（訣竅 11.3）。

你可以找到製作你自己的 Squid 之說明（*https://oreil.ly/BApSy*），但你也可以買一個做好的 Squid（*http://monkmakes.com*）。

Raspberry Pi OS 預裝了 `gpiozero` Python 程式庫，它支援像是 Squid 這樣的 RGB LED。

如同本書所有程式範例一樣，你可以下載本程式（見訣竅 3.22）。檔案名為 *ch_10_squid_test.py*。本程式會告訴你所有使用 Raspberry Squid 需要知道的東西：

```
from gpiozero import RGBLED
from time import sleep
from colorzero import Color

led = RGBLED(18, 23, 24)
led.color = Color('red')
sleep(2)
led.color = Color('green')
sleep(2)
led.color = Color('blue')
sleep(2)
led.color = Color('white')
sleep(2)
```

匯入你需要的各個模組後，你可以建立一個新的 `RGBLED` 物件，提供三個針腳用於紅色、綠色和藍色的色版（在此範例是 18、23 和 24）。你可以隨後以表示顏色的 `led.color =` 指令設定顏色。

顏色是 `colorzero` 模組的 `Color` 類別所提供。這能讓你以名稱指定顏色，如同我們這裡做的（大部分的事），或分別指定紅色、綠色和藍色的值。例如，以下程式碼會設定 LED 為紅色：

```
led.color = Color(255, 0, 0)
```

顏色設定後，`time.sleep(2)` 用來建立下次顏色改變前的兩秒延遲。

討論

你不需要使用 Squid 全部三個顏色的色版，只要在連接其他電子裝置前，檢查 GPIO 針腳是否如你預期開或關就可以，很方便。

參閱

更多關於 Squid 按鈕的資訊請見訣竅 10.11。

訣竅 11.11 是控制 RGB LED（Squid 或麵包板）的範例專案。

10.11 使用 Raspberry Squid 按鈕

問題

你想要不組裝麵包版就能連接按鈕開關到 Raspberry Pi。

解決方案

請用 Squid 按鈕。

Squid 按鈕（圖 10-14）是有母接頭接到接點的按鈕開關，所以你能將它直接接到 Raspberry Pi 的 GPIO 接頭。Squid 按鈕也包含低電阻值電阻，能在 Squid 按鈕不小心接到數位輸出而非數位輸入時，限制其流過的電流。

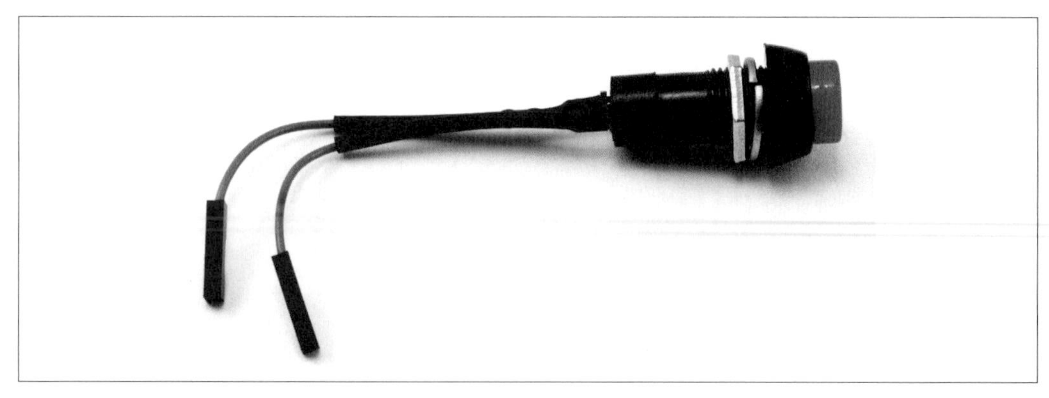

圖 10-14　Squid 按鈕

你能直接以 gpiozero 程式庫操作 Squid 按鈕，如以下範例所示。和本書所有程式範例一樣，你也可以下載它（見訣竅 3.22）。檔名是 *ch_10_button_test.py*：

```
from gpiozero import Button
import time

button = Button(7)

while True:
    if button.is_pressed:
        print(time.time())
```

數字（在本例中是 7）表示按鈕連接的 GPIO 針腳。另一個針腳是連到 GND。

當按鈕被按下時，會印出以秒為單位的時間戳記。

討論

Squid 按鈕在測試使用數位輸入的專案時很有用，而因為按鈕適合裝在面板上，你也可以用來建立更永久的專案。

參閱

更多關於使用開關的資訊，請見訣竅 13.1 到 13.6。

關於 Squid RGB LED 的資訊，請見訣竅 10.10。

10.12 用兩個電阻轉換 5V 訊號至 3V

問題

Raspberry Pi 以 3.3V 運作，但你想要連接外接模組的 5V 輸出到 Pi 的 GPIO 針腳而不損壞它。

解決方案

請用一對電阻當作電位分壓器以減少輸出伏特數。圖 10-15 示範如何使用 Arduino Uno 的 5V 序列連線連到 Raspberry Pi。

在 Raspberry Pi 上，GPIO14 也是 TXD 針腳，GPIO15 是 RXD 針腳。

要完成本訣竅，你會需要：

- 270Ω 電阻（請參閱第 597 頁的「電阻與電容器」小節）
- 470Ω 電阻（請參閱第 597 頁的「電阻與電容器」小節）

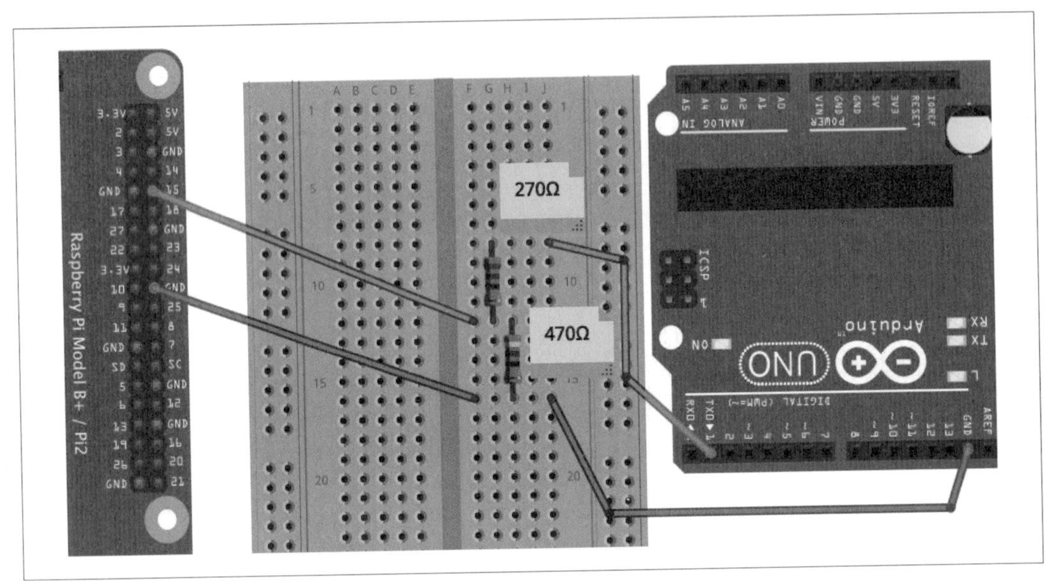

圖 10-15　使用電阻連接 5V 訊號到 3.3V

Pi 的 TXD 訊號是 3.3V 輸出。這可以直接連到 Arduino 的 5V 輸入，沒有問題。Arduino 模組會將任何高於 2.5V 的電流辨認為高電位（High）。

當你需要連接 Arduino 模組的 5V 輸出到 Pi 的 RXD 針腳時就會出問題。你一定不能直接將它連到 RXD 輸出 —— 5V 訊號可能會損害 Pi。圖 10-15 就使用兩個電阻。

討論

此處用的電阻會消耗 6mA 電流。鑑於 Pi 使用相當可觀的 500mA，這對於 Pi 的電流消耗不會有顯著影響。

如果你要用電位分壓器最小化電流量，請使用電阻值較大的電阻，等比例放大 —— 例如，27kΩ 與 47kΩ，會消耗極小的 60 μA。

參閱

如果你有多個訊號要在 3.3V 和 5V 之間轉換，最好使用多路電位轉換模組 —— 見訣竅 10.13。

10.13 用邏輯電位轉換模組轉換 5V 訊號至 3V

問題

Raspberry Pi 以 3.3V 運作。你要連接多個 5V 數位針腳到 Pi 的 GPIO 針腳而不讓它受損。

解決方案

使用請雙向電位轉換模組，例如圖 10-16 所示。

這些模組使用起來很方便。一側是一種電壓的電源供應，有許多通道能用於該電壓的輸入或輸出。模組另一側的針腳有第二種電壓的電源針腳，而同側所有的輸入和輸出都會自動轉換成該側的電位。

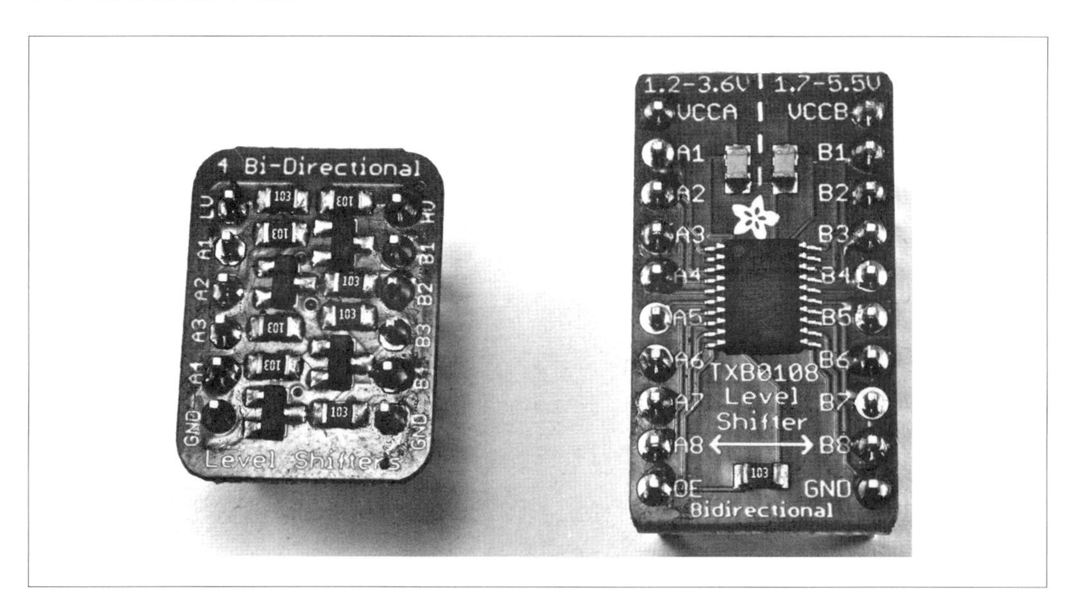

圖 10-16　電位轉換模組

討論

這些電位轉換器有許多不同數量的通道。圖 10-16 所示的兩種有四和八個通道。

你可以在附錄 A 找到這類電位轉換器的資源。

參閱

請見訣竅 10.12，特別是你只有一兩個電位要轉換。

一般來說 5V 邏輯輸入能接受 3.3V 輸出沒有問題；但是，在某些情況，例如使用 LED 燈條（訣竅 15.5），就可能不是這樣，你就可以使用剛剛描述的其中一種模組來提高邏輯電位。

10.14 以 LiPo 電池供電

問題

你要以 3.7V 鋰離子聚合物（LiPo）電池供應 Raspberry Pi 電源。

解決方案

請使用升壓穩定模組（boost regulator module，圖 10-17）。圖片的模組來自 SparkFun，但是 eBay 上也有類似、廉價的設計。

就如所有從 eBay 買的低成本零件一樣，你應該在使用前先充分測試它。他們不一定能如廣告所說的那樣正常運作，品質會相當不穩定。

這種模組的優點是它能當作穩壓器供應 5V 電源給 Pi，也有自己的 USB 插槽能供電給它的充電電路。如果你將 Pi 的電源供應器插入到充電器插槽，Pi 能被供電，且電池會充電，讓你能拔掉 USB 電源，使用電池供電的 Pi，只要有足夠電量就行。

1300mA LiPo 電池可以讓你的 Pi 使用二至三小時。

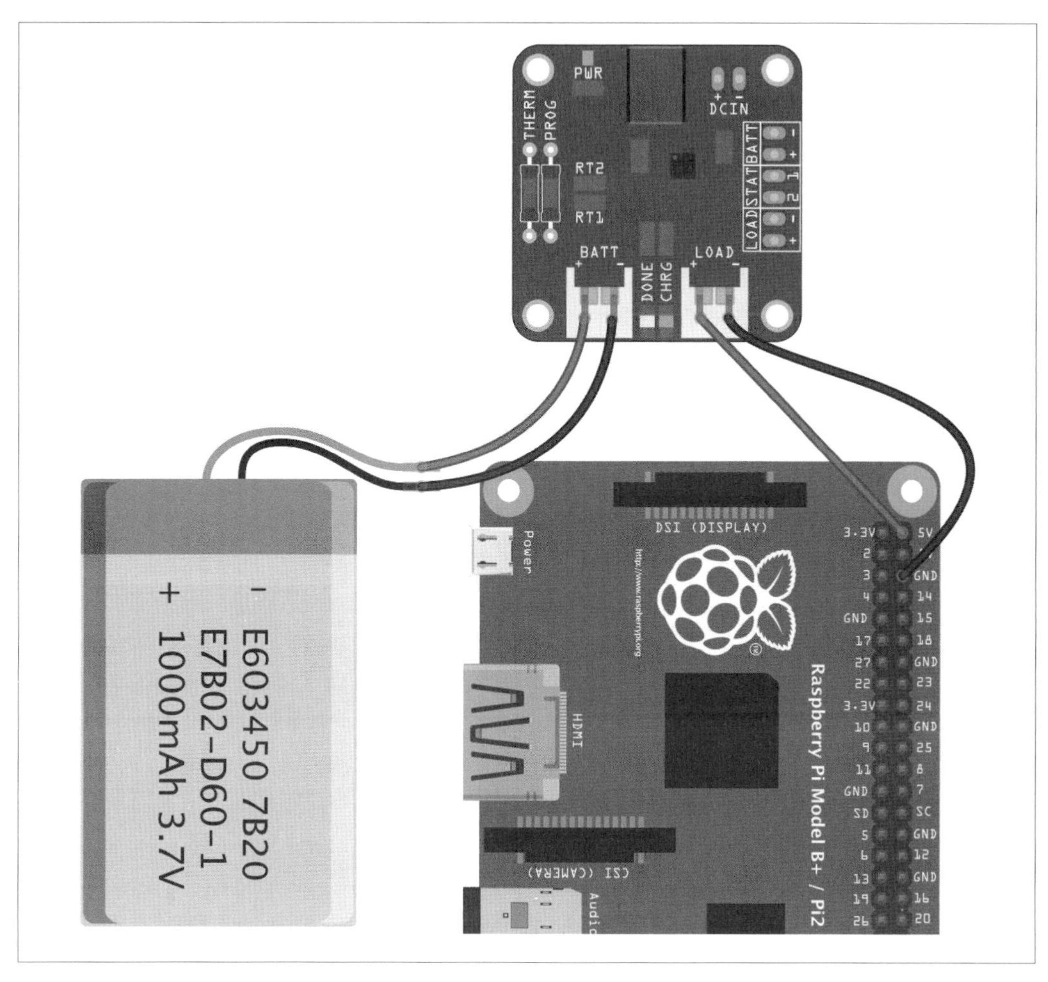

圖 10-17　以 3.7VLiPo 電池供電 Raspberry Pi

討論

如果你計畫在別處處理電池的充電，你可以只要找比較便宜的升壓轉換模組，不需要充電器。

電池電源在早期版本的 Raspberry Pi，例如 model 2 和 3，非常實用，但是 4 則會消耗很大量的電（建議用 3A 電源供應器）。

有另一種基於 LiPo 電池的 USB 行動電源能用來供電給 Raspberry Pi，它有效地複製先前描述的方法，但是是有外殼的消費產品。不過請確認你取得的能供應足夠電流給你的 Raspberry Pi 版本（見訣竅 1.4）。

參閱

可以在 *https://oreil.ly/UoXQm* 找到更多關於 SparkFun 充電升壓模組的資訊。

10.15 Sense HAT 入門

問題

你要知道如何使用 Raspberry Pi Sense HAT。

解決方案

Raspberry Pi Sense HAT（圖 10-18）是很有用、名字有點讓人混淆的 Raspberry Pi 介面板。是的，它含有感測器 —— 事實上，它能測量溫度、相對濕度和大氣壓力（訣竅 14.12）。它也有用於導航專業的加速度計、陀螺儀（訣竅 14.16）和磁力計（訣竅 14.15）。還有全彩 8X8 LED 矩陣顯示器（訣竅 15.3）。

請在通電前將 Sense HAT 放到 Raspberry Pi 上。

Raspberry Pi OS 已經內含所有 Sense HAT 需要的軟體。Sense HAT 使用 I2C，所以你需要遵循一般的 I2C 設定（訣竅 10.4）。

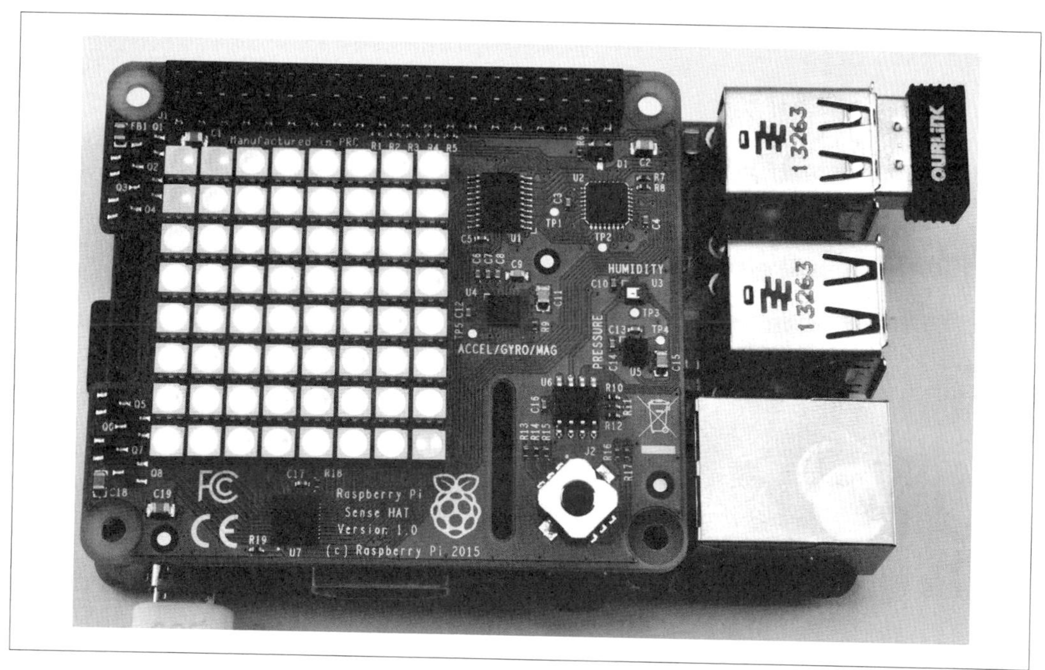

圖 10-18　Raspberry Pi Sense HAT

討論

本書有更多訣竅使用 Sense HAT，但是現在，你只要用下列指令開啟 Python 主控台來檢查是否一切正常：

```
$ sudo python3
```

然後在主控台輸入以下指令：

```
>>> from sense_hat import SenseHat
>>> hat = SenseHat()
>>> hat.show_message('Raspberry Pi Cookbook')
```

「Raspberry Pi Cookbook」的訊息應該會在 LED 矩陣螢幕上捲動。

參閱

請見 Sense HAT 的程式設計參考手冊（*https://oreil.ly/upoE1*）。

要測量溫度、濕度和大氣壓力，請見訣竅 14.12。

要使用 Sense Hat 的加速度計和陀螺儀，請見訣竅 14.16。

要使用磁力計偵測北極和偵測磁力的存在，請分別參閱訣竅 14.15 和 14.18。

10.16 Explorer HAT Pro 入門

問題

你要知道如何入門 Pimoroni Explorer HAT Pro。

解決方案

將 HAT 插上 Raspberry Pi，並安裝 `explorerhat` Pro Python 程式庫。

圖 10-19 為 Raspberry Pi B+ 上的 Pimoroni Explorer HAT Pro。

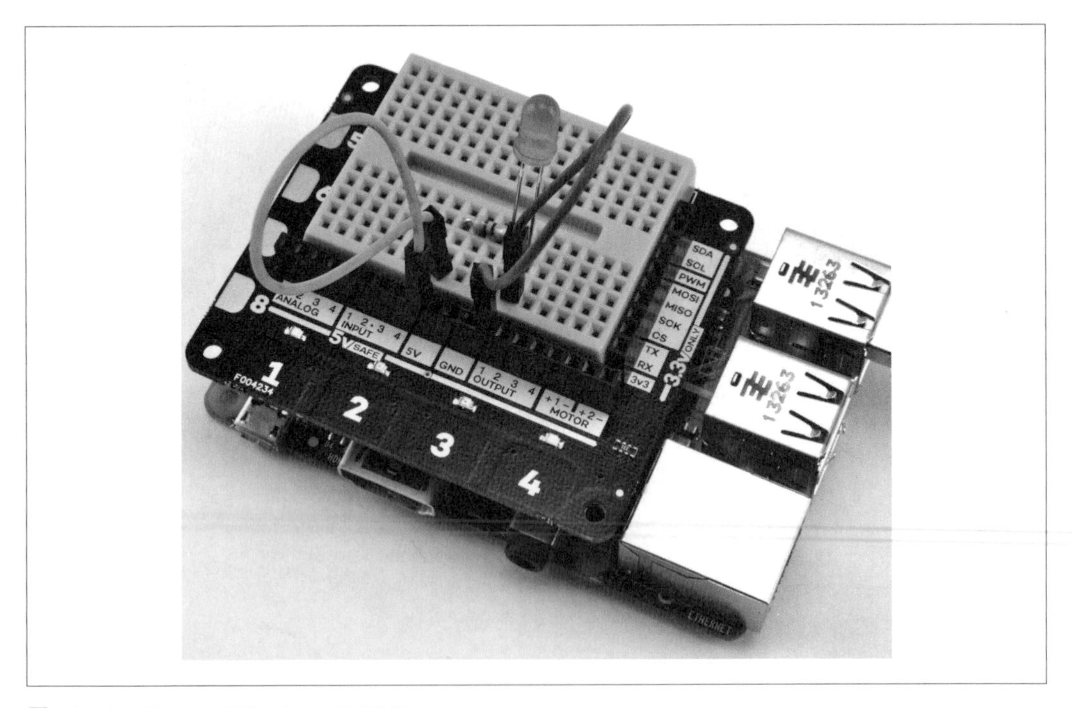

圖 10-19　Pimoroni Explorer HAT Pro

Explorer HAT Pro 有一些好用的輸入／輸出選項和一小塊免焊接麵包板區。它的一些功能有：

- 4 個 LED 燈
- 4 個緩衝輸入
- 4 個緩衝輸出（最高到 500mA）
- 4 個類比輸入
- 2 個 低功率馬達驅動器（最大 200mA）
- 4 個電容觸控板
- 4 個電容鱷魚夾板

這裡有一些可以測試讓內建紅色 LED 燈閃爍的小實驗。開啟編輯器並貼上下列程式碼：

```
import explorerhat, time

while True:
    explorerhat.light.red.on()
    time.sleep(0.5)
    explorerhat.light.red.off()
    time.sleep(0.5)
```

如同本書所有程式範例一樣，你可以下載本程式（見訣竅 3.22）。檔案名為 *ch_10_explorer_hat_blink.py*。

討論

Explorer HAT Pro 提供四個緩衝輸入和輸出 —— 也就是輸入和輸出不是直接連到 Raspberry Pi，而是連到 Explorer HAT Pro 的晶片上。這表示如果你不小心接錯東西，Explorer HAT Pro 會損壞，而不是 Raspberry Pi。

參閱

你可以用 Explorer HAT Pro 做電容觸控感應（訣竅 14.21）。

10.17 製作 HAT

問題

你要建立符合 HAT 標準的 Raspberry Pi 介面板原型。

解決方案

請用 Perma-Proto Pi HAT（圖 10-20）。

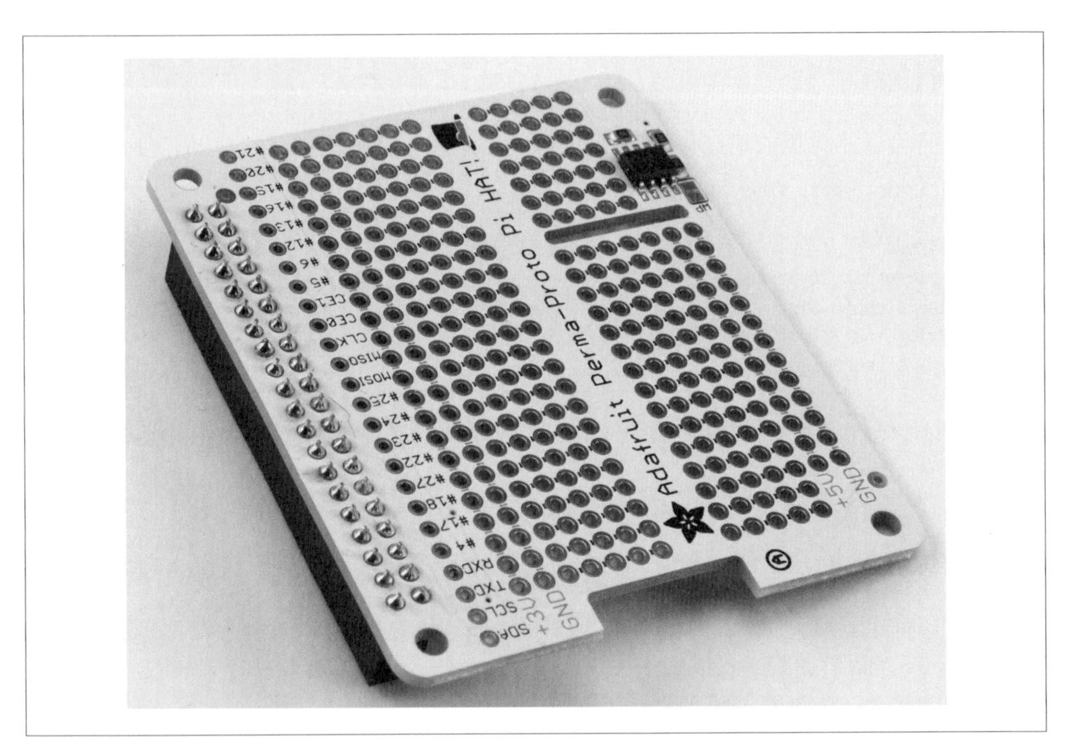

圖 10-20 Perma-Proto Pi HAT

隨著有 40 針腳 GPIO 接頭的 Raspberry Pi B+ 問世，定義了新的 Raspberry Pi 附加擴充板標準，稱為 HAT（擴充板 hardware attached on top）。你不需要堅守這個標準，尤其是如果你只是幫自己做一次性的產品時，但是如果你設計一個產品要販售，那符合 HAT 標準對你來說可能就有意義了。

HAT 標準定義了 PCB（印刷電路板，printed circuit board）的形狀和大小，也要求有 EEPROM 晶片焊接在 PCB 上。這個晶片會連到 GPIO 接腳的 ID_SD 與 ID_SC 針腳，未來會允許某些 Pi 的設置，甚至在 Raspberry Pi 連接上 HAT 開機時自動載入軟體。

板子上的原型區（prototyping area）做成有兩排五個洞加上兩側電源軌的麵包板格式。

如果你對程式化 EEPROM 不感興趣，那到此就好。但是如果你想新增自訂的資訊到 HAT 的 EEPROM，請繼續閱讀討論。

討論

HAT 標準很有意義。然而截稿之時，Raspberry Pi OS 尚未利用任何寫於 HAT EEPROM 的資訊。這在將來可能會有所改變，使 HAT 自動完成一些工作有讓人興奮的可能性，像是啟用 I2C 和安裝硬體的 Python 程式庫，會出現於 Raspberry Pi。

要將資料寫入 EEPROM，要先啟用 ID_SD 與 ID_SC 針腳使用的隱藏的 I2C 埠，它用來讀取和寫入 EEPROM。要這麼做，你需要編輯 */boot/config.txt*，新增或取消註解這一行：

```
dtparam=i2c_vc=on
```

改完後，重新開機；然後你應該能用 `i2c-tools`（訣竅 10.5）偵測連接 I2C 匯流排的 I2C EEPROM：

```
$ i2cdetect -y 0
     0  1  2  3  4  5  6  7  8  9  a  b  c  d  e  f
00:          -- -- -- -- -- -- -- -- -- -- -- -- --
10: -- -- -- -- -- -- -- -- -- -- -- -- -- -- -- --
20: -- -- -- -- -- -- -- -- -- -- -- -- -- -- -- --
30: -- -- -- -- -- -- -- -- -- -- -- -- -- -- -- --
40: -- -- -- -- -- -- -- -- -- -- -- -- -- -- -- --
50: 50 -- -- -- -- -- -- -- -- -- -- -- -- -- -- --
60: -- -- -- -- -- -- -- -- -- -- -- -- -- -- -- --
70: -- -- -- -- -- -- -- --
```

你可以從 `i2cdetect` 指令的結果看到 EEPROM 有一個 I2C 位址 `50`。請留意選項是用 `-y 0`，而不是 `-y 1`，因為這不是一般位於針腳 2 和 3 的 I2C 匯流排，而是 HAT EEPROM 的 I2C 匯流排。

要讀取和寫入 EEPROM，你需要用以下指令下載一些工具：

```
$ git clone https://github.com/raspberrypi/hats.git
$ cd hats/eepromutils
$ make
```

寫入 EEPROM 有三步驟。首先，你必須編輯 *eeprom_settings.txt*。至少修改 *product_id*、*product_version*、*vendor* 與 *product* 欄位成你的公司名稱和產品名稱。請注意這個檔案還有許多其他選項，都有文件說明。它們包括指定反向供電選項、使用的 GPIO 針腳等等。

接著，編輯好檔案後，執行以下指令轉換文字檔為適合寫入 EEPROM 的檔案（*rom_file.eep*）：

```
$ ./eepmake eeprom_settings.txt rom_file.eep
Opening file eeprom_settings.txt for read
UUID=7aa8b587-9c11-4177-bf14-00e601c5025e
Done reading
Writing out...
Done.
```

最後，執行以下指令複製 *rom_file.eep* 到 EEPROM：

```
sudo ./eepflash.sh -w -f=rom_file.eep -t=24c32
This will disable the camera so you will need to REBOOT after this...
This will attempt to write to i2c address 0x50. Make sure there is...
This script comes with ABSOLUTELY no warranty. Continue only if you...
Do you wish to continue? (yes/no): yes
Writing...
0+1 records in
0+1 records out
127 bytes (127 B) copied, 2.52071 s, 0.1 kB/s
Done.
pi@raspberrypi ~/hats/eepromutils $
```

當寫入完成，你可以用這些指令讀取回 ROM：

```
$ sudo ./eepflash.sh -r -f=read_back.eep -t=24c32
$ ./eepdump read_back.eep read_back.txt
$ more read_back.txt
```

參閱

請參閱 Raspberry Pi HAT 設計指引（*https://oreil.ly/6Zvbx*）。

市場上有許多現成的 HAT，包括 Adafruit 的 Stepper Motor（步進馬達，訣竅 12.8）、Capacitive Touch（電容式觸控，訣竅 14.21）與 16-Channel PWM（16 通道 PWM，訣竅 12.3）HAT，以及 Pimoroni Explorer HAT Pro（訣竅 10.16）。

10.18 使用 Raspberry Pi Zero 2 與 Pi Zero 2 W

問題

你要學習更多關於 Pi Zero 2 和 Pi Zero 2 W 的資訊，及如何利用它們製作電子專案。

解決方案

體積小又低成本的 Pi Zero 2 讓它成為嵌入式電子專案的理想選擇。Pi Zero 2 W 在 Pi Zero 2 上新增了 WiFi 和藍牙功能，讓它很適合做小型物聯網（Internet of Things，IoT）專案。

圖 10-21 展示了 Raspberry Pi Zero 2 W。

圖 10-21　Raspberry Pi Zero 2 W

Pi Zero 2 和 Pi Zero 2 W 沒有提供接頭針腳，所以第一件工作可能要先焊接上針腳。Pi Zero 入門套件會提供合適的針腳，例如 Pi Hut 出的套件。

也可以買焊好接頭針腳的 Pi Zero 2 W，但是就比 DIY 的版本貴上許多。

你也能找到所謂的**免焊接頭針腳**（*hammer pin*），能緊密地插上而不需要焊接。

討論

它只有一個 USB 接頭和其上的 micro-USB OTG（on-the-go）—— 你會需要 USB 轉接頭和 USB hub 來接 USB WiFi 網卡、鍵盤和滑鼠以設定 Pi Zero 2。

你可以用訣竅 2.6 描述的 console 連接線，如訣竅 2.5 說明地編輯 */etc/network/interfaces* 來設定 WiFi。設定完成後，就可以使用 SSH 無線連接 Pi Zero（訣竅 2.7）。

參閱

市售 Raspberry Pi 型號的比較，請見訣竅 1.1。

第十一章

控制硬體

11.0 簡介

在本章，你會掌握透過 Raspberry Pi 的通用輸入 / 輸出（GPIO）接腳控制電子產品。

大部分訣竅需要使用免焊接麵包板和公對母與公對公跳線（參閱訣竅 10.19）。要保持和舊版 26 針腳 Raspberry Pi 型號的相容性，此處所有麵包板範例都只用兩者的 GPIO 佈局都有的頭 26 針腳（請見訣竅 10.1）。

關於適合本章多數訣竅的零件和麵包板套件，請看看 Project Box 1 kit for Raspberry Pi（*https://oreil.ly/0RI4J*）。

11.1 連接 LED

問題

你要知道如何連接 LED 到 Raspberry Pi。

解決方案

使用 470Ω 或 1kΩ 串聯電阻連接 LED 到一個 GPIO 針腳以限制電流。要完成這個訣竅，需要以下材料：

- 麵包板和跳線（請見第 596 頁的「原型設備與套件」小節）
- 470Ω 電阻（請見第 597 頁的「電阻與電容器」小節）
- LED（請見第 598 頁的「光電材料」小節）

圖 11-1 示範如何連接 LED 和麵包板與公對母跳線。LED 有正負極。正極比較長，在圖 11-1 中和電阻在同一排。

圖片所示的是 470Ω 電阻，能讓 LED 點亮而不會消耗太多電流使 Raspberry Pi 損壞。

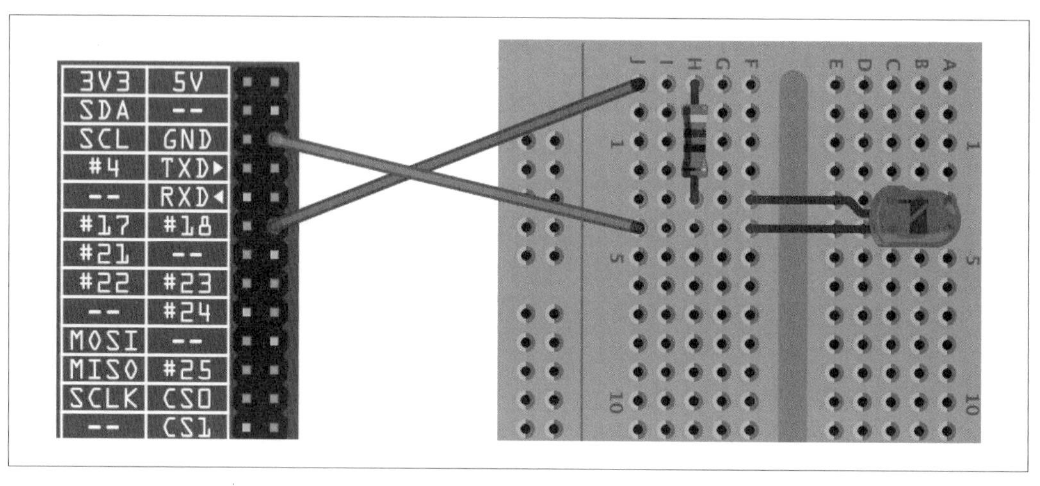

圖 11-1 連接 LED 到 Raspberry Pi

連接 LED 後，需要用 Python 的指令將它開啟和關閉。

請從終端機開啟 Python 主控台，並輸入這些指令：

```
$ sudo python3
>>> from gpiozero import LED
>>> led = LED(18)
>>> led.on()
>>> led.off()
>>>
```

它會在 `led.on()` 指令後點亮 LED，然後在 `led.off()` 指令後關閉它。

討論

LED 是很有用、便宜和有效率的發光方式，但是如何使用它們必須要小心。如果它們直接連到大於 1.7V 的電壓來源（例如 GPIO 輸出），它們會消耗很大的電流。它可能足以損毀 LED 或任何供應電流的來源 —— 如果是 Raspberry Pi 供應電流，那就不妙了。

你應該一定要用限流電阻搭配 LED。串聯電阻放在 LED 和電壓來源之間，會限制流過 LED 電流量到一個對 LED 和驅動它的 GPIO 針腳都安全的程度。

Raspberry Pi GPIO 針腳保證只供應約 3mA 或 16mA 的電流（取決於板子和使用的針腳數）—— 請參閱訣竅 10.3。LED 通常於任何超過 1mA 電流時就會發亮，但是有更多電流的話，它們會更亮。請使用表 11-1 依據 LED 類型作為選擇串聯電阻的指引；表格也標示從 GPIO 消耗的大概電流。

表 11-1　選擇 LED 和 3.3VGPIO 針腳用的串聯電阻

LED 類型	電阻	電流（mA）
紅	470Ω	3.5
紅	1kΩ	1.5
橘、黃、綠	470Ω	2
橘、黃、綠	1kΩ	1
藍、白	100Ω	3
藍、白	270Ω	1

如你所見，使用 470Ω 電阻對所有情況都是安全的。如果你用藍色或白色的 LED，你能減少相當大的串聯電阻值而不會損毀 Raspberry Pi。

如果你要延伸在 Python 主控台寫的實驗成重複讓 LED 亮滅的程式，可以貼上 *ch_11_led_blink.py* 的程式碼到編輯器（如同本書所有程式範例，你可以下載此程式〔見訣竅 3.22〕）：

```
from gpiozero import LED
from time import sleep

led = LED(18)

while True:
    led.on()
    sleep(0.5)
    led.off()
    sleep(0.5)
```

要執行它，請輸入以下指令：

```
$ python3 ch_11_led_blink.py
```

點亮 LED 和關閉它之間的 0.5 秒睡眠周期讓 LED 每秒閃爍一次。

LED 類別也有內建的閃爍方法，如此範例所示：

```
from gpiozero import LED

led = LED(18)
led.blink(0.5, 0.5, background=False)
```

blink 的頭兩個參數是開啟時間和關閉時間。選擇性 background 參數很有趣，因為如果你設定它為 True，當 LED 閃爍時，程式能繼續在背景執行其他指令。

當你準備要停止背景的 LED 閃爍時，只要使用 led.off 就可以。這個技巧能大幅簡化你的程式。*ch_11_led_blink_2.py* 的範例展示了這一點：

```
from gpiozero import LED

led = LED(18)
led.blink(0.5, 0.5, background=True)
print(" 請注意控制權已移開 - 按 Enter 繼續 ")
input()
print(" 控制權回來了 ")
led.off()
input()
```

當程式開始時，LED 會設定為在背景閃爍，程式可以自由移動到下個指令並印出「請注意控制權已移開 —— 按 Enter 繼續」。input() 指令會讓程式停止並等候輸入（你就可以按下 Enter 鍵）。但是請注意在按下 Enter 前，即使程式繼續等候輸入，LED 仍然會持續閃爍。

當再次按下 Enter，led.off() 指令會停止 LED 的背景閃爍。

參閱

可以查看串聯電阻計算機（*https://oreil.ly/aB6Dd*）。

更多關於 Raspberry Pi 使用麵包板和跳線的資訊，請見訣竅 10.9。

請見 gpiozero 的 LED 文件（*https://oreil.ly/B3lyu*）。

11.2 保持 GPIO 針腳於安全狀態

問題

你要將所有 GPIO 針腳在每次程式離開時都設為輸入以減少不小心讓 GPIO 接腳短路的機會，這會讓 Raspberry Pi 損毀。

解決方案

每當你使用 `gpiozero` 離開程式時，都會自動設定所有 GPIO 針腳為安全的輸入狀態。

討論

先前存取 GPIO 針腳的方法，例如 `RPi.GPIO` 程式庫，不會自動設定 GPIO 針腳成安全輸入狀態。它們反而是要求離開程式前呼叫 `cleanup` 函式。

如果 `cleanup` 沒有被呼叫或是 Pi 沒有重新開機，程式完成後，設為輸出的針腳仍會被設為輸出。如果你開始連接上新專案卻沒注意到這個問題，新電路可能不小心將 GPIO 輸出和某個電壓供應或對側另一個 GPIO 針腳短路。這樣的典型情境可能會發生在你要連接按鈕開關，連接到設為輸出和 HIGH 的 GPIO 針腳到 GND。

幸運的是，`gpiozero` 程式庫現在都幫我們處理好了。

參閱

更多關於 Python 例外處理的資訊，請見訣竅 7.10。

11.3 控制 LED 亮度

問題

你要從 Python 程式變化 LED 亮度。

解決方案

gpiozero 程式庫有脈衝寬度調變（pulse-width modulation，PWM）功能讓你控制 LED 的電力和亮度。要測試它，請依訣竅 11.1 描述連接 LED，並執行此測試程式（*ch_11_led_brightness.py*）：

```
from gpiozero import PWMLED

led = PWMLED(18)

while True:
    brightness_s = input(" 請輸入亮度（0.0 到 1.0）：")
    brightness = float(brightness_s)
    led.value = brightness
```

下載的程式碼中有本程式（訣竅 3.22）。

請執行 Python 程式，你將能藉由輸入介於 0.0（關閉）到 1.0（全亮）的數字變更亮度：

```
$ python ch_11_led_brightness.py
請輸入亮度（0.0 到 1.0）：0.5
請輸入亮度（0.0 到 1.0）：1
請輸入亮度（0.0 到 1.0）：0
```

按 Ctrl-C 離開程式。Ctrl-C 是停止正在做的事之命令列指令；在許多情況下，它會完全終止程式。

請注意，像這樣控制 LED 亮度時，你必須定義 LED 為 PWMLED，而非只是 LED。

討論

PWM 是聰明的技術，讓你能在維持每秒整體脈衝數（Hz 頻率）恆定的條件下變化脈衝長度。圖 11-2 解釋了 PWM 基本原理。

如果脈衝只有短時間維持高電位，LED 會顯得暗淡，然而如果脈衝在比較高的時間比例內保持高電位，LED 就會比較亮。

預設 PWM 的頻率是 100Hz；也就是 LED 每秒閃爍 100 次。你可以在定義 PWMLED 之處提供選擇性 frequency 參數修改它：

```
led = PWMLED(18, frequency=1000)
```

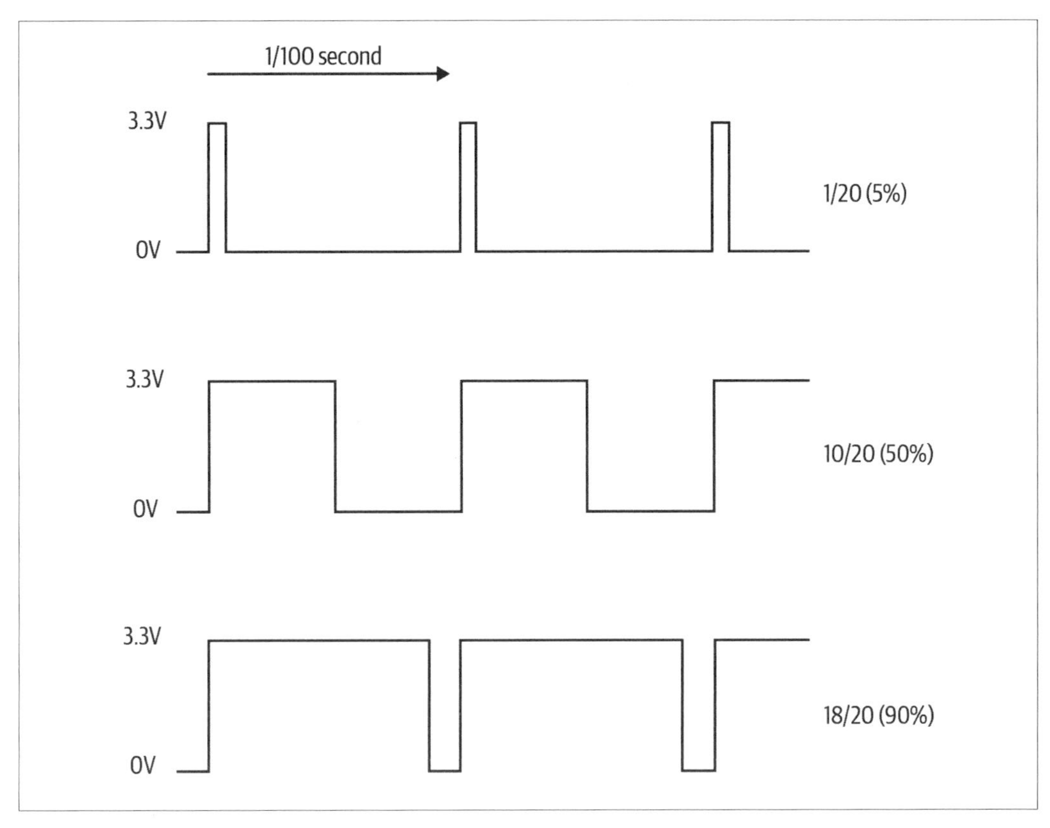

圖 11-2 脈衝寬度調變

它的值是以 Hz 為單位，所以在這個範例，頻率被設為 1000Hz（1kHz）。

表 11-2 比較參數指定的頻率和實際以示波器測量針腳的頻率。

表 11-2 請求的頻率對比測量的頻率

請求的頻率	測量的頻率
50 Hz	50 Hz
100 Hz	98.7 Hz
200 Hz	195 Hz
500 Hz	470 Hz
1 kHz	880 Hz
10 kHz	4.2 kHz

你可以看到隨著頻率增加變得較不精確。這表示 PWM 功能不適合用於聲音（20Hz 到 20kHz），但是用於控制 LED 亮度或馬達速度是相當夠快的。如果你想自己實驗看看，程式位於下載的程式碼中，名為 *ch_11_pwm_f_test.py*。

參閱

更多關於 PWM 的資訊，請參閱維基百科（*https://oreil.ly/e6KOZ*）。

訣竅 11.11 使用 PWM 改變 RGB LED 的顏色，而訣竅 12.4 使用 PWM 控制 DC 馬達的速度。

更多關於 Raspberry Pi 使用麵包板和跳線的資訊，請見訣竅 10.9。你也可以用滑桿控制 LED 亮度 —— 請見訣竅 11.10。

11.4 用電晶體轉換高功率直流裝置

問題

你要控制大功率、低電壓直流裝置，例如 12V LED 模組。

解決方案

這些大功率 LED 使用遠大於 GPIO 針腳的功率。它們也需要 12V，而非 3.3V。要控制這種大功率負載，需要使用電晶體。

在這個例子，你會使用大功率類型電晶體，稱為金屬氧化物半導體場效電晶體（metal–oxide–semicon ductor field-effect transistor，MOSFET），價格不到一美元，但能處理負載達 30 安培，數倍於大功率 LED 的需求。使用的 MOSFET 是 FQP30N06L（請見第 597 頁的「電晶體與二極體」小節）。

圖 11-3 示範如何在麵包板連接 MOSFET。請確定有正確地連接 LED 模組的電源正負極。

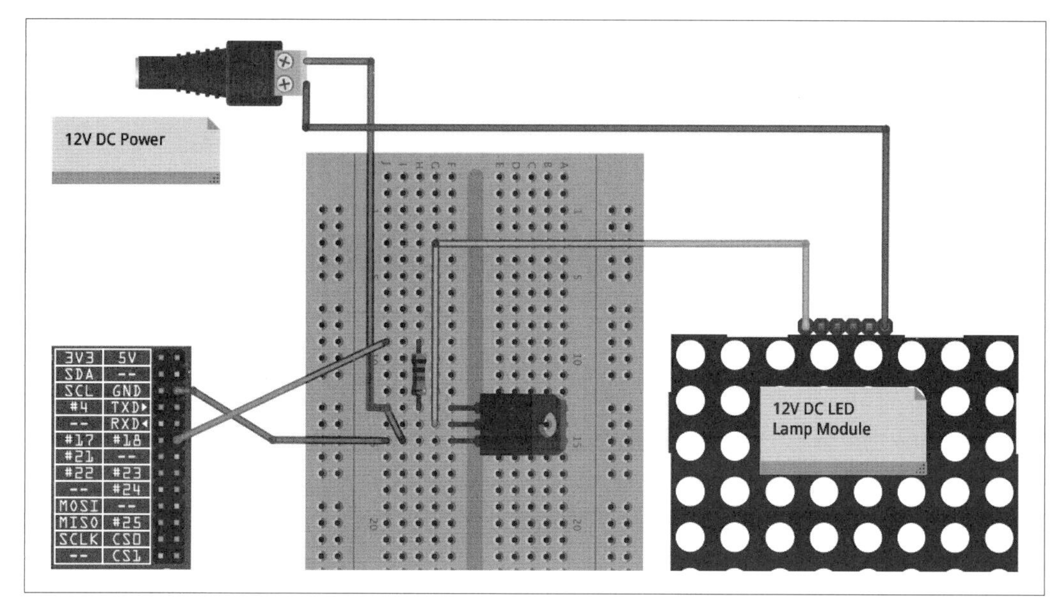

圖 11-3　以 MOSFET 控制大電流

要完成此訣竅，需要以下材料：

- 麵包板和跳線（參閱第 596 頁的「原型設備與套件」小節）
- 1kΩ 電阻（參閱第 597 頁的「電阻與電容器」小節）
- FQP30N06L N 通道 MOSFET 或 TIP120 Darlington 電晶體（參閱第 597 頁的「電晶體與二極體」小節）
- 12V 電源供應器
- 12V DC LED 模組

開關 LED 面板的 Python 程式碼和我們控制單一低功率無 MOSFET LED 是一樣的（請見訣竅 11.1）。

你也能以 MOSFET 使用 PWM 來控制 LED 模組亮度（訣竅 11.3）。

討論

每當你要用 GPIO 接腳為重要裝置供電時，請使用電池或外接電源供應器。GPIO 接腳只能供應低電流（訣竅 10.3）。在這種情況下，你會用 12V DC 電源供應器來為 LED 面板供電。選一個功率夠的電源供應器。因此，如果 LED 模組是 5W，你需要至少 12V 5W 的電源供應器（6W 會更好）。如果電源供應器的規格是最大電流而不是功率，你可以計算它的功率，可以用電壓乘上最大電流計算它的功率。例如，500mA 12V 電源供應器可以提供 6W 功率。

電阻是要確保發生於 MOSFET 由關閉切換到開啟，或反方向切換產生的峰值電流不會造成 GPIO 針腳過載。MOSFET 切換到 LED 面板的負極，所以電源供應直接連到 LED 面板的正極，LED 面板的負極接到 MOSFET 的**汲極**（*drain*）。MOSFET 的**源極**（*source*）接到 GND，MOSFET 的**閘極**（*gate*）控制從汲極到源極的電流。如果閘極電壓超過 2V 左右，MOSFET 會開，電流會流過它和 LED 模組間。

不適合於交流電（*AC*）

不要嘗試將此電路用於切換 110 或 220V AC。它會無法運作且非常危險。請改用訣竅 11.7。

這裡用的 MOSFET 是 FQP30N06L。結尾的 L 表示它是邏輯準位 MOSFET，它的閘極閾值電壓適合用於 3.3V 數位輸出。非 L 版本的 MOSFET 可能也剛好可以運作，但是不能保證一定行，因為閘極閾值電壓範圍是 2V 到 4V。因此，如果運氣不好，MOSFET 是 4V，那就無法正常切換。

另一種 MOSFET 替代方法是使用 Darlington 電晶體，像 TIP120。它和 FQP30N06L 有一樣的針腳輸出，所以你可以維持相同的麵包板接線。

此電路適合控制其他低電壓直流裝置的功率。唯一真正的例外是馬達和繼電器，需要一些額外的處理（參閱訣竅 11.5）。

參閱

請查看 MOSFET 的規格表（*http://bit.ly/18J3bxT*）。

如果你要建立圖形化使用者介面以控制 LED 模組，請參閱訣竅 11.9 的簡單開／關控制，與訣竅 11.10 以滑桿控制不同亮度。

11.5 用繼電器轉換高功率裝置

問題

你要開關不適合以 MOSFET 切換的裝置。

解決方案

請使用繼電器和小型電晶體。

使用電晶體本身（訣竅 11.4）對於幾百 mA 或更多一些的中負載沒問題。但是對於大電流或控制電路要和切換裝置隔離的電子產品時，使用繼電器會更方便。

圖 11-4 示範如何在麵包板連接電晶體和繼電器。請確定電晶體和二極體放在正確方向。二極體在一端有色環，此處所用之電晶體有一側平面和一側彎面。

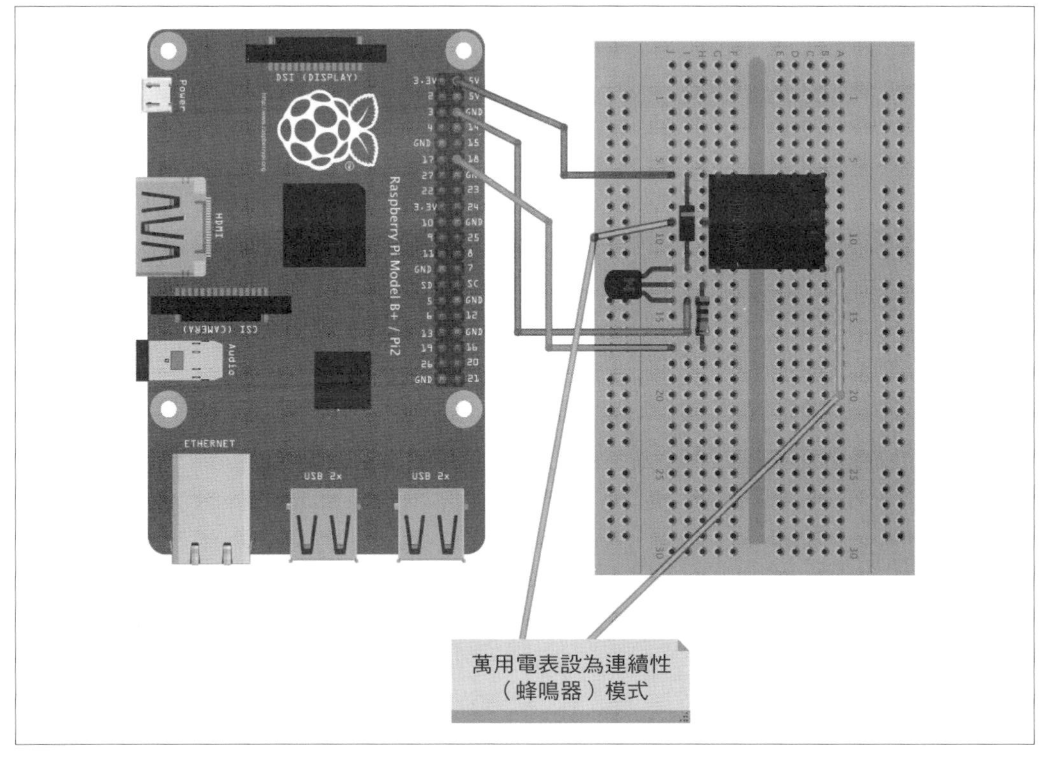

圖 11-4　使用繼電器與 Raspberry Pi

要完成此訣竅，你需要以下材料：

- 麵包板和跳線（參閱第 596 頁的「原型設備與套件」小節）
- 1kΩ 電阻（參閱第 597 頁的「電阻與電容器」小節）
- 電晶體 2N3904（參閱第 597 頁的「電晶體與二極體」小節）
- 1N4001 二極體（參閱第 597 頁的「電晶體與二極體」小節）
- 5V 繼電器
- 萬用電表

你可以使用在訣竅 11.1 用的相同 LED 閃爍程式。如果一切正常，你會聽到繼電器發出喀一聲，與每次接觸結束萬用電表發出的逼聲。然而繼電器是慢的機械裝置，所以不要試著以脈衝寬度調變（PWM）操作它：它會損毀繼電器。

討論

繼電器在電子產品問世的早期就出現了，有易於使用的優點，加上能運作於任何需要開關切換的場合，例如要切換交流電時，或是在不清楚要切換的裝置電路時。

如果負載超過繼電器接點的規格時，會減少繼電器的使用壽命。這會產生電弧，接點最後會熔在一起。

也可能會造成繼電器有過熱的危險。當有疑慮時，請用更高規格的繼電器接點。

圖 11-5 示範典型繼電器的電路符號、針腳佈局和套件。

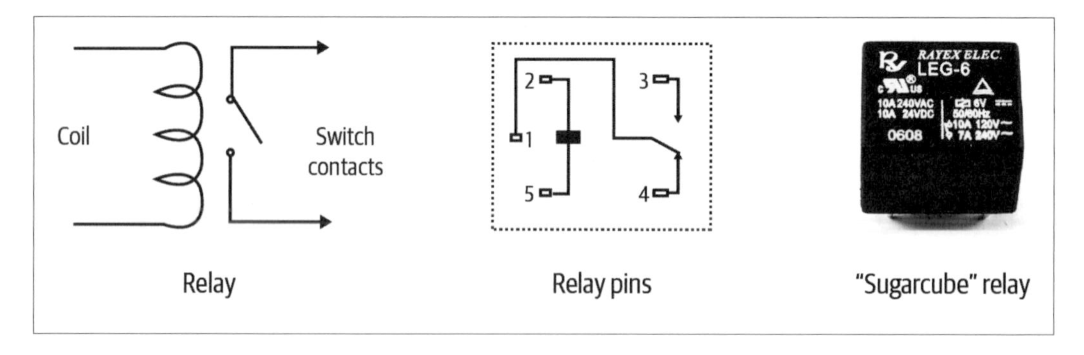

圖 11-5　繼電器的運作圖

繼電器本質上是一個由電磁鐵將接點拉近而封閉的開關。由於電磁鐵和開關在電路上並未連接在一起，所以保護繼電器線圈免於受到開關側的高電壓電流通過。

繼電器的缺點是操作較慢，且最終在數十萬次操作後會磨耗。這表示它們只適用於慢速的開／關控制，不適合像 PWM 那樣快速切換。

繼電器線圈需要約 50mA 來關閉連接。因為 Raspberry Pi GPIO 針腳只能供應約 3mA，你需要使用小型電晶體作為開關。不需要用訣竅 11.4 的高功率 MOSFET；只要改用小型電晶體就可以。有三個連接點。基極（中間接點）經由限流的 1kΩ 電阻連到 GPIO 針腳。**射極**連到 GND，而**集極**連到繼電器的一端。繼電器的另一端連到 GPIO 接腳的 5V。二極體用來抑制任何電晶體快速切換繼電器線圈功率所產生的高電位脈衝。

雖然繼電器能用來切換 110V 或 220V 交流電，但這樣的電壓是非常危險的，不應該用於麵包板。如果你要切換高電壓，請改用訣竅 11.7。

參閱

關於使用功率 MOSFET 切換直流電（DC）請參閱訣竅 11.4。

11.6 用固態繼電器轉換

問題

你要在 Raspberry Pi 用固態（無可動零件）繼電器。

解決方案

不適合高電壓

此處詳述的解決方案只適用於低電壓（小於 16V）AC 或 DC。千萬不要將它用於 110V 或 220V 交流電源。

直接連接 GPIO 針腳到固態繼電器（SSR）的輸入，例如圖 11-6 所示的 MonkMakes SSR。

圖 11-6　使用固態繼電器控制幫浦

SSR 的輸入能直接由 Raspberry Pi 作為數位輸出的 GPIO 針腳切換。連到 SSR 輸入的 Raspberry Pi GPIO 針腳輸出 3.3V，會將輸出切換為開，就像機械式繼電器一樣。

討論

機械式繼電器如訣竅 11.5 所述在電路上隔絕電磁鐵和開關的輸出與輸入，SSR 則使用光電原理隔絕輸入與輸出。圖 11-7 展示 MonkMakes SSR 的電路圖。標示 OC1 的部分是實際上是封裝在避光晶片的 LED 和串聯光電池。當 LED 發光時，會產生用來控制兩個標示為 Q1 和 Q2 MOSFET 電晶體的電位。兩個都需要以讓 DC 和 AC（電位反轉）能被切換。

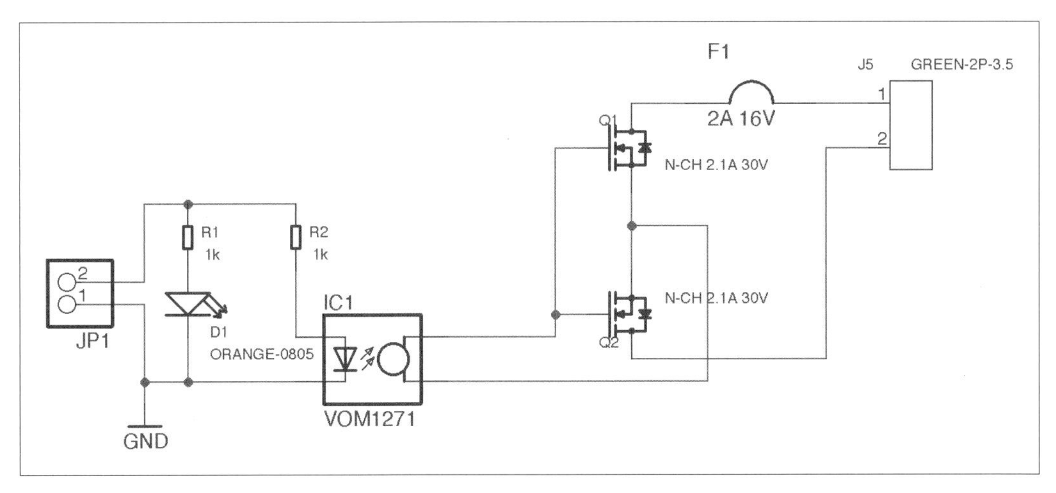

圖 11-7　SSR 電路圖

參閱

要使用機械式繼電器，請參閱訣竅 11.5。

11.7 控制高電壓交流裝置

問題

你要以 Raspberry Pi 切換 110 或 220V 交流電（AC）開和關。

解決方案

請使用 PowerSwitch Tail II（見圖 11-8）或 Four Ouput Power Relay（*https://oreil.ly/2bqvB*）。這些方便的裝置能讓你安全地從 Raspberry Pi 切換交流電設備開和關。它們在一端有交流電插座，另一端有插頭，像是延長線；唯一的差別是中間的控制盒有三個螺絲端子。連接端子 2 到 GND、端子 1 到 GPIO 針腳，裝置會像開關一樣切換電器開和關。

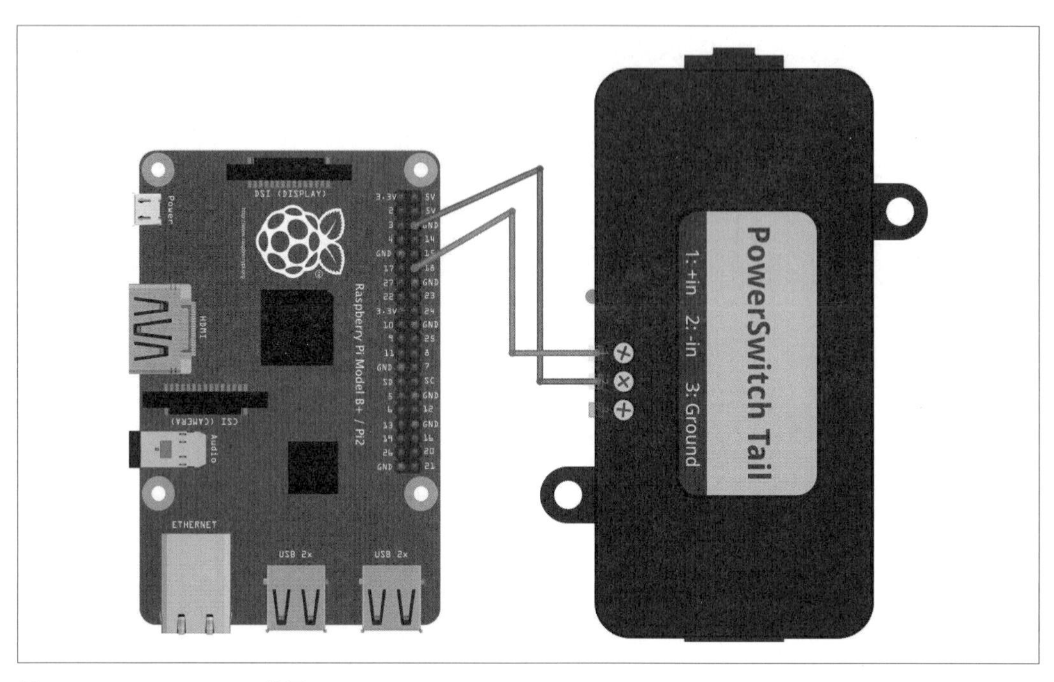

圖 11-8 Raspberry Pi 使用 PowerSwitch Tail

你能沿用訣竅 11.1 的 Python 程式碼來使用 PowerSwitch Tail，如圖 11-8 所示。

討論

PowerSwitch Tail 使用繼電器，但用一種稱為**光耦合器**（*opto-isolator*）的元件，它有 LED 射到 photo-TRIAC（一種高電壓的光敏開關）；當 LED 發光時，photo-TRIAC 會導電，供應電流到繼電器線圈。

光耦合器內的 LED 有電阻限流，當你從 GPIO 針腳供應 3.3V 電流時，只會有 3mA 電流通過。

你也可以找到類似但較不貴的裝置，PowerSwitch Tail 在 eBay 和亞馬遜有販售。

參閱

要使用大功率 MOSFET 切換直流電，請見訣竅 11.4；要在麵包板使用繼電器切換，請參閱訣竅 11.5。

11.8 以 Android 和藍牙控制硬體

問題

你要用你的 Android 手機及藍牙和 Raspberry Pi 互動。

解決方案

請用免費的 Blue Dot（藍點）Android app 和 Python 程式庫：

```
$ sudo pip3 install bluedot
```

接著你要確定 Raspberry Pi 為可發現（*discoverable*）模式。在 Raspberry Pi 螢幕右上角，按下藍牙圖示，再按下可被發現（Make Discoverable）（圖 11-9）。

圖 11-9　讓 Raspberry Pi 的藍牙可發現（discoverable）

接著，你要配對 Raspberry Pi 和手機。確定你的手機藍牙有開起，然後在 Raspberry Pi 的藍牙選單按下新增裝置（Add New Device）（圖 11-10）。

在清單中找到你的手機，按下配對（Pair）。然後手機上會提示確認碼來完成配對。

圖 11-10　配對 Raspberry Pi 和手機

當配對完成，請前往手機的 Play Store app。尋找並安裝 Blue Dot app。直到你執行使用 Python Blue Dot 程式碼監聽指令的 Python 程式前，app 都還不能用，所以請在 Raspberry Pi 執行下列程式（*ch_11_bluedot.py*）：

```
from bluedot import BlueDot
bd = BlueDot()
while True:
    bd.wait_for_press()
    print(" 你按下了藍點！ ")
```

如本書所有程式範例一樣，你可以下載本程式（請參閱訣竅 3.22）。

現在，是在手機上開啟 Blue Dot app 的時候了。當你這麼做時，它會提供 Blue Dot 裝置清單（圖 11-11）。

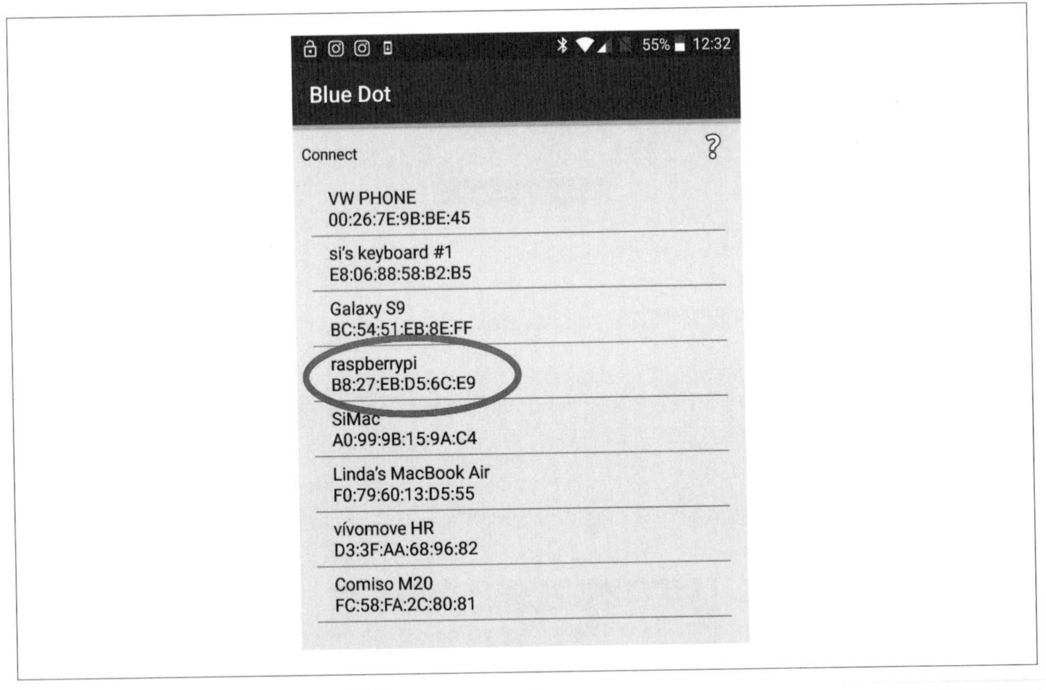

圖 11-11　以 Blue Dot 連接 Raspberry Pi

連接後會出現同名藍點，如圖 11-12 所示。

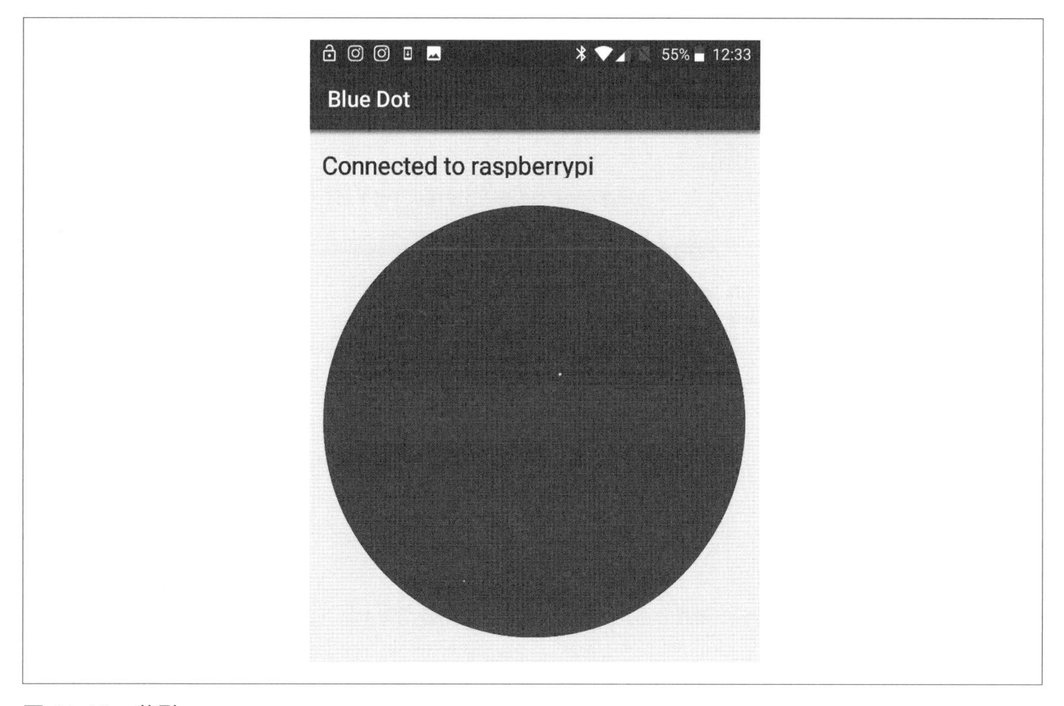

圖 11-12　藍點

當你按藍點時，你的 Python 程式會印出訊息：「你按下了藍點！」：

```
$ python3 ch_11_bluedot.py
Server started B8:27:EB:D5:6C:E9
Waiting for connection
Client connected C0:EE:FB:F0:94:8F
你按下了藍點！
你按下了藍點！
你按下了藍點！
```

討論

大藍點不只是一個按鈕；你也可以把它當作搖桿。你可以滑動和旋轉那個點。藍點程式庫讓你能連結處理函式到例如滑動和旋轉的事件。更多關於它的資訊，請看線上文件（*https://oreil.ly/XzasL*）。

參閱

Blue Dot 的完整資訊請參閱 Blue Dot 網站（*https://oreil.ly/hA1O2*）。

也有 Blue Dot Python 模組（*https://oreil.ly/Wk0tP*）讓你使用第二台 Raspberry Pi 當作 Blue Dot 遙控器。

更多關於使用 Raspberry Pi 與藍牙的資訊，請參閱訣竅 1.17。

11.9 製作使用者介面當開關

問題

你要製作一個在 Raspberry Pi 上執行的應用程式，上面有一個按鈕能開和關。

解決方案

請使用 `guizero` 提供使用者介面給 `gpiozero` 將針腳開啟或關閉（圖 11-13）。

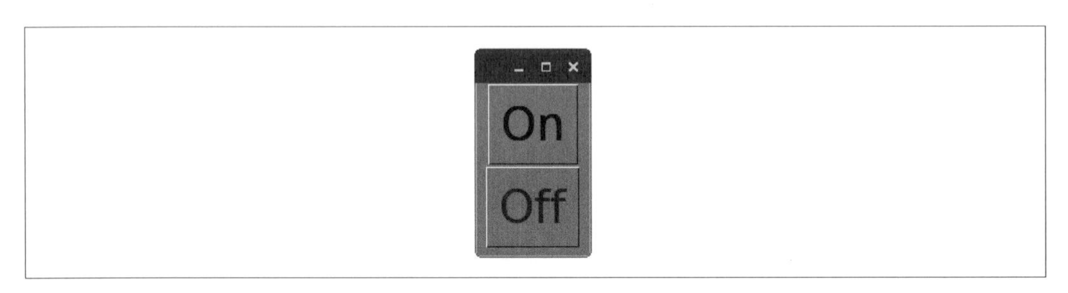

圖 11-13　guizero 的 On ／ Off 開關

如果你尚未安裝 `guizero`，請使用以下指令：

```
$ sudo pip3 install guizero
```

你需要連接 LED 或其他種輸出裝置在 GPIO 針腳 18。使用 LED（訣竅 11.1）是上手的最簡單方式。

如本書所有程式範例一樣，你可以下載本程式（請參閱訣竅 3.22）。檔案名為 *ch_11_gui_switch.py*，它會如圖 11-13 所示建立開關：

```
from gpiozero import DigitalOutputDevice
from guizero import App, PushButton

pin = DigitalOutputDevice(18)

def start():
    start_button.disable()
    stop_button.enable()
    pin.on()

def stop():
    start_button.enable()
    stop_button.disable()
    pin.off()

app = App(width=100, height=150)
start_button = PushButton(app, command=start, text="On")
start_button.text_size = 30
stop_button = PushButton(app, command=stop, text="Off", enabled=False)
stop_button.text_size = 30
app.display()
```

討論

此範例使用一對按鈕，當你按下其中一個時，它會關閉自己本身，並開啟另一個按鈕。它也使用 `gpiozero` 以 `on()` 和 `off()` 方法修改輸出針腳的狀態。如果使用 `pin = LED(18)`，而不是 `pin = DigitalOutputDevice(18)`，本範例也一樣能運作，但是使用 `DigitalOutputDevice` 能讓程式更通用。畢竟，你可以從針腳 18 控制任何東西，不只是 LED 而已。

參閱

你也可以使用本程式控制高功率 DC 裝置（訣竅 11.4）、繼電器（訣竅 11.5）或高電壓 AC 裝置（訣竅 11.7）。

更多關於 `guizero` 的資訊請參閱訣竅 7.22。

11.10 製作使用者介面控制 LED 與馬達之 PWM 電源

問題

你要製作一個在 Raspberry Pi 上執行的應用程式，上面有一個滑桿控制使用脈衝寬度調變（PWM）裝置的功率。

解決方案

請使用 `gpiozero` 與 `guizero` 使用者介面框架來寫 Python 程式，以用滑桿改變介於 0 和 100% 之間的 PWM 工作週期（圖 11-14）。

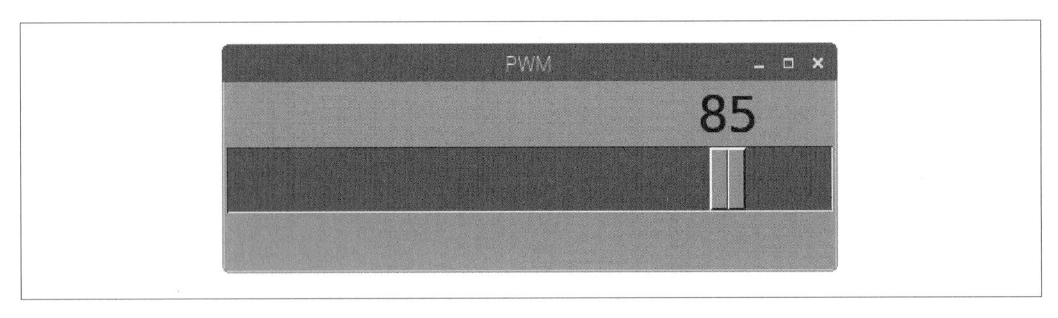

圖 11-14　控制 PWM 功率的使用者介面

你需要連接 LED 或其他種輸出裝置在 GPIO 針腳 18 以回應 PWM 訊號。使用 LED（訣竅 11.1）是上手的最簡單方式。

開啟編輯器並貼上以下程式碼（檔名是 *ch_11_gui_slider.py*）：

```
from gpiozero import PWMOutputDevice
from guizero import App, Slider

pin = PWMOutputDevice(18)

def slider_changed(percent):
    pin.value = int(percent) / 100

app = App(title='PWM', width=500, height=150)
slider = Slider(app, command=slider_changed, width='fill', height=50)
slider.text_size = 30
app.display()
```

如本書所有程式範例一樣，你可以下載本程式（請參閱訣竅 3.22）。

請以下列指令執行程式：

```
$ python3 gui_slider.py
```

討論

此範例程式使用 `Slider` 類別。`command` 選項會在每次滑桿數值改變時執行 `slider_changed` 指令。這會更新輸出針腳的值。雖然 `slider_changed` 函式的參數包含 0 到 100 的數字，但它是一個字串，所以 `int` 是用來將它轉換為數值，然後百分比值要除以 100 以提供 PWM 輸出 0 到 1 之間的值。

參閱

你可以使用本程式控制 LED（訣竅 11.1）、DC 馬達（訣竅 12.4）、或高功率 DC 裝置（訣竅 11.4）。

11.11 製作使用者介面控制 RGB LED 的顏色

問題

你要控制 RGB LED 的顏色。

解決方案

請使用 PWM 來控制 RGB LED 的紅、綠和藍色版功率。

要製作此訣竅，你需要下列材料：

- 麵包板和跳線（參閱第 596 頁的「原型設備與套件」小節）
- 三個 470Ω 電阻（參閱第 597 頁的「電阻與電容器」小節）
- RGB 共陰（Common Cathode）LED（參閱第 598 頁的「光電材料」小節）

圖 11-15 示範如何連接 RGB LED 到麵包板。請確定 LED 連接正確；最長的腳應該是從麵包板頂端數過來第二個。這個接線稱為共陰（Common Cathode），因為 LED 內紅綠藍 LED 的負極（陰極）全都連接在一起以減少需要連接的接腳數目。

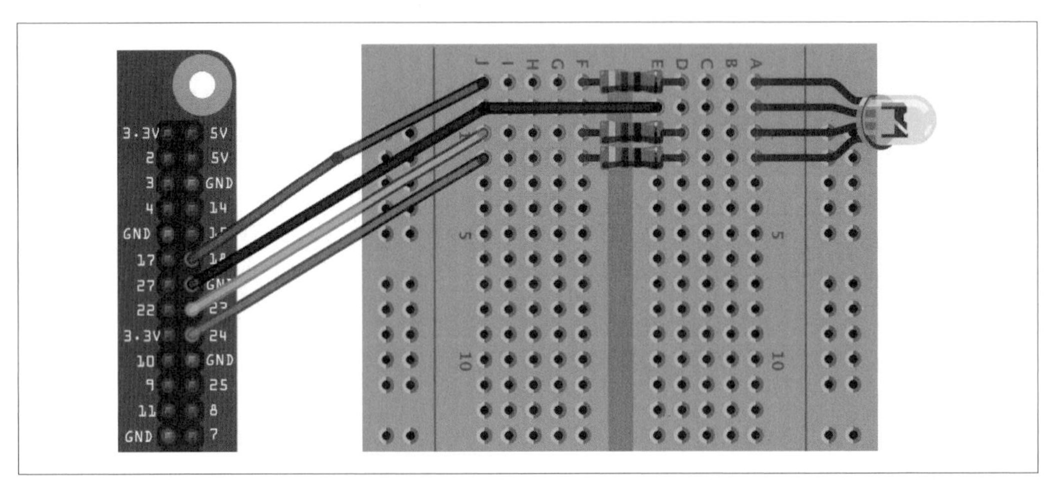

圖 11-15　在 Raspberry Pi 使用 RGB LED

另一種麵包板（避免使用細小不好接的電阻）的替代方法是使用 Raspberry Pi Squid（訣竅 10.10）。

接下來的程式有三個滑桿控制 LED 的紅、綠和藍色版（訣竅 11-16）。

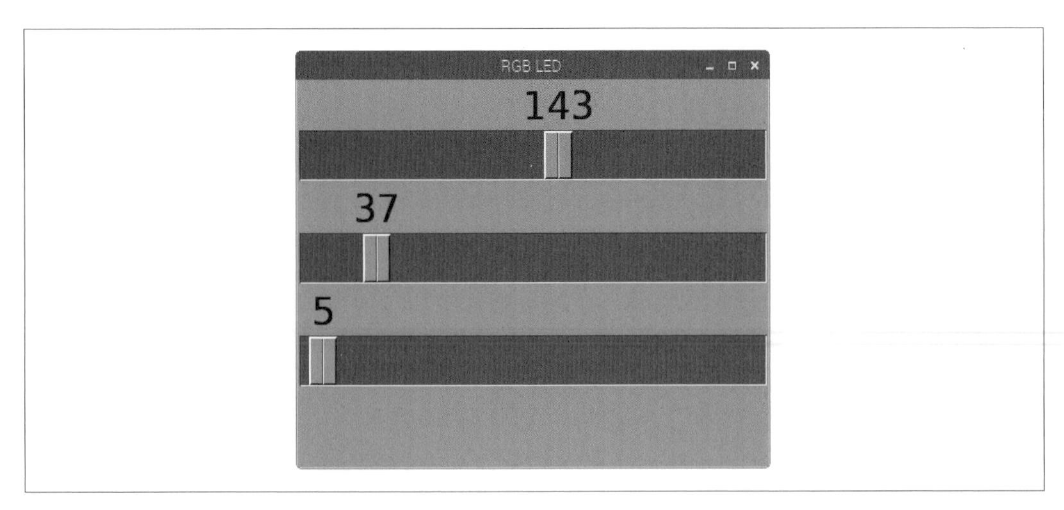

圖 11-16　控制 RGB LED 的使用者介面

開啟編輯器並貼上以下來自 *ch_11_gui_slider_RGB.py* 的程式碼：

```
from gpiozero import RGBLED
from guizero import App, Slider
from colorzero import Color

rgb_led = RGBLED(18, 23, 24)

red = 0
green = 0
blue = 0

def red_changed(value):
    global red
    red = int(value)
    rgb_led.color = Color(red, green, blue)

def green_changed(value):
    global green
    green = int(value)
    rgb_led.color = Color(red, green, blue)

def blue_changed(value):
    global blue
    blue = int(value)
    rgb_led.color = Color(red, green, blue)

app = App(title='RGB LED', width=500, height=400)

Slider(app, command=red_changed, end=255, width='fill', height=50).text_size = 30
Slider(app, command=green_changed, end=255,
    width='fill', height=50).text_size = 30
Slider(app, command=blue_changed, end=255,
    width='fill', height=50).text_size = 30

app.display()
```

如本書所有程式範例一樣，你可以下載本程式（請參閱訣竅 3.22）。

討論

此程式碼和訣竅 11.10 描述的控制單一 PWM 通道操作類似。但是在本例中，你需要三個 PWM 通道和三個滑桿，一個對應一個顏色。

此處用的 RGB LED 類型是共陰的。如果你有共陽類型的，你仍然能使用它，但是要連接共陽極到 GPIO 接腳的 3.3V 針腳。你會發現滑桿是相反的，所以要將 255 設為 *off*，0 設為完全 *on*。

當你位本專案挑選 LED 時，標為擴散式（diffused）的 LED 是最好的，因為它們能色彩混合得更好。

參閱

如果你只是要控制 PWM 通道，請參閱訣竅 11.10。

11.12 使用類比計當顯示器

問題

你要連接類比面板伏特計到 Raspberry Pi。

解決方案

假設你有 5V 伏特計，你可以將它的負極連到 GND，正極連到 GPIO 針腳，用 PWM 輸出直接驅動它（圖 11-17）。如果該伏特計是 5V 的，你只能顯示伏特數到 3.3V。

若你要用到 5V 伏特計幾乎全部的範圍，你需要電晶體當作 PWM 訊號開關和 1kΩ 電阻限制電晶體基極的電流。

要製作此訣竅，你需要以下材料：

- 5V 面板伏特計（參閱第 600 頁的「其他材料」小節）
- 麵包板和跳線（參閱第 596 頁的「原型設備與套件」小節）
- 兩個 1kΩ 電阻（參閱第 597 頁的「電阻與電容器」小節）
- 電晶體 2N3904（參閱第 597 頁的「電晶體與二極體」小節）

圖 11-17　直接連接伏特計到 GPIO 接腳

圖 11-18 示範本訣竅的麵包板接法。

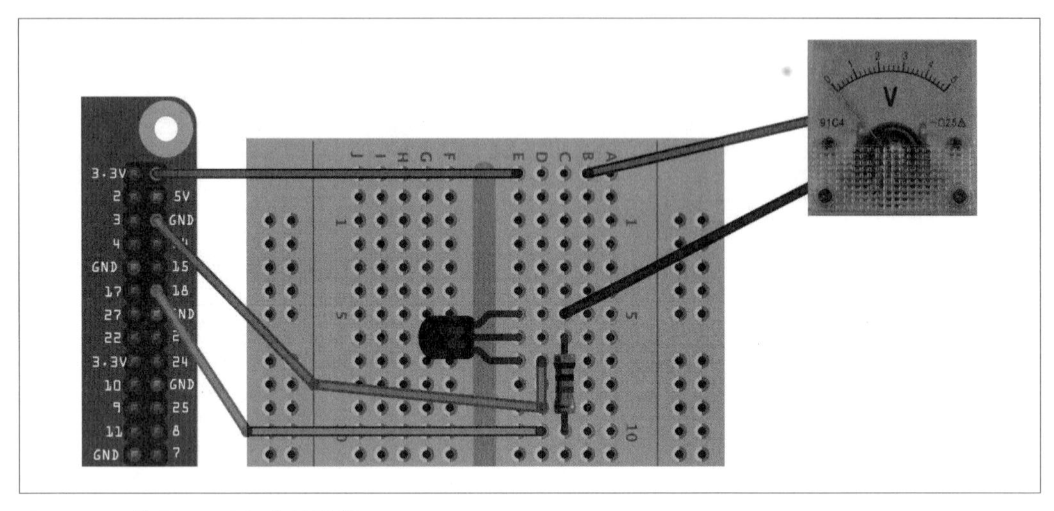

圖 11-18　使用 5V 面板伏特計與 3.3V GPIO

討論

要測試伏特計，請使用訣竅 11.10 控制 LED 亮度的相同程式。

你可能會注意到指針在刻度兩端會指出穩定讀數，但是在其他位置會有一點抖動，這是 PWM 訊號產生方式的副作用。要有穩定一點的讀數，你可以使用外接 PWM 硬體，例如訣竅 12.3 使用的 16 通道模組。

參閱

更多關於老派伏特計如何運作的資訊，請見維基百科（*https://oreil.ly/RnL4a*）。

更多關於 Raspberry Pi 使用麵包板和跳線的資訊，請見訣竅 10.9。

第十二章

馬達

12.0 簡介

在本章中，會探查用於 Raspberry Pi 的不同類型馬達。包括 DC 馬達、伺服馬達和步進馬達。

馬達有各種形狀和大小（圖 12-1）。最常見的是玩具車上看到的簡單有刷 DC 馬達，我們也會看看伺服馬達，其馬達軸的位置是由 Raspberry Pi 產生的脈衝所設定，還會看看步進馬達，它不會平順地旋轉，而是如其名所述地在線圈依序通電下一小步一小步地走。

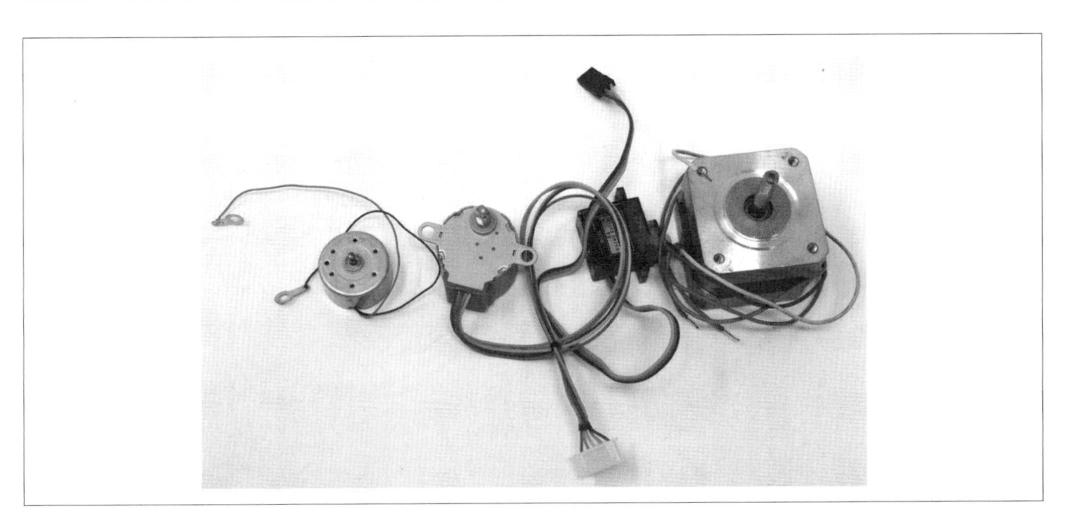

圖 12-1　馬達的選擇

12.1 控制伺服馬達

問題

你要用 Raspberry Pi 控制伺服馬達的位置。

解決方案

請使用脈衝寬度調變（PWM）控制伺服馬達的脈衝寬度以改變它的角度。雖然這可以運作，但是產生的 PWM 不是很穩定，所以伺服馬達會有一點點抖動。產生更穩定脈衝時脈的替代方案，請參閱訣竅 12.2 和 12.3。

如果你有 Raspberry Pi 1，你應該用獨立的 5V 電源供應器供電伺服馬達，因為負載電流的峰值非常有可能損毀 Raspberry Pi 或造成過載。如果你有 Raspberry Pi B+ 或更新的版本，基板的穩壓器改進讓你可以直接從通用輸入 / 輸出（GPIO）埠的 5V 針腳直接供電給小型伺服馬達。

圖 12-2 展示了小型 9g 伺服馬達（參閱第 600 頁的「其他材料」小節）與 Raspberry Pi B+ 共同運作良好。

圖 12-2　小型伺服馬達與 Raspberry Pi B+ 直接連接

伺服馬達導線通常會有顏色標示，5V 線為紅色，地線為黑色，控制導線為橘色。5V 和地線連到 GPIO 接頭的 5V 和 GND 針腳，控制線接到第 18 針腳。連線通常是母對母接線。

如果你用的是獨立電源供應器，用麵包板是個將所有導線接在一起的好方法。

在這種情況下，你需要以下材料：

- 5V 伺服馬達（參閱第 600 頁的「其他材料」小節）
- 麵包板和跳線（參閱第 596 頁的「原型設備與套件」小節）
- 1kΩ 電阻（參閱第 597 頁的「電阻與電容器」小節）
- 5V1A 電源供應器或 4.8V 充電電池組（參閱第 600 頁的「其他材料」小節）

圖 12-3 展示本訣竅的麵包板接法。

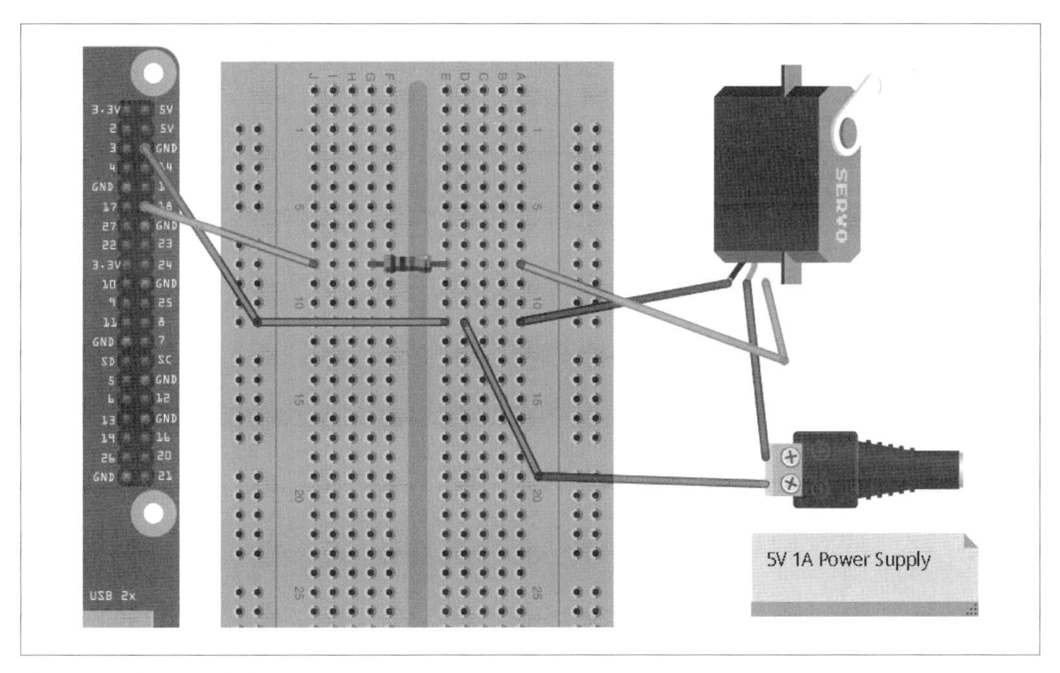

圖 12-3 控制伺服馬達

1kΩ 電阻非必要，但是它能保護 GPIO 針腳以免受到非預期控制訊號的高電流影響，這有可能發生於伺服馬達故障時。

如果你喜歡，可以不用電源供應器，而從充電電池組供電給伺服馬達。使用四格 AA 電池盒和充電電池能提供約 4.8V，能使伺服馬達運作良好。使用四個 AA 鹼性電池提供 6V 在許多伺服馬達上也可以運作得很好，但是請檢查你伺服馬達的規格表確保它能在 6V 下運作。

設定伺服馬達角度的使用者介面是基於用來控制 LED 亮度的 *ch_11_gui_slider.py* 程式（訣竅 11.10）。但是你可以修改它，讓滑桿用於設定介於 -90 和 90 度之間的角度（圖 12-4）。

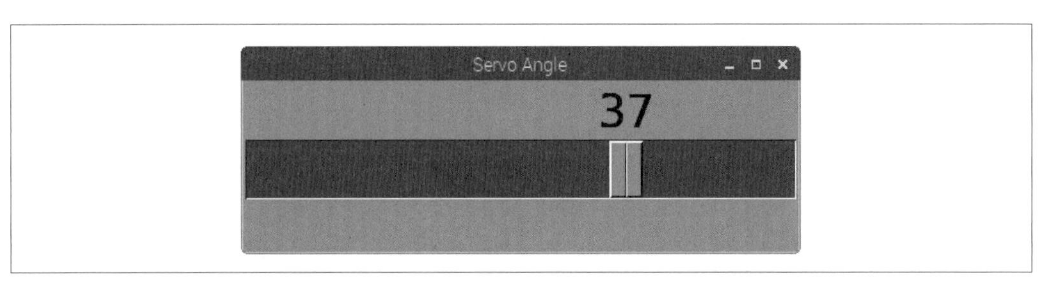

圖 12-4　控制伺服馬達的使用者介面

開啟編輯器，貼上下列程式碼（檔案名為 *ch_12_servo.py*）：

```
from gpiozero import AngularServo
from guizero import App, Slider

servo = AngularServo(18, min_pulse_width=0.5/1000, max_pulse_width=2.5/1000)

def slider_changed(angle):
    servo.angle = int(angle)

app = App(title='Servo Angle', width=500, height=150)
slider = Slider(app, start=-90, end=90, command=slider_changed, width='fill',
                height=50)
slider.text_size = 30
app.display()
```

如本書所有程式範例一樣，你可以下載本程式（請參閱訣竅 3.22）。

請注意本程式使用圖形化使用者介面，所以無法從 SSH 或終端機執行它。你必須從 Pi 本身的視窗環境執行它，或經由虛擬網路計算（virtual network computing，VNC）做遠端控制（訣竅 2.8）。

gpiozero 類別 AngularServo 會處理所有脈衝產生。只讓我們指定想要的伺服馬達軸柄位置角度。幾乎所有其他使用伺服馬達的軟體都是指定 0 到 180 度之間的角度，其中 0 是伺服馬達軸柄在一側，90 是在中間，180 是到另外一側。gpiozero 程式庫作法不同，或許比較有邏輯性，它指定中間位置為 0，一側的角度為負值，另一側角度為正值。

定義伺服馬達時，第一個參數（本例中為 18）指定伺服馬達的控制針腳。選擇性參數 min_pulse_width 與 max_pulse_width 會設定以秒為單位的最小和最大脈衝長度。對典型伺服馬達來說，這些值應該是 0.5 毫秒與 2.5 毫秒。因為某些原因，在 gpiozero 的預設值是 1 和 2 毫秒；因此除非你將它設為我們這裡所設定的值，否則伺服馬達的範圍會受到很大的限制。

討論

伺服馬達用來控制車輛和機器人。大部分伺服馬達不是**連續旋轉的**（*continuous*）；也就是無法整個轉一圈，只能旋轉約 180 度的範圍。

伺服馬達的位置是由脈衝長度設定的。伺服馬達預期至少每 20 毫秒接收一個脈衝。如果脈衝持續 0.5 毫秒的高電位，伺服馬達角度會是 -90 度；如果高電位 1.5 毫秒，馬達會在中間的位置（0 度）；如果脈衝在高電位 2.5 毫秒，伺服馬達角度會是 90 度（圖 12-5）。

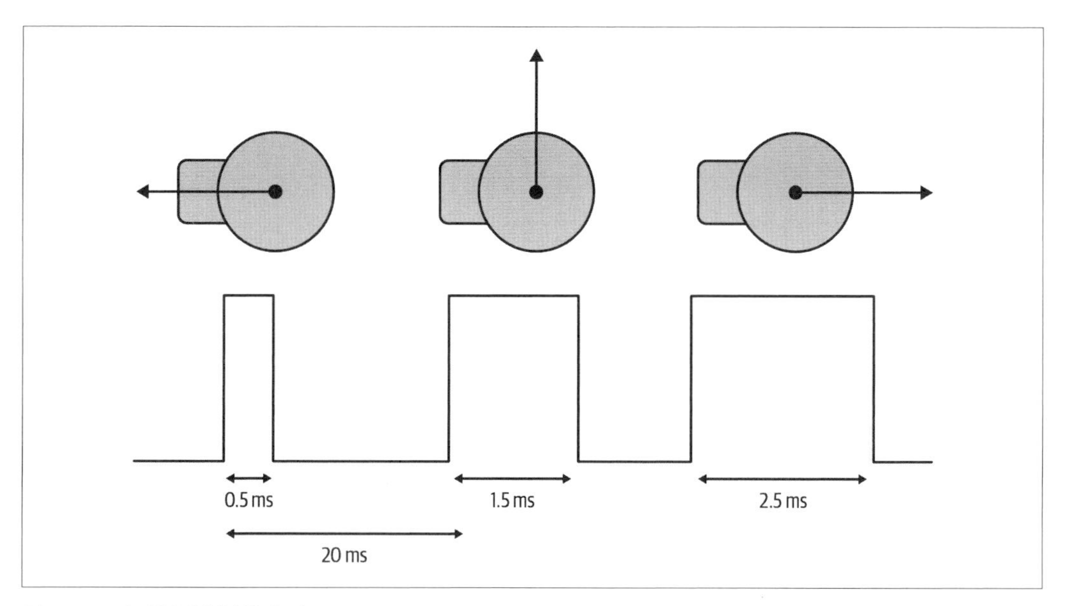

圖 12-5　伺服馬達脈衝寬度

若你有一些伺服馬達要連接，MonkMakes 的 Servo Six board（圖 12-6）能讓接線輕鬆一點。

圖 12-6　以 Servo Six board 連接伺服馬達

參閱

如果你有很多伺服馬達要控制，或需要更好的穩定性和精確度，你可以使用訣竅 12.3 所述之伺服馬達控制器專用模組。

請參閱更多關於 Servo Six board 完整文件的資訊（*https://oreil.ly/ua1nS*）。

Adafruit 開發了另一個伺服馬達控制方法（*https://oreil.ly/tprnc*）。

使用 ServoBlaster 裝置驅動軟體以產生更穩定脈衝寬度的替代方法，請參閱訣竅 12.2。

12.2 精準控制伺服馬達

問題

`gpiozero` 程式庫的脈衝產生函式對你的伺服馬達應用程式來說不精確，或不夠穩定。

解決方案

請安裝 ServoBlaster 裝置驅動程式。

ServoBlaster 與聲音

ServoBlaster 軟體使用的 Raspberry Pi 硬體也是 Pi 用來產生聲音的。所以你在使用 ServoBlaster 時不能透過 Raspberry Pi 的音源孔或 HDMI 播放聲音。

Richard Hirst 創建的 ServoBlaster 軟體使用 Raspberry Pi CPU 硬體產生比 `gpiozero` 更正確脈寬的脈衝。使用以下指令安裝 ServoBlaster，然後將 Raspberry Pi 重新開機：

```
$ git clone https://github.com/srcshelton/servoblaster.git
$ cd servoblaster
$ sudo make
$ sudo make install
```

你能修改訣竅 12.1 的程式以使用 ServoBlaster 的程式碼。你可以在檔案 *ch_12_servo_blaster.py* 中找到修改過的程式。如同本書所有程式範例一樣，你可以下載本程式（請參閱訣竅 3.22）。本程式假設伺服馬達控制針腳連到 GPIO 針腳 18：

```
import os
from guizero import App, Slider

servo_min = 500  # uS
servo_max = 2500 # uS
servo = 2        # GPIO 18

def map(value, from_low, from_high, to_low, to_high):
  from_range = from_high - from_low
  to_range = to_high - to_low
  scale_factor = float(from_range) / float(to_range)
  return to_low + (value / scale_factor)
```

```
def set_angle(angle):
  pulse = int(map(angle+90, 0, 180, servo_min, servo_max))
  command = "echo {}={}us > /dev/servoblaster".format(servo, pulse)
  os.system(command)

def slider_changed(angle):
  set_angle(int(angle))

app = App(title='Servo Angle', width=500, height=150)
slider = Slider(app, start=-90, end=90, command=slider_changed, width='fill',
                height=50)
slider.text_size = 30
app.display()
```

使用者介面程式碼幾乎和訣竅 12.1 的一樣。差別在 `set_angle` 函式。此函式先用了一個名為 `map` 的公用程式函式，使用 `servo_min` 與 `servo_max` 常數將角度轉換為脈衝寬度。然後它會建立一個會從命令列執行的指令。此行指令的格式以 `echo` 指令開頭，接著是要控制的伺服馬達數目、等號，然後是以微秒為單位的脈衝寬度。指令的字串部分會被傳給 */dev/servoblaster* 裝置。然後伺服馬達就會調整它的角度。

終止 *ServoBlaster*

當 ServoBlaster，或更明確的說，`servo.d` 服務正在執行時，你會無法使用伺服馬達針腳且 Raspberry Pi 會無法播放音效。所以當你因為其他東西要使用此針腳時，請用以下指令停用 ServoBlaster，再將 Pi 重新開機：

```
$ sudo update-rc.d servoblaster disable
$ sudo reboot
```

當 Raspberry Pi 重新開機後，ServoBlaster 將不會再控制針腳，你就能再次使用 Raspberry Pi 的音效。可以用下列指令再次啟用 ServoBlaster：

```
$ sudo update-rc.d servoblaster enable
$ sudo reboot
```

討論

ServoBlaster 驅動程式很強大，你可以設置它以讓你使用幾乎所有的 GPIO 針腳來控制伺服馬達。預設設定會定義 GPIO 第八針腳當作伺服馬達控制針腳。表 12-1 列出每個頻道的編號。

表 12-1　ServoBlaster 伺服馬達頻道預設針腳配置

Servo channel	GPIO pin
0	4
1	17
2	18
3	27
4	22
5	23
6	24
7	25

連接太多伺服馬達會讓跳線跟義大利麵一樣混亂。像 MonkMakes Servo Six（圖 12-6）那樣的板子能讓 Raspberry Pi 和伺服馬達的接線簡化許多。

參閱

更多關於 ServoBlaster 完整文件的資訊可於線上取得（*https://oreil.ly/RwwDz*）。

如果你不需要 ServoBlaster 精確的時脈，訣竅 12.1 所述之 `gpiozero` 程式庫也可以產生伺服馬達脈衝。

12.3 精準控制多個伺服馬達

問題

你要相當精確地控制很多伺服馬達，又不想因為使用 ServoBlaster 而沒有音效。

解決方案

雖然 ServoBlaster 的程式碼（參閱訣竅 12.2）讓你精確地控制多達八個伺服馬達，但它確實接管了 Raspberry Pi 的硬體而讓聲音失效。

ServoBlaster 的替代方案是使用如圖 12-7 所示的伺服馬達 HAT，它有自己的伺服馬達控制硬體，能釋放出 Raspberry Pi 的硬體。

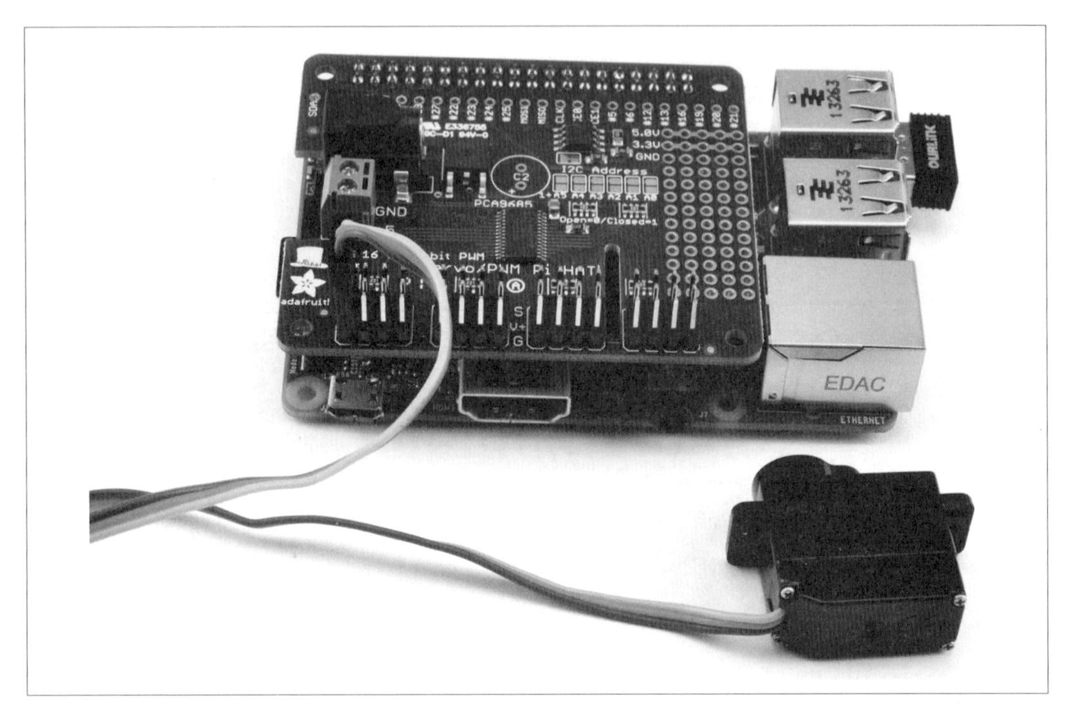

圖 12-7 Adafruit 伺服馬達 HAT

這個 Adafruit HAT 能讓你控制高達 16 個伺服馬達或使用 Raspberry Pi I2C 介面的 PWM 通道。伺服馬達只要直接插上 HAT 就可以。

電源是由 Raspberry Pi 3.3V 的模組邏輯電路供應。這完全獨立於伺服馬達的外接 5V 電源供應器之電源供應。

如果你喜歡，你可以從充電電池組供電給伺服馬達，而不用電源供應器。使用四格 AA 電池盒和充電電池能提供約 4.8V，能使大多數伺服馬達運作良好。使用四個 AA 鹼性電池提供 6V 在許多伺服馬達上也可以運作得很好，但是請檢查你伺服馬達的規格表確保它能在 6V 下運作。

連接伺服馬達的針腳接頭排列得整齊方便，能讓伺服馬達接頭直接連接針腳。請小心地將它們接到正確的方向。

要使用此模組的 Adafruit 軟體，你需要設定 Raspberry Pi 的 I2C（訣竅 10.4）。

此擴充板的軟體使用一些 Adafruit 的好用軟體，讓你能用它們全產品線的附加擴充板。

要安裝此擴充板所需的 Adafruit *blinka* 程式碼，請執行以下指令：

```
$ pip3 install adafruit-blinka
$ sudo pip3 install adafruit-circuitpython-servokit
```

請開啟編輯器，再貼上以下程式碼（檔名是 *ch_12_servo_adafruit.py*）：

```
from adafruit_servokit import ServoKit
from guizero import App, Slider

servo_kit = ServoKit(channels=16)

def slider_changed(angle):
    servo_kit.servo[0].angle = int(angle) + 90

app = App(title='Servo Angle', width=500, height=150)
slider = Slider(app, start=-90, end=90, command=slider_changed, width='fill',
                height=50)
slider.text_size = 30
app.display()
```

如本書所有程式範例一樣，你可以下載本程式（請參閱訣竅 3.22）。

當你執行程式時，會看到如圖 12-4 所示內有滑桿的同樣視窗。使用它移動伺服馬達軸柄位置。Adafruit 的軟體和 Python 2 不相容，所以你需要由 `python3` 指令執行任何使用 Adafruit 軟體的程式。

請注意本程式使用圖形化使用者介面，所以無法從 SSH 或終端機執行它。你必須從 Pi 本身的視窗環境執行它，或經由 VNC 做遠端控制（訣竅 2.8）：

```
$ python3 ch_12_servo_adafruit.py
```

Adafruit 軟體使用的伺服馬達範圍從 0 到 180，而不是 `gpiozero` 的 -90 到 90 度，所以要維持使用者介面一致，滑桿控制的角度要加上 90。

要在 16 個可用之伺服馬達通道中處理特定的通道，可以在 `servo_kit.servo[0].angle` 指令的中括號內指定通道編號（0 到 15 之間）。

討論

選擇此模組的電源供應器時，記得標準遙控伺服馬達在移動時很輕易就會消耗 400mA，在負載時還會更多。所以如果你計畫同時會有多個伺服馬達運作，你需要大的電源供應器。

參閱

關於此產品的更多資訊，請參訪 Adafruit 網站（*https://oreil.ly/Oizzu*）。

如果你的 Raspberry Pi 和伺服馬達很近，那 Servo Hat 很好用，但是如果你的伺服馬達離 Raspberry Pi 很遠，Adafruit 也有賣有相同伺服馬達控制器硬體的模組（產品 ID 815），但是有四個針腳將板子的 I2C 介面連到 Raspberry Pi 的 I2C 介面。

12.4 控制直流馬達速度

問題

你要以 Raspberry Pi 控制 DC 馬達的速度。

解決方案

你可以使用和訣竅 11.4 一樣的設計。但是你應該放一個二極體跨過馬達以防止電壓突波破壞電晶體，甚至是 Raspberry Pi。1N4001 是蠻適合此處使用的二極體。二極體一端有條紋，請確定它面向適當方向（圖 12-8）。

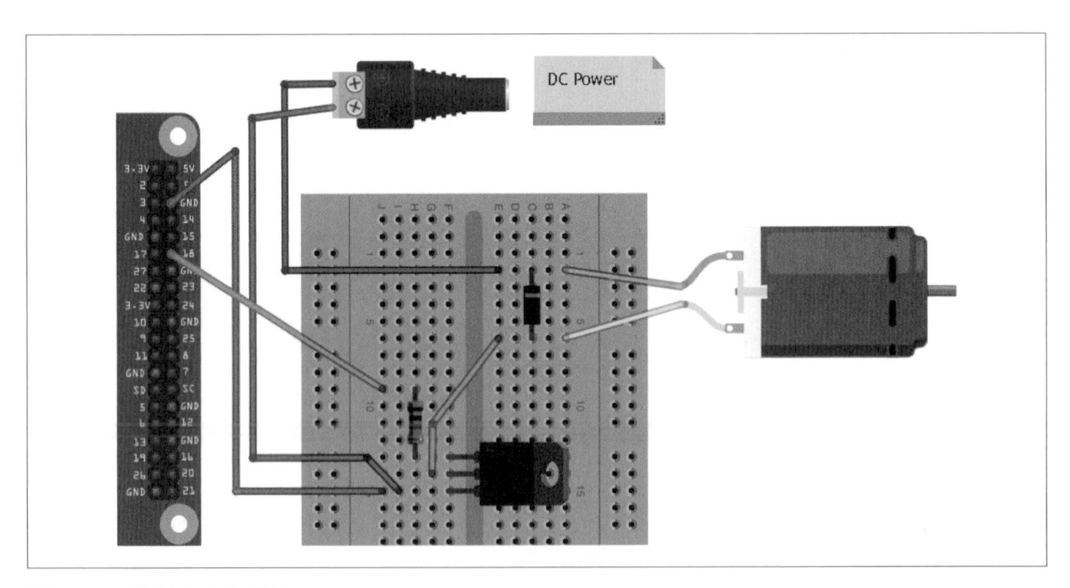

圖 12-8　控制高功率馬達

你需要以下材料：

- 3V 到 12V DC 馬達
- 麵包板和跳線（參閱第 596 頁的「原型設備與套件」小節）
- 1kΩ 電阻（參閱第 597 頁的「電阻與電容器」小節）
- MOSFET 電晶體 FQP30N06L（參閱第 597 頁的「電晶體與二極體」小節）
- 1N4001 二極體（參閱第 597 頁的「電晶體與二極體」小節）
- 符合馬達規格的電源供應器

如本書所有程式範例一樣，你可以下載本程式（請參閱訣竅 3.22）。檔案名為 *ch_12_gui_slider.py*。

請注意本程式使用圖形化使用者介面，所以無法從 SSH 或終端機執行它。你必須從 Pi 本身的視窗環境執行它，或經由 VNC 做遠端控制（訣竅 2.8）。

討論

如果你只用低功率 DC 馬達（小於 200mA），你可以用小一點（和便宜一點）的電晶體 2N3904（參閱第 597 頁的「電晶體與二極體」小節）。圖 12-9 示範使用 2N3904 的麵包板接線。

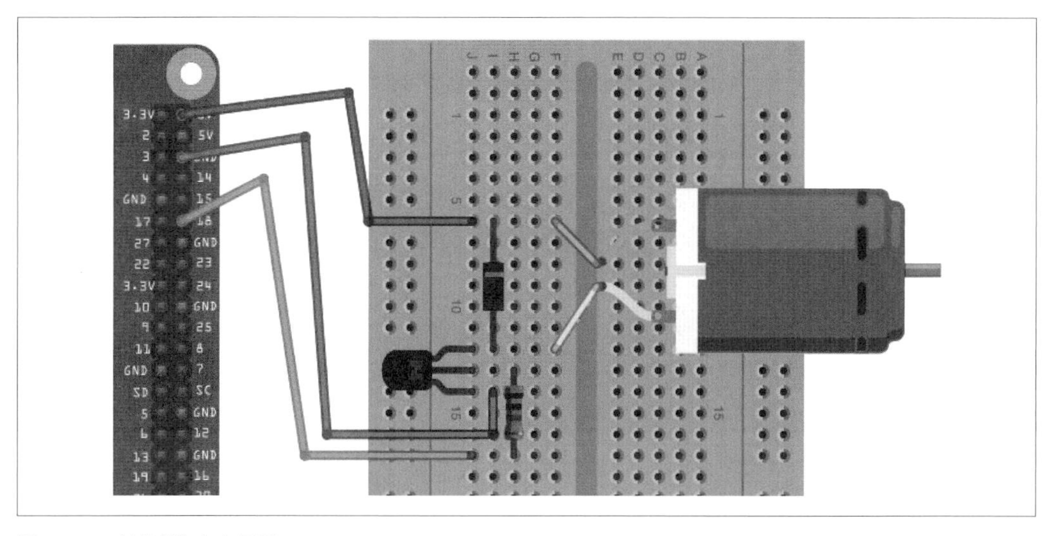

圖 12-9　控制低功率馬達

你或許可以勉強從 GPIO 接腳的 5V 供電為小型馬達供電。如果你發現 Raspberry Pi 當機，請使用外接電源供應器，如圖 12-8 所示。

參閱

更多關於 Raspberry Pi 使用麵包板的資訊，請見訣竅 10.9。

此設計只能控制馬達的速度。不能控制它的方向。要那麼做，你要看訣竅 12.5。

12.5 控制直流馬達方向

問題

你要控制小型 DC 馬達的速度與方向。

解決方案

請使用 H 橋（H-bridge）晶片或模組，最常用的晶片是 L293D。它成本低，簡單易用。其他 H 橋晶片或模組通常使用同一對控制每個馬達方向的針腳（請見討論）。

L293D 晶片實際上能驅動兩個馬達而不用任何外接硬體。討論也會提及其他一些控制 DC 馬達的選項。要嘗試以 L293D 控制馬達，你會需要以下材料：

- 3V 到 12V DC 馬達
- 麵包板和跳線（公對母；參閱第 596 頁的「原型設備與套件」小節）
- L293D 晶片（參閱第 598 頁的「積體電路」小節）
- 符合馬達規格的電源供應器

圖 12-10 示範麵包板接法。

請確定晶片是放在正確方向；它在頂部有凹槽的位置是尾端，應該放在麵包板最上面。

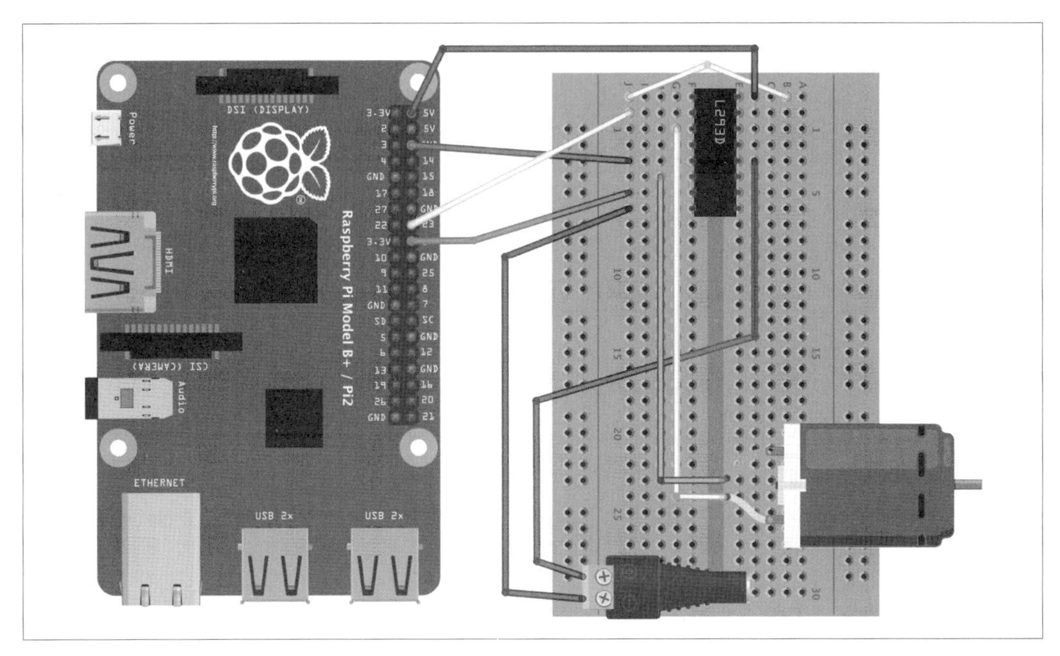

圖 12-10　使用 L293D 晶片控制馬達

本訣竅的測試程式（*ch_12_motor_control.py*）能讓你輸入字母 *f* 或 *r* 和 0 到 9 之間的一位數字。馬達會以數字指定的速度往前或往後轉 —— 0 是停止，9 是全速：

```
$ python3 ch_12_motor_control.py
Command, f/r 0..9, E.g. f5 :f5
Command, f/r 0..9, E.g. f5 :f1
Command, f/r 0..9, E.g. f5 :f2
Command, f/r 0..9, E.g. f5 :r2
```

開啟編輯器並貼上以下程式碼。如本書所有程式範例一樣，你可以下載本程式（請參閱訣竅 3.22）。

本程式使用命令列，所以你能從 SSH 或終端機執行它：

```
from gpiozero import Motor

motor = Motor(forward=23, backward=24)

while True:
    cmd = input("Command, f/r 0..9, E.g. f5 :")
    direction = cmd[0]
```

```
        speed = float(cmd[1]) / 10.0
        if direction == "f":
            motor.forward(speed=speed)
        else:
            motor.backward(speed=speed)
```

gpiozero 有個方便使用的 Motor 類別，我們能用它來控制單一 DC 馬達的速度和方向。當你建立類別的實例時，需要指定 forward 與 backward 的控制針腳。

Motor 的 forward 與 backward 的方法可以接受一個選擇性速度參數，介於 0 與 1 之間，1 是全速。

討論

gpiozero 的 Motor 類別隱藏了 H 橋硬體的複雜性。

圖 12-11 使用開關而非電晶體或晶片來解釋 H 橋如何運作。藉由反轉馬達的極性，H 橋也能反轉馬達轉動的方向。

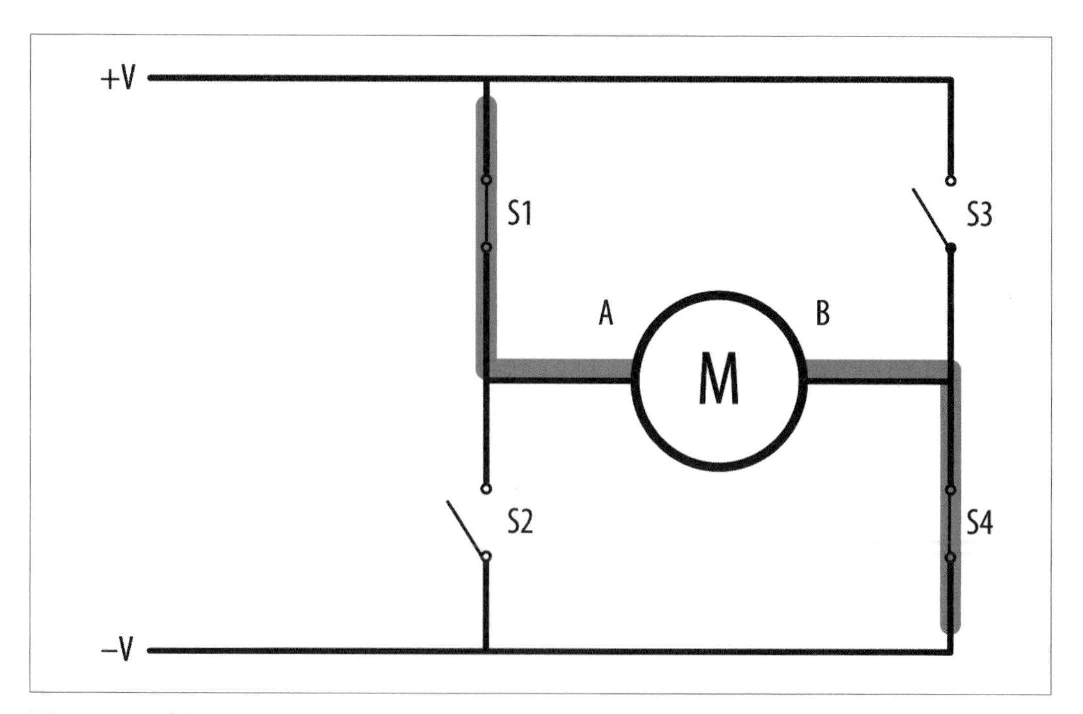

圖 12-11　H 橋

圖 12-11 中，S1 和 S4 關，而 S2 和 S3 開。這讓電流能流經馬達，其中端子 A 為正極，端子 B 為負極。如果我們反轉開關，讓 S2 和 S3 關，S1 和 S4 開，B 會是正極，A 則是負極，馬達會以相反方向轉動。

但是你可能會注意到此電路有個危險情況。如果某種情況下 S1 和 S2 都是關閉，正電會直接連到負極，就會讓電路短路。如果 S3 和 S4 同時關閉，也會發生一樣的狀況。

雖然你可以使用個別的電晶體來製作 H 橋，但是使用 H 橋積體電路（IC），例如 L293D，會比較容易。此晶片內實際上有兩個 H 橋，所以你可以用它控制兩個馬達。它也有邏輯電路確保 S1 和 S2 同時關閉的情況不會發生。

L293D 使用兩個控制針腳做為兩個馬達的控制通道：一個**正轉**（*forward*）針腳與一個**反轉**（*backward*）**針腳**。如果正轉針腳（23）是高電位而反轉針腳（24）是低電位，馬達會向一個方向轉動。如果兩支針腳反過來，那馬達會向相反方向轉動。

在麵包板用 L293D 的替代方案是 eBay 上可以找到的低成本模組，它包含在印刷電路板（printed circuit board，PCB）上的 L293D，板子上有能連接馬達和直接連接 Raspberry Pi GPIO 針腳接頭的螺絲端子。你可以找到能以相同原則運作的高功率馬達控制器模組，但是能用較高的電流，甚至可達 20A 以上。Pololu（*https://www.pololu.com*）有可觀種類的馬達控制板。

參閱

你也可以用 Adafruit Stepper Motor HAT（訣竅 12.8）控制 DC 馬達的速度和方向。

請查看 L293D 的規格表（*https://oreil.ly/OXffw*）和 SparkFun Motor Driver 模組的產品頁面（*https://oreil.ly/ZedYj*）。

更多關於 Raspberry Pi 使用麵包板的資訊，請見訣竅 10.9。

12.6 使用單極步進馬達

問題

你要以 Raspberry Pi 驅動五線單極步進馬達。

解決方案

請在麵包板上使用 ULN2803 Darlington 驅動晶片。

步進馬達在馬達技術的領域填補某些介於 DC 馬達和伺服馬達間的位置。就像一般的 DC 馬達，它們可以連續旋轉，但是你也可以一次往某個方向移動一步以精確地定位它們。

要製作本訣竅，你需要以下材料：

- 5V 五線單極步進馬達（參閱第 600 頁的「其他材料」小節）
- ULN2803 Darlington 驅動 IC（參閱第 598 頁的「積體電路」小節）
- 麵包板和跳線（公對母；參閱第 596 頁的「原型設備與套件」小節）

圖 12-2 示範使用 ULN2803 的接線圖。請注意你能用晶片驅動兩個這樣的馬達。要驅動第二個步進馬達，你需要從 GPIO 接頭連接另外四個控制針腳到 ULN2803 的針腳 5 到 8，然後連接第二個馬達的四個針腳到 ULN2803 針腳 11 到 14。

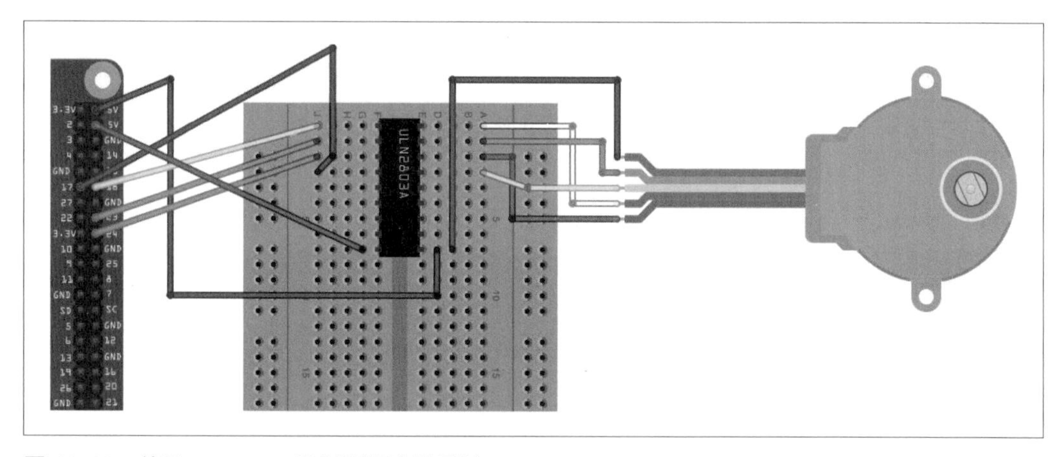

圖 12-12　使用 ULN2803 控制單極步進馬達

GPIO 接頭的 5V 電源供應能令人滿意地和小型步進馬達運作得很好。如果你遇到 Raspberry Pi 當機的問題或需要用更大的步進馬達，請以獨立的電源供應供電給馬達（ULN2803 的針腳 10）。

請開啟編輯器並貼上以下程式碼（*ch_12_stepper.py*）。本程式使用命令列，所以你能從 SSH 執行它：

```
from gpiozero import Motor
import time

coil1 = Motor(forward=18, backward=23, pwm=False)
coil2 = Motor(forward=24, backward=17, pwm=False)

forward_seq = ['FF', 'BF', 'BB', 'FB']
reverse_seq = list(forward_seq) # 複製串列
reverse_seq.reverse()

def forward(delay, steps):
  for i in range(steps):
    for step in forward_seq:
      set_step(step)
      time.sleep(delay)

def backwards(delay, steps):
  for i in range(steps):
    for step in reverse_seq:
      set_step(step)
      time.sleep(delay)

def set_step(step):
  if step == 'S':
    coil1.stop()
    coil2.stop()
  else:
    if step[0] == 'F':
      coil1.forward()
    else:
      coil1.backward()
    if step[1] == 'F':
      coil2.forward()
    else:
      coil2.backward()

while True:
  set_step('S')
  delay = input("每步延遲時間（毫秒）？")
  steps = input("往前多少步呢？")
  forward(int(delay) / 1000.0, int(steps))
  set_step('S')
  steps = input("往後多少步呢？")
  backwards(int(delay) / 1000.0, int(steps))
```

如本書所有程式範例一樣，你可以下載本程式（請參閱訣竅 3.22）。

執行程式時，程式會詢問每步之間的延遲時間。應該要是 2 以上。然後你會被詢問每個方向的步數：

```
$ python3 ch_12_stepper.py
每步延遲時間（毫秒）? 2
往前多少步呢? 100
往後多少步呢? 100
每步延遲時間（毫秒）? 10
往前多少步呢? 50
往後多少步呢? 50
每步延遲時間（毫秒）?
```

此程式碼稍後會在討論小節解釋，因為了解更多步進馬達如何運作後能幫助理解。

討論

步進馬達使用南北磁極交替的齒輪轉子（rotor）與電磁鐵將轉子一次推進一步（圖 12-13）。請注意導線的顏色會不同。

以特定順序為線圈激磁（energizing）能使馬達轉動。步進馬達轉 360 度的步數實際上就是轉子的齒數。

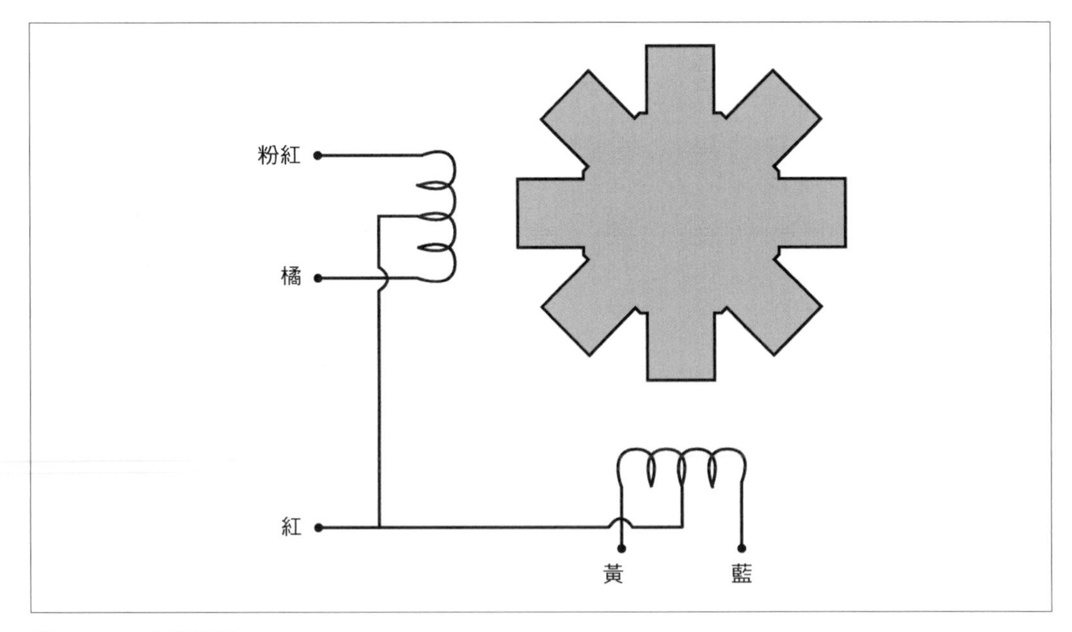

圖 12-13　步進馬達

兩個線圈每個都是由 gpiozero Motro 類別的實例所控制，分別名為 coil1 與 coil2。

程式使用字串清單表示四種前進一步的激磁（energization）階段：

```
forward_seq = ['FF', 'BF', 'BB', 'FB']
```

每一對字母表示 coil1 與 coil2 目前的方向：往前或往後。所以看一下圖 12-3，假設共用的紅線接 GND，粉紅 - 橘線圈的字母 F 可能會讓粉紅線是高電位，而橘線是低電位，而 B 則是相反。

反方向馬達轉動的順序只是往前移動的相反順序。

你可以在程式中使用 forward< 和 backward 函式讓馬達前進或後退。兩個函式的第一個參數是每一步之間以毫秒為單位的延遲時間。它的最小值取決於你用的馬達。如果太小，馬達將無法轉動。通常兩毫秒以上是沒問題的。第二個參數是前進的步數：

```
def forward(delay, steps):
  for i in range(steps):
    for step in forward_seq:
      set_step(step)
      time.sleep(delay)
```

forward 函式有兩個巢式迴圈。外層迴圈重複步數，內層迭代馬達作動的順序，每一步依序呼叫 set_step：

```
def set_step(step):
  if step == 'S':
    coil1.stop()
    coil2.stop()
  else:
    if step[0] == 'F':
      coil1.forward()
    else:
      coil1.backward()
    if step[1] == 'F':
      coil2.forward()
    else:
      coil2.backward()
```

set_step 函式設定每個線圈的極性，這取決於 step 參數提供的訊息。指令 S 會停止兩個線圈的供電，所以我們能避免馬達不動時耗電。如果第一個字母是 F，coil1 會被設為 forward；否則，它會被設為 backward。coil2 會以相同方式設定，只是會用 step 的第二個字母。

主迴圈會在往前和往後之間將 `step` 設為 `S`，讓兩個線圈在馬達沒有轉動時失效。否則，其中一個線圈可能會是開啟的，造成馬達不必要地耗電。

參閱

如果你有四線雙極步進馬達，請參閱訣竅 12.7。

更多資訊，請參閱維基百科文章關於步進馬達的文章（*https://oreil.ly/qj_Vd*），你也能在其中看到不同類型步進馬達和它們如何運作的，也能找到驅動馬達動作模式的動畫解說。

更多關於使用伺服馬達的資訊，請見訣竅 12.1；控制 DC 馬達的資訊，請見訣竅 12.4 和 12.5。

更多關於 Raspberry Pi 使用麵包板和跳線的資訊，請見訣竅 10.9。

12.7 使用雙極步進馬達

問題

你要以 Raspberry Pi 驅動四線雙極步進馬達。

解決方案

請使用 L293D H 橋驅動晶片。要驅動雙極步進馬達需要 H 橋，因為**雙極**表示通過繞組（winding）的電流方向需要反轉，而不是像 DC 馬達一樣同一個方向（訣竅 12.5）。

要完成本訣竅，需要以下材料：

- 12V 四針腳雙極步進馬達（參閱第 600 頁的「其他材料」小節）
- L293D H 橋 IC（參閱第 598 頁的「積體電路」小節）
- 麵包板和跳線（公對母；參閱第 596 頁的「原型設備與套件」小節）

此處用的馬達，12V 的，比訣竅 12.6 範例的單極步進馬達稍微大了點。馬達的電力因此由外接電源供應器供電，而不是來自 Raspberry Pi。電路圖請參閱圖 12-4。

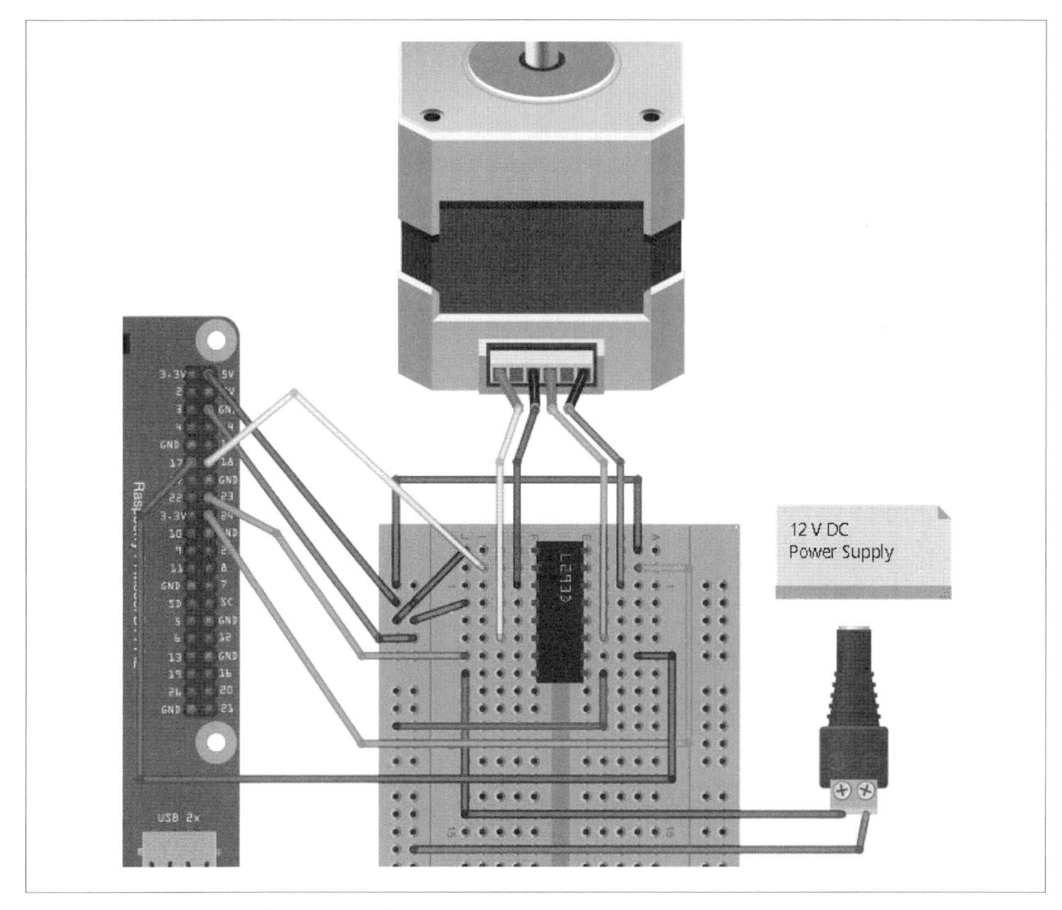

圖 12-4　使用 L293D 控制雙極步進馬達

討論

雙極步進馬達就像圖 12-13 的單極版本，除了沒有連到線圈的紅色中央分接線。同樣的激磁模式在兩者運作方式一樣，但是對雙極馬達來說，整個線圈的電流方向必須是可翻轉的；因此，需要兩個 H 橋。

你能使用一樣的 *ch_12_stepper.py* 程式控制這個步進馬達（見訣竅 12.6）。此設計使用 L293D 兩個 H 橋，所以要控制的每個馬達都需要一個晶片。

參閱

如果你要用的步進馬達類型是五線單極步進馬達，請參閱訣竅 12.6。

更多資訊，請參閱維基百科文章關於步進馬達的文章（*https://oreil.ly/qj_Vd*），你也能在其中看到不同類型步進馬達和它們如何運作的，也能找到驅動馬達動作模式的動畫解說。

更多關於使用伺服馬達的資訊，請見訣竅 12.1；控制 DC 馬達的資訊，請見訣竅 12.4 和 12.5。

更多關於 Raspberry Pi 使用麵包板和跳線的資訊，請見訣竅 10.9。

12.8 使用 Stepper Motor HAT 驅動雙極步進馬達

問題

你要用單一介面板控制多個雙極步進馬達。

解決方案

請使用 Adafruit Stepper Motor HAT。

這塊板子能驅動兩個雙極步進馬達。圖 12-15 展示板子和 一個雙極步進馬達，有一個線圈連到 M1 端子，另一個連到 M2 端子。馬達的電力是由右側螺絲端子獨立供電。

I2C 匯流排

如果你遵循訣竅 10.17 製作自己的 HAT，並如訣竅描述啟用 I2C bus 0，你會需要復原 */boot/config.txt* 的修改，因為 Adafruit 會自動偵測 I2Cz 匯流排來使用，如果 bus 0 被啟用，那就會誤刪了。

在 */boot/config.txt* 中，刪除或註解掉（在行首加上一個 #）此行：

```
dtparam=i2c_vc=on
```

改好後重新啟動 Raspberry Pi。

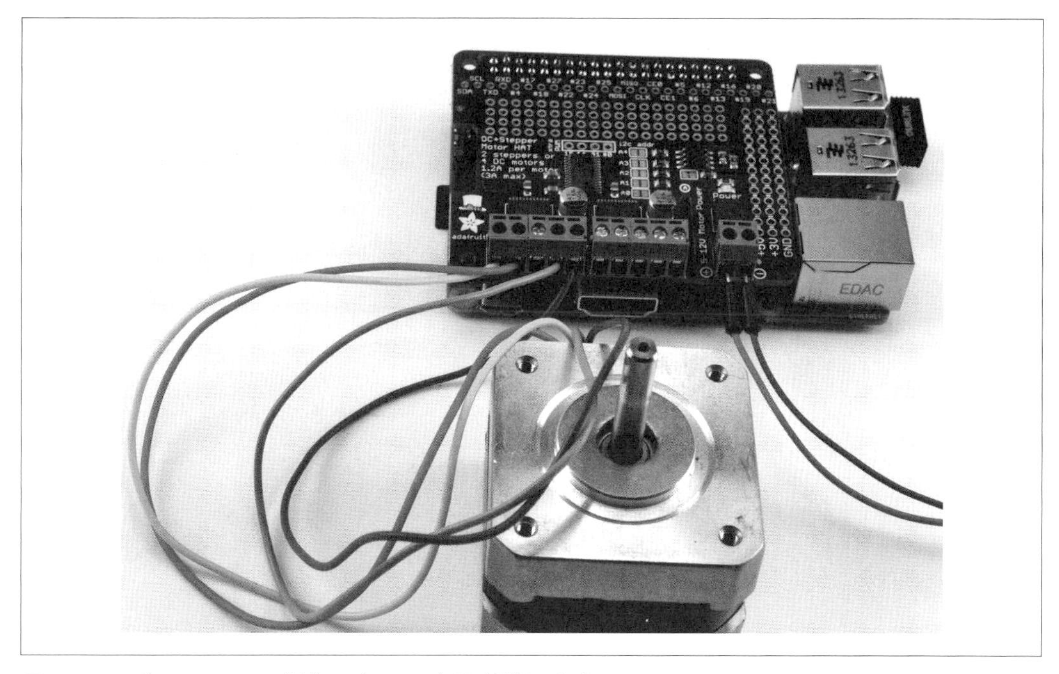

圖 12-15　使用 Adafruit 步進馬達 HAT 來控制雙極步進馬達

此 HAT 使用 I2C，所以請確定你的 I2C 已啟用（訣竅 10.4）。

這塊板子有很棒的 Adafruit 教學文件（*https://oreil.ly/7k0bZ*）。

討論

當你執行 Adafruit 教學文件提供的程式時，馬達會開始轉動，程式會於步進的四種模式中循環執行。

參閱

關於 HAT 標準的討論和如何製作自己的 HAT，請參閱訣竅 10.17。

更多使用此 HAT 和與其伴隨的程式庫之資訊，請見 *https://oreil.ly/3a4Jm*。

要使用 L293D 控制步進馬達，請參閱訣竅 12.7。

第十三章

數位輸入

13.0 簡介

在本章中，我們會探討使用數位元件，例如開關和數字鍵盤。本章也會涵蓋有數位輸出可以連接 Raspberry Pi 通用輸入 / 輸出（GPIO）接腳當作輸入的模組。

許多訣竅需要使用麵包板和跳線（訣竅 10..9）。

13.1 連接按鈕開關

問題

你要連接開關到 Raspberry Pi，當按下它時，執行某些 Python 程式碼。

解決方案

連接開關到 GPIO 針腳，並在 Python 程式中使用 `gpiozero` 程式庫偵測按鈕被按下。

要完成此訣竅，需要以下材料：

- 麵包板和跳線（參閱第 596 頁的「原型設備與套件」小節）
- 觸覺按鈕開關（Tactile push switch，參閱第 600 頁的「其他材料」小節）
- 圖 13-1 示範如何用麵包板和跳線連接觸覺按鈕開關。

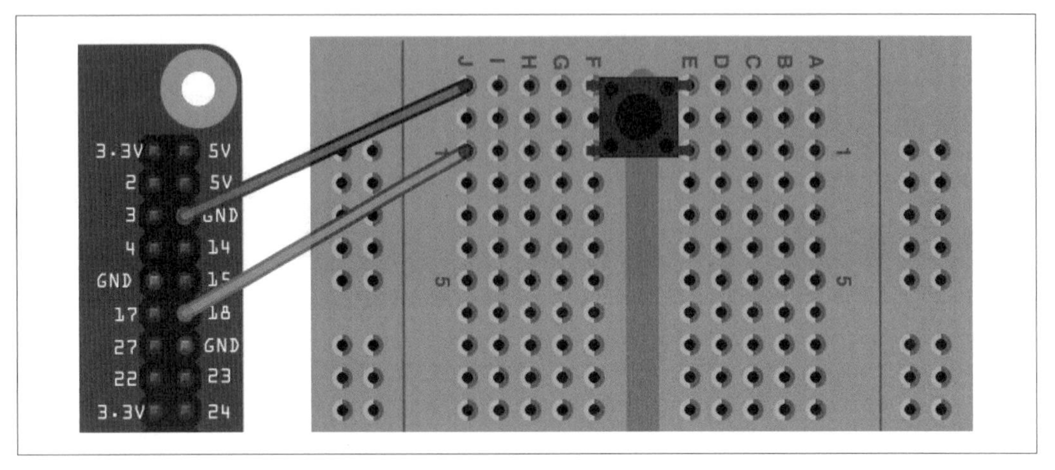

圖 13-1　連結按鈕開關到 Raspberry Pi

使用麵包板和觸覺開關的替代方案是使用 Squid 按鈕（圖 13-2）。這是有母接頭導線焊在末端的按鈕開關，你可以直接連接到 GPIO 接腳（訣竅 10.11）。

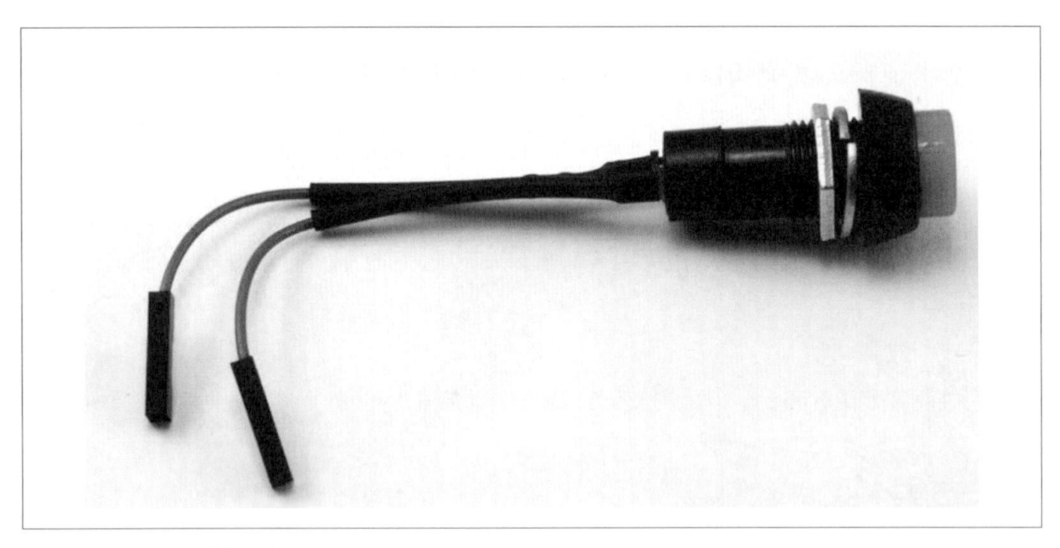

圖 13-2　Squid 按鈕

請開啟編輯器並貼上以下程式碼（*ch_13_switch.py*）：

```
from gpiozero import Button

button = Button(18)

while True:
    if button.is_pressed:
        print(" 按鈕被按下了 ")
```

如本書所有程式範例一樣，你可以下載本程式（請參閱訣竅 3.22）。

這是執行程式並按下按鈕時你會看到的訊息：

```
pi@raspberrypi ~ $ python3 ch_13_switch.py
按鈕被按下了
按鈕被按下了
按鈕被按下了
按鈕被按下了
```

事實上，「按鈕被按下了」訊息可能會從螢幕底部跳出。這是因為程式會非常頻繁地檢查按鈕是否被按下。這段程式碼的另一個問題是當它監看按鈕是否按下時，不能做其他事。

我們能改善這段程式碼，每當按鈕按下時做某件事，也允許其他事繼續進行直到按鈕被按下時。你會在下列程式碼中找到這些修改（*ch_13_switch_2.py*）：

```
from gpiozero import Button
from time import sleep

def do_stuff():
    print(" 按鈕被按下了 ")

button = Button(18)
button.when_pressed = do_stuff

while True:
    print(" 忙著做其他事 ")
    sleep(2)
```

當執行此程式時，你會看到這樣的輸出結果：

```
$ python3 ch_13_switch_2.py
忙著做其他事
忙著做其他事
按鈕被按下了
忙著做其他事
忙著做其他事
```

當按下按鈕時，不管程式在做什麼，都會執行 do_stuff 函式。這種方法叫做使用**中斷**（*interrupts*），常被用於按鈕按下要發起動作但也需要同時做其他事的程式。

請注意這一行：

```
button.when_pressed = do_stuff
```

含有 do_stuff 而行尾沒有 ()。這是因為我們參考（refer）該函式，直到中斷發生前都沒有真的呼叫它。換句話說，我們告訴中斷處理程式有中斷發生時要呼叫哪一個函式，並沒有要它立刻叫呼叫函式。

討論

請留意開關是連接上線的，讓它被按下時，能連到被設置為輸入到 GND 的針腳 18，

你可能預期按鈕開關只有兩個接頭，是開或關。雖然有些觸覺按鈕開關確實只有兩個接頭，但是大部分都有四個接頭以提供機械強度。圖 13-3 圖示這些接頭如何排列。

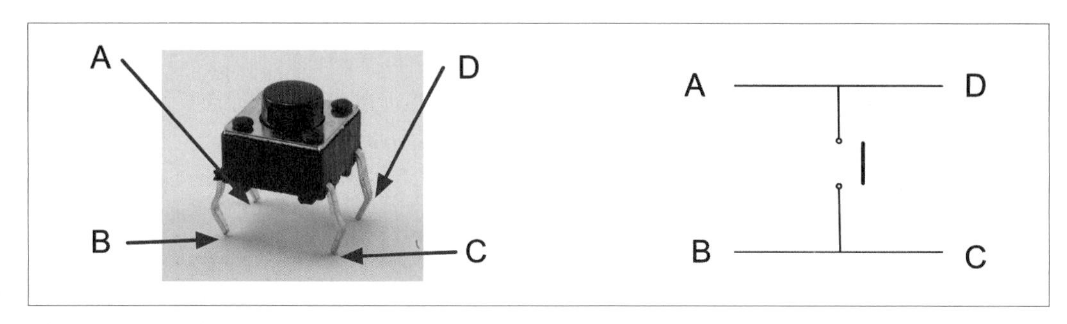

圖 13-3　觸覺按鈕開關

實際上，只有兩個電路接頭，因為在開關封裝內部，針腳 B 和 C 是連在一起的，A 和 D 也是。

參閱

更多關於 Raspberry Pi 使用麵包板和跳線的資訊，請見訣竅 10.9。

要去彈跳開關，請見訣竅 13.5。

要使用外部上拉或下拉電阻，請見訣竅 13.6。

13.2 以按鈕開關切換

問題

你要打造一個每次按下就可以切換某個東西開或關的按鈕開關。

解決方案

請讀取按鈕的最後狀態（也就是按鈕是開還是關），再於按鈕被按下時反轉此值。

以下範例會在你按下開關時切換 LED 開和關。

要完成此訣竅，你需要以下材料：

- 麵包板和跳線（參閱第 596 頁的「原型設備與套件」小節）
- 觸覺按鈕開關（參閱第 600 頁的「其他材料」小節）
- LED（參閱第 598 頁的「光電材料」小節）
- 470Ω 電阻（參閱第 597 頁的「電阻與電容器」小節）

圖 13-4 示範如何使用麵包板和跳線連接觸覺按鈕開關和 LED。

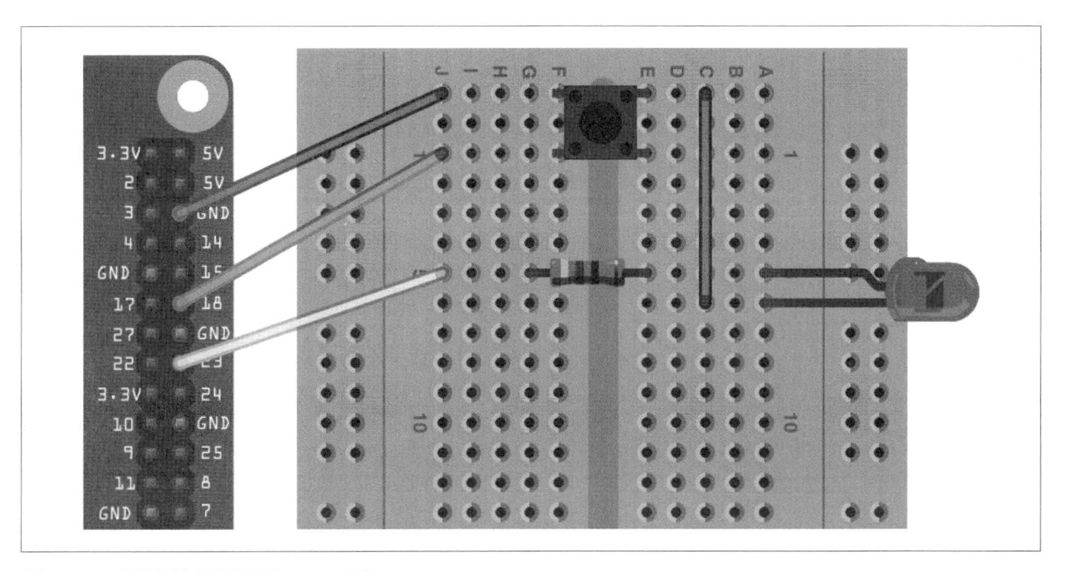

圖 13-4 連接按鈕開關與 LED 到 Raspberry Pi

除了連接 Raspberry Pi 到麵包板的公對母跳線連線以外，你也需要一條公對公跳線或單芯線。

你能使用 Raspberry Pi Squid（訣竅 10.10）和 Squid 按鈕（訣竅 13.1）作為麵包板和獨立組件的替代方案。

請開啟編輯器並貼上以下程式碼（*ch_13_switch_on_off.py*）：

```
from gpiozero import Button, LED
from time import sleep

led = LED(23)

def toggle_led():
    print(" 切換中 ")
    led.toggle()

button = Button(18)
button.when_pressed = toggle_led

while True:
    print(" 忙著做其他事 ")
    sleep(2)
```

如本書所有程式範例一樣，你可以下載本程式（請參閱訣竅 3.22）。

本程式基於 *ch_13_switch_2.py*，再次使用中斷讓程式處理其他事直到按鈕被按下。

當按鈕被按下時，會呼叫 `toggle_led`。這會**切換** LED；也就是如果它是**開**，那就會切換成**關**，而如果它是**關**，就會將它開啟。

討論

你可能會注意到有時候 LED 沒有切換，但是有兩個以上的「切換」訊息出現在終端機上，這取決於開關的品質。這是稱為**開關彈跳**（*switch bounce*）所造成的，我們會在訣竅 13.5 進一步討論。

參閱

更多關於 `gpiozero Button` 類別的文件，請參閱 *https://oreil.ly/SXIZ9*。

13.3 使用二段搖頭開關或滑動開關

問題

你要連接二段搖頭開關或滑動開關到 Raspberry Pi，且在 Python 程式中能找出開關的位置。

解決方案

請如觸覺按鈕開關一樣（訣竅 13.1）使用此開關：只要連接中間和其中一端接點（圖 13-5）。

要完成此訣竅，需要以下材料：

- 麵包板和跳線（參閱第 596 頁的「原型設備與套件」小節）
- 微型搖頭或滑動開關（參閱第 600 頁的「其他材料」小節）

訣竅 13.1 使用的相同程式碼就能運作於此佈局。

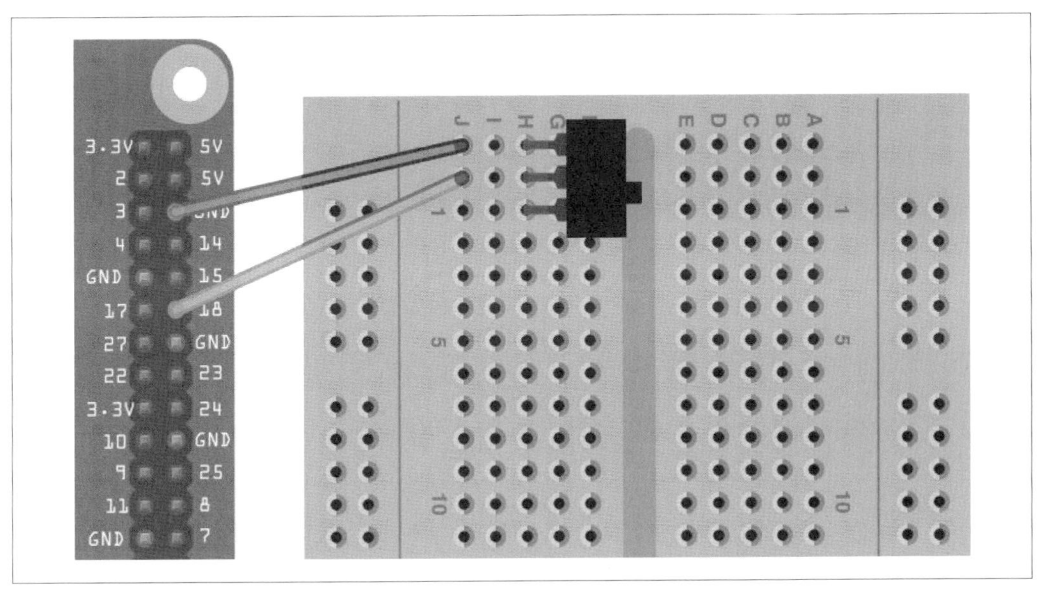

圖 13-5　連接滑動開關到 Raspberry Pi

討論

這些滑動開關類型很有用，因為你能看到他們設定的位置，而不需要額外的指示，例如 LED。但是它們比較脆弱而且比按鈕開關貴一些，按鈕開關因為能藏在美觀的塑膠按鈕下，所以在消費性電子產品使用多很多。

參閱

要使用中間關的三段開關，請見訣竅 13.4。

13.4 使用三段搖頭開關或滑動開關

問題

你要連接三段（中間關）搖頭開關到 Raspberry Pi，且在 Python 程式中能找出開關的位置。

解決方案

如圖 13-6 所示，連接開關到兩個 GPIO 針腳，並在 Python 程式中使用 gpiozero 程式庫偵測開關位置。

要完成此訣竅，需要以下材料：

- 麵包板和跳線（參閱第 596 頁的「原型設備與套件」小節）
- 微型中間關三段搖頭開關（參閱第 600 頁的「其他材料」小節）

開關的共用（中央）接腳連接到 GND，開關的兩端連接到 GPIO 針腳。

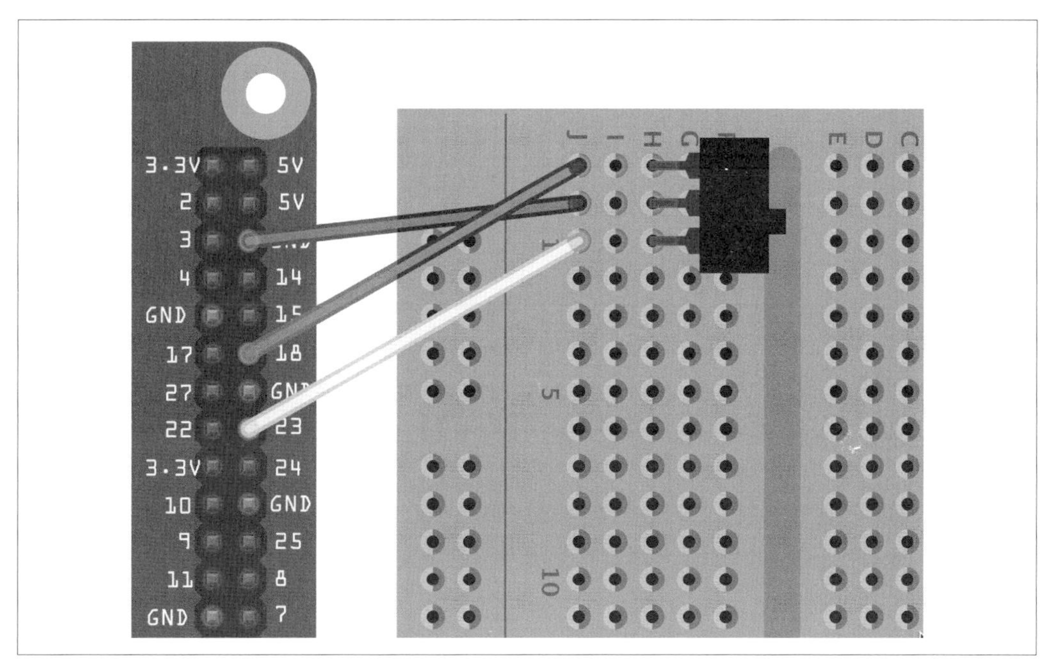

圖 13-6 連接三段開關到 Raspberry Pi

請開啟編輯器並貼上以下程式碼（*ch_13_switch_3_pos.py*）：

```
from gpiozero import Button

switch_top = Button(18)
switch_bottom = Button(23)

switch_position = " 不明 "

while True:
    new_switch_position = " 不明 "
    if switch_top.is_pressed:
        new_switch_position = " 上 "
    elif switch_bottom.is_pressed:
        new_switch_position = " 下 "
    else:
        new_switch_position = " 中間 "

    if new_switch_position != switch_position:
        switch_position = new_switch_position
        print(switch_position)
```

如本書所有程式範例一樣，你可以下載本程式（請參閱訣竅 3.22）。

請執行此程式，當你由上到下切換開關時，每次更動時都會回報開關的位置：

```
$ python3 ch_13_switch_3_pos.py
中間
上
中間
下
```

討論

程式會將兩個輸入設定為獨立按鈕。在迴圈內，兩個按鈕的狀態都會被讀取，`if`、`elif` 和 `else` 結構的三個條件式決定開關的位置，賦值給稱為 `new_switch_position` 變數。如果不同於上一個值，就會印出開關的位置。

你會找到各式各樣的搖頭開關。有些會描述為 DPDT、SPDT、SPST 或 SPST-momentary-on 等等。這些字母的意思如下：

- D：雙（Double）
- S：單（Single）
- P：軸（Pole）
- T：切（Throw）

因此，DPDT 開關是雙軸、雙切。軸（*pole*）指的是獨立機械槓桿控制的開關接點之數目。因此雙軸開關可以切換兩個東西開和關。單切開關只能開或關單一接點（或者。如果是雙軸，就是兩個接點）。但是雙切開關可以連接共接點到另兩個接點其中之一。

圖 13-7 示範最常見的開關類型。

參閱

更多關於 `if` 敘述如何運作的資訊，請參閱訣竅 5.20。

更多關於搖頭開關的資訊，請見 *https://oreil.ly/uDigs*。

關於大部分基本開關的訣竅，請參閱訣竅 13.1。

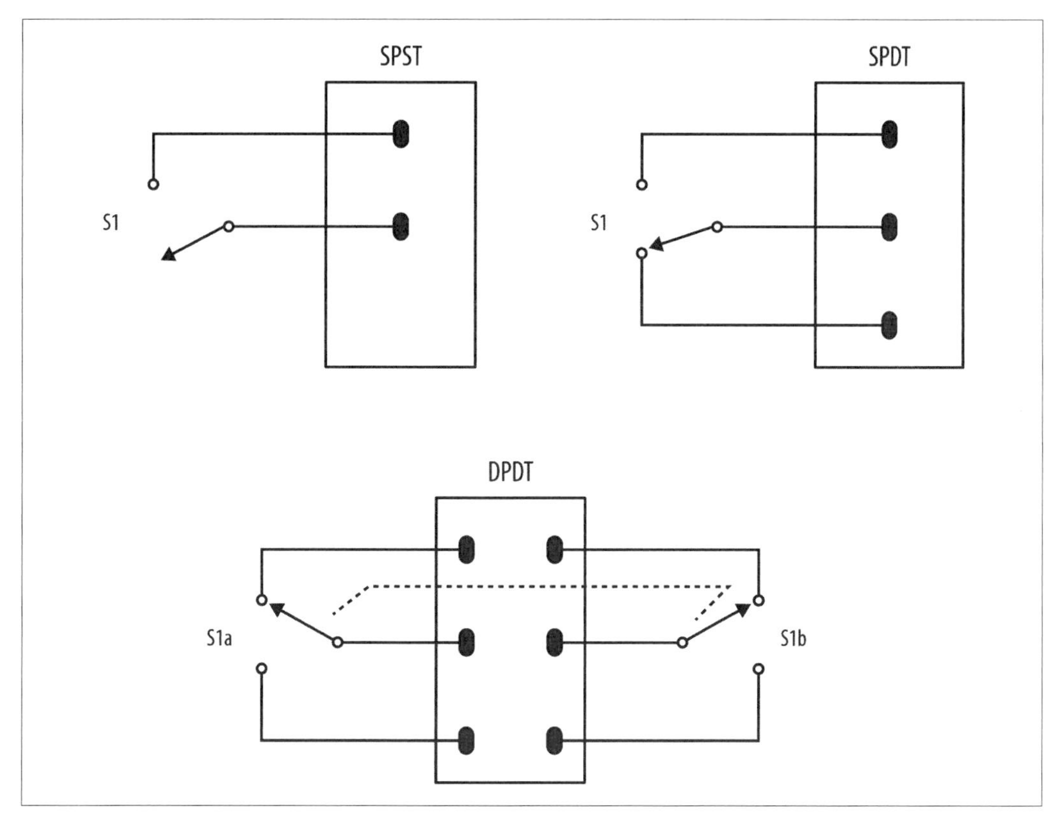

圖 13-7　搖頭開關類型

13.5 按鍵按壓去彈跳

問題

有時候按下開關按鈕時，預期的動作會因為開關**彈跳**（*bounce*）而發生超過一次（圖 13-8）。在這種情況下，你想要寫**去彈跳**（*debounce*）開關的程式碼。

解決方案

`gpiozero Button` 類別包含處理開關接點彈跳的程式碼。但是預設是關閉的。當你建立按鈕實例時，可以用選擇性 `bounce_time` 參數修改它。

更多關於開關彈跳到底是怎麼回事的資訊請參閱討論小節。但基本概念是當開關被按下時，接點會**彈跳**，產生偽的開關位置讀取值。`bounce_time` 參數決定開關狀態改變的偽值應該要忽略多長時間。

例如，在訣竅 13.2，你可能會注意到按下按鈕時常不會切換 LED。這會於按下按鈕時如果你取得偶數彈跳數時發生，因為一次彈跳會開啟 LED，第二次彈跳會立即將其再次關閉（在一瞬間完成），結果就是好像什麼都沒發生。

你可以修改 *ch_13_switch_on_off.py* 程式，於定義按鈕處增加選擇性參數 `bounce_time` 以設定去彈跳時間：

```
from gpiozero import Button, LED
from time import sleep

led = LED(23)

def toggle_led():
    print(" 切換中 ")
    led.toggle()

button = Button(18, bounce_time=0.1)
button.when_pressed = toggle_led

while True:
    print(" 忙著做其他事 ")
    sleep(2)
```

如本書所有程式範例一樣，你可以下載本程式（請參閱訣竅 3.22）。

在此範例中，彈跳時間設為 0.1 秒，應該比開關接點穩定下來的時間還更長。

討論

開關彈跳會在大多數開關發生，某些開關可能更嚴重，如圖 13-8 的示波器所描繪般。

你可以看到開關按下和放開的時候都有接點彈跳。大部分開關不會像這一個品質這麼差。

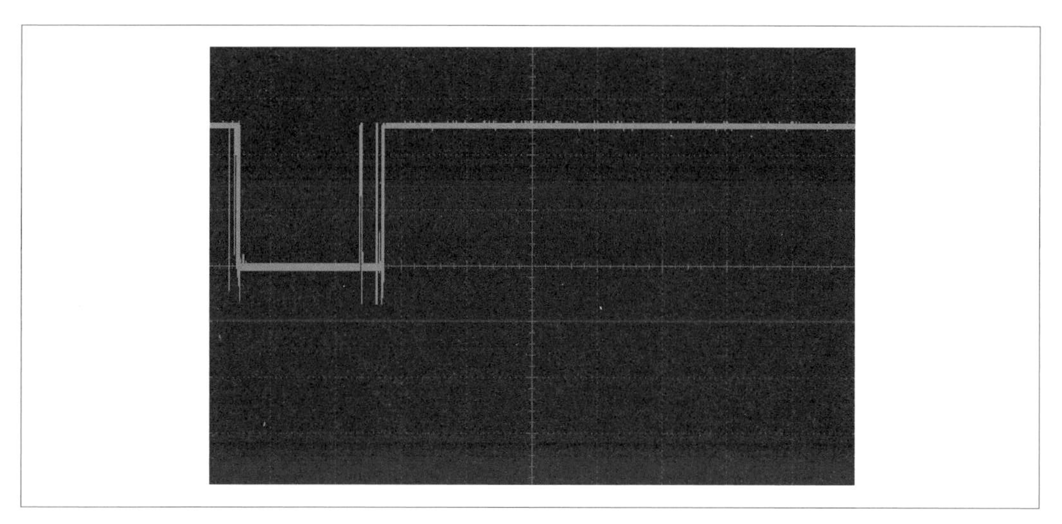

圖 13-8　不良開關的接點彈跳

參閱

關於連接按鈕開關的基礎，請參閱訣竅 13.1。

13.6 使用外部上拉電阻

問題

你要從 Raspberry Pi 連接一條長導線到開關，但是在輸入針腳卻有偽輸入讀數。

解決方案

Raspberry Pi GPIO 針腳包含上拉（*pull-up*）電阻。當 GPIO 針腳被當作數位輸入時，它的上拉電阻會維持高電位（3.3V）輸入直到輸入下拉至 GND，這可能是經由開關。此外，上拉電阻能在你的 Python 程式中被開和關。

這些內部上拉電阻相當弱（約 40kΩ），這表示如果你連接長導線到開關，或在有雜訊干擾的環境操作，你可能會在數位輸入取得偽觸發訊號。可以藉由關閉內部上拉和下拉電阻並使用外部上拉電阻來克服。

圖 13-9 示範外部上拉電阻的使用。

要測試這個硬體，你可以使用 *ch_13_switch.py* 程式；請見訣竅 13.1。

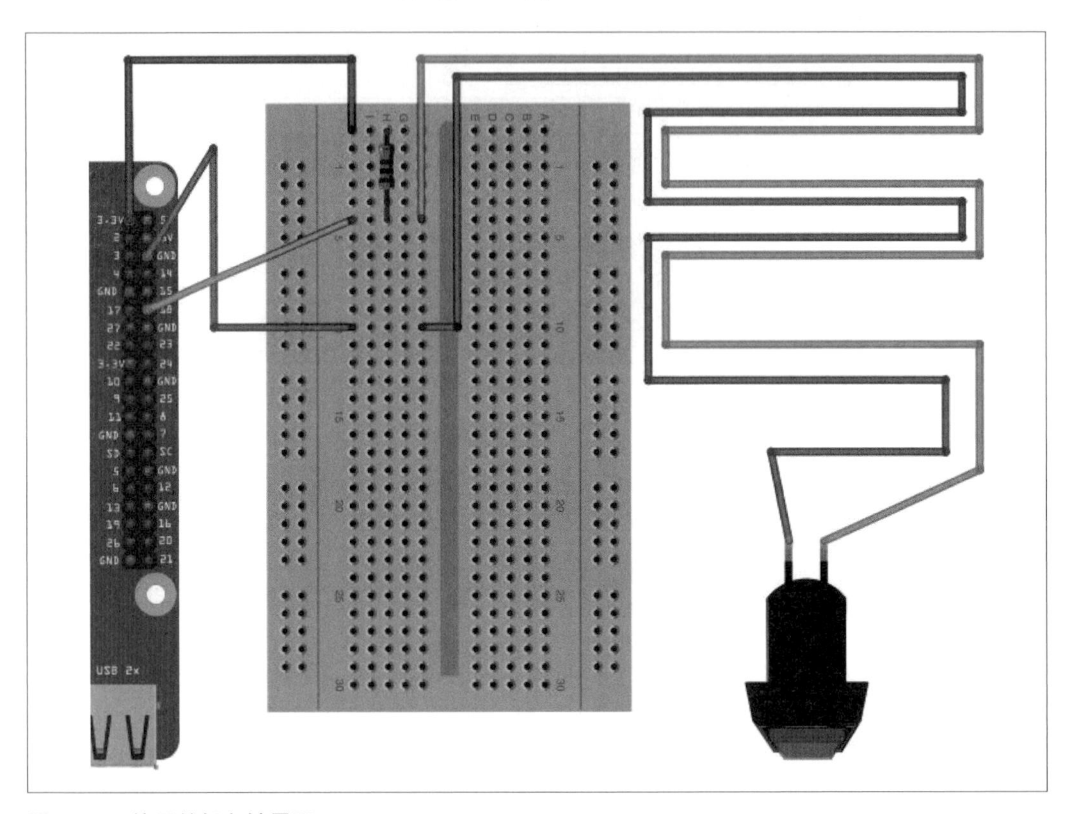

圖 13-9　使用外部上拉電阻

討論

電阻的電阻值越低，開關的範圍越長。然而當你按下開關時，3.3V 的電流會經由電阻流向接地端。100Ω 電阻會消耗 3.3V/100Ω = 33mA 的電流。這是在 Raspberry Pi 1 50mA 的 3.3V 電源供應之安全範圍內，所以如果你有舊款的 Raspberry Pi，請不要使用比這個還小的值。若你使用較新的 40 針腳 GPIO 的 Raspberry Pi，可以更低於此值，或許可以到 47Ω。

在幾乎所有情況下，1kΩ 電阻能提供更長的範圍而不會有問題。

參閱

關於連接按鈕開關的基礎，請參閱訣竅 13.1。

13.7 使用旋轉（正交）編碼器

問題

你要用旋轉編碼器（一種可以像音量旋鈕那樣旋轉的控制器）偵測轉動。

解決方案

請使用連接到兩個 GPIO 針腳的旋轉（正交）編碼器（參閱圖 13-10）。

要完成此訣竅，需要以下材料：

- 麵包板和跳線（參閱第 596 頁的「原型設備與套件」小節）
- 旋轉編碼器（參閱第 600 頁的「其他材料」小節）

這種類型的旋轉編碼器稱為**正交編碼器**（*quadrature encoder*），它就像一對開關一樣。旋轉編碼器的軸轉動時的開關順序決定了旋轉的方向。

旋轉編碼器如圖 13-10 所示有作為**共用引線**（*common lead*）的中央引線，及位於兩側 A 和 B 的引線。不是所有旋轉編碼器都使用此佈線，所以請檢查你用的旋轉編碼器之規格表。這是常常會搞混的議題，因為許多旋轉編碼器內含按鈕開關，會有獨立的接點。

請開啟編輯器並貼上以下程式碼（*ch_13_rotary_encoder.py*）：

```
from gpiozero import Button
import time

input_A = Button(18)
input_B = Button(23)

old_a = True
old_b = True

def get_encoder_turn():
    # return -1 (cce), 0 (no movement), or +1 (cw)
```

```
    global old_a, old_b
    result = 0
    new_a = input_A.is_pressed
    new_b = input_B.is_pressed
    if new_a != old_a or new_b != old_b :
        if old_a == 0 and new_a == 1 :
            result = (old_b * 2 - 1)
        elif old_b == 0 and new_b == 1 :
            result = -(old_a * 2 - 1)
    old_a, old_b = new_a, new_b
    time.sleep(0.001)
    return result

x = 0

while True:
    change = get_encoder_turn()
    if change != 0 :
        x = x + change
        print(x)
```

如本書所有程式範例一樣，你可以下載本程式（請參閱訣竅 3.22）。

測試程式只在你順時針轉動旋轉編碼器時向上計數，並在你逆時針旋轉時向下計數：

```
$ python3 ch_13_rotary_encoder.py
1
2
3
4
5
6
7
8
9
10
9
8
7
6
5
4
```

討論

旋轉編碼器已在許多應用場合中取代可變電阻，因為它們通常成本較低，也不會受到鏽蝕和磨耗的影響。

圖 13-11 展示你會從 A 和 B 兩個接點讀取的脈衝順序。你能看到每四步重複一個循環模式（因此命名為**正交編碼器**）。

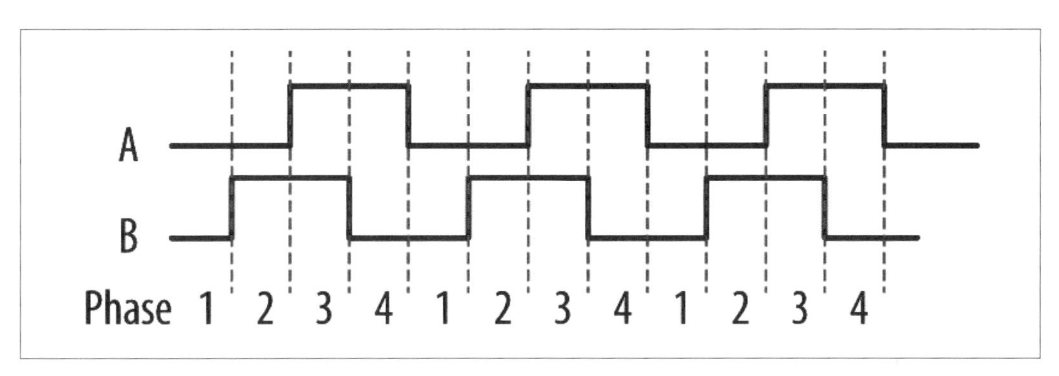

圖 13-11　正交編碼器運作原理

當順時針旋轉時（圖 13-11 中由左到右），順序會是：

相位	A B	用途
1	0	0
2	0	1
3	1	1
4	1	0

當反方向旋轉時，相位順序會相反：

相位	A B	用途
4	1	0
3	1	1
2	0	1
1	0	0

先前列出的 Python 程式於 `get_encoder_turn` 函式實作決定旋轉方向的演算法。如果沒有移動，函式會回傳 `0`，`1` 表示順時針旋轉，或 `-1` 表示逆時針旋轉。它使用兩個全域變數，`old_a` 和 `old_b`，以儲存開關 A 和 B 之前的狀態。藉由比較新讀取的值，就能（用一點聰明邏輯）決定編碼器旋轉的方向。

一毫秒的睡眠周期是確保下一個新樣本不會在前一個樣本後太早發生；否則過渡時期會產生偽讀數。

無論你將旋轉編碼器的旋鈕轉動多快，測試程式應該都能可靠運作；但是請避免在迴圈中作任何浪費時間的事，否則你可能會發現有些轉動遺失。

參閱

你也能用可變電阻和步階響應法（訣竅 14.1）或類比數位轉換器（訣竅 14.7）來測量旋鈕的旋轉位置。

13.8 使用數字鍵盤

問題

你要使用數字鍵盤當 Raspberry Pi 的介面。

解決方案

數字鍵盤以列（row）與行（columns）排列，每個行列交叉處有按鈕開關。要找出哪一個鍵被按下，你要先連接所有行列到 Raspberry Pi GPIO 針腳。所以對於 4X3 數字鍵盤，你需要四個列針腳、三個行針腳（總共七個）。藉由輪流掃描每一行（設定為輸出高電位）和讀取每列輸入的值，你能訂出哪一個鍵被按下（如果有的話）。你也可以分辨是否同時有超過一個鍵被按下；就特定行而言，如果超過一個鍵被按下，相對的列會全都是高電位。

請注意數字鍵盤的針腳輸出會有極大的差異。

要製作此訣竅，你需要以下材料：

- 麵包板和跳線（參閱第 596 頁的「原型設備與套件」小節）
- 4X3 數字鍵盤（參閱第 600 頁的「其他材料」小節）
- 七個公接頭針腳（參閱第 600 頁的「其他材料」小節）

圖 13-12 示範使用第 600 頁的「其他材料」小節所列的 SparkFun 數字鍵盤之接線圖。數字鍵盤沒有提供針腳接頭，你必須將它焊接上去。

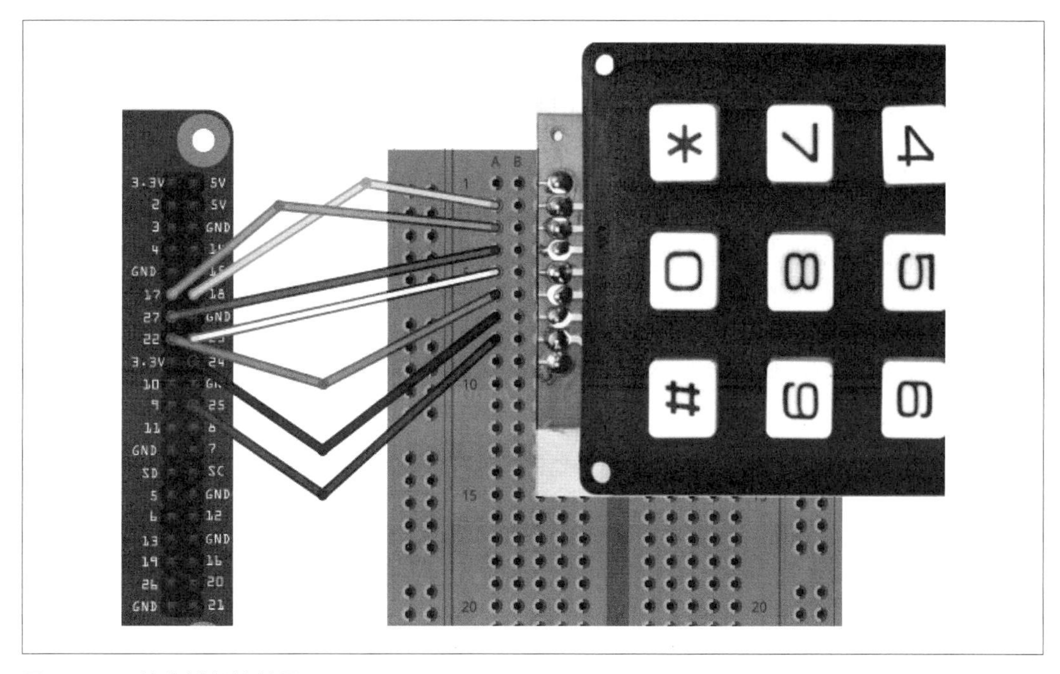

圖 13-12　數字鍵盤接線圖

請開啟編輯器並貼上以下程式碼（*ch_13_keypad.py*）。

在您執行程式前，請確定使用的數字鍵盤列與行的針腳正確。如果需要，請修改變數 `rows` 和 `cols` 的值。如果沒有這麼做，可能按按鍵時會使讓一個 GPIO 針腳輸出到另一個針腳短路，一個是高電位，一個是低電位。這有可能會損毀你的 Raspberry Pi。

```
from gpiozero import Button, DigitalOutputDevice
import time

rows = [Button(17), Button(25), Button(24), Button(23)]
cols = [DigitalOutputDevice(27), DigitalOutputDevice(18),
    DigitalOutputDevice(22)]
keys = [
    ['1', '2', '3'],
    ['4', '5', '6'],
    ['7', '8', '9'],
    ['*', '0', '#']]

def get_key():
    key = 0
    for col_num, col_pin in enumerate(cols):
        col_pin.off()
        for row_num, row_pin in enumerate(rows):
            if row_pin.is_pressed:
                key = keys[row_num][col_num]
        col_pin.on()
    return key

while True:
    key = get_key()
    if key :
        print(key)
    time.sleep(0.3)
```

執行程式時，你能看到每次按鍵都被印出來：

```
$ sudo python3 ch_13_keypad.py
1
2
3
4
5
6
7
8
9
*
0
#
```

如本書所有程式範例一樣，你可以下載本程式（請參閱訣竅 3.22）。

在每個行列交叉處有一個按鍵開關，所以當開關被按下時，特定的行列就會被連接。

此處定義的行列對於附錄 A 第 600 頁的「其他材料」小節所列的 SparkFun 數字鍵盤是正確的。第一列連接到 GPIO 針腳 17，第二列是針腳 25，等等。數字鍵盤接腳的行列接線圖示於圖 13-13。

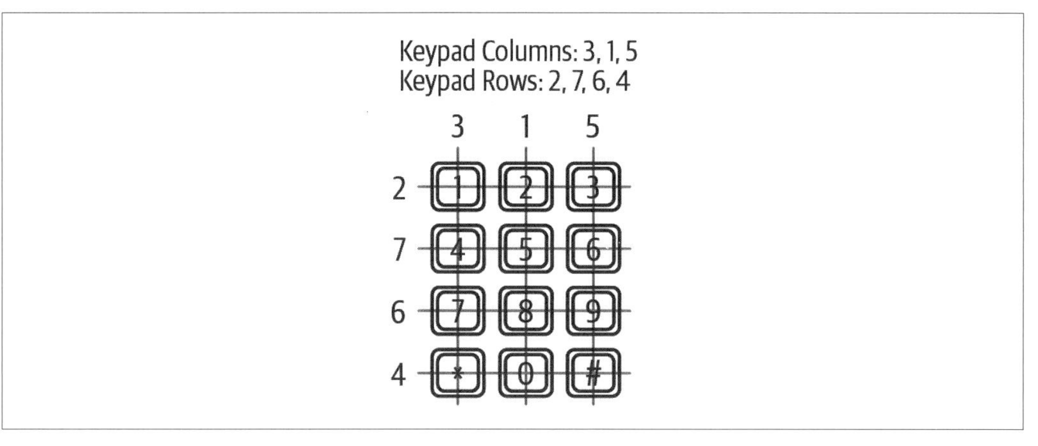

圖 13-13　數字鍵盤針腳連接

討論

變數 keys 含有每個行列位置按鍵名稱的映射。你可以為你的數字鍵盤自定義。

所有實際動作發生於函式 get_key。它會輪流將每一行設定為低電位。內部迴圈會輪流測試每一列。若其中一列為低電位，會在 keys 陣列中尋找相對應行列的按鍵名稱。如果沒有偵測到按鍵，會回傳 key 的預設值（0）。

主要的 while 迴圈只是讀取按鍵值並印出來。sleep 指令讓輸出放緩。

參閱

數字鍵盤的替代方案是使用 USB 鍵盤；你只需要如訣竅 13.11 擷取鍵盤輸出就好。

13.9 偵測移動

問題

當偵測到移動時，你要在 Python 程式中觸發某個動作。

解決方案

請使用紅外線移動偵測器模組（passive infrared (PIR) motion detector module）。

要製作此訣竅，你需要以下材料：

- 母對母跳線（參閱第 596 頁的「原型設備與套件」小節）
- 紅外線移動偵測器模組（參閱第 598 頁的「模組」小節）

圖 13-14 示範如何連接感測器模組。此模組需要 5V 電源供應，輸出 3.3V，很適合 Raspberry Pi 使用。

請確定你用的 PIR 模組是 3.3V 輸出，如果它是 5V 輸出，會需要一對電阻將它降至 3.3V（參閱訣竅 14.8）。

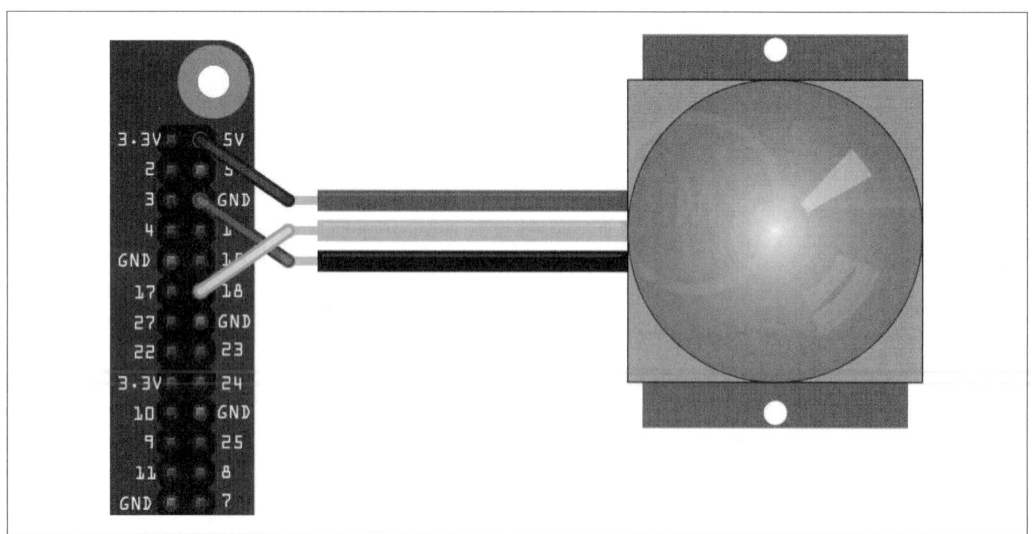

圖 13-14　連接 PIR 移動偵測器

開啟編輯器並貼上下列程式碼（*ch_13_pir.py*）：

```
from gpiozero import MotionSensor

pir = MotionSensor(18)

while True:
    pir.wait_for_motion()
    print(" 偵測到移動！ ")
```

如本書所有程式範例一樣，你可以下載本程式（請參閱訣竅 3.22）。

程式會簡單地印出 GPIO 輸入針腳 18 的狀態：

```
$ python3 ch_13_pir.py
偵測到移動！
偵測到移動！
```

討論

`gpiozero` 提供了 PIR 感測器類別 `MotionSensor`，所以我們不妨使用它。但是此類別除了監控當作數位輸入的針腳外實際上沒有做什麼事。

當觸發時，PIR 感測器輸出會維持高電位一會兒。你能用它電路板上的一個微調鈕（trimpots，可變電阻）調整它。第二個微調鈕（如果有的話）會設定停用感測器的光線閾值。這在感測器被用來控制光線時很有用 —— 當偵測到移動時開啟燈光，但只在黑暗時。

參閱

更多資訊可在 `MotionSensor` 的完整文件取得（*https://oreil.ly/nJpBG*）。

你可以結合此訣竅與訣竅 7.16 在偵測到侵入者時寄送電子郵件，或是你可以將它與 If This Then That（IFTTT）整合以提供一些通知方式（參閱訣竅 17.4）。

要以電腦視覺和網路攝影機偵測移動，請參閱訣竅 8.6。

13.10 為 Raspberry Pi 加上 GPS

問題

你要連接序列 GPS 模組到移動的 Raspberry Pi，並使用 Python 存取資料。

解決方案

3.3V 輸出的序列 GPS 模組能直接連接到 Raspberry Pi 的 RXD 接腳。這表示要讓它運作，你必須遵循訣竅 2.6。請注意，雖然你需要啟用序列埠硬體，但是你不應該啟用 serial console 選項。

圖 13-15 示範如何連接模組。Raspberry Pi 的 RXD 連到 GPS 模組的 TX。其他連接線只有 GND 和電源，所以我們能用三個母對母接頭。

檢查電壓

有些 GPS 模組需要 3.3V 電壓供應而不是以下所示的 5.5V。所以連接前請先檢查。

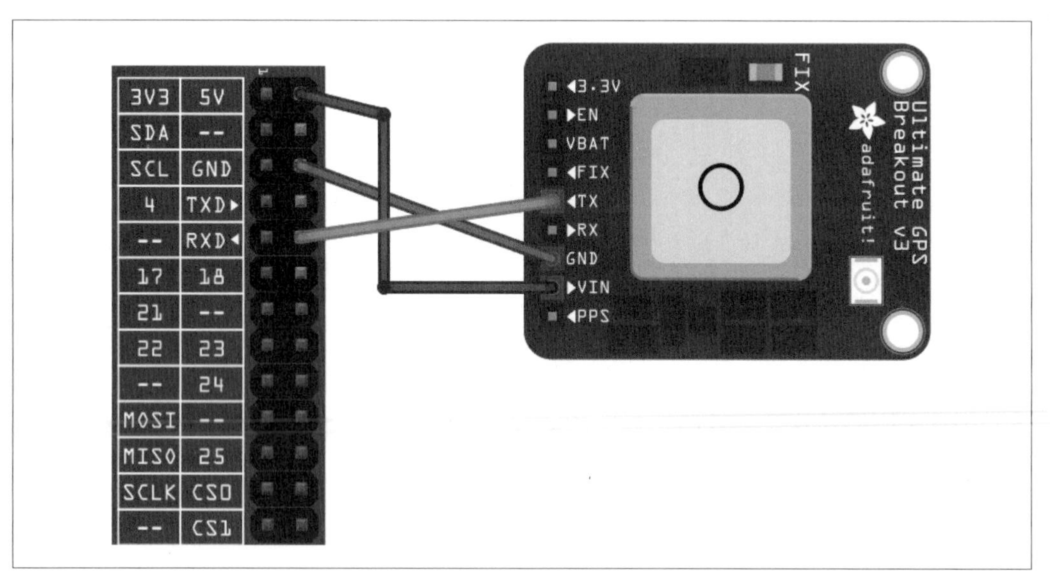

圖 13-15 連接 GPS 到 Raspberry Pi

你能以 Minicom（見訣竅 10.8）看到原始的 GPS 資料。請用下列 `minicom` 指令來看位於 */dev/serial0* 的裝置每秒出現一次之訊息：

```
$ minicom -b 9600 -o -D /dev/serial0
Welcome to minicom 2.8
OPTIONS: I18n
Port /dev/serial0, 12:55:56
Press CTRL-A Z for help on special keys
$GPGGA,120346.694,5342.6175,N,00239.7791,W,1,04,5.6,84.4,M,51.3,M,,0000*7A
$GPGSA,A,3,01,03,31,04,,,,,,,,,6.9,5.6,4.0*3E
$GPGSV,3,1,12,04,63,150,23,03,56,078,41,19,46,263,23,17,39,226,18*79
$GPGSV,3,2,12,09,37,197,20,06,36,302,20,01,26,134,13,31,20,048,31*74
$GPGSV,3,3,12,12,08,327,14,21,06,136,,11,04,304,,25,04,001,*72
$GPRMC,120346.694,A,5432.6175,N,00139.7791,W,002.8,084.6,060922,,,A*7F
```

如果沒看到任何資料，請檢查你的連線，確定序列埠硬體有啟用。請留意在沒有 GPS 訊號的室內測試 GPS 基本功能運作沒關係。但是若你要取得實際的 GPS 定位，你可能需要將 Raspberry Pi 移至戶外，或至少將 GPS 模組放在窗邊。

如你在前例所見，GPS 訊息需要某些解碼。好消息是很容易辨識出來自 GPS 模組不同訊息的實際經緯度數字。在前例中，你可以看到以 $GPRMC 開頭的訊息以逗號分隔欄位，其中第三個是數字（5432.6175）跟著一個字母（N 或 S）。這是以百分之一度為單位的緯度。下兩個欄位以相似方式顯示經度。

你可以在 *ch_13_gps_serial.py* 找到從 Python 程式存取 GPS 資料的範例：

```
import serial

ser = serial.Serial('/dev/serial0')

while True:
    line = ser.readline().decode("utf-8")
    message = line.split(',')
    if message[0] == '$GPRMC':
        if message[2] == 'A':
            lat = message[3] + message[4]
            lon = message[5] + message[6]
            print(F"lat={lat} \tlon={lon}")
        else:
            print(" 沒有定位 ")
```

如本書所有程式範例一樣，你可以下載本程式（請參閱訣竅 3.22）。

請執行此程式，然後你應該會看到像這樣的軌跡。請記得 GPS 模組定位需要一些時間：

```
$ python3 -i ch_13_gps_serial.py
沒有定位
沒有定位
lat=5432.6028N      lon=00139.0515W
lat=5432.6028N      lon=00139.0514W
```

討論

程式會讀取每則進來的訊息，尋找 $GPRMC 訊息再將訊息分割成組成部分。如果位置已知，結果串列的第二個元素會是 `A`。

如果位置已知，就是經緯度。

參閱

你能找出更多關於 GPS 訊息不同欄位的意義（*https://oreil.ly/6OVLR*）。

更多使用 Python 進行 GPS 追蹤的有趣教學請參閱 *https://oreil.ly/tSVi6*。

13.11 攔截按鍵輸入

問題

你要攔截 USB 鍵盤或數字鍵盤上的個別按鍵。

解決方案

至少有兩種方法解決此問題。比較直覺的方法是使用 `sys.stdin.read` 函式。這比其他方法有不需要執行 GUI 的優點，所以用它的程式能從 SSH 執行。

請開啟編輯器並貼上以下程式碼（*ch_13_keys_sys.py*）、執行程式，並開始按下某些按鍵：

```
import sys, tty, termios

def read_ch():
    fd = sys.stdin.fileno()
    old_settings = termios.tcgetattr(fd)
```

```
    try:
        tty.setraw(sys.stdin.fileno())
        ch = sys.stdin.read(1)
    finally:
        termios.tcsetattr(fd, termios.TCSADRAIN, old_settings)
    return ch

while True:
    ch = read_ch()
    if ch == 'x':
        break
    print("key is: " + ch)
```

如本書所有程式範例一樣，你可以下載本程式（請參閱訣竅 3.22）。要停止程式，請按 *x* 鍵。

另一種方法是使用 pygame，是設計來寫遊戲的 Python 程式庫，也能用以偵測按鍵。然後你可以用它執行一些動作。

下列範例程式（*ch_13_keys_pygame.py*）示範用 pygame 於每次按鍵時印出訊息。但是它只能運作於程式有存取視窗系統權限時，所以你需要以 VNC（訣竅 2.8）執行它，或直接在 Raspberry Pi 上執行：

```
import pygame
import sys
from pygame.locals import *

pygame.init()
screen = pygame.display.set_mode((640, 480))
pygame.mouse.set_visible(0)

while True:
    for event in pygame.event.get():
        if event.type == QUIT:
            sys.exit()
        if event.type == KEYDOWN:
            print("Code: " + str(event.key) + " Char: " + chr(event.key))
```

它會開啟空白的 Pygame 視窗，按鍵只有在 Pygame 視窗被選擇時才會被攔截。程式會在執行程式的終端機視窗產生輸出結果。

如果你以首個 stdin 讀取方法按下方向鍵或 Shift 鍵，程式會丟出錯誤，因為那些按鍵沒有 ASCII 值：

```
$ python3 ch_13_keys_pygame.py
Code: 97 Char: a
Code: 98 Char: b
Code: 99 Char: c
Code: 120 Char: x
Code: 13 Char:
```

在這個例子中，Ctrl-C 無法讓程式停止執行。要終止程式，請按下 Pygame 視窗的 X。

討論

當你用 pygame 方法時，其他鍵有定義常數值，讓你使用游標和鍵盤上其他非 ASCII 鍵（像是上箭頭和 Home）。這是用其他方法不可能做到的。

參閱

攔截鍵盤事件也是使用矩陣數字鍵盤（訣竅 13.8）的替代方法。

13.12 攔截滑鼠移動

問題

你要在 Python 偵測滑鼠移動。

解決方案

解決方案和以 pygame 攔截鍵盤事件非常相似（訣竅 13.11）。

請開啟編輯器並貼上以下程式碼（*ch_13_mouse_pygame.py*）：

```
import pygame
import sys
from pygame.locals import *

pygame.init()
screen = pygame.display.set_mode((640, 480))
pygame.mouse.set_visible(0)

while True:
```

```
    for event in pygame.event.get():
        if event.type == QUIT:
            sys.exit()
        if event.type == MOUSEMOTION:
            print("Mouse: (%d, %d)" % event.pos)
```

如本書所有程式範例一樣，你可以下載本程式（請參閱訣竅 3.22）。

執行程式時，每當滑鼠在 pygame 視窗內移動時就會觸發 MOUSEMOTION 事件。你可以從事件的 pos 值找到座標。座標是相對於視窗左上角的絕對座標：

```
Mouse: (262, 285)
Mouse: (262, 283)
Mouse: (262, 281)
Mouse: (262, 280)
Mouse: (262, 278)
Mouse: (262, 274)
Mouse: (262, 270)
Mouse: (260, 261)
Mouse: (258, 252)
Mouse: (256, 241)
Mouse: (254, 232)
```

討論

其他可以攔截的事件是 MOUSEBUTTONDOWN 與 MOUSEBUTTONUP。它們能用來偵測滑鼠左鍵按下和放開。

參閱

你可以在 pygame 網站找到 mouse 的文件（*https://oreil.ly/7Qojm*）。

13.13 為 Raspberry Pi 加上重置按鈕

問題

你想要一個啟動 Raspberry Pi 4 或更舊機型的重製按鈕，就像平常的桌上型電腦那樣。

解決方案

如果你有 Raspberry Pi 400，那就什麼都不用做；這個版本的 Raspberry Pi 已經有一個電源開關了。

當你用完 Raspberry Pi 時，應該真的將它關機；否則可能會損壞 SD 卡映像，這意謂著必須重新安裝 Raspberry Pi OS 了。Raspberry Pi 關機後，要重新開機須將 USB 線拔起再重新插上。但是更巧妙的作法是為 Raspberry Pi 加上重置按鈕。

要製作此訣竅，你需要以下材料：

- 雙向 1/10 吋排針（參閱第 600 頁的「其他材料」小節）
- 回收的 PC 開機按鈕，或 MonkMakes Squid 按鈕（參閱第 598 頁的「模組」小節）
- 焊接設備（參閱第 596 頁的「原型設備與套件」小節）

大部分 Raspberry Pi 機型有此功能的接腳。它在板子的位置各有不同，但是一定會標示為 RUN。圖 13-16 圖示出它在 Raspberry Pi 4 的位置，而圖 13-17 則是 Raspberry Pi 3 的位置。

圖 13-16　RUN 接點在 Raspberry Pi 4 的位置

圖 13-17　RUN 接點在 Raspberry Pi 3 的位置

接點的洞距是十分之一吋，設計來配合標準排針。將針腳的短頭從板子上方穿過孔洞，再由下方焊接。焊接定位後，有 RUN 排針的 Raspberry Pi 應該長得像圖 13-18。

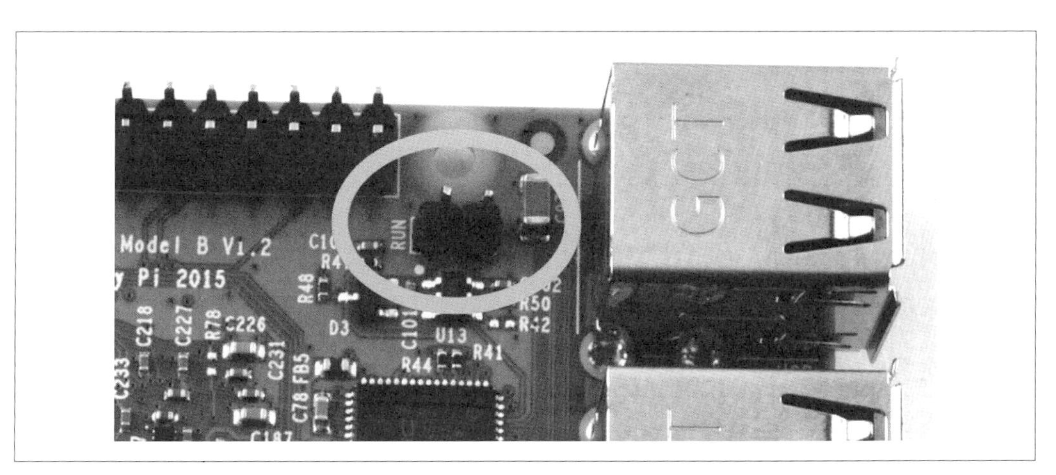

圖 13-18　接到 Raspberry Pi 的針腳

現在針腳已接上，按鈕接頭只要如圖 13-19 壓上排針就好。

圖 13-19　接上重製按鈕的 Raspberry Pi 3

討論

要測試你的修改，請開啟 Raspberry Pi，再從 Raspberry 選單選擇關機（Shutdown）將它關機（圖 13-20）。

一段時間後，螢幕會關閉，Pi 會進入停止（*halt*）模式，會使用最低電量，為待命狀態。

現在，請開啟 Pi，你要做的只是按下重製按鈕，它就會開機！

參閱

更多關於 Raspberry Pi 關機和開機資訊，請參閱訣竅 1.15。

圖 13-20　關閉 Raspberry Pi

第十四章

感測器

14.0 簡介

本章我們會看看使用各種不同類型的感測器，讓 Raspberry Pi 能測量溫度、光線等性質的訣竅。

不像 Arduino 和 Raspberry Pi Pico 那樣的板子，一般的 Raspberry Pi 缺少類比輸入。這表示對於許多感測器來說，需要使用額外的類比數位轉換器（ADC）硬體。幸運的是，這蠻容易做到的。也能使用有電容器和一對電阻的電阻式感測器。

許多訣竅需要用免焊接麵包板和公對母跳線（參閱訣竅 10.9）。

14.1 使用電阻式感測器

問題

你要連接可變電阻到 Raspberry Pi，測量電阻以在 Python 程式中決定可變電阻旋鈕的位置。

解決方案

你能在 Raspberry Pi 上只用電容器、一對電阻和兩個通用輸入 / 輸出（GPIO）針腳測量電阻。在此例中，你將藉由測量微型可變電阻（trimpot）滑片接點兩端的電阻值來評估它的旋鈕位置。

要完成此訣竅，需要以下材料：

- 麵包板和跳線（參閱第 596 頁的「原型設備與套件」小節）
- 10kΩ 微型可變電阻（參閱第 597 頁的「電阻與電容器」小節）
- 兩個 1kΩ 電阻（參閱第 597 頁的「電阻與電容器」小節）
- 330 nF 電容器（參閱第 597 頁的「電阻與電容器」小節）

圖 14-1 圖示麵包板上零組件的排列。

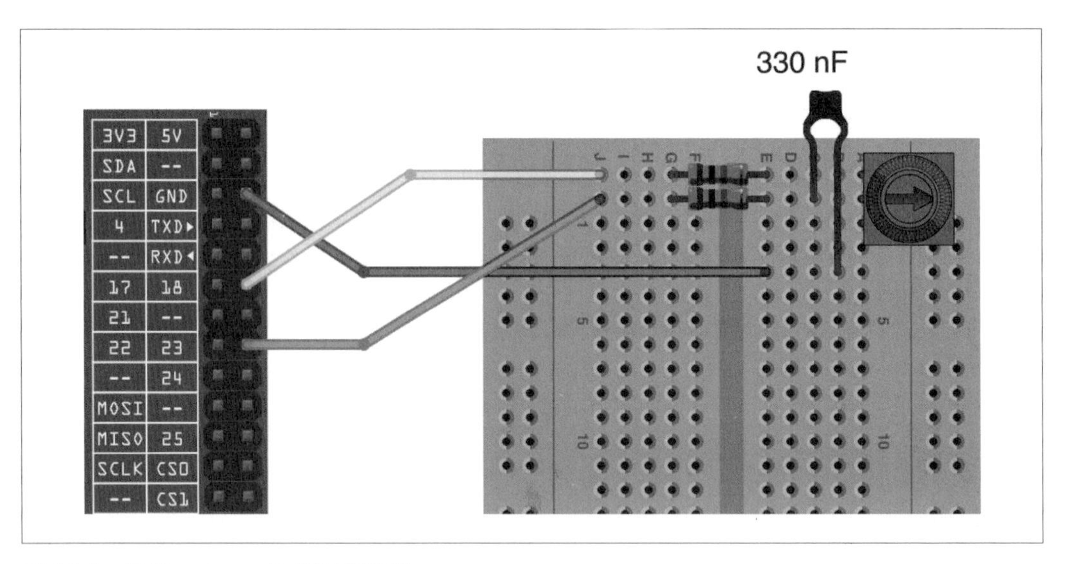

圖 14-1　在 Raspberry Pi 測量電阻值

本訣竅使用一個 Python 程式庫，其作者為了讓類比感測器易於使用而開發。要安裝它，請執行下列指令：

```
$ git clone https://github.com/simonmonk/pi_analog.git
$ cd pi_analog
$ sudo python3 setup.py install
```

開啟編輯器並貼上以下程式碼（*ch_14_resistance_meter.py*）：

```
from PiAnalog import *
import time

p = PiAnalog()

while True:
    print(p.read_resistance())
    time.sleep(1)
```

如本書所有程式範例一樣，你可以下載本程式（請參閱訣竅 3.22）。

執行此程式時，你應該會看到像這樣的輸出結果：

```
$ python3 ch_14_resistance_meter.py
5588.419502667787
5670.842306126099
8581.313103654076
10167.614271851775
8724.539614581638
4179.124682880563
267.41950235897957
```

讀數會根據轉動可變電阻旋鈕的位置而有不同。理想上，電阻值讀數會在 0 和 10,000Ω 之間變動，但是實務上，會有一些誤差。

討論

要解釋 `PiAnalog` 類別的原理，我需要先解釋測量可變電阻電阻值的**步階響應**（*step response*）技術的原理。

圖 14-2 示範此訣竅的電路圖。

這麼做的方法稱為步階響應法，因為它是看輸出由低電位到高電位切換的步階改變之電路響應來運作。

可以將電容器想成一個電力的容器，當它充滿電荷時，兩端的電壓會增加。因為 Raspberry Pi 沒有類比數位轉換器（ADC），所以你無法直接測量電壓。不過你可以計算電容器充滿電荷至高於 1.65V，或達到高電位數位輸入所需的時間。電容器充滿電荷的速度取決於可變電阻值（Rt）。電阻值越低，電容器充滿電荷和電壓上升得越快。

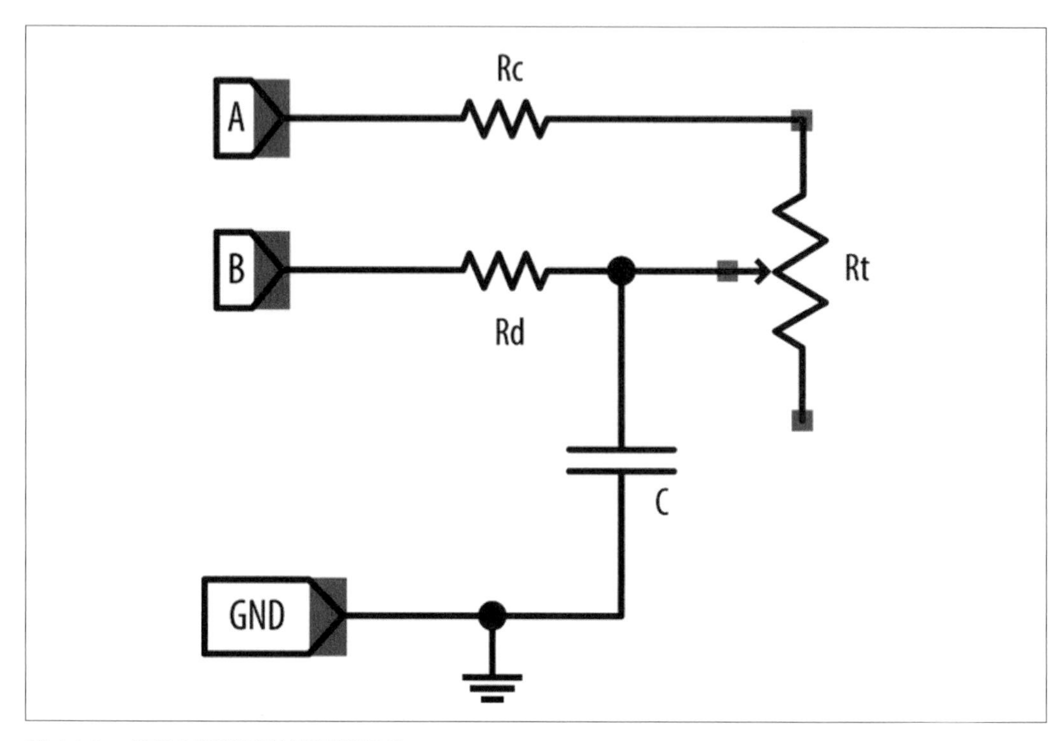

圖 14-2　使用步階響應法測量電阻值

要取得好的讀數，你也必須於每次讀取讀數前清空電容器。圖 14-2 中，A 接線經由 Rc 和 Rt 將電容器充電，B 接線則經由 Rd 來將電容器放電（清空）。電阻 Rc 和 Rd 用以防止電容器充放電時過多電流流經 Raspberry Pi 相對脆弱的 GPIO 針腳。

涉及讀取讀數的步階會先由 Rd 將電容器放電，然後經由 Rc 和 Rt 將它充電。要放電，接線 A（GPIO 18）會被設定為輸入，有效地斷開電路中的 Rc 和 Rt。接線 B（GPIO 23）則會被設為低電位輸出。會維持該狀態 100 毫秒以清空電容器。

現在電容器已清空，你可以開始設定接線 B 為輸入（有效地斷開電路），然後設定接線 A 為高電位 3.3V 輸出以讓電荷流入。電容器 C 現在會開始經由 Rc 和 Rt 充電。

圖 14-3 圖示電阻和電容器在這樣的排列下，於電壓高低電位切換時的充放電。

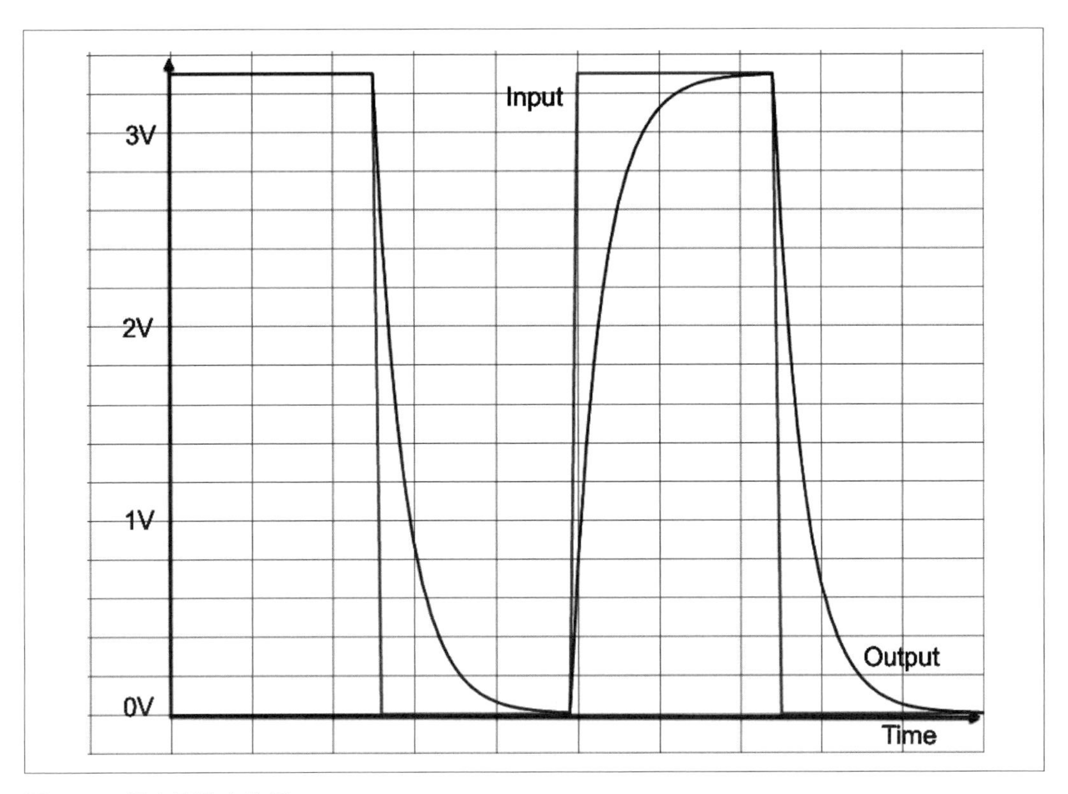

圖 14-3　電容器的充放電

你可以看到電容器的電壓先快速增加，但隨後當電容器滿了之後逐漸降低。幸運的是，你有興趣的是曲線向上直到電容器達到約 1.65V 的部分，它是相當直的線，表示電容器電壓上升到此點所花的時間粗略地和 Rt 的電阻值即旋鈕的位置成比例。

這種方法不太精確，但是成本很低且易用。不準確的主要原因是有合適值的電容器準確度僅為 10%。

參閱

使用步階響應於各種光線（訣竅 14.2）、溫度（訣竅 14.3），甚至氣體（訣竅 14.4）偵測的電阻式感測器都運作得不錯。

對於更正確地微型可變電阻位置測量，請參閱訣竅 14.7，可變電阻會和 ADC 一起使用。

14.2 測量光線

問題

你要使用 Raspberry Pi 和光敏電阻測量光線。

解決方案

請使用和訣竅 14.1 相同的基本訣竅與程式碼，但是將可變電阻改成光敏電阻。

要完成此訣竅，需要以下材料：

- 麵包板和跳線（參閱第 596 頁的「原型設備與套件」小節）
- 光敏電阻或光電晶體（參閱第 597 頁的「電阻與電容器」小節）
- 兩個 1kΩ 電阻（參閱第 597 頁的「電阻與電容器」小節）
- 330 nF 電容器（參閱第 597 頁的「電阻與電容器」小節）

所有這些零組件都包含在 MonkMakes 的 Project Box 1 kit for Raspberry Pi 裡（參閱第 596 頁的「原型設備與套件」小節）。

圖 14-4 示範零組件於麵包板上的排列。如果你使用光電晶體而非光敏電阻，則較長的引腳是負極，應該接到麵包板第四列。

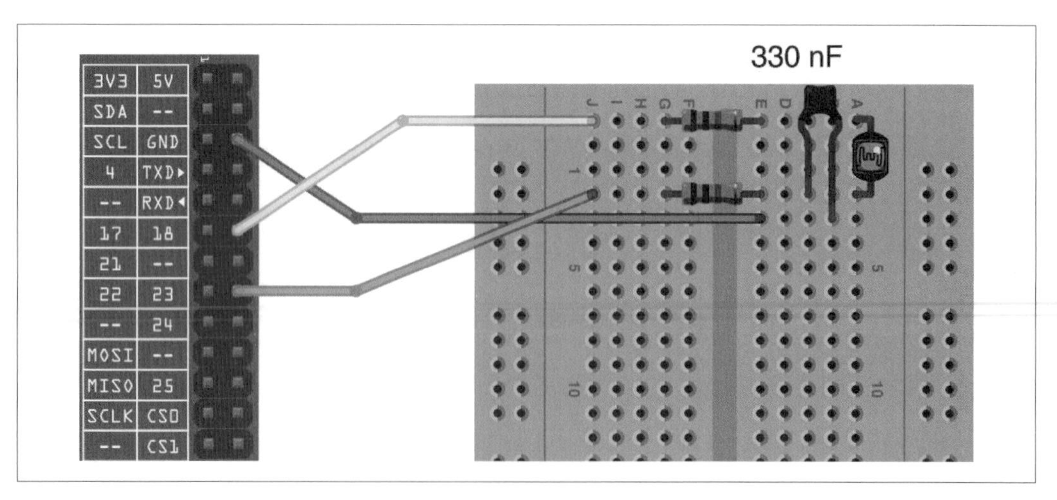

圖 14-4　在 Raspberry Pi 測量光線

使用和訣竅 14.1 相同的程式（*ch_14_resistance_meter.py*），你會看到當在光敏電阻／光電晶體上移動你的手遮蔽某些光線時，輸出結果會有所變化。

請注意此程式需要先安裝 `PiAnalog` 程式庫（參閱訣竅 14.1）。

此解決方案提供相對可靠的光線明暗讀數。作為電阻式感測器改造之解決方案（訣竅 14.1），它也能處理測量 0Ω 電阻值而不會有損壞 Raspberry Pi GPIO 針腳的任何風險。

討論

光敏電阻是電阻值隨著其上透明窗進光量變動的電阻。光線越亮，電阻值越低。通常電阻值從明亮的約 1kΩ 到全案的 100kΩ 間變動。

光電晶體以類似的方式運作，越多光線照於其上，就傳導越多。但是不像光敏電阻，光電晶體有分正負極之分，接錯方向就不能運作。

參閱

你也能將光敏電阻或光電晶體和 ADC 一起使用（訣竅 14.7）。

14.3 用熱敏電阻測量溫度

問題

你要用熱敏電阻測量溫度。

解決方案

熱敏電阻是會隨著溫度變化而改變電阻值的電阻。請使用步階響應法（訣竅 14.1）來測量熱敏電阻的電阻值，再計算溫度。

要完成此訣竅，需要以下材料：

- 麵包板和跳線（參閱第 596 頁的「原型設備與套件」小節）
- 1k 熱敏電阻（參閱第 597 頁的「電阻與電容器」小節）

- 兩個 1kΩ 電阻（參閱第 597 頁的「電阻與電容器」小節）
- 330 nF 電容器（參閱第 597 頁的「電阻與電容器」小節）

所有這些零組件都包含在 MonkMakes 的 Project Box 1 kit for Raspberry Pi 裡（參閱第 596 頁的「原型設備與套件」小節）。當你取得熱敏電阻時，請確定你知道它的 Beta 和 R0 值（25° C 的電阻值）且它是負溫度係數（negative temperature coefficient，NTC）裝置。

圖 14-5 示範此訣竅的麵包板接線。

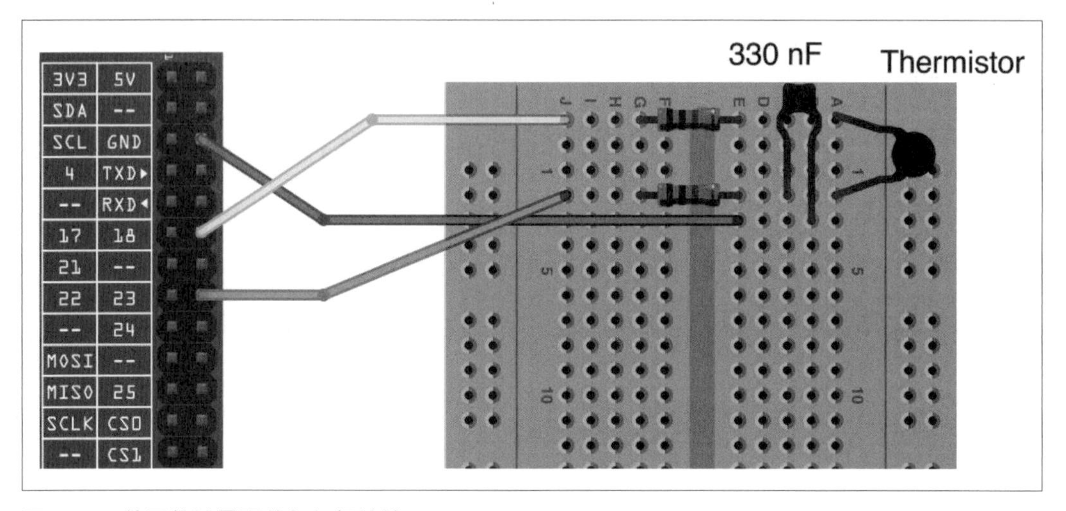

圖 14-5　使用熱敏電阻的麵包板接線

請注意此程式需要 `PiAnalog` 程式庫（參閱訣竅 14.1）。

下列程式碼（*ch_14_thermistor.py*）示範 `PiAnalog` 模組的使用：

```
from PiAnalog import *
import time

p = PiAnalog()

while True:
    print(p.read_temp_c())
    time.sleep(1)
```

如本書所有程式範例一樣，你可以下載本程式（請參閱訣竅 3.22）。

執行此程式時，你會看到一系列以攝氏為單位的溫度測量。要轉換成華氏，請將程式碼 p.read_temp_c() 修改為 p.read_temp_f()：

```
$ python3 ch_14_thermistor.py
18.735789861164392
19.32060395712483
20.2694035007122
21.03181169007422
21.26640936199749
```

討論

從熱敏電阻的電阻值計算溫度需要一些使用對數又相當惱人的數學稱為 Steinhart-Hart 公式。這個公式需要知道關於熱敏電阻的兩個值：它的 25° C 的電阻值（稱為 R0）和稱為 Beta 的熱敏電阻常數，或只寫為 B。如果你用不同的熱敏電阻，當呼叫 read_temp_c 時，你會需要將這些值插入程式碼中。例如：

```
read_temp_c(self, B=3800.0, R0=1000.0)
```

請注意電容器通常只有 10% 的準確度，熱敏電阻的 R0 值不準確度也很相似，所以不要過度期待正確的結果。

參閱

要用 TMP36 測量溫度，請參閱訣竅 14.10。

要以數位溫度感測器（DS18B20）測量溫度，請見訣竅 14.13。

要以 Sense HAT 測離溫度，請參閱訣竅 14.12。

14.4 偵測甲烷

問題

你要用甲烷感測器偵測氣體。

解決方案

低成本電阻式氣體感測器很容易接上 Raspberry Pi 來偵測像甲烷的氣體。你可以使用訣竅 14.1 用的步階響應法。

要完成此訣竅，需要以下材料：

- 麵包板和跳線（參閱第 596 頁的「原型設備與套件」小節）
- 甲烷感測器（參閱第 598 頁的「模組」小節）
- 兩個 1kΩ 電阻（參閱第 597 頁的「電阻與電容器」小節）
- 330 nF 電容器（參閱第 597 頁的「電阻與電容器」小節）

感測器有加熱元件，需要 5V 與最多 150mA。只要電源供應提供額外的 150mA，Raspberry Pi 就有能力供應。

感測器模組有相當粗的針腳 —— 太粗而無法插入麵包板的洞內。一個變通方法是焊接短銅線到每個腳（圖 14-6）。另一種方法是購買 SparkFun 的氣體感測器轉接板（*https://oreil.ly/cKxym*），能讓你直接插上感測器。

圖 14-6　焊接電線到氣體感測器

如果你使用 SparkFun 的轉接板，請如圖 14-7 所示連接麵包板，或若你焊接較長的電線至氣體感測器，請如圖 14-8 所示接線。

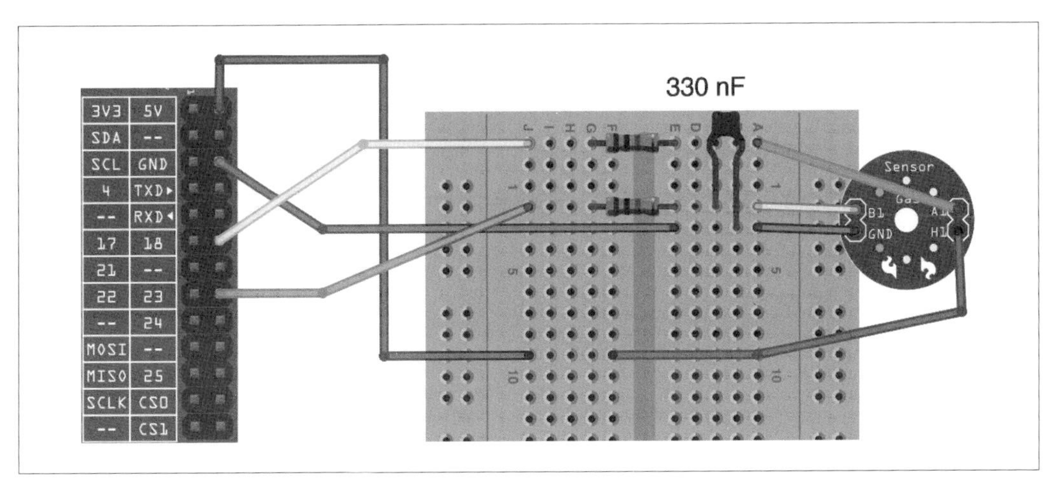

圖 14-7　連接甲烷氣體感測器到 Raspberry Pi（轉接板）

請留意如圖 14-8 所示的直接連接使用和轉接板相同的符號，而非感測器本身，但是如果你仔細看，可以看到接線是接到六個感測器針腳，而不是轉接板的四個針腳。

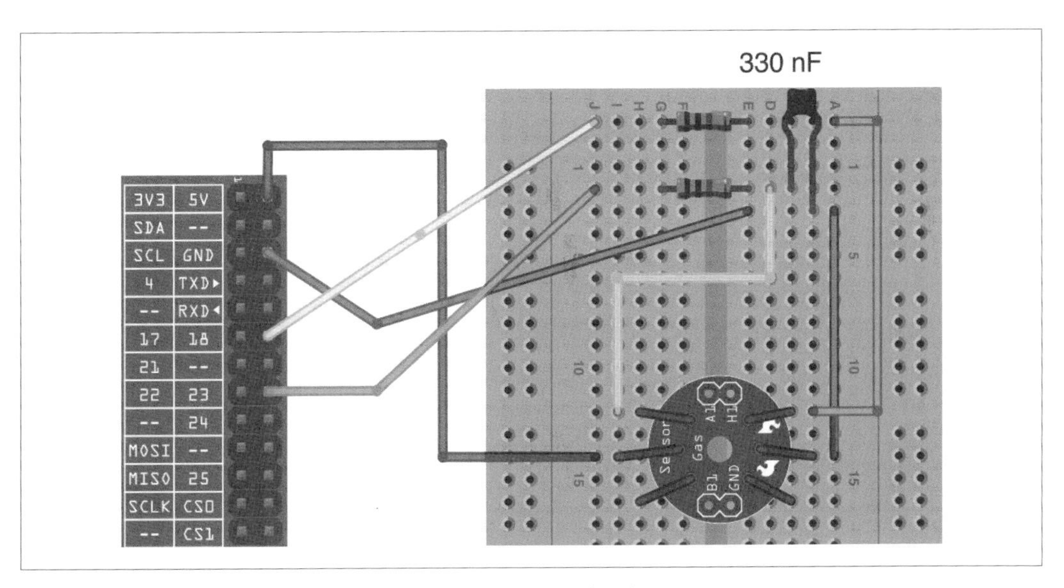

圖 14-8　連接甲烷氣體感測器到 Raspberry Pi（直接連接）

你可以用跟訣竅 14.1 完全相同的程式，可以對它吐氣以測試甲烷感測器。呼吸時，你應該會看到感測器讀數下降。

討論

甲烷氣體感測器的明顯用途是新奇的**放屁偵測**專案。更嚴肅的用法是偵測天然瓦斯洩漏。例如，可以想像一個用不同感測器監測家裡的 Raspberry Pi 家用監控計畫。它會在你度假時，寄 email 通知你你家快要爆炸了。或可能不會爆炸。

這些感測器（圖 14-9）使用加熱元件對充滿對特定氣體敏感的催化劑之電阻表面加溫。當該氣體存在時，催化劑層的電阻值會改變。

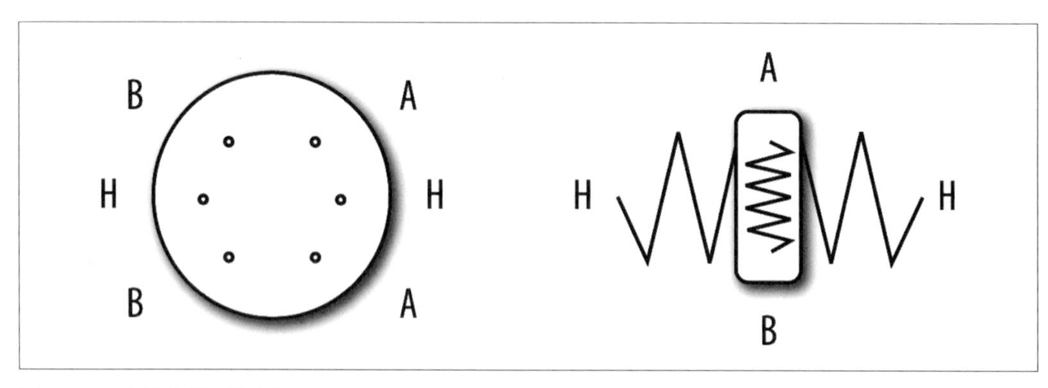

圖 14-9　甲烷氣體感測器

加熱器和感測表面在電路上都只是電阻。所以兩者皆能以不同方向連接。

此特定氣體感測器對甲烷最敏感，但是它也會在某種程度上偵測到其他氣體。這就是為什麼在感測器上吐氣會改變讀數，因為健康的個體通常不會吐出甲烷。吹氣在元件上的冷卻效果也會有作用。

參閱

你能找到此感測器的規格表（*https://oreil.ly/lslf4*）。它有所有關於感測器對不同氣體敏感度的有用資訊。

有一些這類低成本感測器可以感測不同氣體。請參閱 SparkFun 提供的感測器清單（*https://oreil.ly/Q1hM6*）。

14.5 測量空氣品質

問題

二氧化碳（CO_2）濃度是空氣品質指標。你想用 Raspberry Pi 以特別的感測器測量空氣品質。

解決方案

請用低成本（好吧，相對低成本）的 MH-Z14A CO_2 感測器模組，圖 14-10 示範它連接於 Raspberry Pi。

圖 14-10　連接至 Raspberry Pi 的 MH-Z14A CO_2 感測器

要製作此訣竅，你需要以下材料：

- 一個 MH-Z14A CO_2 感測器模組（參閱第 598 頁的「模組」小節）
- 母對母跳線（參閱第 596 頁的「原型設備與套件」小節）

將 Z14A 感測器以下列方式和 Raspberry Pi 連接：

- MH-Z14A 針腳 16 對 Raspberry Pi 的 GND
- MH-Z14A 針腳 17 對 Raspberry Pi 的 5V
- MH-Z14A 針腳 18 對 Raspberry Pi 的 GPIO 14（TXD）
- MH-Z14A 針腳 19 對 Raspberry Pi 的 GPIO 15（RXD）

此感測器使用序列埠。這表示要讓它運作，你必須遵循訣竅 2.6。請注意雖然需要連接序列埠硬體，但是你不該啟用 serial console 選項。

下列測試程式會從感測器讀取 CO_2 的量，並每秒回報一次（*ch_14_co2.py*）：

```
import serial, time

request_reading = bytes([0xFF, 0x01, 0x86, 0x00, 0x00, 0x00,
                        0x00, 0x00, 0x79])

def read_co2():
    sensor.write(request_reading)
    time.sleep(0.1)
    raw_data = sensor.read(9)
    high = raw_data[2]
    low = raw_data[3]
    return high * 256 + low;

sensor = serial.Serial('/dev/serial0')
print(sensor.name)
if sensor.is_open:
    print("Open")

while True:
    print("CO2 (ppm):" + str(read_co2()))
    time.sleep(1)
```

如本書所有程式範例一樣，你可以下載本程式（請參閱訣竅 3.22）。

程式執行時，CO_2 的量應該（除非你在很小又不通風的房間）會是大約 400ppm。如果你對感測器呼吸數秒鐘，讀數會慢慢開始升高，然後接下來幾分鐘會再回到正常讀數：

```
$ python3 ch_14_co2.py
/dev/ttyS0
Open
CO2 (ppm):489
CO2 (ppm):483
CO2 (ppm):483
CO2 (ppm):481
CO2 (ppm):491
CO2 (ppm):517
CO2 (ppm):619
CO2 (ppm):734
CO2 (ppm):896
CO2 (ppm):1367
```

感測器使用請求／回應通訊協定。所以當你要從感測器接收讀數時，需要先送出含在 `request_reading` 中的 9 位元組訊息。感測器會立刻以 9 位元組訊息回應。我們感興趣的只有位元組 2 和 3，它包含以 ppm 為單位之 CO_2 讀數的高低位元組。

討論

正常 CO_2 的量大約是 400 到 1000 ppm。高於此就會開始感覺空氣混濁，你可能會昏昏欲睡。研究顯示通風不良導致的高 CO_2 濃度會降低心智表現。將程式徹夜執行後，我現在都會將臥室門窗微開。

參閱

您可學習更多關於 Z14A 協定的資訊（*https://oreil.ly/Zc6is*）。

你可以找到更多 CO_2 安全濃度的相關資訊（*https://oreil.ly/h0QGj*）。

14.6 測量土壤濕度

問題

你要測量植物周圍的土壤濕度。

解決方案

請使用 MonkMakes 植物監控板（MonkMakes Plant Monitor board）。不像其他大多數的土壤監控板，這塊板子有序列介面，所以你可以先遵照訣竅 2.6 啟用序列介面。請如圖 14-11 所示連接板子。

圖 14-11　連上 Raspberry Pi 的植物監控板

此連線有：

- GND 對 GND
- Raspberry Pi 的 3.3V 對植物監控板的 3V
- Raspberry Pi 的 14 TXD 對植物監控板的 RX_IN
- Raspberry Pi 的 15 RXD 對植物監控板的 TX_OUT

再使用此指令下載板子用的 Python 軟體：

```
$ git clone https://github.com/monkmakes/pmon.git
```

這是另一個使用 `guizero` 的程式，所以如果你尚未安裝 `guizero`，請使用以下指令安裝：

```
$ pip3 install guizero
```

然後切換至範例目錄，並以下列指令執行範例程式：

```
$ cd pmon/raspberry_pi
$ python3 01_meter.py
```

這會開啟如圖 14-12 所示的視窗：

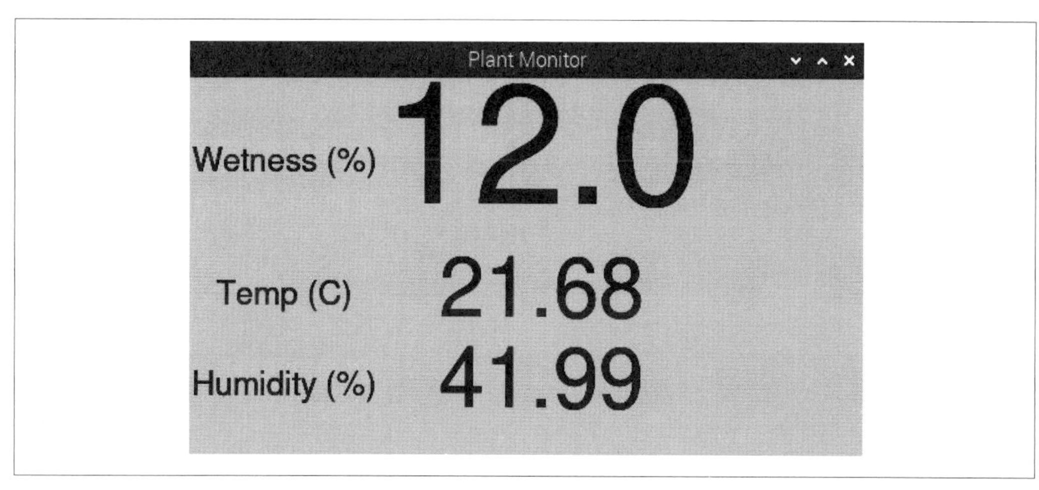

圖 14-12　以 Raspberry Pi 監控土壤水分、溫度和濕度

討論

大部分土壤濕度感測器需要類比輸入，所以無法直接連接 Raspberry Pi。MonkMakes 植物監控板使用序列介面，讓它很適合連接 Raspberry Pi。它會回報植物的溫度和濕度，也有 RGB LED 指示土壤水分。

前一個範例程式的程式碼如下：

```
import threading
import time
from guizero import App, Text
from plant_monitor import PlantMonitor

pm = PlantMonitor()

app = App(title="Plant Monitor", width=550, height=300, layout="grid")

def update_readings(): # 以新的溫度和 CO2 讀數更新欄位
    while True:
        wetness_field.value = str(pm.get_wetness())
```

```
        temp_c_field.value = str(pm.get_temp())
        humidity_field.value = str(pm.get_humidity())
        time.sleep(2)

t1 = threading.Thread(target=update_readings)

# 定義使用者介面
Text(app, text="Wetness (%)", grid=[0,0], size=20)
wetness_field = Text(app, text="-", grid=[1,0], size=100)
Text(app, text="Temp (C)", grid=[0,1], size=20)
temp_c_field = Text(app, text="-", grid=[1,1], size=50)
Text(app, text="Humidity (%)", grid=[0,2], size=20)
humidity_field = Text(app, text="-", grid=[1,2], size=50)
t1.start() # 啟動更新讀數的執行緒
app.display()
```

大部分的程式碼是以 `guizero` 提供使用者介面（訣竅 7.22）。植物監控的關鍵步驟是使用 `pm = PlantMonitor()` 先建立一個 `PlantMonitor` 類別的實例，然後分別以 `pm.get_wetness()`、`pm.get_temp()` 與 `pm.get_humidity()` 存取水分（wetness）、溫度（temperature）和濕度（humidity）讀數。

參閱

MonkMakes 植物監控板的完整文件，請參閱 *https://oreil.ly/zOQWq*。

使用 Sense HAT 測量溫度和濕度，請參閱訣竅 14.12。

以 Raspberry Pi Pico 使用植物監控板的範例，請參閱訣竅 19.11。

14.7 測量電壓

問題

你要測量類比電壓。

解決方案

Raspberry Pi GPIO 接腳只有數位輸入。如果你要測量電壓，需要使用獨立的類比數位轉換器（ADC）。

請用 MCP3008 八通道 ADC 晶片。這個晶片有八個類比輸入，所以能以 Raspberry Pi SPI 連接多達八個感測器到晶片。

要製作此訣竅，你需要以下材料：

- 麵包板和跳線（參閱第 596 頁的「原型設備與套件」小節）
- MCP3008 八通道 ADC 積體電路（IC）（參閱第 598 頁的「積體電路」小節）
- 10kΩ 微型可變電阻（參閱第 597 頁的「電阻與電容器」小節）

圖 14-13 示範使用此晶片的麵包板接線。請確定你將晶片擺放至正確方向。套件的小缺口應該面向麵包板上方。

圖 14-13 在 Raspberry Pi 使用 MCP3008 ADC IC

可變電阻有一端連到 3.3V，另一端連到 GND，讓中間的接線能被設定為 0 至 3.3V 的任何電壓。

在測試程式前，請確定已啟用 SPI（訣竅 10.6）。該訣竅也會多解釋 SPI 一些。

請開啟編輯器，並貼上下列程式碼（*ch_14_adc_test.py*）：

```
from gpiozero import MCP3008
import time

analog_input = MCP3008(channel=0)

while True:
    reading = analog_input.value
    voltage = reading * 3.3
    print("Reading={:.2f}\tVoltage={:.2f}".format(reading, voltage))
    time.sleep(1)
```

如本書所有程式範例一樣，你可以下載本程式（請參閱訣竅 3.22）。

執行程式時，當你轉動可變電阻改變電壓後，應該會看到像這樣的輸出結果：

```
$ python3 ch_14_adc_test.py
Reading=0.60 Voltage=2.00
Reading=0.54 Voltage=1.80
Reading=0.00 Voltage=0.00
Reading=0.00 Voltage=0.00
Reading=0.46 Voltage=1.53
Reading=0.99 Voltage=3.28
```

MCP3008 通道的讀數會介於 0 和 1 之間。你可以將它乘以 3.3（電壓供應）轉換成電壓。

討論

MCP3008 有 10 位元 ADC，所以當你讀取讀數時，它會給你介於 0 到 1023 的數字。`MCP3008` 類別會將它乘以電壓範圍（3.3V）讀數再除以 1024，轉換成電壓值。

如果你不需要**正規** Rspberry Pi 所有的功能，可以用 Raspberry Pi Pico，它有類比輸入，就不需要 ADC 晶片。你能在訣竅 19.7 找到相關資訊。

你可以結合以下任何使用 MCP3008 的訣竅，從最多八個感測器取得讀數。

你也可以用 MCP3008 與電阻式感測器，將它們與固定值電阻結合，排列為分壓器（參閱訣竅 14.8 與 14.9）。

參閱

若你只是對偵測旋鈕轉動有興趣，可以使用旋轉編碼器取代可變電阻（訣竅 13.7）。

你也能以步階響應法而不用 ADC 晶片來偵測可變電阻位置（訣竅 14.1）。

請查看 MCP3008 的規格表（*https://oreil.ly/SZif8*）。

Pimoroni 的 Explorer HAT Pro 也有 ADC（訣竅 10.16）。

14.8 降壓以測量

問題

你要測量電壓，但是它高於能用 MCP3008（訣竅 14.7）的 3.3V。

解決方案

請使用一對電阻作為分壓器以將電壓降至合適範圍。

要製作此訣竅，你需要以下材料：

- 麵包板和跳線（參閱第 596 頁的「原型設備與套件」小節）
- MCP3008 八通道 ADC IC（參閱第 598 頁的「積體電路」小節）
- 10kΩ 電阻（參閱第 597 頁的「電阻與電容器」小節）
- 3.3kΩ 電阻（參閱第 597 頁的「電阻與電容器」小節）
- 9V 電池與電池夾

圖 14-14 示範使用麵包板的接線。此設定能測量電池的電壓。

圖 14-14　降低類比輸入的電壓

絕對不要用本訣竅測量高電壓交流電，或任何種類的交流電。它只能用於低電壓直流電。

請開啟編輯器，並貼上下列程式碼（*ch_14_adc_scaled.py*）：

```
from gpiozero import MCP3008
import time

R1 = 10000.0
R2 = 3300.0
analog_input = MCP3008(channel=0)

while True:
    reading = analog_input.value
    voltage_adc = reading * 3.3
    voltage_actual =  voltage_adc / (R2 / (R1 + R2))
    print(" 電池電壓 =" + str(voltage_actual))
    time.sleep(1)
```

如本書所有程式範例一樣，你可以下載本程式（請參閱訣竅 3.22）。

程式和訣竅 14.7 的非常相似。主要的差異在比率，使用兩個電阻值，位於變數 R1 與 R2。

執行程式時，會顯示電池的電壓：

```
$ python3 ch_14_adc_scaled.py
電池電壓 =8.62421875
```

在接任何高於 9V 電壓之前，請仔細閱讀討論，否則可能會損毀 MCP3008。

討論

此電阻排列稱為**分壓器**（*voltage divider*）或有時候會稱為**分位器**（*potential divider*）（圖 14-15）。給定輸出電壓和兩個電阻值的計算輸出電壓公式如下：

Vout = Vin * R2 / (R1 + R2)

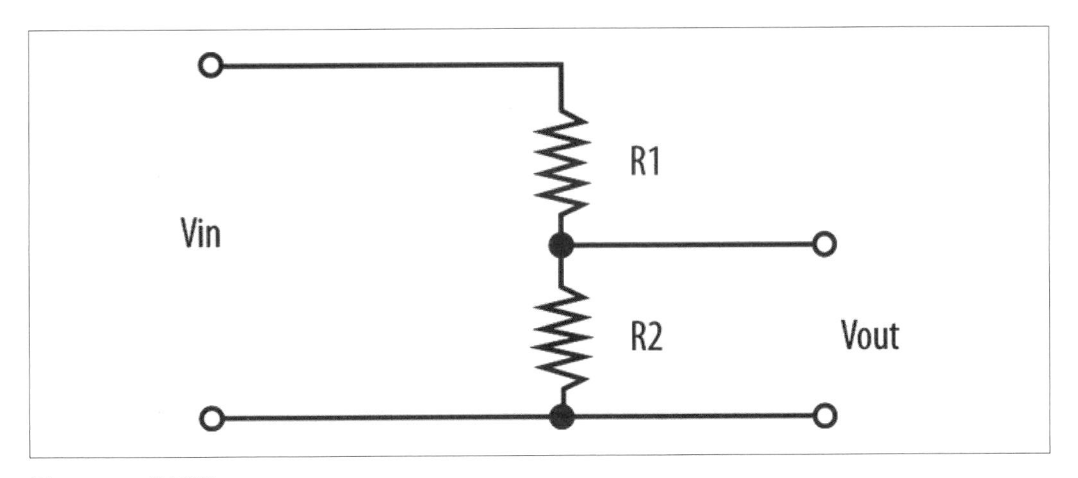

圖 14-15　分壓器

這表示如果 R1 和 R2 的值一樣（比如說是 1kΩ），Vout 會是 Vin 的一半。

選擇 R1 和 R2 時，也要考量流經它們的電流。這會是 Vin/(R1 + R2)。在前例中，R1 是 10kΩ，而 R2 是 3.3kΩ，所以電流會是 9V/13.3kΩ = 0.68mA。這很低，但是仍然足以用光電池，所以不要一直連接著它。

參閱

要避開數學的話，可以使用線上電阻計算器（*https://oreil.ly/t9C0r*）。

當使用電阻式感測器與 ADC 時，分壓器也能用來轉換電阻值為電壓（訣竅 14.9）。

14.9 以 ADC 搭配電阻式感測器

問題

你有想和 MCP3008 ADC 晶片一起使用的電阻式感測器。

解決方案

請使用有一個固定電阻和電阻式感測器的分位器以轉換感測器電阻值成電壓，讓 ADC 能測量。舉例來說，你可以重新製作訣竅 14.2 的光線感測器專案，使用 MCP3008 代替步階響應法。

要製作此訣竅，你需要以下材料：

- 麵包板和跳線（參閱第 596 頁的「原型設備與套件」小節）
- MCP3008 八通道 ADC IC（參閱第 598 頁的「積體電路」小節）
- 10kΩ 電阻（參閱第 597 頁的「電阻與電容器」小節）
- 光敏電阻（參閱第 597 頁的「電阻與電容器」小節）

圖 14-16 示範使用麵包板的接線。

你能使用和訣竅 14.7（*ch_14_adc_test.py*）完全一樣的程式。用你的手蓋在光線感測器以改變讀數。你也需要在 Raspberry Pi 設定 SPI，所以如果尚未這麼做，請先按照訣竅 10.6 做。

```
$ python3 ch_14_adc_test.py
Reading=0.60 Voltage=2.00
Reading=0.54 Voltage=1.80
```

圖 14-16　使用 ADC 與光敏電阻

這些讀數會有點不同，取決於你的光敏電阻，但是最重要的是數字會隨著光線變化而改變。

討論

固定值電阻的選擇不是很關鍵。如果電阻值太高或太低，你會發現讀數的範圍很窄。請選擇一個電阻值介於感測器電阻值最高與最低範圍間的電阻。在決定適合喜歡的感測器讀數範圍前，你需要測試一些電阻看看。如果有疑慮，先從 10kΩ 開始，看看運作的如何。

你可以將光敏電阻換成許多其他電阻式感測器。所以，舉例來說，你能用訣竅 14.4 的氣體感測器。

參閱

要不用 ADC 而測量光線強度，請參閱訣竅 14.2。

一次使用超過一個 ADC 通道的範例。請參閱訣竅 14.14。

14.10 用 ADC 測量溫度

問題

你要用 TMP36 和類比數位轉換器來測量溫度。

解決方案

請使用 TMP36 和 MCP3008 ADC 晶片。

要製作此訣竅，你需要以下材料：

- 麵包板和跳線（參閱第 596 頁的「原型設備與套件」小節）
- MCP3008 八通道 ADC IC（參閱第 598 頁的「積體電路」小節）
- TMP36 溫度感測器（參閱第 598 頁的「積體電路」小節）

圖 14-17 示範使用麵包板的接線。

請確認 TMP36 面對正確方向。套件的一側是平的，另一側是曲面。

你需要在 Raspberry Pi 設定 SPI，所以如果尚未這麼做，請先按照訣竅 10.6 做。

請開啟編輯器，並貼上下列程式碼（*ch_14_adc_tmp36.py*）：

```
from gpiozero import MCP3008
import time

analog_input = MCP3008(channel=0)

while True:
    reading = analog_input.value
    voltage = reading * 3.3
    temp_c = voltage * 100 - 50
```

```
    temp_f = temp_c * 9.0 / 5.0 + 32
    print(" 溫度 C={:.2f}\t 溫度 F={:.2f}".format(temp_c, temp_f))
    time.sleep(1)
```

如本書所有程式範例一樣，你可以下載本程式（請參閱訣竅 3.22）。

程式基於訣竅 14.7 的程式。增加了一些計算攝氏和華氏溫度的數學：

```
$ python3 ch_14_adc_tmp36.py
溫度 C=18.64        溫度 F=65.55
溫度 C=20.25        溫度 F=68.45
溫度 C=23.47        溫度 F=74.25
溫度 C=25.08        溫度 F=77.15
```

圖 14-17　使用 ADC 和 TMP36

討論

TMP36 輸出等比於溫度的電壓。根據 TMP36 的規格表，以攝氏為單位的溫度為電壓（以伏特為單位）× 100 – 50。

TMP36 適合測量近似溫度，但是精度僅為 2° C。如果你用長導線連接它的話還會更糟。在某種程度上，你可以校正個別裝置，但是要有更好的精確度，請用 DS18B20（訣竅 14.13），它在攝氏 -10 到 85 度範圍內的精確度是 0.5%。作為數位裝置，不應該在連接長導線時損失精確度。

參閱

請看看 TMP36 的規格表（*https://oreil.ly/9Dfrq*）。

要使用熱敏電阻測量溫度，請參閱訣竅 14.3。

要用 Sense Hat 測量溫度，請參閱訣竅 14.12。

要使用數位溫度感測器（DS18B20）測量溫度，請參閱訣竅 14.13。

14.11 測量 Raspberry Pi CPU 溫度

問題

你想知道 Raspberry Pi 的 CPU 溫度有多高。

解決方案

請使用 `gpiozero` 程式庫存取 Broadcom 晶片內建的溫度感測器。Raspberry Pi 應該已經安裝了 `gpiozero` 程式庫。但如果尚未安裝，你可以用下列指令安裝：

```
$ sudo pip3 install gpiozero
```

範例程式 *ch_14_cpu_temp.py* 會重複印出 CPU 溫度：

```
import time
from gpiozero import CPUTemperature
```

```
while True:
    cpu_temp = CPUTemperature()
    print(cpu_temp.temperature)
    time.sleep(1)
```

如本書所有程式範例一樣，你可以下載本程式（請參閱訣竅 3.22）。

執行此程式時，它每秒會回報以攝氏為單位的溫度一次：

```
$ python3 ch_14_cpu_temp.py
37.485
38.459
36.511
36.998
```

討論

因為 Raspberry Pi 的 CPU 忙著執行程式碼，所以回報的溫度會和環境溫度沒有太大關係，但是更能表示 Pi 的工作強度與通風程度。

參閱

要使用熱敏電阻測量溫度，請參閱訣竅 14.3。

要用 TMP36 測量溫度，請參閱訣竅 14.10。

要用 Sense Hat 測量溫度，請參閱訣竅 14.12。

要使用數位溫度感測器（DS18B20）測量溫度，請參閱訣竅 14.13。

14.12 以 Sense HAT 測量溫度、濕度與壓力

問題

你要測量溫度、濕度與壓力，但是不想連接三個獨立的感測器。

解決方案

請使用 Raspberry Pi Sense HAT（圖 14-18）。以這種方式，你會取得這些所有的感測器，加上額外的功能，像是顯示器。

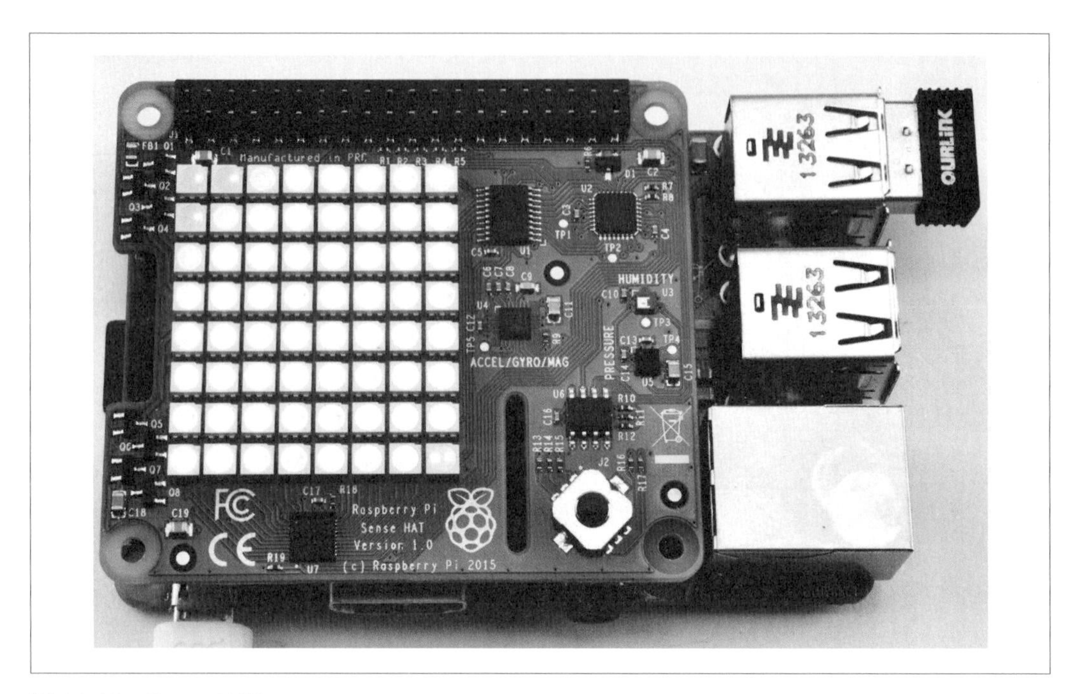

圖 14-18　Sense HAT

Sense HAT 的軟體已預先安裝於 Raspberry Pi OS。

請開啟編輯器，並貼上以下程式碼（*ch_14_sense_hat_thp.py*）：

```
from sense_hat import SenseHat
import time

hat = SenseHat()

while True:
    t = hat.get_temperature()
    h = hat.get_humidity()
    p = hat.get_pressure()
    print('溫度 C:{:.2f} 濕度 :{:.0f} 壓力 :{:.0f}'.format(t, h, p))
    time.sleep(1)
```

如本書所有程式範例一樣，你可以下載本程式（請參閱訣竅 3.22）。

執行程式時，終端機會顯示像這樣的訊息：

```
$ python3 ch_14_sense_hat_thp.py
溫度 C:27.71 濕度 :56 壓力 :1005
溫度 C:27.60 濕度 :55 壓力 :1005
```

溫度以攝氏為單位，濕度是相對濕度百分比，大氣壓力以毫巴為單位。

討論

你會發現 Sense Hat 的溫度讀數比較高。這是因為溫度感測器內建於濕度感測器，位於 Sense Hat 電路板上。Sense Hat 不會產生太多熱（除非你使用顯示器），但是 Sense Hat 下方的 Raspberry Pi 比較熱，會讓 Hat 溫度上升。避免這個問題的最好方法是使用 40 針排線讓 Sense Hat 遠離 Raspberry Pi。也有一種方法是嘗試使用 Raspberry Pi 的溫度讀數來調整讀數（*https://oreil.ly/yok86*）。我個人感覺這種校正可能非常限於個別使用者，不太可能產生可靠的結果。

和從濕度感測器讀取溫度讀數一樣，壓力感測器也有內建溫度感測器，你可以像這樣讀取它：

```
t = hat.get_temperature_from_pressure()
```

從文件上並不清楚是否這個讀數比從濕度感測器取得的更精確，但是以我的設定來說，它回報的溫度比濕度感測器的讀數少攝氏 1 度。

參閱

要開始使用 Sense Hat，請參閱訣竅 10.5。

請查看 Sense Hat 程式設計參考資料（*https://oreil.ly/JtbT3*）。

Sense Hat 也有加速度計、磁力計（訣竅 14.15），和導航類專案用的陀螺儀（訣竅 14.16），它也有全彩 8X8LED 矩陣顯示器（訣竅 15.3）。

14.13 用數位感測器測量溫度

問題

你要使用精確的數位感測器測量溫度。

解決方案

請使用 DS18B20 數位溫度感測器。這個裝置比訣竅 14.10 用的 TMP36 更準確，而它使用數位介面，所以不需要 ADC 晶片。

雖然此晶片介面稱為**單線介面**（*one-wire*），但是這只是指資料針腳。你還需要至少一條其他的線連接到單線裝置。

要製作此訣竅，你需要以下材料：

- 麵包板和跳線（參閱第 596 頁的「原型設備與套件」小節）
- DS18B20 溫度感測器（參閱第 598 頁的「積體電路」小節）
- 4.7kΩ 電阻（參閱第 597 頁的「電阻與電容器」小節）

請如圖 14-19 所示將零組件接上麵包板。並確定 DS18B20 面對正確方向。

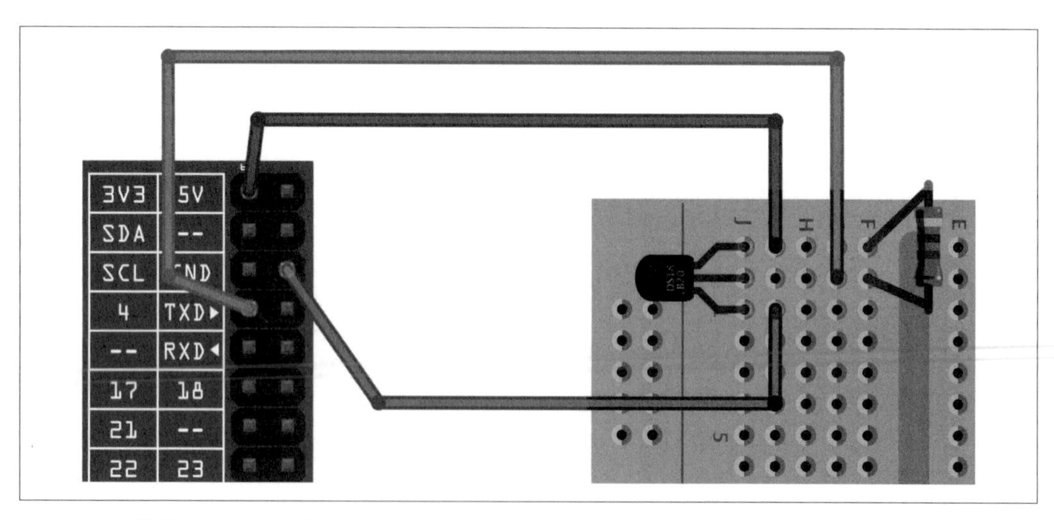

圖 14-19　連接 DS18B20 到 Raspberry Pi

最新版的 Raspberry Pi OS 有支援 DS18B20 使用的單線介面，但是你需要從 Raspberry Pi 設置工具啟用它（圖 14-20）。

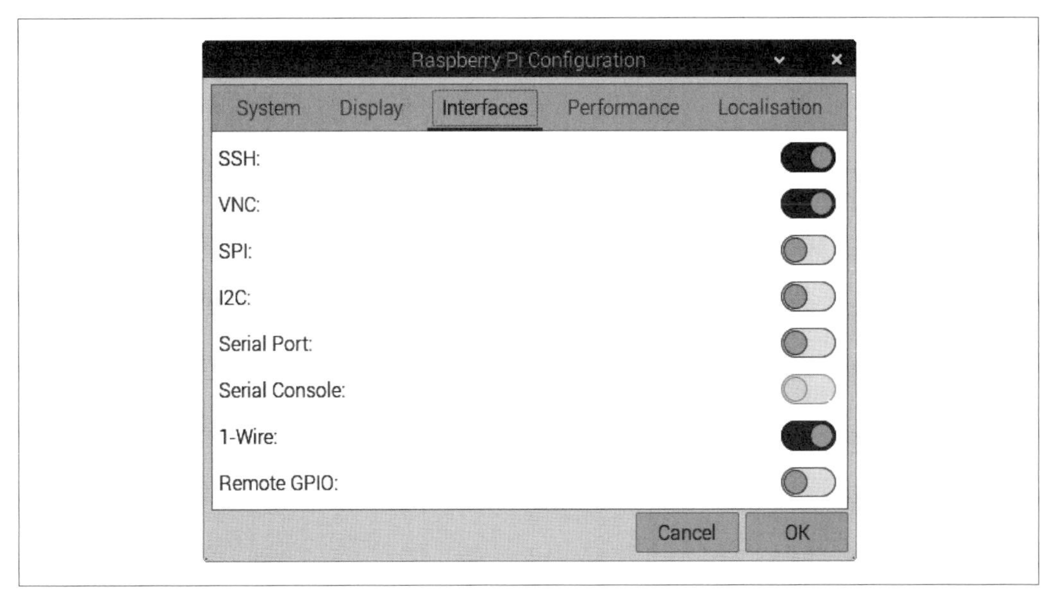

圖 14-20　啟用單線介面

你可以在 *ch_14_temp_DS18B20.py* 找到本訣竅的範例程式碼：

```
import glob, time

base_dir = '/sys/bus/w1/devices/'
device_folder = glob.glob(base_dir + '28*')[0]
device_file = device_folder + '/w1_slave'

def read_temp_raw():
    f = open(device_file, 'r')
    lines = f.readlines()
    f.close()
    return lines

def read_temp():
    lines = read_temp_raw()
    while lines[0].strip()[-3:] != 'YES':
        time.sleep(0.2)
        lines = read_temp_raw()
    equals_pos = lines[1].find('t=')
```

```
        if equals_pos != -1:
            temp_string = lines[1][equals_pos+2:]
            temp_c = float(temp_string) / 1000.0
            temp_f = temp_c * 9.0 / 5.0 + 32.0
            return temp_c, temp_f

while True:
    temp_c, temp_f = read_temp()
    print(' 溫度 C={:.2f}\t 溫度 F={:.2f}'.format(temp_c, temp_f))
    time.sleep(1)
```

如本書所有程式範例一樣，你可以下載本程式（請參閱訣竅 3.22）。

執行程式時，它每秒會回報攝氏和華氏溫度一次：

```
$ python3 ch_14_temp_DS18B20.py
溫度 C=25.18    溫度 F=77.33
溫度 C=25.06    溫度 F=77.11
溫度 C=26.31    溫度 F=79.36
溫度 C=28.87    溫度 F=83.97
```

討論

第一眼看起來這個程式有點奇怪。DS18B20 使用像檔案的介面。裝置的檔案介面一定是在 */sys/bus/w1/devices/* 資料夾，檔案名稱是以 28 開頭，但是其餘部分則是每個感測器不同。

程式碼假設只有一個感測器，尋找第一個 28 開頭的資料夾。要使用多個感測器，請在中括號內使用不同索引值。

資料夾內會是一個稱為 *w1_slave* 的檔案，被開啟並讀取溫度。

感測器實際上會回傳像這樣的文字字串：

```
81 01 4b 46 7f ff 0f 10 71 : crc=71 YES
81 01 4b 46 7f ff 0f 10 71 t=24062
```

剩下的程式碼會擷取這個訊息的溫度部分。會出現在 `t=` 之後，是攝氏千分之一度。

`read_temp` 函式會計算攝氏和華氏溫度並回傳兩個數值。

除了 DS18B20 的基本版晶片，你也可以購買封裝於堅固且防水探頭的版本。

參閱

要找出紀錄讀數訊息，請參閱訣竅 14.24。

本訣竅主要基於 Adafruit 的教學（*https://oreil.ly/o4oQu*）。

可以看看 DS18B20 的規格表（*https://oreil.ly/Jlgx8*）。

要使用熱敏電阻測量溫度，請參閱訣竅 14.3。

要用 TMP36 測量溫度，請參閱訣竅 14.10。

要用 Sense Hat 測量溫度，請參閱訣竅 14.12。

14.14 以 MMA8452Q 模組測量加速度

問題

你要連接三軸加速度計到 Raspberry Pi。

解決方案

請使用 I2C 加速度晶片測量 X、Y 和 Z 的類比輸出。

要測試此訣竅，你需要以下材料：

- 麵包板（參閱第 596 頁的「原型設備與套件」小節）
- 四條母對母跳線（參閱第 596 頁的「原型設備與套件」小節）
- MMA8452Q 三軸加速度計（參閱第 598 頁的「模組」小節）

圖 14-21 示範麵包板的排列方式。它使用 ADC 三個通道以測量 X、Y 和 Z 的加速度。

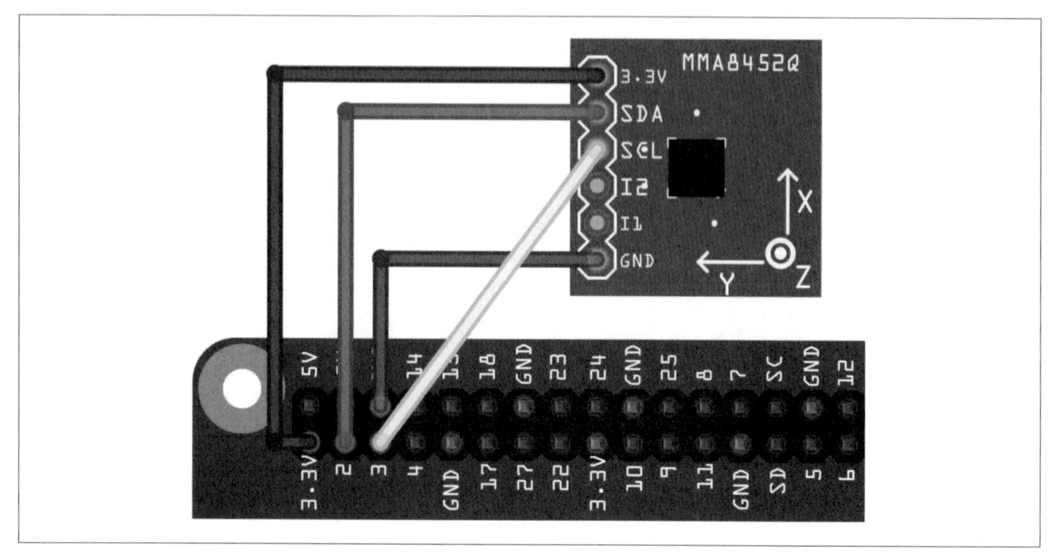

圖 14-21　連接三軸 I2C 加速度計

你需要在 Raspberry Pi 啟用 I2C，如果尚未這麼作，請遵循訣竅 10.4。

此範例程式碼可以在 *ch_14_i2c_acc.py* 找到：

```
import smbus
import time

bus = smbus.SMBus(1)

i2c_address = 0x1D
control_reg = 0x2A

bus.write_byte_data(i2c_address, control_reg, 0x01) # 啟動
bus.write_byte_data(i2c_address, 0x0E, 0x00) # 2g 範圍

time.sleep(0.5)

def read_acc():
    data = bus.read_i2c_block_data(i2c_address, 0x00, 7)
    x = (data[1] * 256 + data[2]) / 16
    if x > 2047 :
        x -= 4096
    y = (data[3] * 256 + data[4]) / 16
    if y > 2047 :
        y -= 4096
```

```
    z = (data[5] * 256 + data[6]) / 16
    if z > 2047 :
        z -= 4096
    return (x, y, z)

while True:
    print("x={:.6f}\ty={:.6f}\tz={:.6f}".format(x, y, z))
    time.sleep(0.5)
```

如本書所有程式範例一樣，你可以下載本程式（請參閱訣竅 3.22）。

程式會讀取三個加速度力量，並印出來：

```
$ python3 ch_14_i2c_acc.py
x=-122.000000 y=56.000000 z=-1023.000000
x=-933.000000 y=251.000000 z=-350.000000
x=-937.000000 y=257.000000 z=-347.000000
x=-933.000000 y=262.000000 z=-350.000000
x=-931.000000 y=259.000000 z=-355.000000
x=-1027.000000 y=-809.000000 z=94.000000
```

將加速度計以不同方向傾斜，以看看讀數變化。讀數 0 表示沒有淨力。正值（最高到表示 2g 的 2047）表示力量在一個方向，負值表示反方向。你可以在第一個讀數看到感測器水平時 Z 軸力量接近 -1023（1g）。

討論

你可能需要修改裝置的 I2C 位址。你可以連線後，執行下列指令檢查：

```
$ sudo i2cdetect -y 1
     0  1  2  3  4  5  6  7  8  9  a  b  c  d  e  f
00:          -- -- -- -- -- -- -- -- -- -- -- -- --
10: -- -- -- -- -- -- -- -- -- -- -- -- -- 1d -- --
20: -- -- -- -- -- -- -- -- -- -- -- -- -- -- -- --
30: -- -- -- -- -- -- -- -- -- -- -- -- -- -- -- --
40: -- -- -- -- -- -- -- -- -- -- -- -- -- -- -- --
50: -- -- -- -- -- -- -- -- -- -- -- -- -- -- -- --
60: -- -- -- -- -- -- -- -- -- -- -- -- -- -- -- --
70: -- -- -- -- -- -- -- --
```

如您所見，本例中，我用的模組有 1d 的 I2C 位址。因此這就是程式中變數 `i2c_address` 所設定的值。

參考前面的 Python 程式碼，裝置有一個控制暫存器，必須寫入指令 1 才能啟動裝置。然後第二個設置指令 0 寫入暫存器 0x0E，設定裝置加速度範圍到最大值 2g。這些參數寫在 MMA8452Q 的規格表中（*https://oreil.ly/vM2rr*）。

當需要讀數時，I2C 匯流排會被讀取，資料位元組會被分成三個 X、Y 和 Z 加速度讀數。

加速度計最常被用來偵測傾斜。能這樣作是因為 Z 軸的力量主要由重力決定（圖 14-22）。

當加速度計往一個方向傾斜時，重力的某些垂直分力會施於加速度計的另一軸。

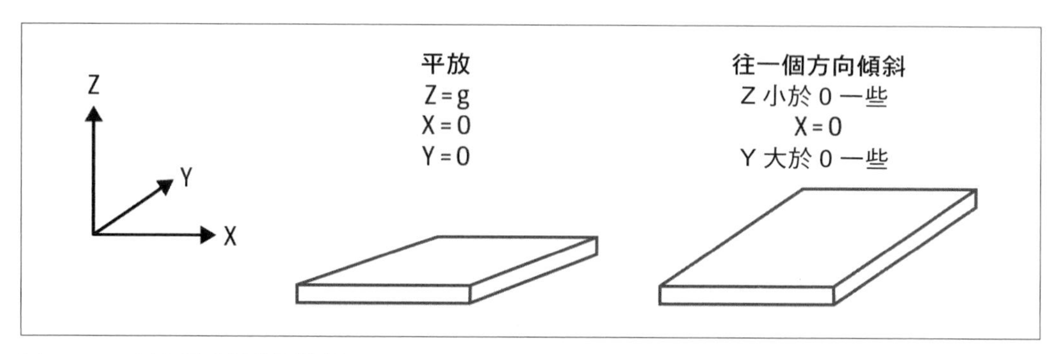

圖 14-22　以加速度計偵測傾斜

當傾斜超過某個閾值，我們可以利用這個原理來檢測它。下列程式（*ch_14_i2c_acc_tilt.py*）示範這個方法：

```
import smbus
import time

bus = smbus.SMBus(1)

i2c_address = 0x1D
control_reg = 0x2A

bus.write_byte_data(i2c_address, control_reg, 0x01) # 啟動
bus.write_byte_data(i2c_address, 0x0E, 0x00) # 2g 範圍

time.sleep(0.5)

def read_acc():
    data = bus.read_i2c_block_data(i2c_address, 0x00, 7)
    x = (data[1] * 256 + data[2]) / 16
```

```
    if x > 2047 :
        x -= 4096
    y = (data[3] * 256 + data[4]) / 16
    if y > 2047 :
        y -= 4096
    z = (data[5] * 256 + data[6]) / 16
    if z > 2047 :
        z -= 4096
    return (x, y, z)

while True:
    x, y, z = read_acc()
    if x > 400:
        print(" 往左 ")
    elif x < -400:
        print(" 往右 ")
    elif y > 400:
        print(" 往後 ")
    elif y < -400:
        print(" 往前 ")
    time.sleep(0.2)
```

執行程式時，你會開始看到方向的訊息：

```
$ python3 ch_14_i2c_acc_tilt.py
往左
往左
往右
往前
往前
往後
往後
```

你可以用它來控制平衡車或架設網路攝影機的三軸穩定器。

參閱

可以看看 MMA8452Q 的規格表（*https://oreil.ly/sFfaV*）。

Sense Hat 也有內建加速度計（訣竅 14.16）。

14.15 以 Sense HAT 尋找地磁北極

問題

你要以 Sense HAT 偵測地磁北極。

解決方案

請使用 Sense Hat 內建三軸磁力計用的 Python 程式庫。

請按照訣竅 10.5 說明安裝 Sense Hat 程式庫。

開啟編輯器並貼上以下程式碼（*ch_14_sense_hat_compass.py*）：

```
from sense_hat import SenseHat
import time

sense = SenseHat()

while True:
    bearing = sense.get_compass()
    print('方位角 : {:.0f} to North'.format(bearing))
    time.sleep(0.5)
```

如本書所有程式範例一樣，你可以下載本程式（請參閱訣竅 3.22）。

執行程式時，會看到一系列方位讀數：

```
$ python3 ch_14_sense_hat_compass.py
方位角 : 138 to North
方位角 : 138 to North
```

討論

羅盤對附近的磁場很敏感，所以你可能會發現很難取得正確的方位角。但是它可以當一個很好的磁力偵測器。

參閱

你可以在 *https://oreil.ly/dhevo* 與 *https://oreil.ly/xdFCf* 找到 Sense Hat 的文件。

要用 Sense Hat 偵測磁鐵，請參閱訣竅 14.18。

14.16 使用 Sense HAT 的慣性測量單元

問題

你要從 Raspberry Pi 取得比訣竅 14.14 加速度計提供的更精確方向資訊。

解決方案

請使用 Sense Hat 的慣性測量單元（Inertial Measurement Unit，IMU）。此單元包含像訣竅 14.14 那樣的三軸加速度計，但是它也有三軸陀螺儀和磁力計。這些不同感測器的讀數會結合起來讓你取得 Sense Hat 更精確的方向，以俯仰（pitch）、翻滾（Roll）及偏擺（yaw）來表現。

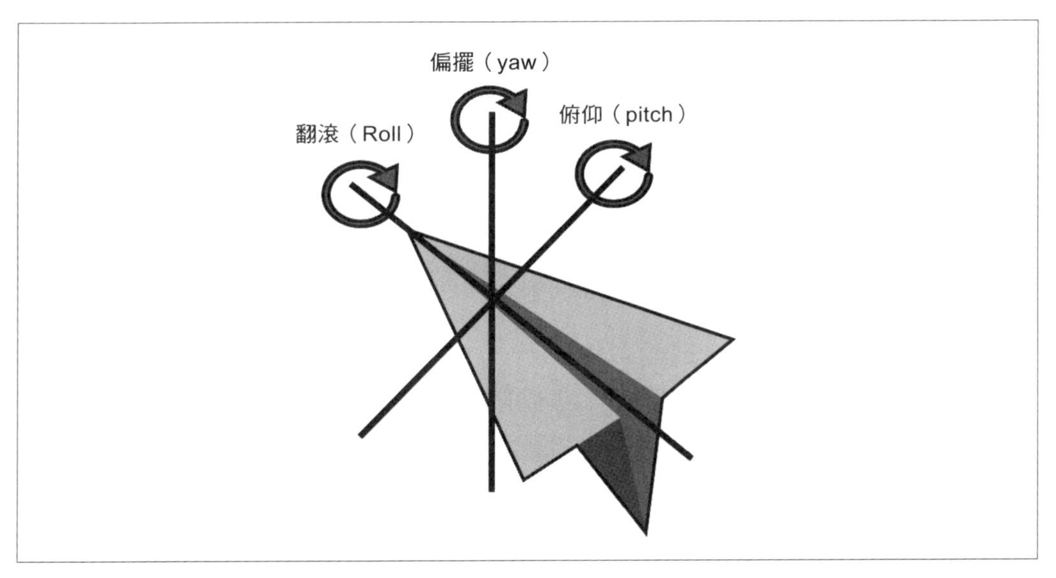

圖 14-23 俯仰（pitch）、翻滾（Roll）及偏擺（yaw）

俯仰、翻滾及偏擺是航空學的三個詞。它們是相對於飛機飛行的軸心。俯仰是水平的角度。翻滾是飛機飛行軸心的旋轉角度（想像一個翅膀向上，一個翅膀向下），偏擺是水平軸的旋轉（請想像改變方位角）。

請開啟編輯器並貼上以下程式碼（*ch_14_sense_hat_orientation.py*）：

```
from sense_hat import SenseHat

sense = SenseHat()

sense.set_imu_config(True, True, True)

while True:
    o = sense.get_orientation()
    print("p: {:.0f}, r: {:.0f}, y: {:.0f}".format(o['pitch'], o['roll'],
o['yaw']))
```

如本書所有程式範例一樣，你可以下載本程式（請參閱訣竅 3.22）。

`set_imu_config` 函式指定羅盤、陀螺儀和加速度計（以此順序）哪一個應該被用來測量方向。三個都設定為 `True` 表示全部都要用來測量。

執行程式時，你會看到類似這樣的輸出結果：

```
$ python3 ch_14_sense_hat_orientation.py
p: 1, r: 317, y: 168
p: 1, r: 318, y: 169
```

請試著將 Sanse Hat 和 Raspberry Pi 向 USB 埠傾斜，你應該會看到俯仰值增加。

討論

加速度計測量靜止質量上的力，因此可以藉由計算有多少重力（Z- 軸）影響 X 軸和 Y 軸上測量力量的大小來測量傾斜程度。

陀螺儀則不同。它是測量移動質量上的力（向後和向前振動）因為這些質量會以一種稱為科氏力的力量相對於運動路徑轉動。

參閱

更多關於 Sense Hat IMU 的資訊，請參閱 *https://oreil.ly/Tr8YV*。

要測量溫度、濕度和大氣壓力，請見訣竅 14.12。

Sense Hat 的 IMU 也可以用來製作羅盤和偵測是否有磁鐵（訣竅 14.18）。

要了解更多關於陀螺儀和科氏力的資訊，請參閱 *https://oreil.ly/TXHIz*。

14.17 以磁簧開關感測磁鐵

問題

你要偵測是否有磁鐵。

解決方案

請使用磁簧開關（reed switch，圖 14-24）。它就像一般開關的功能一樣，除了它只有在磁鐵靠近時才會開。圖 14-25 示範磁簧開關如何作用。

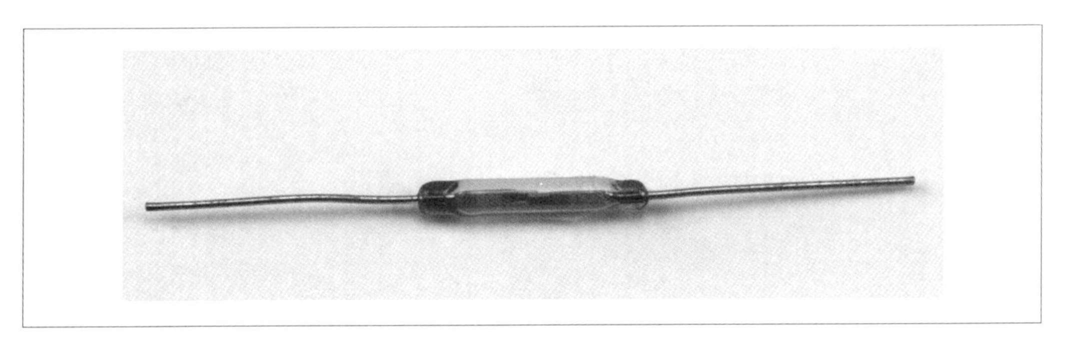

圖 14-24　磁簧開關

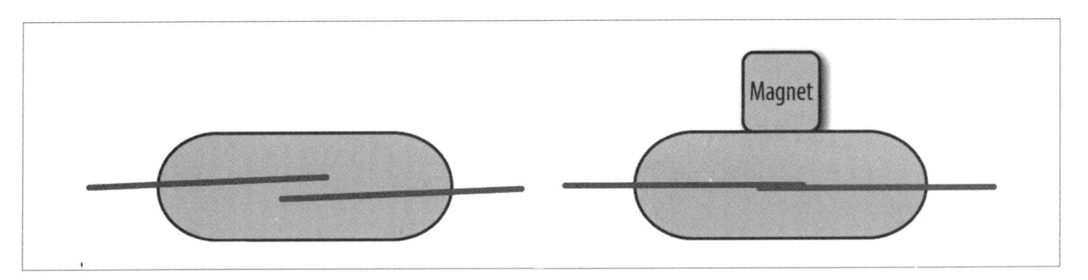

圖 14-25　磁簧開關的原理

兩個簧片接點被裝在玻璃管中。當磁鐵靠近磁簧開關時，簧片會被拉在一起而接觸。

你可以將磁簧開關用於第 13 章中任何使用一般開關的訣竅。

討論

磁簧開關是偵測磁鐵的低技術方法。它們大約從 1930 年代就有了，相當可靠。常用於保全系統，裝在塑膠殼的磁簧開關會放置在門框上，門上則有裝在量一個塑膠殼的固定磁鐵。當門被打開時，磁簧開關的接點會打開，觸發警鈴。

參閱

要使用 Sense Hat 的磁力計偵測磁鐵，請參閱訣竅 14.18。

14.18 以 Sense HAT 感測磁鐵

問題

你要以內建磁力計的 Sense Hat 和 Python 程式來偵測磁鐵。

解決方案

請使用 Sense Hat 的 Python 程式庫來連接它的磁力計。

開啟編輯器並貼上下列程式碼（*ch_14_sense_hat_magnet.py*）：

```
from sense_hat import SenseHat
import time

hat = SenseHat()
fill = (255, 0, 0)

while True:
    reading = int(hat.get_compass_raw()['z'])
    if reading > 200:
        hat.clear(fill)
        time.sleep(0.2)
    else:
        hat.clear()
```

如本書所有程式範例一樣，你可以下載本程式（請參閱訣竅 3.22）。

當磁鐵靠近 Sense Hat 時，LED 燈會變紅五分之一秒。

討論

使用哪個軸的羅盤資料都沒關係，三個軸都會因固定磁鐵的存在受到影響。

參閱

要以磁簧開關偵測磁鐵，請參閱訣竅 14.17。

使用 Sense Hat 顯示器的其他方法，請見訣竅 15.3。

14.19 用超音波測量距離

問題

你要用超音波測距儀測量距離。

解決方案

請使用低成本 HC-SR04 測距儀。此裝置需要兩個 GPIO 針腳：一個用來觸發超音波脈衝，另一個監測回音花多少時間彈回來。

要製作此訣竅，你需要以下材料：

- 麵包板和跳線（參閱第 596 頁的「原型設備與套件」小節）
- HC-SR04 測距儀（eBay）
- 470Ω 電阻（參閱第 597 頁的「電阻與電容器」小節）
- 270Ω 電阻（參閱第 597 頁的「電阻與電容器」小節）

請如圖 14-26 所示將零組件接上麵包板。電阻是必要的，用來將測距儀回音輸出電壓從 5V 降至 3.3V（參閱訣竅 10.12）。

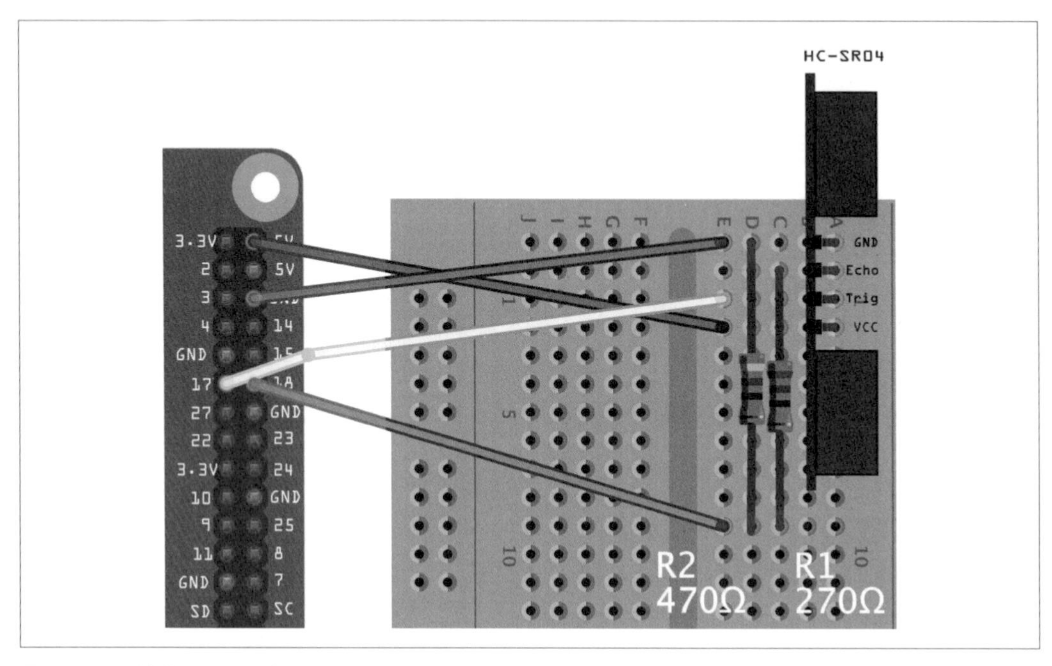

圖 14-26　連接 SR04 測距儀到 Raspberry Pi

請開啟編輯器並貼上下列程式碼（*ch_14_ranger.py*）：

```
from gpiozero import DistanceSensor
from time import sleep

sensor = DistanceSensor(echo=18, trigger=17)
while True:
    cm = sensor.distance * 100
    inch = cm / 2.5
    print("cm={:.0f}\tinches={:.0f}".format(cm, inch))
    sleep(0.5)
```

如本書所有程式範例一樣，你可以下載本程式（請參閱訣竅 3.22）。

程式的運作方式會在討論小節中敘述。程式執行時，每秒會回報以公分和英吋為單位的距離。請使用你的手或其他障礙物來改變它的讀數：

```
$ python3 ch_14_ranger.py
cm=154.7   inches=61.8
cm=12.9    inches=5.1
cm=14.0    inches=5.6
cm=20.2    inches=8.0
```

討論

雖然市面上有一些超音波測距儀，此處所用的這款使用簡單且成本低。它藉由發出超音波脈衝再測量接收到回音所花的時間來運作。前方其中一個圓形感測器是傳送器，另一個是接收器。

此過程由 Raspberry Pi 所控制。這款裝置和其他更貴的型號間的差異是較貴的版本有自己的微控制器，執行所有計時工作，並提供 I2C 或序列介面以回傳最終讀數。

當 Raspberry Pi 使用此感測器時，測距儀的 *trig*（*trigger*，觸發）輸入連接到 GPIO 的輸出，測距儀的 *echo*（回音）輸出將電壓從 5V 降到安全的 3.3V 後，連接到 Raspberry PI 的 GPIO 輸入。

圖 14-27 顯示感測器作用的示波器軌跡。上方的軌跡是連接到 trig，下方的軌跡是連接到 echo。你可以看到觸發針腳先有短暫的高電位脈衝。然後回音針腳轉高電位前先有短暫延遲。此高電位的時間和感測器的距離成比例。

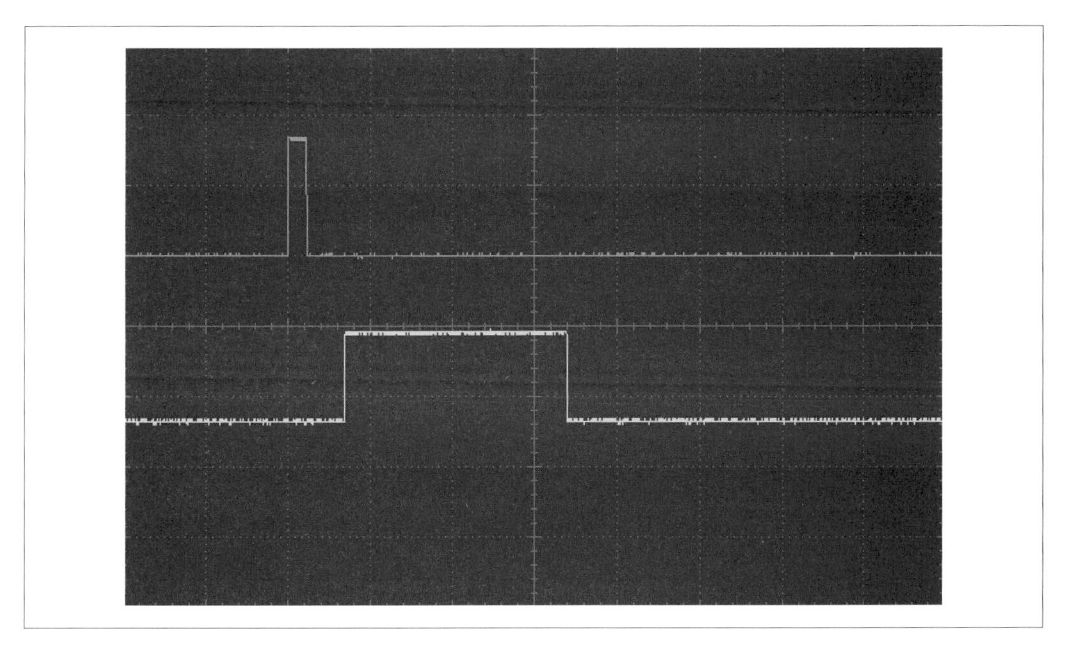

圖 14-27　觸發和回音的示波器軌跡

程式使用 `gpiozero` 程式庫的 `DistanceSensor` 類別，它會替我們處理脈衝的發出與測量。

這個測量距離的方法不太準確，因為溫度、壓力和相對濕度都會改變音波的速度（約每毫秒 30 公分）和因此而算出的距離讀數。

參閱

請看看超音波測距儀的規格表（*https://oreil.ly/lreGc*）。

`DistanceSensor` 類別的文件可於 *https://oreil.ly/XYk3m* 取得。

14.20 以飛時測距感測器測量距離

問題

你不想用超音波測量距離（或許你有養會怕超音波的動物，或是你想更精確地測量距離）。

解決方案

請使用 VL53L1X I2C 飛時測距感測器（time-of-flight，ToF sensor）。這些感測器比超音波感測器更貴。但是因為它們使用光線而非聲音，所以更精確。

最常用的裝置是 VL53L1X，是可以從 eBay 或其他供應商取得的平價模組。我們這裡是用 Pimoroni 的裝置，優點是和 Pimoroni Breakout Garden 系統相容，因此可以不用焊接就插入。圖 14-28 展示 ToF 感測器和 Breakout Garden。

要製作此訣竅，你需要以下材料：

- Pimoroni Breakout Garden（參閱第 596 頁的「原型設備與套件」小節）
- Pimoroni VL53L1X 距離感測器（參閱第 598 頁的「模組」小節）
- 通用 VL53L1X 距離感測器模組（參閱第 598 頁的「模組」小節）
- 四條公對母跳線（參閱第 596 頁的「原型設備與套件」小節）

連接此 I2C 裝置到 Raspberry Pi，就如同連接其他裝置一般。此裝置以 3V 運作，除了連接 3V 和 GND 外，你應該連接感測器的 SDA 針腳到 Raspberry Pi 的 SDA 針腳（也稱為 GPIO 2），和感測器的 SCL 針腳到 Raspberry Pi 的 SCL 針腳（也稱為 GPIO 3）。

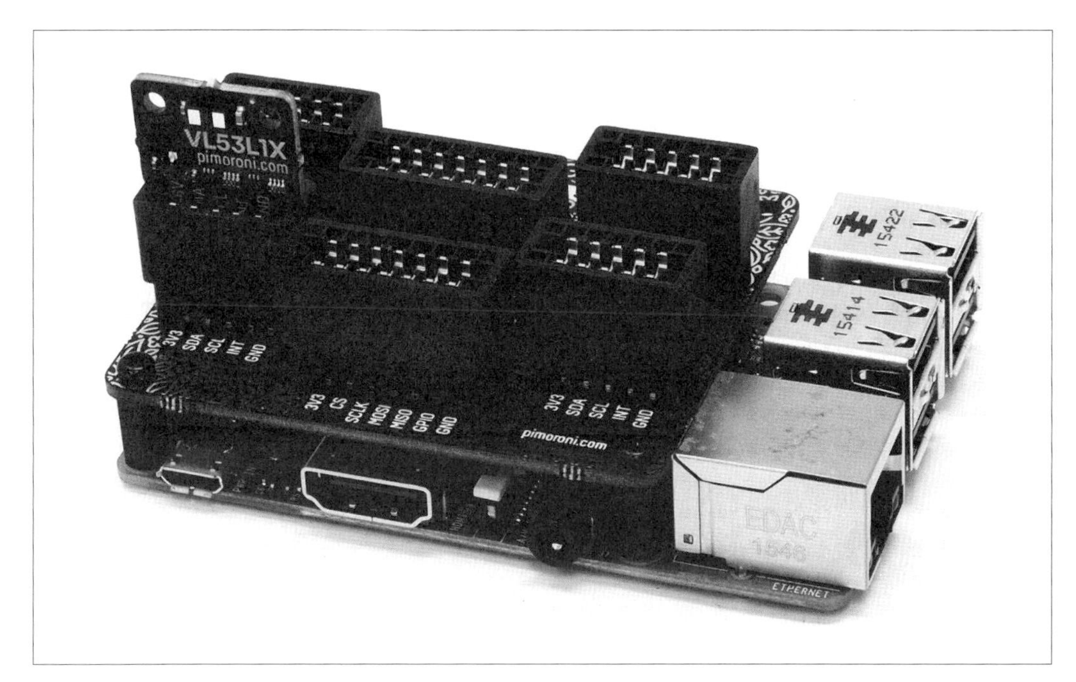

圖 14-28　VL53L1X ToF 感測器和　Pimoroni Breakout Garden

如果你選擇使用 Breakout Garden，只要確定你將感測器放對方向（參閱圖 14-28）。如果你用跳線，請如下連接裝置：

- VL53L1X 的 VCC 針腳連到 Raspberry Pi 的 3V
- VL53L1X 的 GND 針腳連到 Raspberry Pi 的 GND
- VL53L1X 的 SDA 針腳到 Raspberry Pi 的 GPIO 2（SDA）
- VL53L1X 的 SCL 針腳到 Raspberry Pi 的 GPIO 3（SCL）

VL53L1X 使用 I2C，所以你需要照訣竅 10.4 說明啟用它。啟用後，請執行以下指令安裝 VL53L1X 的軟體：

```
$ sudo pip3 install smbus2
$ sudo pip3 install vl53l1x
```

本訣竅的測試程式（*ch_14_tof.py*）每秒會印出以公釐為單位的距離：

```
import VL53L1X, time

tof = VL53L1X.VL53L1X(i2c_bus=1, i2c_address=0x29)
```

```
tof.open()
tof.start_ranging(1) # 開始 range1=短 2=中 3=長

while True:
    mm = tof.get_distance() # 取得以公釐為單位的距離
    print("mm=" + str(mm))
    time.sleep(1)
```

如本書所有程式範例一樣，你可以下載本程式（請參閱訣竅 3.22）。

請注意如果你的裝置有不同的 I2C 位址，你可能需要修改 `0x29` 為你的裝置位址。

討論

VL53L1X ToF 感測器是神奇的小裝置，有低功率紅外線雷射和接收器，以及所有電子裝置溝通都需要的 I2C。

模組以類似訣竅 14.19 超音波測距儀的原理運作，除了測量音波打到目標物後回彈的時間外，ToF 感測器是測量雷射光脈衝從目標物回彈的時間。

參閱

要使用超音波測量距離，請參閱訣竅 14.19。

請參閱 VL53L1X 的規格表（*https://oreil.ly/R_uBy*）。

14.21 為 Raspberry Pi 加上觸控

問題

你要為 Raspberry Pi 加上觸控介面。

解決方案

請使用 Adafruit Capacitive Touch HAT（圖 14-29）。

圖 14-29　連接 Adafruit Capacitive Touch HAT 到蘋果

觸控感測器很有趣，很適合教育用途。你可以連上任何導電物，即使只有一點電流也可以，包括水果。一個很受歡迎的專案是用鱷魚夾連接不同蔬菜水果到板子的端點做一個水果鍵盤。然後當你觸摸不同水果時發出不一樣的聲音。

Adafruit Capacitive Touch HAT 使用 Raspberry Pi 的 I2C 介面，所以如果尚未這麼做，請先按照訣竅 10.4 和 10.6 完成。

要安裝此 HAT 的 Python 程式庫，請執行指令：

```
$ pip3 install adafruit-blinka
$ pip3 install adafruit-circuitpython-mpr121
```

要測試 Capacitive Touch HAT，請執行下列程式（*ch_14_touch.py*）：

```
import time
import board
import busio
import adafruit_mpr121
i2c = busio.I2C(board.SCL, board.SDA)
mpr121 = adafruit_mpr121.MPR121(i2c)
```

```
while True:
    if mpr121[0].value:
        print("觸摸了 Pin 0！")
```

如本書所有程式範例一樣，你可以下載本程式（請參閱訣竅 3.22）。

當你以手指觸摸標示為 0 的接點時，應該會看到像這樣的輸出結果：

```
$ python3 ch_14_touch.py
觸摸了 Pin 0！
觸摸了 Pin 0！
```

你可以只指觸摸連接點，或是如圖 14-29 所示使用鱷魚夾接上水果。

討論

Adafruit Capacitive Touch HAT 有 12 個觸控接點。如果你只需要幾個觸控接點，你可以使用 Pimoroni Explorer HAT Pro，它有四個和鱷魚夾相容的接點（圖 14-30）。

圖 14-30　Explorer HAT Pro 與水果

要使用 Explorer HAT Pro 觸控接點，請先按照訣竅 10.6 安裝此 HAT 的程式庫。

除了在其中一側設計用來連接鱷魚夾的四個終端接點外，四個標示 1 到 4 的觸控開關也使用觸控介面。

參閱

還有更多關於 Adafruit Touch HAT 文件（*https://oreil.ly/0x_YZ*）和 Explorer HAT Pro（*https://oreil.ly/ifpdt*）的相關資訊。

14.22 以 RFID 讀取器／寫入器讀取智慧卡

問題

你要讀取和寫入無線射頻辨識（radio-frequency identification，RFID）智慧卡。

解決方案

請用低成本的 RC-522 RFID 讀卡機和 `SimpleMFRC522Python` 程式庫。

要製作此訣竅，你需要以下材料：

- RC-522 讀卡機；它常和要使用的 RFID 標籤一併銷售（參閱第 598 頁的「模組」小節）
- 七條母對母跳線（參閱第 596 頁的「原型設備與套件」小節）

圖 14-31 示範了連接到 Raspberry Pi 的 RC-522。RC-522 使用 Raspberry Pi 的 SPI 介面，所以你需要照著訣竅 10.6 做。

表 14-1 列出你要用跳線做的連接，附有建議的導線顏色，比較容易知道哪條導線是哪個連接。

圖 14-31　連接 Raspberry Pi 和 RC-522

表 14-1　連接 Raspberry Pi 和 RFID 讀卡機

導線顏色	RC-522 針腳	Raspberry Pi 針腳
橘	SDA	GPIO8
黃	SCK	SCLK/GPIO11
白	MOSI	MOSI/GPIO10
綠	MISO	MISO/GPIO9
藍	GND	GND
灰	RST	GPIO25
紅	3.3V	3.3V

請注意，雖然 RC-522 針腳有某些標示為 SDA 和 SCI，似乎是使用 I2C，但是在本訣竅中是使用 Raspberry Pi 的 SPI 介面。

要使用此模組，請先用下列指令下載 Clever Card Kit 軟體。這會安裝 RC-522 所需的所有軟體。完成安裝後需要重新開機：

```
$ wget http://monkmakes.com/downloads/mmcck.sh
$ chmod +x mmcck.sh
$ ./mmcck.sh
```

要測試讀卡機，請執行 *clever_card_kit* 目錄中的 *01_read.py* 程式：

```
$ cd ~/clever_card_kit
$ python3 01_read.py
請將卡片靠近讀卡機
894922433952

894922433952

894922433952
```

當你拿卡靠近 RC-522 時，會印出卡內 RFID 標籤的唯一識別碼。讀完你要讀取的卡片後，按下 Ctrl-C。以下是程式碼：

```
import RPi.GPIO as GPIO
import SimpleMFRC522

reader = SimpleMFRC522.SimpleMFRC522()

print(" 請將卡片靠近讀卡機 ")

try:
    while True:
        id, text = reader.read()
        print(id)
        print(text)

finally:
    print(" 清除 ")
    GPIO.cleanup()
```

匯入 `RPi.GPIO` 只是用來在程式離開時 `cleanup` GPIO 針腳。`reader.read()` 函式會等待 RFID 標籤靠近讀卡機，並回傳卡片的唯一辨識碼（`id`）和任何儲存在卡片中的文字訊息（`text`）。

你無法修改製造時指定給每張卡片的唯一辨識碼，但是你可以儲存少量資料到卡片中。要這麼做，請使用 *02_write.py* 程式：

```
$ python3 02_write.py
新訊息：Raspberry Pi
掃描並寫入
已寫入
894922433952
Raspberry Pi
新訊息：
```

寫入一些文字到卡片後，你可以用 *01_read.py* 檢查是否在其中。*02_write.py* 的程式碼是：

```
import RPi.GPIO as GPIO
import SimpleMFRC522

reader = SimpleMFRC522.SimpleMFRC522()

try:
    while True:
        text = input('新訊息：')
        print("掃描並寫入")
        id, text = reader.write(text)
        print("已寫入")

        print(id)
        print(text)
finally:
    print("清除")
    GPIO.cleanup()
```

要使用 RFID 讀卡機的全部功能是非常複雜的。`SimpleMFRC522` 類別大幅簡化此步驟到基本的讀取和寫入文字到卡片。`SimpleMFRC522` 類別實例化之後，你只要呼叫 `read` 來讀取已掃描的卡片。這會回傳 ID 和任何寫入卡片的文字。`write` 方法會回傳同樣的值，但是也能讓你指定要寫入卡片的文字。

討論

RFID 標籤有各種形狀和大小。但是也有許多不同標準，使用不同頻率和不同的通訊協定，所以要找 RS-522 可以用的卡片，請找頻率為 13.56MHz 的卡片。`SimpleMFRC522` 的程式碼也有一點挑卡，所以如果你打算用它，也要找 Mifare 1k 相容的標籤。

因為哪張卡片能儲存在記憶體中以及如何儲存之間存在許多差異，最後不要依賴儲存資料在標籤中，而是使用片的唯一辨識碼。然後您可以根據該唯一辨識碼儲存資料。*clever_card_kit* 目錄中的 *05_launcher_setup.py* 程式與 *05_launcher.py* 程式示範如何以存在 pickle 檔案（參閱訣竅 7.9）的表格資料使用此方法。

參閱

還有更多關於 `SimpleMFRC522` 程式碼的完整文件（*https://oreil.ly/QibgQ*）。

14.23 顯示感測器數值

問題

你有連接到 Raspberry Pi 的感測器。想要一個顯示讀數的大數位顯示器。

解決方案

請使用 `guizero` 程式庫開啟視窗，並將讀數以大號字體顯示於其上（圖 14-32）。

圖 14.32　使用 `guizero` 顯示感測器讀數

本例使用來自訣竅 14.20 ToF 測距儀的資料。所以如果你要測試此範例，必須先完成該訣竅。或者，本章其他大多數感測器的訣竅都能應用本訣竅。請開啟編輯器並貼上以下程式碼（*ch_14_gui_sensor_reading.py*）以測試訣竅：

```
import VL53L1X, time
from guizero import App, Text

tof = VL53L1X.VL53L1X(i2c_bus=1, i2c_address=0x29)
tof.open()
tof.start_ranging(1)

def update_reading():
    mm = tof.get_distance()
    reading_text.value = str(mm)

app = App(width=300, height=150)
reading_text = Text(app, size=100)
reading_text.repeat(1000, update_reading)
app.display()
```

如本書所有程式範例一樣，你可以下載本程式（請參閱訣竅 3.22）。

`update_reading` 函式會從測距儀（或你選擇使用的任何感測器）取得新讀數，並設定 `reading_text` 的值為該值（以字串的型態）。

要確保讀數有自動更新，會呼叫 `reading_text` 的 `repeat` 方法，其第一個參數為每次更新時間間隔的毫秒數（本例中為 `1000`），第二個參數是要呼叫的函式（`update_reading` 函式）。

討論

雖然本訣竅使用距離感測器，但是它也同樣適用於本章的其他感測器訣竅。你只要修改取得感測器讀數的方法即可。

參閱

關於格式化數字到特定小數位數的資訊，請參閱訣竅 7.1。

在網頁瀏覽器而非應用程式視窗顯示感測器資料的範例，請參閱訣竅 17.2。

14.24 記錄到隨身碟

問題

你要記錄感測器測量的資料到隨身碟中。

解決方案

寫一個會寫入資料到隨身碟檔案的 Python 程式。以逗號分隔值（CSV）格式寫入檔案，就可以直接將它匯入到試算表用，包括 Raspberry Pi 的 LibreOffice（訣竅 4.3）。

範例程式（*ch_14_temp_log.py*）會記錄 Raspberry Pi 的 CPU 溫度讀數（參閱訣竅 14.11）：

```
import glob, time, datetime
from gpiozero import CPUTemperature

log_period = 600 # 秒
```

```
logging_folder = glob.glob('/media/pi/*')[0]
dt = datetime.datetime.now()
file_name = "temp_log_{:%Y_%m_%d}.csv".format(dt)
logging_file = logging_folder + '/' + file_name

def read_temp():
    cpu_temp = CPUTemperature().temperature
    return cpu_temp

def log_temp():
    temp_c = read_temp()
    dt = datetime.datetime.now()
    f = open(logging_file, 'a')
    line = '\n"{:%H:%M:%S}","{}"'.format(dt, temp_c)
    f.write(line)
    print(line)
    f.close()

print("Logging to: " + logging_file)
while True:
    log_temp()
    time.sleep(log_period)
```

如本書所有程式範例一樣，你可以下載本程式（請參閱訣竅 3.22）。

程式設定為每十分鐘（600 秒）記錄溫度一次。你可以修改 `log_period` 的值來改變間隔。

你需要使用 sudo 執行此程式以存取隨身碟：

```
$ $ sudo python3 ch_14_temp_log.py
Logging to: /media/pi/temp_log_2022_06_22.csv
"13:09:02","38.459"
"13:09:12","38.946"
"13:09:22","37.972"
"13:09:32","37.485"
```

當記錄開始時，雖身碟中記錄檔的路徑會顯示出來。

請注意為了要加速，紀錄週期被設為 10 秒。

討論

當你插入隨身碟到 Raspberry Pi 時，它會自動安裝在 */media/pi*。如果連接超過一個可移除磁碟到 Raspberry Pi，程式會使用它在 */media* 內找到的第一個資料夾。記錄檔名稱會以目前日期建立。

如果你在試算表中開啟檔案，就能夠直接編輯它。你的試算表可能會要求你指定資料的分隔符，那就是逗號。

圖 14-33 顯示用此訣竅擷取的一組資料，結果檔案已經用 Raspberry Pi 執行的 LibreOffice 的試算表（訣竅 4.3）開啟。

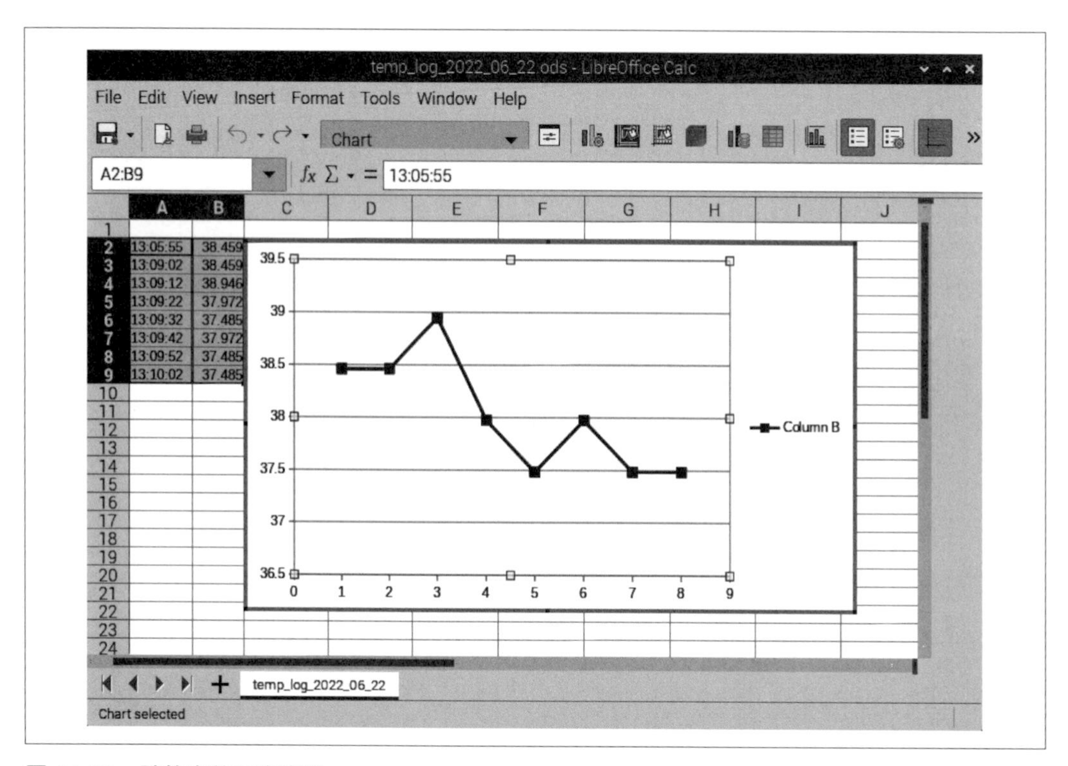

圖 14-33　試算表的圖表資料

參閱

此程式能輕易用於本章的其他感測器。

記錄感測器資料到網路服務上的範例，請參閱 17.7。

第十五章

顯示器

15.0 簡介

雖然 Raspberry Pi 能使用監視器或電視當顯示器，但是用較小型、更專用的顯示器也很不錯。在本章中，我們會探討幾種能連接 Raspberry Pi 的不同顯示器。

連接本章敘述之專用顯示器的替代方案是連接監視器（可以是小一點的）到 Raspberry Pi，或甚至使用手機或平板電腦透過 VNC 連接。

15.1 使用四位數七段顯示器

問題

你要顯示四位數字在復古的七段 LED 顯示器上。

解決方案

連接積體匯流排電路（Inter-Integrated Circuit bus，I2C）LED 模組，例如圖 15-1 所示的模組，以母對母跳線連至 Raspberry Pi。

圖 15-1　Raspberry Pi 與七段 LED 顯示器

要製作此訣竅，你需要以下材料：

- 四條母對母跳線（參閱第 596 頁的「原型設備與套件」小節）
- I2C 背板的 Adafruit 4 位七段顯示器（參閱第 598 頁的「模組」小節）

Raspberry Pi 和模組的連接如下：

- 顯示器的 VCC 針腳（+）連到 Raspberry Pi GPIO 接腳的 5V
- 顯示器的 GND 針腳（-）連到 Raspberry Pi GPIO 接腳的 GND
- 顯示器的 SDA 針腳（D）到 Raspberry Pi GPIO 接腳的 GPIO 2（SDA）
- 顯示器的 SCL 針腳（C）到 Raspberry Pi GPIO 接腳的 GPIO 3（SCL）

請注意 Adafruit 也提供超大尺寸的 LED 顯示器。你可以用前面的連線列表將它連接到 Raspberry Pi，但是較大的顯示器有兩個正電源供應針腳：一個是邏輯電路的（V_IO），一個是顯示器的（5V）。因為大的顯示器需要更多的電流。幸運的是 Raspberry Pi 能供應足夠的電力。你可以使用額外的母對母跳線連接額外針腳到 GPIO 接腳的 5V 針腳。

要讓本訣竅能運作，你也需要設定 Raspberry Pi 的 I2C，請先照著訣竅 10.4 做。

請輸入這些指令來安裝支援 Adafruit 顯示器的程式碼：

```
$ cd ~
$ pip3 install adafruit-blinka
$ pip3 install adafruit-circuitpython-ht16k33
$ sudo apt install python3-pil
```

程式 *ch_15_7_seg.py* 是一個簡單範例，每秒計數一次，從 0 數到 9999，然後再從 0 重新開始：

```
import board
from adafruit_ht16k33.segments import Seg7x4
from time import sleep

i2c = board.I2C()
display = Seg7x4(i2c)
display.brightness = 0.5

x = 0

while True:
    display.print("    ")
    display.print(x)
    x += 1
    if x > 9999:
        x = 0
    sleep(1)
```

如本書所有程式範例一樣，你可以下載本程式（請參閱訣竅 3.22）。

討論

Adafruit 顯示器軟體使用讓你能在一般 Python 執行 Adafruit CircuitPython 程式庫的 Blinka 模組。

要設定此顯示器，要建立 I2C 實例，然後以 I2C 介面參數建立 Seg7x4 實例。

顯示器能顯示數字或基本文字。它會循序顯示文字和數字，不會清除之前顯示的內容，所以如果你要顯示器顯示 1，然後顯示 2，它實際上會顯示 12，顯示新數字之前會先將舊的數字往左捲動。所以要在顯示下一個數字前清除顯示器，你可以用 `display.print("    ")` 印出四個空格。

參閱

請查看更多 Adafruit CircuitPython 程式庫的資料（*https://oreil.ly/x3Dg9*）。

15.2 在 I2C LED 矩陣顯示圖形

問題

你要控制多彩 LED 矩陣顯示器的像素。

解決方案

請使用 I2C LED 模組，例如圖 15-2 所示以母對母跳線連到 Raspberry Pi 的模組。

圖 15-2　LED 矩陣顯示器與 Raspberry Pi 400 及 GPIO 轉接頭

要製作此訣竅，你需要以下材料：

- 四條母對母跳線（參閱第 596 頁的「原型設備與套件」小節）
- Adafruit I2C 背板雙色 LED 方型像素矩陣顯示器（參閱第 598 頁的「模組」小節）
- 若你使用如圖 15-2 顯示的 Raspberry Pi 400，你也需要 GPIO 轉接板以方便連接針腳。

Raspberry Pi 和模組的連接如下：

- 顯示器的 VCC 針腳（+）連到 Raspberry Pi GPIO 接腳的 5V
- 顯示器的 GND 針腳（-）連到 Raspberry Pi GPIO 接腳的 GND
- 顯示器的 SDA 針腳（D）到 Raspberry Pi GPIO 接腳的 GPIO 2（SDA）
- 顯示器的 SCL 針腳（C）到 Raspberry Pi GPIO 接腳的 GPIO 3（SCL）

要讓本訣竅能運作，你也需要設定 Raspberry Pi 的 I2C，請先照著訣竅 10.4 做。

顯示器使用和訣竅 15.1 相同的模組程式碼。如果你尚未安裝，請執行下列指令：

```
$ cd ~
$ pip3 install adafruit-blinka
$ pip3 install adafruit-circuitpython-ht16k33
$ sudo apt install python3-pil
```

範例程式 *ch_15_matrix.py* 會隨機選擇像素將它設為隨機顏色：紅、綠和橘，每秒十次：

```
import board
from adafruit_ht16k33.matrix import Matrix8x8x2
from time import sleep
from random import randint

i2c = board.I2C()
display = Matrix8x8x2(i2c)
display.brightness = 0.5

while True:
    x = randint(0, 8)
    y = randint(0, 8)
    color = randint(0, 4)
    display[x, y] = color
    sleep(0.1)
```

如本書所有程式範例一樣，你可以下載本程式（請參閱訣竅 3.22）。

討論

程式會匯入 Matrix8x8x2 類別，然後會以 I2C 埠初始化。*x* 與 *y* 軸會隨機選擇 0 到 7 的值。顏色則會隨機選擇數字 0 到 3：0 是關閉、1 是紅、2 是綠，3 是橘（紅綠同時顯示）。這是此顯示器能用的顏色，看起來很漂亮！

參閱

你可以在 *https://oreil.ly/yA49j* 找到更多關於 I2C LED 模組的資訊。

15.3 使用 Sense HAT LED 矩陣顯示器

問題

你想使用 Sense Hat 的顯示器顯示訊息和圖形。

解決方案

請遵照訣竅 10.15 安裝 Sense Hat 所需軟體，然後使用程式庫指令顯示文字。

程式 *ch_15_sense_hat_clock.py* 會透過重複在捲動訊息中顯示日期與時間來做示範：

```
from sense_hat import SenseHat
from datetime import datetime
import time

hat = SenseHat()
time_color = (0, 255, 0) # 綠色
date_color = (255, 0, 0) # 紅色

while True:
    now = datetime.now()
    date_message = '{:%d %B %Y}'.format(now)
    time_message = '{:%H:%M:%S}'.format(now)

    hat.show_message(date_message, text_colour=date_color)
    hat.show_message(time_message, text_colour=time_color)
```

如本書所有程式範例一樣，你可以下載本程式（請參閱訣竅 3.22）。

討論

我們定義了兩種顏色讓日期和時間能以不同顏色顯示。這些顏色用來當作 show_message 的選擇性參數。其他 show_message 的選擇性參數有：

scroll_speed
: 這實際上是每次捲動間的延遲，而非速度。數值越高，捲動越慢。

back_colour
: 設定背景顏色。請注意此「colour」是有「u」的英式拼法。

你不僅可以用此顯示器顯示捲動文字。從最基本的開始，你能以 set_pixel 設定個別像素、以 set_rotation 設定顯示器方向和以 load_image 顯示影像（雖然很小）。以下於 *ch_15_sense_hat_taster.py* 的範例會示範這些函式呼叫。如本書所有程式範例一樣，你可以下載本程式（請參閱訣竅 3.22）。

影像一定要是 8×8 像素，但是你可以使用最常見的圖形格式，例如：*.jpg* 和 *.png*，位元深度會自動處理：

```
from sense_hat import SenseHat
import time

hat = SenseHat()

red = (255, 0, 0)

hat.load_image('small_image.png')
time.sleep(1)
hat.set_rotation(90)
time.sleep(1)
hat.set_rotation(180)
time.sleep(1)
hat.set_rotation(270)
time.sleep(1)

hat.clear()
hat.set_rotation(0)
for xy in range(0, 8):
    hat.set_pixel(xy, xy, red)
    hat.set_pixel(xy, 7-xy, red)
```

圖 15-3 示範 Senst Hat 顯示粗糙的影像。

圖 15-3　Sense Hat 顯示「影像」

參閱

可以查看更多關於 Sense Hat 的完整文件資訊（*https://oreil.ly/fSiQG*）。

格式化日期與時間的資訊，請參閱訣竅 7.2。

其他使用 Sense Hat 的訣竅是訣竅 10.15、14.12、14.15、14.16 和 14.18。

15.4 使用 OLED 圖形顯示器

問題

你想連接 OLED（有機 LED）圖形顯示器到 Raspberry Pi。

解決方案

請以 I2C 介面使用基於 SSD1306 驅動晶片的 OLED 顯示器（圖 15-4）。

圖 15-4　Raspberry Pi 400 上的 I2C OLED 顯示器

要製作此訣竅，你需要以下材料：

- 四條母對母跳線（參閱第 596 頁的「原型設備與套件」小節）
- I2C OLED 128×64 像素顯示器（參閱第 598 頁的「模組」小節）

Raspberry Pi 和模組的連接如下：

- 顯示器的 VCC 針腳連到 Raspberry Pi GPIO 接腳的 5V
- 顯示器的 GND 針腳連到 Raspberry Pi GPIO 接腳的 GND
- 顯示器的 SDA 針腳到 Raspberry Pi GPIO 接腳的 GPIO 2（SDA）
- 顯示器的 SCL 針腳到 Raspberry Pi GPIO 接腳的 GPIO 3（SCL）

要讓本訣竅能運作，你也需要設定 Raspberry Pi 的 I2C，請先照著訣竅 10.4 做。

Adafruit 有提供這些顯示器的程式庫，你可以用這些指令安裝：

```
$ cd ~
$ pip3 install adafruit-blinka
$ pip3 install adafruit-circuitpython-ssd1306
```

此程式庫使用 Python 影像程式庫（Python Image Library，PIL）和 NumPy 模組，你可以用下列指令安裝：

```
$ sudo apt install python3-pil
$ sudo apt install python3-numpy
```

ch_15_oled_clock.py 程式碼範例會在 OLED 顯示器上顯示時間與日期：

```
import board
from PIL import Image, ImageDraw, ImageFont
import adafruit_ssd1306
from time import sleep
from datetime import datetime

# 設定顯示器
i2c = board.I2C()
disp = adafruit_ssd1306.SSD1306_I2C(128, 64, i2c, addr=0x3C)
small_font = ImageFont.truetype('FreeSans.ttf', 12)
large_font = ImageFont.truetype('FreeSans.ttf', 33)
disp.fill(0)
disp.show()

# 建立以位元 1 色彩繪製的影像
width = disp.width
height = disp.height
image = Image.new('1', (width, height))
draw = ImageDraw.Draw(image)

# 顯示第一行字體放大的三行訊息
def display_message(top_line, line_2):
    draw.rectangle((0,0,width,height), outline=0, fill=0)
    draw.text((0, 0),  top_line, font=large_font, fill=255)
    draw.text((0, 50),  line_2, font=small_font, fill=255)
    disp.image(image)
    disp.show()

while True:
    now = datetime.now()
    date_message = '{:%d %B %Y}'.format(now)
    time_message = '{:%H:%M:%S}'.format(now)
    display_message(time_message, date_message)
    sleep(0.1)
```

如本書所有程式範例一樣，你可以下載本程式（請參閱訣竅 3.22）。

討論

每個 I2C 裝置都有一個位置，在此行中設定：

```
disp = adafruit_ssd1306.SSD1306_I2C(128, 64, i2c, addr=0x3C)
```

很多低成本 I2C 模組都固定在 3C（16 進位），但是有很多不是，所以你應該查看裝置的文件或使用 I2C 工具（訣竅 10.5）來列出所有連接在匯流排的 I2C 裝置，以查看顯示器的位址。

前面的程式碼範例使用一種稱為**雙緩衝區**（*double buffering*）的技巧。這涉及到先準備要顯示的影像，然後一次切換到影像。這可以避免顯示器閃爍。

你可以看到此技巧的 `display_message` 函式程式碼。首先，會繪製整個顯示器大小的空白長方形至 `image`。然後繪製文字到 `image`，再以 `disp.image(image)` 設定顯示器內容為 `image`。顯示器在 `disp.show()` 函式被呼叫前還不會真的更新。

小型 OLED 顯示器很便宜，不會使用太多電流，解析度高，就是比較小。它們在許多消費型產品中取代了 LCD 顯示器。

參閱

此訣竅的說明是關於四針 I2C 介面。如果你真的要用 SPI 介面，請看看 Adafruit 的教學（*https://oreil.ly/EzEeu*）。

15.5 使用可定址 RGB LED 燈條

問題

你要連接 RGB LED 燈條（NeoPixels）至 Raspberry Pi。

解決方案

請在 Raspberry Pi 使用基於 WS2812 RGB LED 晶片的 LED 燈條。

使用這些 LED 燈條（圖 15-5）很簡單，直接連接到 Raspberry Pi，由 Raspberry Pi 的 5V 電源供應供電給 LED。這應該是一切運作良好的歡樂時光，但是別忘了看說明額外供電的討論小節，這樣燈條使用才不會有問題。

不要使用 *Pi* 的 *3.3V* 供電給 *LED*

雖然你可能想從 GOIO 接腳的 3.3V 供電給 LED，但是請不要這麼做——它只能提供低電流（請參閱訣竅 10.3）。使用這個針腳可能會很容易讓 Raspberry Pi 損壞。

圖 15-5　10 顆 LED 的 LED 燈條

圖 15-5 用的 LED 燈條是從整卷燈條剪下的。在此例中，一共有 10 個 LED 燈。因為每個 LED 燈會消耗最多 60mA，10 個可能是 LED 燈條不用獨立電源供應的 LED 數量合理的上限（請參閱討論小節）。

要連接燈條到 Raspberry Pi，將一端的母接頭跳線剪掉，導線焊接到 LED 燈條三個接點（參閱訣竅 10.3）：GND、DI（data in，資料寫入）和 5V。然後分別連接到 GPIO 針腳 GND、GPIO 18 和 5V。

請注意 LED 燈條印有向右箭頭（圖 15-6）。請確定焊接導線到 LED 燈條時，由切端往箭頭**左**側開始。

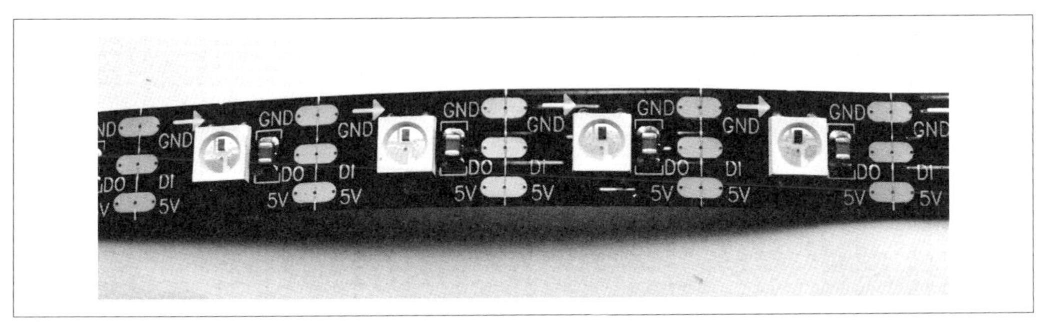

圖 15-6　LED 燈條近照

我們會使用 Adafruit 軟體控制可定址 LED 燈。要安裝它，請執行下列指令：

```
$ pip3 install adafruit-blinka
$ sudo pip3 install rpi_ws281x adafruit-circuitpython-neopixel
```

下列範例程式（*ch_15_neopixel.py*）會沿著燈條連續位置將 LED 設為紅色：

```
import time
import board
from neopixel import NeoPixel

led_count = 5
red = (100, 0, 0)
no_color = (0, 0, 0)

strip = NeoPixel(board.D18, led_count, auto_write=False)

def clear():
    for i in range(0, led_count):
        strip[i] = no_color
    strip.show()

i = 0
while True:
    clear()
    strip[i] = red
    strip.show()
    time.sleep(1)
    i += 1
    if i >= led_count:
        i = 0
```

如本書所有程式範例一樣，你可以下載本程式（請參閱訣竅 3.22）。

以 Python3 執行程式，然後像這樣使用 sudo 指令：

```
$ sudo python3 ch_15_neopixel.py
```

如果你的燈條的 LED 燈數量不同，請修改 `led_count`。剩下的常數不需要修改。

你可以只用 GPIO 10、12、18 和 21 搭配 NeoPixels。如果你要用不同的 GPIO 針腳，請修改 `board.D18` 到你要的針腳。

可以獨立設定每個 LED 的顏色。顏色以紅色、綠色和藍色強度的 tuple 設定。要變更特定位置 LED 的顏色，請使用 `strip` 變數，將它當作陣列設定該元素至你要的顏色。例如（`strip[i] = red`）。

在 show 方法被呼叫前，LED 的顏色變更並不會真的更新。

討論

燈條上每個 LED 能使用最大約 60mA 電流。它們只有在全部三個色彩通道（紅、綠和藍）亮度最大時（255）才會消耗這麼多。如果你打算使用很多 LED，你需要使用獨立的 5V 電源供應才足以供應燈條上全部的 LED 燈。圖 15-7 示範要如何連接獨立的電源供應。使用母接頭直流（DC）終端轉接頭（請參閱第 596 頁的「原型設備與套件」小節）能讓連接外部電源到麵包板更容易。

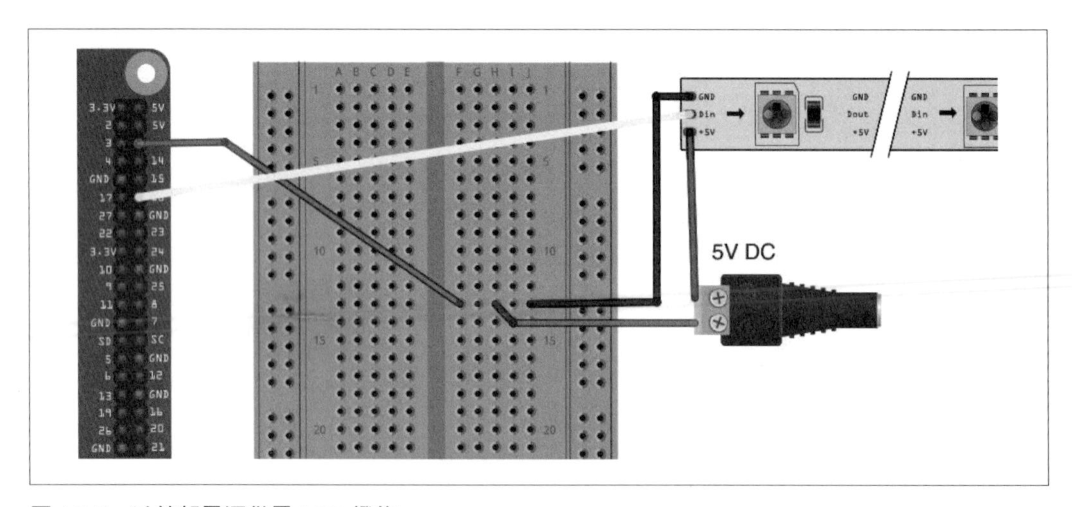

圖 15-7　以外部電源供電 LED 燈條

參閱

NeoPixels 也有環狀格式（*https://oreil.ly/a1pKB*）。

你可以在 *https://oreil.ly/-oA90* 取得更多 Adafruit 的 NeoPixels 方法。

15.6 使用 Pimoroni Unicorn HAT

問題

你要在 Raspberry Pi 使用 RGB LED 矩陣顯示器。

解決方案

請使用提供 8x8 LED 矩陣的 Pimoroni Unicorn HAT（圖 15-8）。

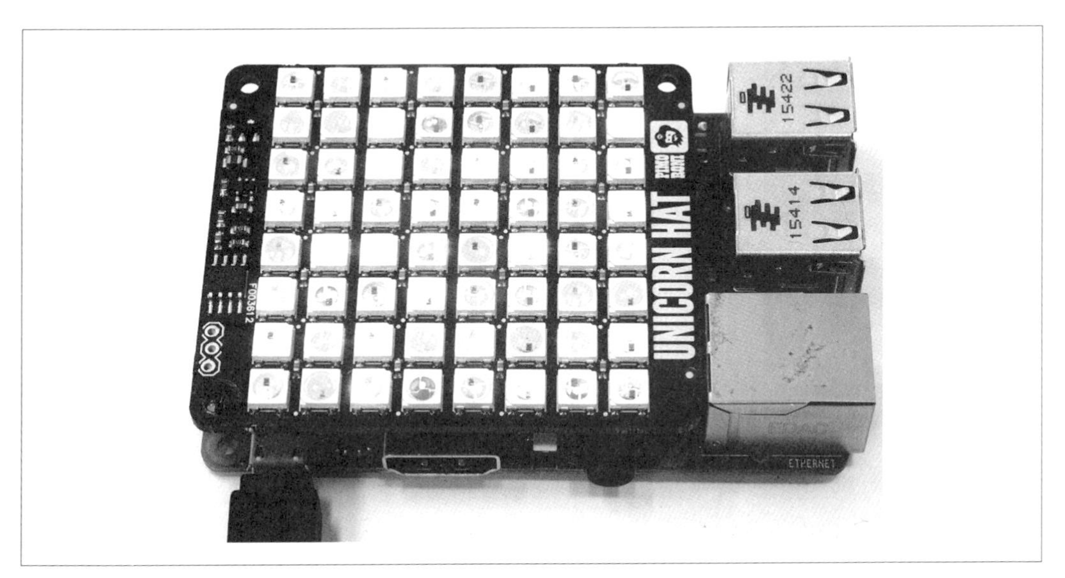

圖 15-8　Raspberry Pi 3 上的 Pimoroni Unicorn HAT

一開始先從 Pimoroni 安裝 Unicorn HAT 軟體：

```
$ curl https://get.pimoroni.com/unicornhat | bash
```

你會被要求數次以確認要安裝的不同軟體，最後請重新啟動 Raspberry Pi。

安裝完成時，執行這裡的彩色程式（*ch_15_unicorn.py*）。它會重複設定隨機像素為隨機顏色。請以 sudo 指令執行程式：

```
import time
import unicornhat as unicorn
from random import randint

unicorn.set_layout(unicorn.AUTO)
unicorn.rotation(0)
unicorn.brightness(1)
width, height = unicorn.get_shape()

while True:
    x = randint(0, width)
    y = randint(0, height)
    r, g, b = (randint(0, 255), randint(0, 255), randint(0, 255))
    unicorn.set_pixel(x, y, r, g, b)
    unicorn.show()
    time.sleep(0.01)

time.sleep(1)
```

如本書所有程式範例一樣，你可以下載本程式（請參閱訣竅 3.22）。

討論

有了 Unicorn HAT，讓連接可定址 LED 矩陣變得很方便。您還能找到其他各式各樣配置的可定址 LED 燈鏈，包括有更多 LED 的矩陣。一般來說，這樣可定址的矩陣 LED 實際上的電路排列是一個 LED 長鏈。

參閱

更多關於可定址（NeoPixel）LED 的資訊，請參閱訣竅 15.5。

15.7 使用電子紙顯示器

問題

你要使用 Raspberry Pi 控制電子紙顯示器。

解決方案

請連接 Inky pHAT 或 Inky wHAT 模組到 Raspberry Pi（圖 15-9）。以下列指令下載 Pimoroni 軟體：

```
$ curl https://get.pimoroni.com/inkyphat | bash
```

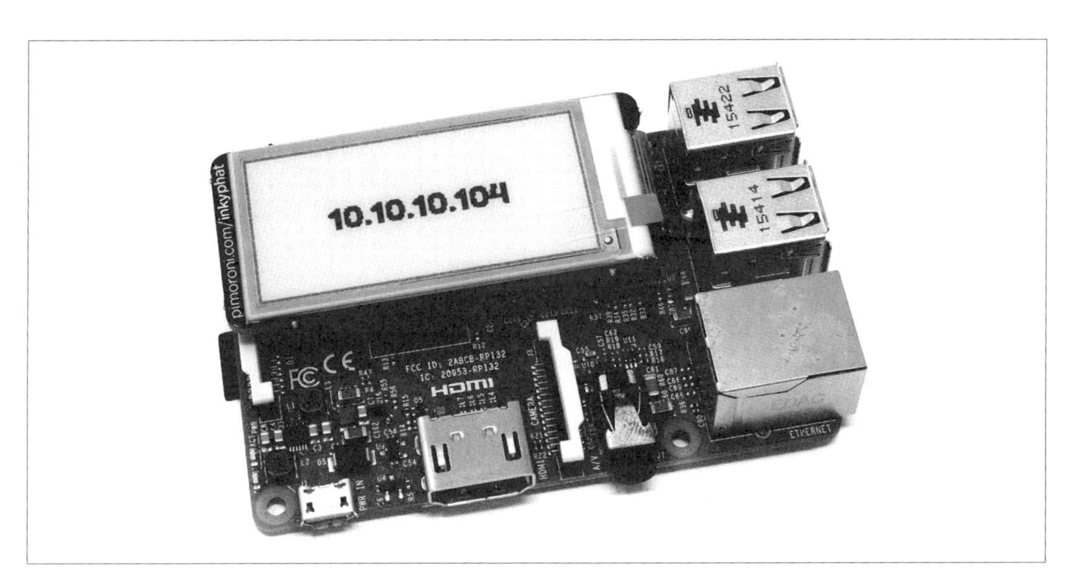

圖 15-9　連接到 Raspberry Pi 3 的 Pimoroni Inky pHAT

如果（當程式提示時）你接受了下載範例和文件的選項，就會花一點時間來安裝。

我們以範例程式（*ch_15_phat.py*）讓 Inky pHAT 顯示 Raspberry Pi 的 IP 位址：

```
from inky import InkyPHAT
from PIL import Image, ImageFont, ImageDraw
from font_fredoka_one import FredokaOne
import subprocess
```

```
inky_display = InkyPHAT("red")
inky_display.set_border(inky_display.WHITE)

img = Image.new("P", (inky_display.WIDTH, inky_display.HEIGHT))
draw = ImageDraw.Draw(img)
font = ImageFont.truetype(FredokaOne, 22)

message = str(subprocess.check_output(['hostname', '-I'])).split()[0][2:]
print(message)

w, h = font.getsize(message)
x = (inky_display.WIDTH / 2) - (w / 2)
y = (inky_display.HEIGHT / 2) - (h / 2)

draw.text((x, y), message, inky_display.RED, font)
inky_display.set_image(img)
inky_display.show()
```

如本書所有程式範例一樣，你可以下載本程式（請參閱訣竅 3.22）。

範例程式使用 subprocess 程式庫（訣竅 7.15）取得指派給 Raspberry Pi 的 IP 位址。

討論

你不會在這種顯示器上玩任何遊戲，因為它們會花幾秒鐘更新畫面，但是更新後，即使移除電源，電子紙顯示器仍然會維持上面的畫面。Pimoroni 有銷售像此處所使用的 Inky pHAT 小型電子紙顯示器，也有兩倍大小，和 Raspberry Pi 一樣大的顯示器。

參閱

你能取得有更多 Inky pHAT 資訊的完整文件（*https://oreil.ly/-rP4D*）。

第十六章

聲音

16.0 簡介

在本章中，你會學到如何以 Raspberry Pi 處理聲音。有以各種不同方法播放聲音和使用麥克風錄製聲音的訣竅。

16.1 連接揚聲器

問題

你想從 Raspberry Pi 播放聲音。

解決方案

請連接如圖 16-1 所示之另外供電的喇叭。

連接喇叭到影音插孔後，你會需要以訣竅 16.2 所示範地設置 Raspberry Pi 從影音插孔播放，而不是 HDMI。

圖 16-1　連接可充電擴音喇叭到 Raspberry Pi

圖 16-1 所示通用喇叭的替代方法是使用專為 Raspberry Pi 設計的喇叭套件，例如圖 16-2 所示的 MonkMakes Speaker Kit for Raspberry Pi。

圖 16-2　MonkMakes 擴音喇叭與 Raspberry Pi

喇叭使用套件提供的音源導線連接，以母對母接頭導線透過 Raspberry Pi 5V 電源供電。

Raspberry Pi OS 附有方便的程式能測試喇叭運作。請在終端機輸入以下指令：

```
$ speaker-test -t wav -c 2

speaker-test 1.1.3

Playback device is default
Stream parameters are 48000Hz, S16_LE, 2 channels
WAV file(s)
Rate set to 48000Hz (requested 48000Hz)
Buffer size range from 256 to 32768
Period size range from 256 to 32768
Using max buffer size 32768
Periods = 4
was set period_size = 8192
was set buffer_size = 32768
 0 - Front Left
 1 - Front Right
Time per period = 2.411811
 0 - Front Left
 1 - Front Right
```

執行此指令時，會聽到說「front left（前左）」、「front right（前右）」等的語音。這是設計來測試立體聲音效設定用。

討論

和連接不同類型擴音喇叭一樣，你也可以直接連接一對耳機到 Raspberry Pi 的音效插孔。

Raspberry Pi 預設輸出是經由 HDMI 線。所以如果你的 Raspberry Pi 是連接到電視或內建喇叭的監視器螢幕，你要聽 Raspberry Pi 的聲音就只要調大電視或監視器螢幕的音量。但是，如果 Raspberry Pi 不是接到監視器螢幕，或是螢幕沒有喇叭，那就可以照著本訣竅做。

參閱

要配對 Raspberry Pi 與藍牙喇叭，請參閱訣竅 1.17。

要指定聲音輸出到哪裡，請見訣竅 16.2。

要播放測試聲音，請參閱訣竅 16.5。

更多關於 Speaker Kit for Raspberry Pi 的資訊，請見 *https://oreil.ly/Q73vu*。

16.2 控制聲音輸出位置

問題

你想控制 Raspberry Pi 發出聲音會用的幾個輸出選項。

解決方案

最幾單的方法是在桌面右上角喇叭圖示按右鍵會出現的設定音效輸出的選擇器（圖 16-3）。

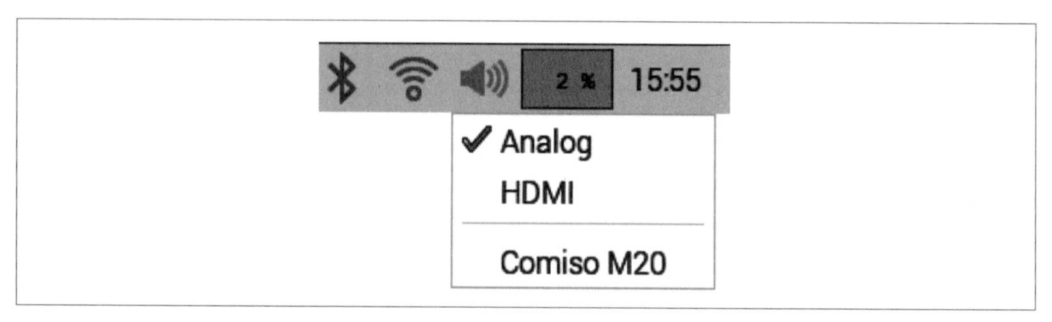

圖 16-3　變更音效輸出裝置

請注意圖 16-3 的 Comiso M20 是已經和 Raspberry Pi 配對的藍牙喇叭（參閱訣竅 1.17）。

討論

如果你以無周邊（headless，沒有接螢幕）方式執行 Raspberry Pi，你仍然可以用 `raspi-config` 命令列公用程式控制聲音輸出位置。

請開啟終端機並輸入下列指令：

```
$ sudo raspi-config
```

然後選擇系統（System）選項，接著選音效（Audio）。然後你可以如圖 16-4 所示選擇你要的選項。

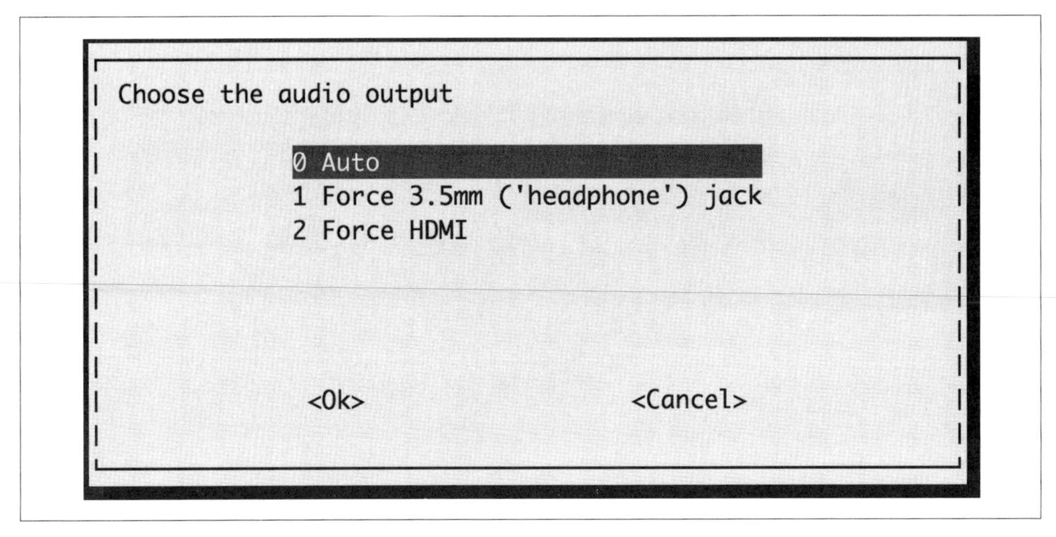

圖 16-4　以 raspi-config 變更音效輸出裝置

參閱

要學習如何連接喇叭到 Raspberry Pi，請參閱訣竅 16.1。

關於音效輸入和輸出選項，你可以使用音效裝置設定工具（Audio Device Settings tool），請見訣竅 16.6。

16.3 不從音訊插孔播放聲音

問題

你不想像 Pi Zero 或 Pi 400 一樣從 Raspberry Pi 音訊插孔播放高品質聲音。

解決方案

請如圖 16-5 所示連接 Pimoroni Audio DAC Shim 到 GPIO 接腳，並連接線性輸出 (line out）到擴大機。如果你是用 Raspberry Pi 400，你需要 GPIO 轉接線以連接 GPIO 針腳。

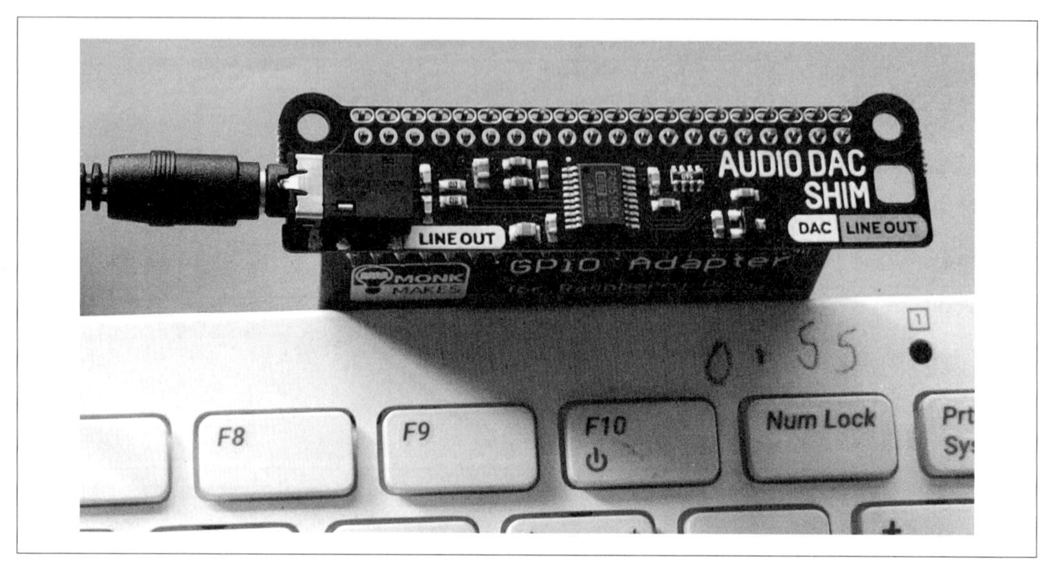

圖 16-5　連接 Audio DAC SHIM 至 Raspberry Pi 400

Pimoroni 的 SHIM 概念很聰明，能讓小型外接板接到 GPIO 接腳而不用焊接或使用插孔。它只要以緊貼的方式滑過 GPIO 接腳，微微彈起以和針腳有良好接觸即可。

為了要讓 Audio DAC 能被辨識，需要以下列指令從 Pimoroni 安裝一些軟體：

```
$ cd ~
$ git clone https://github.com/pimoroni/pirate-audio
$ cd pirate-audio/mopidy
$ sudo ./install.sh
```

安裝完成後，重新啟動 Raspberry Pi，你應該會發現在桌面右上角音效圖示按右鍵時，會出現新的音效介面可以選擇（圖 16-6）。

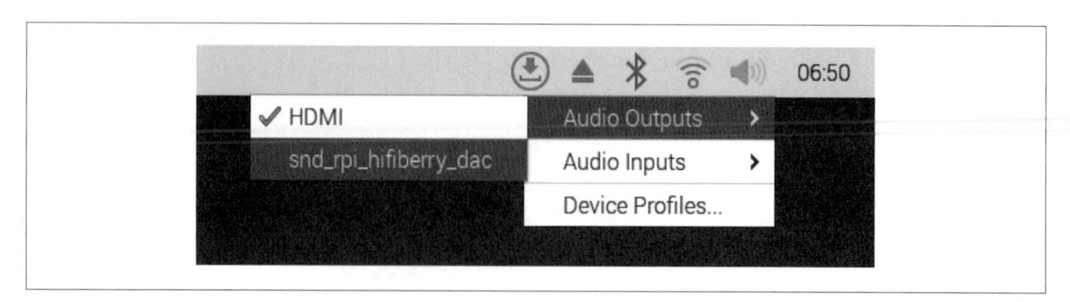

圖 16-6　選擇 Audio DAC SHIM 輸出

討論

Audio DAC SHIM 輸出可能和耳機孔相同，但是不應該直接連接耳機。此接腳只是連接 HiFi 用，電力不足以直接推動耳機。

增加新音效介面到 Raspberry Pi 更傳統的方式是連接 USB 音效卡。大部分宣稱支援 Linux 的都可以在 Raspberry Pi 上運作良好。

參閱

和在 Pi 設置 Audio ADC 一樣，本訣竅的安裝指令稿也會安裝 Mopidy（*https://oreil.ly/j1PO8*），一種 MPD（Music Player Daemon，音樂播放常駐程式）。

16.4 從命令列播放聲音

問題

你希望能從 Raspberry Pi 命令列播放聲音檔。

解決方案

請從命令列使用內建的 VLC 軟體。要測試它，請用本書下載檔案 *python* 目錄中的名為 *school_bell.mp3* 的檔案。你可以使用下列指令播放此免授權聲音檔。請注意在命令列中，指令是用 `cvlc`，不是 `vlc`：

```
$ cvlc ~/raspberrypi_cookbook_ed4/python/school_bell.mp3
```

這會透過目前音效輸出裝置播放聲音檔。

討論

VLC 能播放大多數格式的聲音檔，包括 MP3、WAV、AIFF、AAC 和 OGG。但是，如果你要播放未壓縮的 WAV 檔，你也可以使用更輕量化的 `aplay` 指令：

```
$ aplay ~/raspberrypi_cookbook_ed4/python/school_bell.mp3
```

參閱

訣竅 4.9 也有使用 VLC。

aplay 的文件可於 *https://oreil.ly/Fbs94* 取得。

16.5 從 Python 播放聲音

問題

你要從 Python 程式播放聲音檔。

解決方案

如果你要從 Python 程式播放聲音檔，可以使用以下示範的 Python subprocess 模組：

```
import subprocess

sound_file = 'school_bell.mp3'

subprocess.run(['cvlc', sound_file])
```

如本書所有程式範例一樣，你可以下載本程式（請參閱訣竅 3.22）。

討論

你也可以使用 pygame 程式庫（*ch_16_play_sound_pygame.py*）播放聲音，如下所示：

```
import pygame

sound_file = '/home/pi/raspberrypi_cookbook_ed4/python/school_bell.wav'

pygame.mixer.init()
pygame.mixer.music.load(sound_file)
pygame.mixer.music.play()

while pygame.mixer.music.get_busy() == True:
    continue
```

聲音檔必須是 OGG 檔或壓縮的 WAV 檔。我發現聲音只會經由 HDMI 播放。

參閱

要直接從命令列播放聲音，請參閱訣竅 16.4。

你也可以使用 `pygame` 擷取按鍵（訣竅 13.11）和滑鼠移動（訣竅 13.12）。

16.6 使用 USB 麥克風

問題

你要連接麥克風到 Raspberry Pi 以錄製聲音。

解決方案

請使用如圖 16-7 所示的 USB 麥克風、USB 網路攝影機的麥克風，或是一些更高品質的好東西。

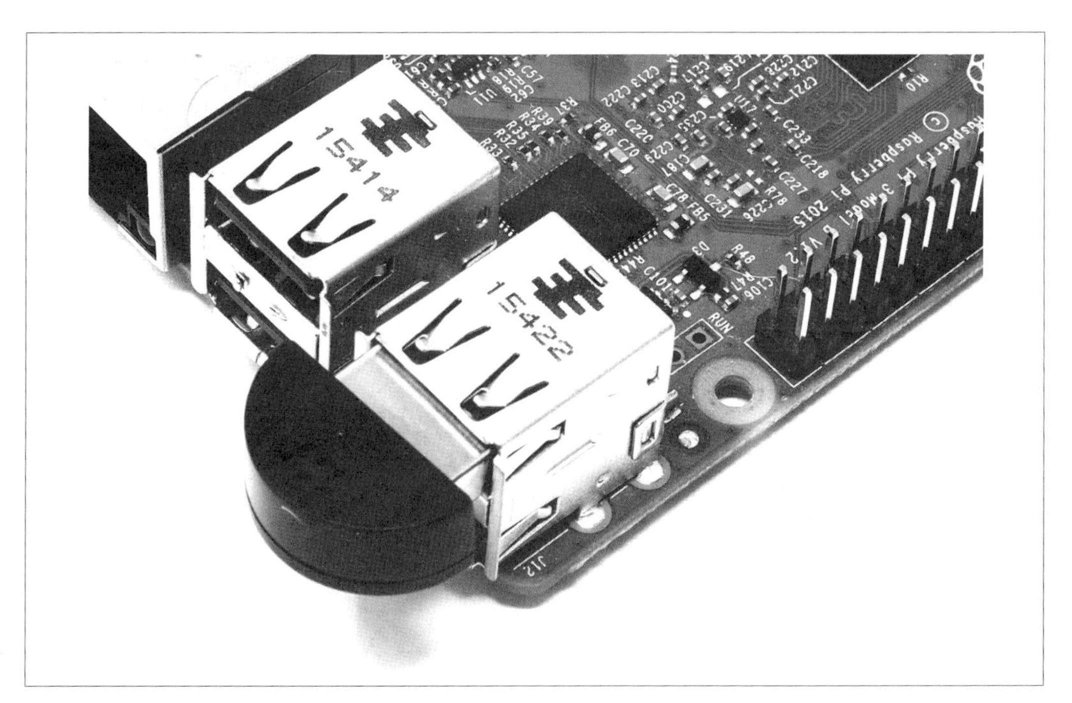

圖 16-7　連接 USB 麥克風到 Raspberry Pi

這些裝置有不同的形狀和大小。有些直接符合 USB 插槽，有些則連有 USB 線，還有的是頭戴式耳機的一部分。

插入 USB 麥克風後，執行下列指令，它會列出你可以錄音的裝置，檢查 Raspberry Pi OS 是否有辨識到它：

```
$ arecord -l
**** List of CAPTURE Hardware Devices ****
card 1: H340 [Logitech USB Headset H340], device 0: USB Audio [USB Audio]
  Subdevices: 1/1
  Subdevice #0: subdevice #0
```

在這個例子中，我使用羅技 USB 頭戴式耳機的麥克風。如前面的輸出結果所述，這是卡 1、子裝置 0（card 1, subdevice 0）。錄音時我們會需要此資訊。

要設此麥克風為有效，你需要在桌面右上角喇叭圖示按右鍵。然後從音效輸入（Audio Input）清單選擇你的 USB 麥克風裝置，如圖 16-8 所示。此處我們選擇 USB 網路攝影機的麥克風。

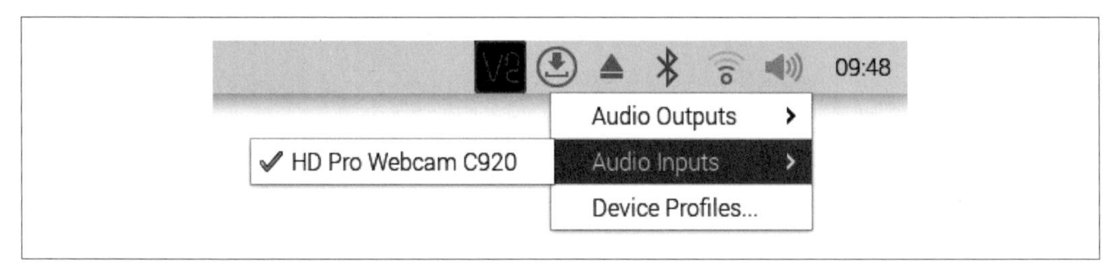

圖 16-8　選擇麥克風為音效裝置

你現在可以嘗試從命令列錄音，並播放出來。要錄音，請使用下列指令：

```
$ arecord -d 3 test.wav
```

-d 參數以秒數指定錄音時間。

要播放你剛錄製的聲音，請使用下列指令：

```
$ aplay test.wav
Playing WAVE 'test.wav' : Unsigned 8 bit, Rate 8000 Hz, Mono
```

你可以按 Ctrl-C 中斷聲音播放。

討論

我使用圖 16-7 所示微型插入式麥克風的結果好壞參半。有些可以用，有些不行。所以如果你照著此處的說明，仍然無法用麥克風錄音，請換一個試看看。

arecord 指令有讓你控制取樣頻率和錄音格式的選擇性參數。所以，假如你想用每秒 16000 個樣本錄音，而不是預設的 8000，請使用下列指令：

```
$ arecord -r 16000 -d 3 test.wav
```

當播放聲音時，aplay 會自動偵測取樣頻率，所以只要這麼做：

```
$ aplay test.wav
Playing WAVE 'test.wav' : Unsigned 8 bit, Rate 16000 Hz, Mono
```

參閱

關於連接麥克風到 Raspberry Pi 的方法，請參閱訣竅 16.1。

播放聲音的其他方法，請見訣竅 16.4 和 16.5。

16.7 發出蜂鳴聲

問題

你想以 Raspberry Pi 發出蜂鳴聲。

解決方案

請使用連接 GPIO 針腳的壓電式蜂鳴器。

大部分小型壓電式蜂鳴器用圖 16-9 的連接方式都可以運作良好。我使用的是 Adafruit 的零組件（參閱第 600 頁的「其他材料」小節）。你可以用母對母接頭導線直接連接蜂鳴器針腳到 Raspberry Pi（參閱第 596 頁的「原型設備與套件」小節）。

這些蜂鳴器使用很少電流。但是如果你有大型的蜂鳴器或只是要確保安全，請在 GPIO 針腳和蜂鳴器導線之間放置 470Ω 電阻。

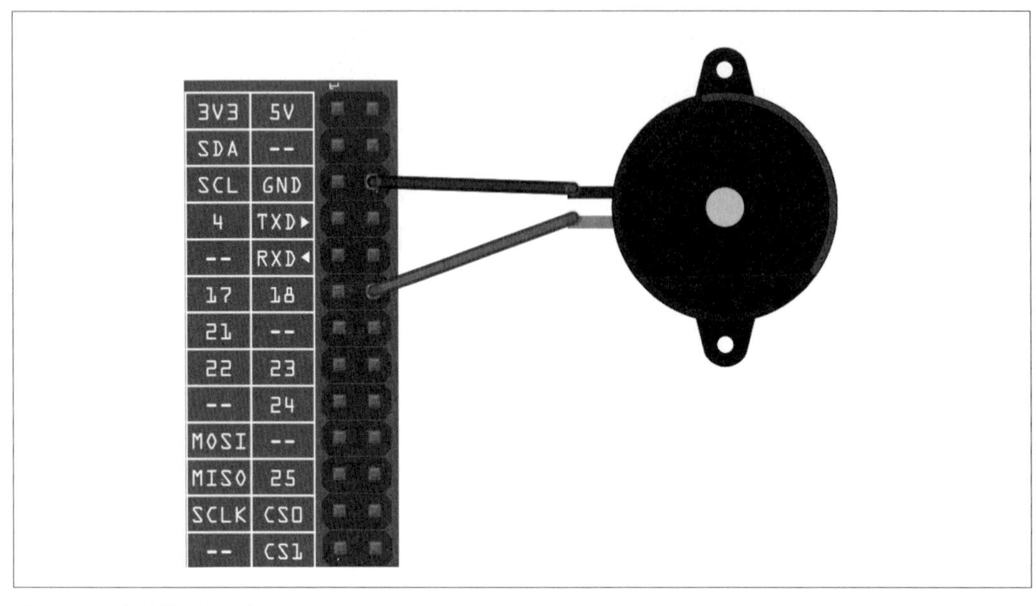

圖 16-9　連接蜂鳴器到 Raspberry Pi

請將下列程式碼貼到編輯器（*ch_16_buzzer.py*）：

```
from gpiozero import Buzzer

buzzer = Buzzer(18)

def buzz(pitch, duration):
    period = 1.0 / pitch
    delay = period / 2
    cycles = int(duration * pitch)
    buzzer.beep(on_time=period, off_time=period, n=int(cycles/2))

while True:
    pitch_s = input(" 請輸入音高（200 到 2000）：")
    pitch = float(pitch_s)
    duration_s = input(" 請輸入持續時間（秒）：")
    duration = float(duration_s)
    buzz(pitch, duration)
```

如本書所有程式範例一樣，你可以下載本程式（請參閱訣竅 3.22）。

執行程式時，會先詢問以 Hz 為單位的音高，然後以秒為單位的蜂鳴聲持續時間：

```
$ python3 ch_16_buzzer.py
請輸入音高（200 到 2000）：2000
請輸入持續時間（秒）：20
```

討論

壓電式蜂鳴器沒有廣泛的頻率，也沒有好聽的音質。但是你可以稍微改變音高。程式碼產生的頻率不是很精確，你可能聽起來會有點抖動。

程式使用 `gpiozero Buzzer` 類別操控 GPIO 針腳 18 開和關，中間則有點延遲。`delay`（延遲）是從 `pitch`（音高）計算的。`pitch`（頻率）越高，延遲就越短。

參閱

請查看壓電式蜂鳴器的規格表（*https://oreil.ly/pxeAm*）。

要更好的聲音輸出選擇，請參閱訣竅 16.1。

第十七章

物聯網

17.0 簡介

物聯網（Internet of Things，IoT）是聯網裝置（物品）快速成長的網路。這不只是更多更多使用瀏覽器的電腦，而是實際的裝置、穿戴和可攜帶的技術。包括了各種家庭自動化裝置，從小型裝置、照明到安全系統，甚至是網際網路操作的寵物餵食器和許多較不實用但很有趣的專案。

在本章中，你會學到 Raspberry Pi 如何以各種方式參與物聯網運作。

17.1 使用網頁介面控制 GPIO 輸出

問題

你想用連到 Raspberry Pi 的網頁介面控制通用輸入 / 輸出（GPIO）的輸出。

解決方案

請使用 `bottle` Python 網路伺服器程式庫（訣竅 7.17）建立 HTML 網頁介面以控制 GPIO 埠。

要製作此訣竅，你需要以下材料：

- 麵包板和跳線（參閱第 596 頁的「原型設備與套件」小節）
- 三個 1kΩ 電阻（參閱第 597 頁的「電阻與電容器」小節）
- 三個 LED（參閱第 598 頁的「光電材料」小節）
- 觸覺按鈕開關（參閱第 600 頁的「其他材料」小節）

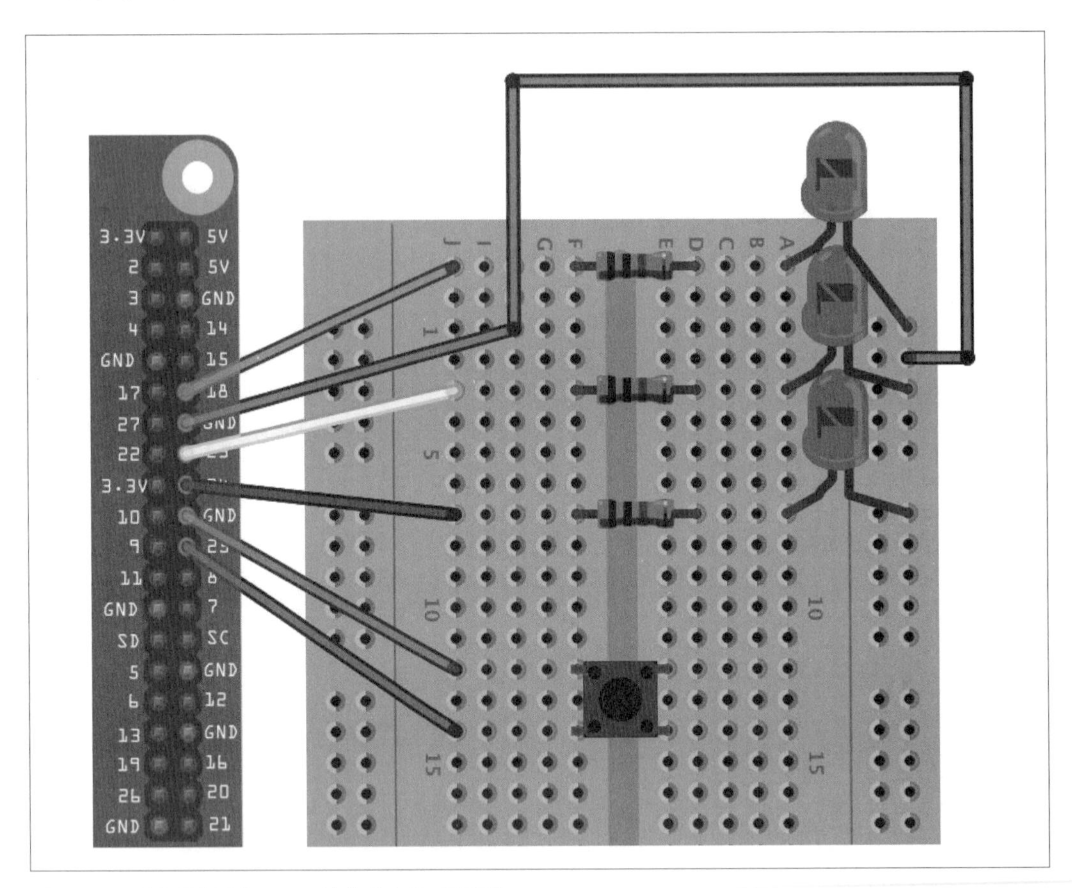

圖 17-1　從網頁控制 GPIO 輸出的麵包板接線

麵包板的替代方案是連接 Raspberry Squid 和 Squid 按鈕（參閱訣竅 10.10 和 10.11）。你可以如圖 17-2 所示直接將它們插進 Raspberry Pi 的 GPIO 針腳。

圖 17-2　Raspberry Squid 和 Squid 按鈕

要安裝 bottle 程式庫，請參閱訣竅 7.17。

請開啟編輯器並貼上下列程式碼（*ch_17_web_control.py*）：

```
from bottle import route, run
from gpiozero import LED, Button

leds = [LED(18), LED(23), LED(24)]
switch = Button(25)

def switch_status():
    if switch.is_pressed:
        return 'Down'
```

```
        else:
            return 'Up'

def html_for_led(led_number):
    i = str(led_number)
    result = " <input type='button'
         onClick='changed(" + i + ")' value='LED " + i
         + "'/>"
    return result

@route('/')
@route('/<led_number>')
def index(led_number="n"):
    if led_number != "n":
        leds[int(led_number)].toggle()
    response = "<script>"
    response += "function changed(led)"
    response += "{"
    response += "  window.location.href='/' + led"
    response += "}"
    response += "</script>"

    response += '<h1>GPIO Control</h1>'
    response += '<h2>Button=' + switch_status() + '</h2>'
    response += '<h2>LEDs</h2>'
    response += html_for_led(0)
    response += html_for_led(1)
    response += html_for_led(2)
    return response

run(host='0.0.0.0', port=80)
```

如本書所有程式範例一樣，你可以下載本程式（請參閱訣竅 3.22）。

你必須以超級使用者身分執行程式：

```
$ sudo python3 ch_17_web_control.py
```

如果它正確啟動，應該會看到像這樣的訊息：

```
Bottle server starting up (using WSGIRefServer())...
Listening on http://0.0.0.0:80/
Hit Ctrl-C to quit.
```

如果看到錯誤訊息，請確定你有使用 sudo 指令。

請從你網路內的任何電腦開啟瀏覽器視窗，甚至 Raspberry Pi 本身也可以，巡覽至 Raspberry Pi 的 IP 位址（參閱訣竅 2.2）。如圖 17-3 的網頁介面應該會出現。

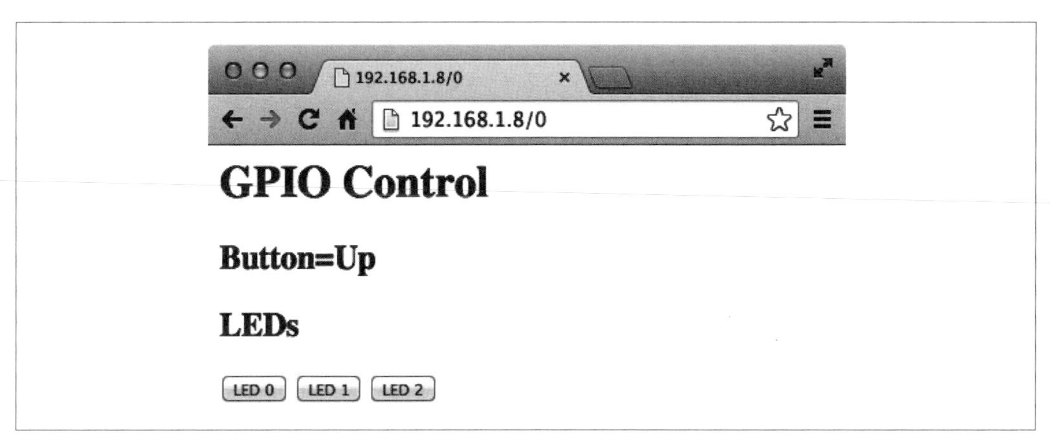

圖 17-3　GPIO 的網頁介面

如果你按下螢幕底部三個 LED 按鈕其中之一，應該會發現對應的 LED 開和關。

還有，當重新載入網頁時按下按鈕，你應該會看到「Button（按鈕）」旁的文字寫「Down」而不是「Up」。

討論

要了解程式運作原理，我們需要先看網頁介面的運作原理。所有的網頁介面都是依賴位於某處的伺服器（在這個案例中，是 Raspberry Pi 上的程式）回應瀏覽器的請求（request）。

當伺服器收到請求，它會查看請求的資訊，制訂一些超文本標記語言（HyperText Markup Language，HTML）作為回應。

如果網頁請求只到根頁面（root page，對我的 Raspberry Pi 來說是 *http://192.168.1.8/*），`led_number` 會被賦予一個預設值 `n`。但是，如果我們是瀏覽網址 *http://192.168.1.8/2*，網址結尾的 2 會被賦值給 `led_number` 參數。

`led_number` 參數隨後會被用來決定是 LED 2 應該被開關。

要能存取此 LED 開關網址，我們需要作安排，讓 LED 2 的按紐按下時，網頁會在網址結尾加上此額外參數來重新載入。技巧是在回傳瀏覽器的 HTML 中加上 JavaScript 函式。當瀏覽器執行此函式時，它會讓頁面以適當的額外參數重新載入。

這意謂著我們面臨一個相當令人費解的情況，其中 Python 程式會產生 JavaScript 程式碼以在稍後由瀏覽器執行。產生 JavaScript 函式的程式碼如下：

```
response = "<script>"
response += "function changed(led)"
response += "{"
response += "  window.location.href='/' + led"
response += "}"
response += "</script>"
```

我們也需要產生按鈕按下後會呼叫此指令稿的 HTML。為了不要每個網頁按鈕都寫 HTML，所以由 html_for_led 函式產生：

```
def html_for_led(led):
    i = str(led)
    result = " <input type='button' onClick='changed(" + i + ")'
    value ='LED " + i + "'/>"
    return result
```

此程式碼會使用三次，每個按鈕一次，會連結按鈕按下動作到 changed 函式。函式也會以參數提供 LED 編號。

回報按鈕狀態的過程會測試看按鈕是否被按下，並回報適當的 HTML。

參閱

更多關於使用 bottle 的資訊，請參閱 bottle 文件（*https://oreil.ly/rWbjU*）。

17.2 在網頁顯示感測器數值

問題

你想顯示 Raspberry Pi 感測器讀數在自動更新的網頁上。

解決方案

請使用 `bottle` 網頁伺服器和一些很炫的 JavaScript 來自動更新顯示內容。

圖 17-4 所示的範例會顯示 Raspberry Pi 內建感測器測得的 CPU 溫度。

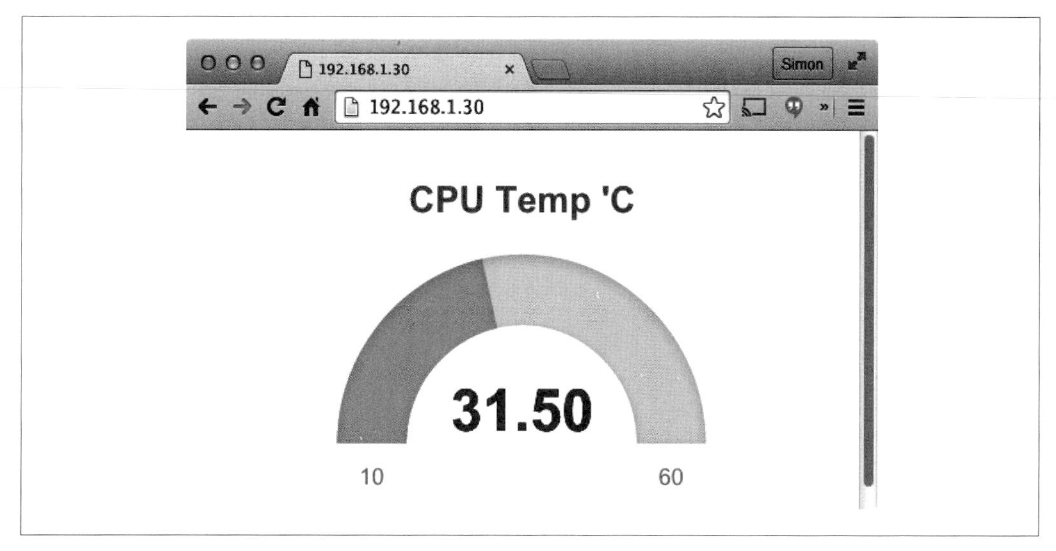

圖 17-4　顯示 Raspberry Pi 的 CPU 溫度

要安裝 `bottle` 程式庫，請參閱訣竅 7.17。

此範例四個檔案位於 *ch_17_web_sensor* 資料夾：

web_sensor.py

　包含 `bottle` 伺服器的 Python 程式碼。

main.html

　包含會顯示在瀏覽器的網頁。

justgage.1.0.1.min.js

　顯示溫度計的第三方 JavaScript 程式庫。

raphael.2.1.0.min.js

　`justgage` 程式庫使用的程式庫。

要執行此程式，請變更目錄到 *ch_17_web_sensor.py*，然後使用下列指令執行 Python 程式：

```
$ sudo python3 web_sensor.py
```

如本書所有程式範例一樣，你可以下載本程式（請參閱訣竅 3.22）。

然後請開啟瀏覽器，在同一台 Raspberry Pi 上，或在和 Raspberry Pi 同一個網路內的任何電腦開啟都可以，在瀏覽器網址列輸入 Raspberry Pi 的 IP 位址。應該會出現如圖 17-4 所示的網頁。

討論

主程式（*web_sensor.py*）相當簡潔：

```
import os, time
from bottle import route, run, template

def cpu_temp():
    cpu_temp = CPUTemperature()
    return str(cpu_temp.temperature)

@route('/temp')
def temp():
    return cpu_temp()

@route('/')
def index():
    return template('main.html')

@route('/raphael')
def index():
    return template('raphael.2.1.0.min.js')

@route('/justgage')
def index():
    return template('justgage.1.0.1.min.js')

run(host='0.0.0.0', port=80)
```

函式 `cpu_temp` 會如訣竅 14.11 所述讀取 Raspberry Pi CPU 的溫度。

程式定義了四個 `bottle` 網頁伺服器路由。第一個（`/temp`）會回傳包含 CPU 攝氏溫度的字串。根路由（`/`）會回傳網頁（`main.html`）的 HTML 模板。其他兩個提供了存取 `raphael` 與 `justgage` JavaScript 程式庫的路由。

檔案 `main.html` 主要包含要繪製使用者介面的 JavaScript：

```
<html>
<head>
<script src="http://ajax.googleapis.com/ajax/libs/jquery/1.7.2/jquery.min.js"
type="text/javascript" charset="utf-8"></script>
<script src="raphael"></script>
<script src="justgage"></script>

<script>
function callback(tempStr, status){
if (status == "success") {
    temp = parseFloat(tempStr).toFixed(2);
    g.refresh(temp);
    setTimeout(getReading, 1000);
}
else {
    alert("There was a problem");
    }
}

function getReading(){
    $.get('/temp', callback);
}
</script>
</head>

<body>
<div id="gauge" class="200x160px"></div>

<script>
var g = new JustGage({
    id: "gauge",
    value: 0,
    min: 10,
    max: 60,
    title: "CPU Temp 'C"
});
getReading();
</script>

</body>
</html>
```

`jquery`、`raphael` 與 `justgage` 程式庫會被匯入（`jquery` 從 *https://oreil.ly/nfC6s*，其他兩個則從本地端副本）。

從 Raspberry Pi 取得讀數到瀏覽器視窗是兩階段步驟。首先，函式 `getReading` 會被呼叫。這會以路由 `/temp` 傳送網頁請求到 `web_sensor.py`，指定一個稱為 `callback` 的函式，在網頁請求完成時執行。`callback` 函式負責在設定一秒超時呼叫 `getReading` 之前更新 `justgage` 顯示。

參閱

使用 Python 程式在應用程式中而非網頁中顯示感測器數據的範例，請參閱訣竅 14.23。

`justgage` 程式庫（*https://oreil.ly/tBcYu*）有顯示感測器數據的各種有用選項。

17.3 Node-RED 入門

問題

你想建立簡單的物聯網工作流程，例如當 Raspberry Pi 按鈕被按下時傳送 Tweet。

解決方案

請使用建議軟體工具（Recommended Software tool）選單的程式設計（Programming）小節之 Node-RED 系統（訣竅 4.2）。使用以下範例啟動 Node-RED 伺服器：

```
$ node-red-pi --max-old-space-size=256
```

然後以瀏覽器連接伺服器。可以用 Raspberry Pi 本身的瀏覽器，這種情況下你可以連到 *http://127.0.0.1:1880/*，或者如果你是從你的網路上其他電腦連線，請將 127.0.0.1 更改為 Raspberry Pi 的區域網路 IP（訣竅 2.2）。圖 17-5 示範當連上 Node-RED 伺服器時，瀏覽器會看到的畫面。

Node-RED 的概念是繪製你的程式（稱為**流程**（*flow*））而不寫程式。要這麼做，你要拖曳**節點**（*nodes*）進編輯區，然後將它們連接在一起。例如，圖 17-5 顯示最小的流程是兩個 Raspberry Pi 針腳連接在一起。一個針腳作為輸入，可能連接到開關（我們選 GPIO 25 當範例），另一個連到 LED 燈（我們假設是 GPIO 18）。你可以如訣竅 17.1 所述使用 Squid LED 和按鈕完成它。

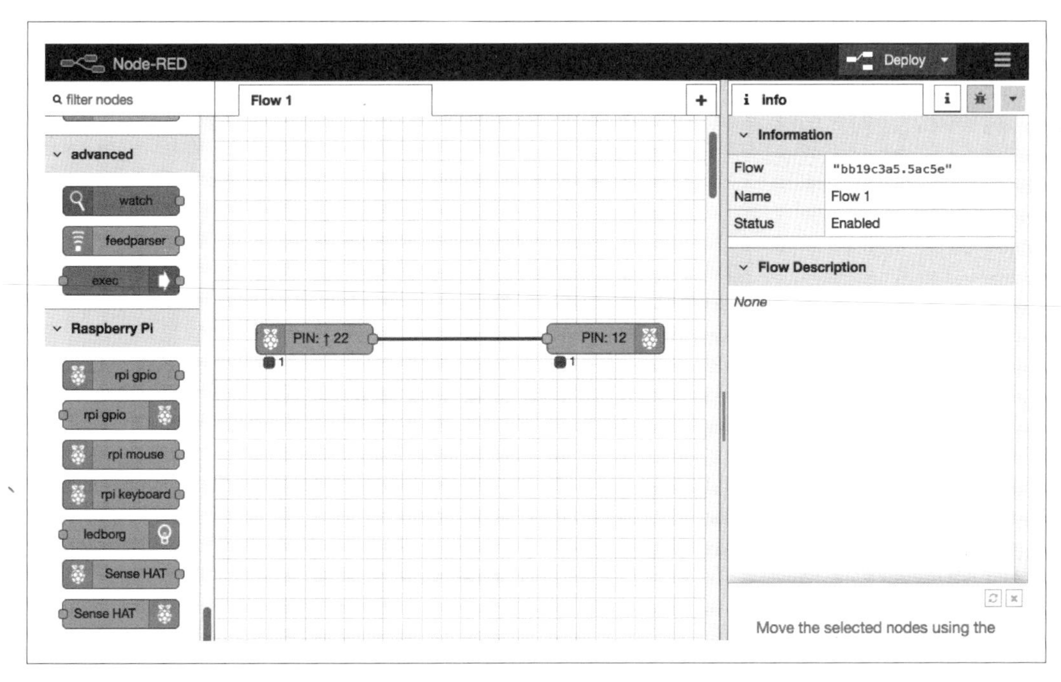

圖 17-5　Node-RED 網頁介面

標記為針腳 22 的左側節點是輸入（連接到 GPIO 25 的開關），針腳 12 是輸出（連接到 GPIO 18 的 LED）。Node-RED 使用針腳位置（左上針腳是針腳 1，它的右側鄰居是針腳 2，等等）而不是 GPIO 名稱。

要在你的編輯器建立此流程，請往下捲動左側節點清單直到 Raspberry Pi 小節。拖曳左方有 Raspberry Pi 圖示的「rpi gpio」節點到編輯區。這會是輸入。按兩下開啟如圖 17-6 的視窗。選擇「22 - GPIO25」並按下 Done。

接著，選擇其他「rpi gpio」節點類型（右側有 Raspberry Pi 圖示）並將其拖曳至編輯區，然後點兩下開啟如圖 17-6 所示的視窗；這次請選擇「12-GPIO18」，再按下「Done」。

將輸入節點右側圓形接頭拖曳出去以讓兩個節點連在一起，讓流程看起來像圖 17-5。

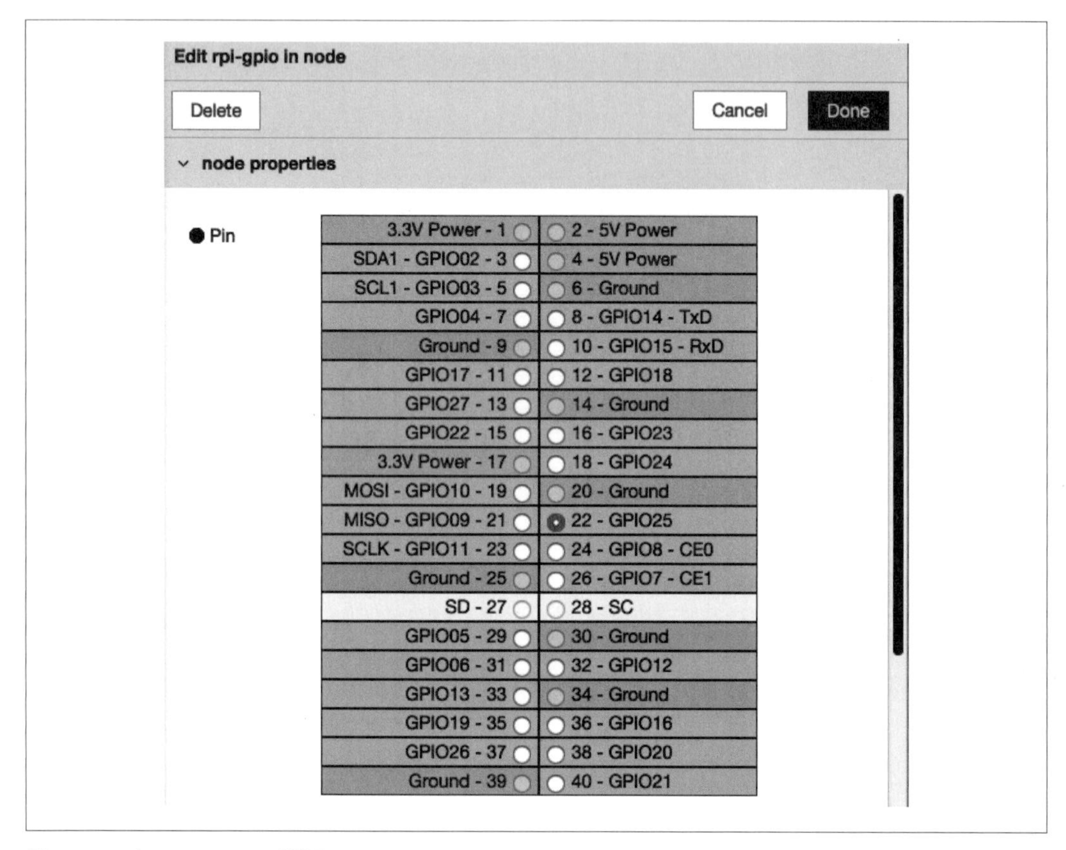

圖 17-6　在 Node-RED 選擇 GPIO25

假設你的 Raspberry Pi 連接了按壓開關和 LED，現在就可以按下部署按鈕執行此流程。LED 應該會點亮，而當按下連接到 Raspberry Pi 的開關按鈕時，LED 應該會關閉。這邏輯是顛倒的，不過我們現在先別管它。我們會在下一章再次探討，你會學到更多關於 Node-RED 的內容。

這一切都非常簡潔，但到目前為止它與物聯網都沒什麼關聯。這就是一些 Node-RED 的其他節點類型發揮作用之處。如果你瀏覽清單，你會看到所有類型的節點，包含 Tweet 節點。你可以連接此節點當作第二輸出至針腳 22 節點，讓流程現在看起來像圖 17-7 這樣。按兩下 Tweet 節點以設置你的 Twitter 認證。現在當你按下按鈕時就會傳送推文。

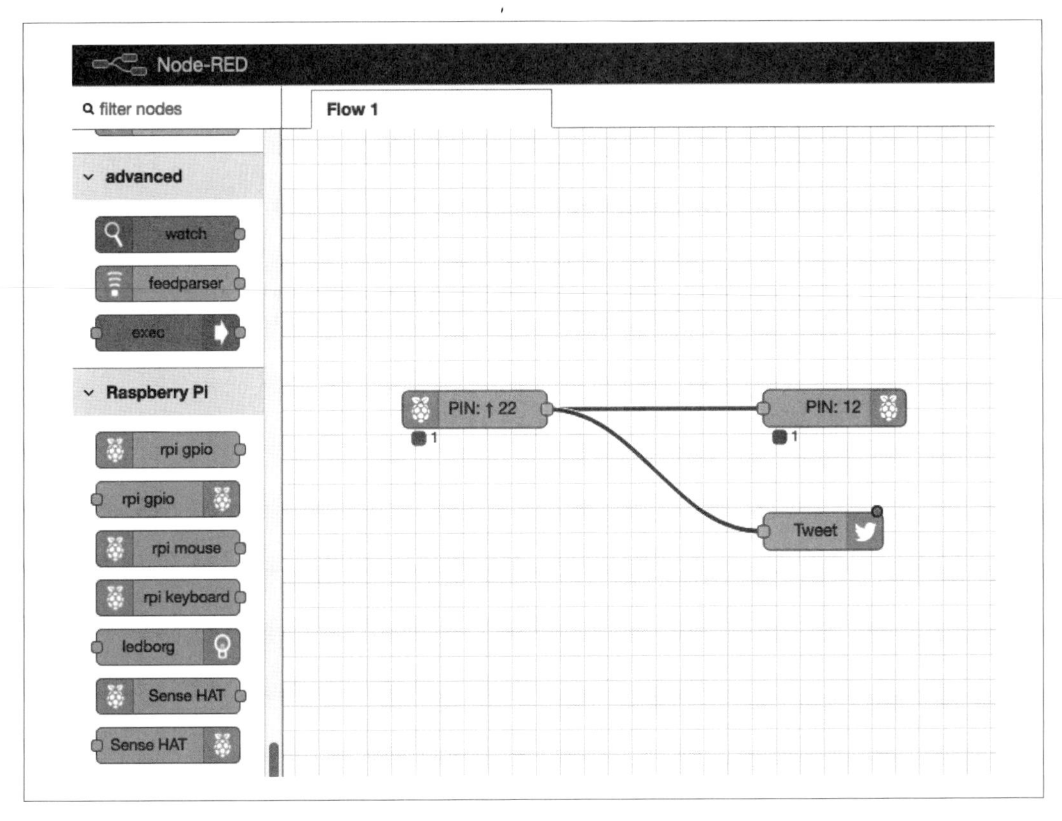

圖 17-7 從 Node-RED 傳送 Tweets

討論

Node-RED 是很強大的系統，因此要熟悉所有功能和獨特用法需要花點時間。如同我們在此直接建立此流程一般，你也可以加入切換程式碼（就像 `if` 敘述）和轉換節點間傳送訊息的函式。

我們只有稍微碰觸了 Node-RED 的皮毛；如果你想更深入學習，我建議要探究參閱小節提到的文件與第 18 章的內容。

在玩過 Node-RED 後也愛上它的話，你也會想用下列指令讓它在 Raspberry Pi 啟動時自動執行：

```
$ sudo systemctl enable nodered.service
$ sudo systemctl start nodered.service
```

參閱

還有更多在 Raspberry Pi 使用 Node-RED 的完整文件（*https://oreil.ly/NpEhD*）。

你可以在 *https://oreil.ly/uxGHZ* 與 *https://oreil.ly/ZSDNi* 找到一些介紹 Node-RED 的優質影片。

17.4 以 IFTTT 傳送電子郵件或其他通知

問題

你想要讓 Raspberry Pi 經由 email、Facebook、Twitter 或 Slack 傳送通知。

解決方案

讓 Raspberry Pi 傳送請求到 If This Then That（IFTTT）自造者（Maker）頻道以觸發可設定的通知。

本訣竅示範當 Raspberry Pi CPU 溫度超過閾值時，會寄 email 送給你。

開始使用前，你需要建立 IFTTT 帳號，請造訪 *https://www.ifttt.com* 註冊免費帳號並登入。

下一步是在 IFTTT 網站建立新的 IFTTT *applet*（小程式）。applet 像是一個規則，例如：*當我從 Raspberry Pi 接到請求時，寄送 email*。按下網頁的 CREATE（建立）按鈕。它會提示你先輸入訣竅的 IF THIS（如果這樣）部分，然後是 THEN THAT（然後這樣）部分。

在這個案例，IF THIS 部分（觸發者）會是接收的 Raspberry Pi 網路請求，所以按下 THIS，然後在搜尋欄位輸入 **webhooks（網路掛勾）**以找出 Webhooks 頻道。請選擇 Webhooks 頻道，當詢問提示時，選擇「Receive a web request（接收網路請求）」選項。按下 Create（建立）應該出現像圖 17-8 一樣的畫面。

譯註：hooks（掛勾）是觸發後會執行的指令稿（script）。

圖 17-8　Receive a web request（接收網路請求）觸發者表格

在 Event Name（事件名稱）欄位輸入 `cpu_too_hot`，然後按下「Create trigger（建立觸發者）」。

接著就會帶你到訣竅的 THEN THAT 部分，*action*（動作），然後你需要選擇 action 頻道。有許多選項，但是在此範例中，你要選擇 Email 頻道，所以在搜尋欄位中輸入 `Email`，接著選擇 Email 頻道。

選擇 Email 頻道後，再選擇「Send me an email（寄 Email 給我）」動作，會出現圖 17-9 所示的表格。

依圖 17-9 所示修改其中文字。請注意 OccurredAt 和 Value1 這兩個特別的值會以 {{ 與 }} 包圍。這些值稱為 ingredients（原料），是會從網路請求取得的變數值，會被替換到信件主旨和內容中。

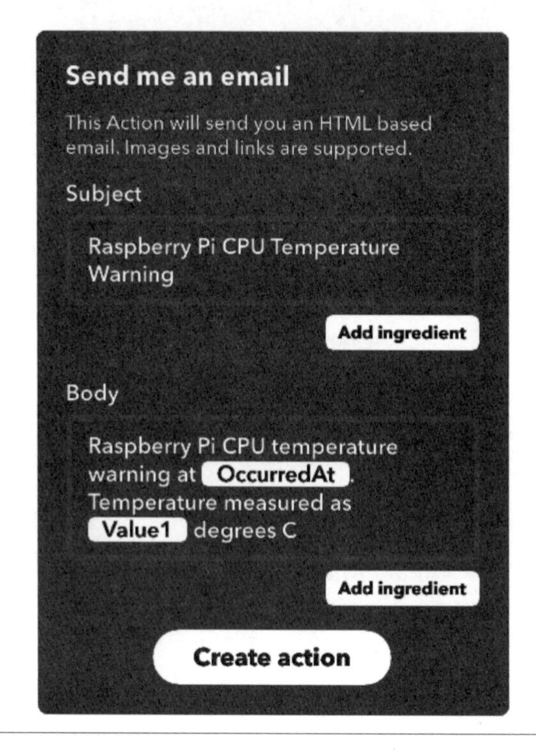

圖 17-9　完成 IFTTT 的動作欄位

按下「Create action」，接著按下 Finish 以完成建立訣竅。

剩下最後一步是 Webhooks 頻道的 API 金鑰。這樣其他人才不會用他們的 Raspberry Pi CPU 溫度 email 轟炸你。

要在 IFTTT 網站找出金鑰，請在使用者圖示旁的選單按下「My Services（我的服務）」，然後找到 Webhooks。在 Webhooks 頁面按下「Documentation（文件）」，會顯示像圖 17-10 的頁面；在此你可以看到你的金鑰（故意在此圖中遮蔽住）。你需要將此金鑰貼到程式碼中 `KEY = 'your_key_here'` 這行。

Your key is:

◀ Back to service

To trigger an Event with an arbitrary JSON payload

Make a POST or GET web request to:

```
https://maker.ifttt.com/trigger/{event}/json/with/key/bOH5u6bdU8ZfSHiTQbTc9F
```

** Note the extra `/json` path element in this trigger.*

With any JSON body. For example:

```
{ "this" : [ { "is": { "some": [ "test", "data" ] } } ] }
```

You can also try it with `curl` from a command line.

```
curl -X POST -H "Content-Type: application/json" -d '{"this":[{"is":{"some":["test","data"]}}]}'
https://maker.ifttt.com/trigger/{event}/json/with/key/bOH5u6bdU8ZfSHiTQbTc9F
```

Please read our FAQ on using Webhooks for more info.

圖 17-10　找出 API 金鑰

傳送網路請求的 Python 程式碼名為 *ch_17_ifttt_cpu_temp.py*：

```
import time
from gpiozero import CPUTemperature
import requests

MAX_TEMP = 33.0
MIN_T_BETWEEN_WARNINGS = 60 # 分鐘

EVENT = 'cpu_too_hot'
BASE_URL = 'https://maker.ifttt.com/trigger/'
KEY = 'your_key_here'

def send_notification(temp):
    data = {'value1' : temp}
    url = BASE_URL + EVENT + '/with/key/' + KEY
    response = requests.post(url, json=data)
    print(response.status_code)
```

```
def cpu_temp():
    cpu_temp = CPUTemperature().temperature
    return cpu_temp

while True:
    temp = cpu_temp()
    print("CPU Temp (C): " + str(temp))
    if temp > MAX_TEMP:
        print("CPU TOO HOT!")
        send_notification(temp)
        print("No more notifications for: " + str(MIN_T_BETWEEN_WARNINGS)
            + " mins")
        time.sleep(MIN_T_BETWEEN_WARNINGS * 60)
    time.sleep(1)
```

如本書所有程式範例一樣，你可以下載本程式（請參閱訣竅 3.22）。

我為了測試故意將 MAX_TEMP 設定較低。如果你住在比較熱的地方，你會想將此數字設為 60 到 70。

將金鑰貼到 *ch_17_ifttt_cpu_temp.py* 中開頭為 KEY= 的那一行，然後用以下指令執行程式：

```
$ python3 ch_17_ifttt_cpu_temp.py
```

你可以播放影片或暫時將 Raspberry Pi 包在氣泡紙中來增加 CPU 溫度。當觸發事件時，你應該會收到看起來像圖 17-11 的 email。請注意數值會被替換進 email 中（同樣地，圖中的遮蔽是故意的）。

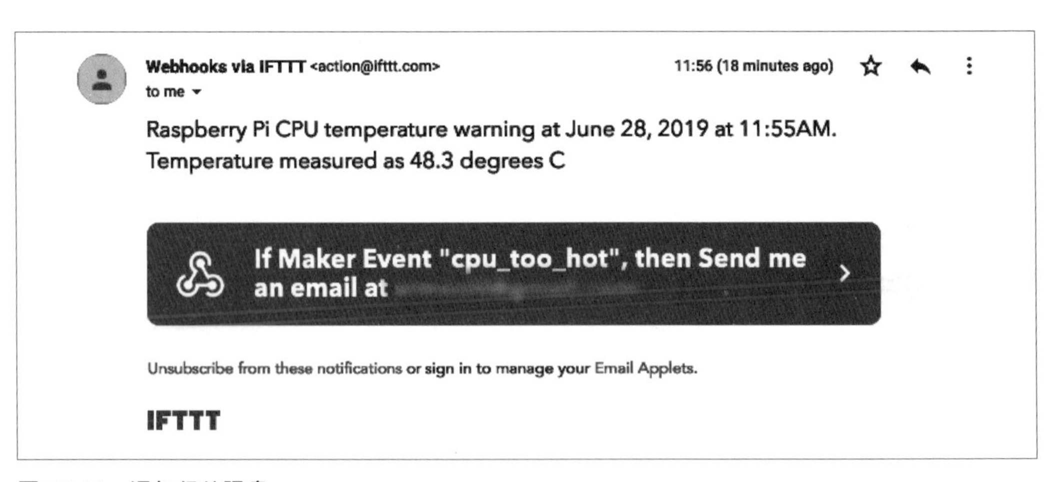

圖 17-11　通知信件訊息

討論

本程式大部分動作是 `send_notification` 函式的作用。此函式先建立含有金鑰和請求參數 `value1`（內含溫度）的網址，然後使用 Python `requests` 程式庫傳送網路請求到 IFTTT。

主要迴圈會持續依據 `MAX_TEMP` 檢查 CPU 溫度；如果溫度超過 `MAX_TEMP`，就會傳送網路請求，然後會啟動一段 `MIN_T_BETWEEN_WARNINGS` 指定的長睡眠時間。此睡眠讓你的收件匣免於被通知訊息淹沒。

當然，你可以使用訣竅 7.16 的方法直接傳送 email，作為 IFTTT 的替代方法。但是使用 IFTTT 傳送訊息，能不限於 email 通知 —— 你可以不用寫程式碼就使用 IFTTT 提供的任何動作頻道。

參閱

要從 Python 直接傳送 email，請參閱訣竅 7.16。

訣竅 14.11 描述了測量 CPU 溫度的程式碼。

17.5 使用 ThingSpeak 傳送推文

問題

你要從 Raspberry Pi 自動傳送推文 —— 例如，告訴人們你的 CPU 溫度，刺激他們。

解決方案

你可以只用訣竅 17.4，將動作頻道改成 Twitter。不過，ThingSpeak 服務則是另一種方法。

ThingSpeak（*https://thingspeak.com*）和 IFTTT 類似，但是專注於物聯網專案。它讓你建立可以用網路請求傳送和接收資料的頻道，它也有許多動作（actions），包括 ThingTweet，

提供圍繞 Twitter 的網路服務。比要你註冊應用程式的 Twitter API 更容易使用。

請先造訪 *https://thingspeak.com* 並註冊。請注意，這也會沒來由地建立 MATLAB 帳號。

接著，從 Apps 選單選擇 ThingTweet 動作。會提示你登入 Twitter，接著會啟動你的動作（圖 17-12）。

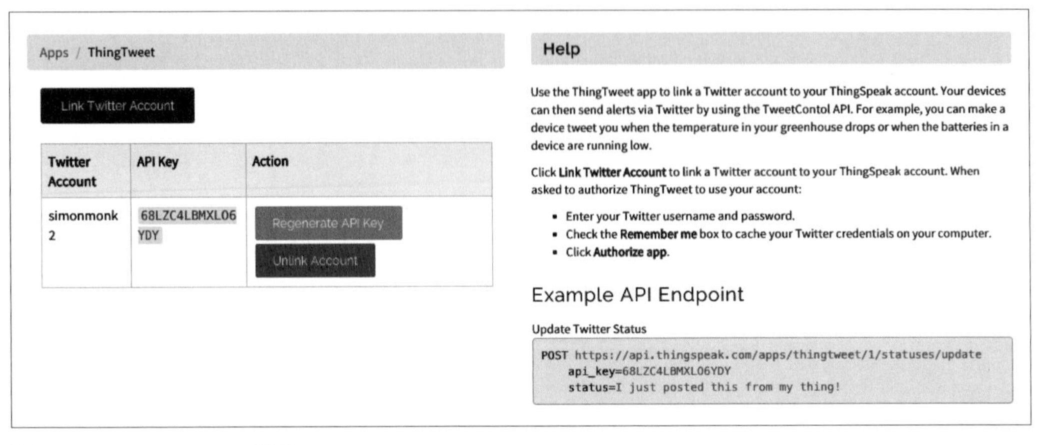

圖 17-12　ThingTweet 動作

傳送觸發貼文的網路請求之 Python 程式名為 *ch_17_send_tweet.py*：

```
import time
from gpiozero import CPUTemperature
import requests

MAX_TEMP = 35.0
MIN_T_BETWEEN_WARNINGS = 60 # 分鐘

BASE_URL = 'https://api.thingspeak.com/apps/thingtweet/1/statuses/update/'
KEY = 'your_key_here'

def send_notification(temp):
    status = 'Thingtweet: Raspberry Pi getting hot. CPU temp=' + str(temp)
    data = {'api_key' : KEY, 'status' : status}
    response = requests.post(BASE_URL, json=data)
    print(response.status_code)

def cpu_temp():
    cpu_temp = CPUTemperature().temperature
    return cpu_temp

while True:
    temp = cpu_temp()
    print("CPU Temp (C): " + str(temp))
```

```
    if temp > MAX_TEMP:
        print("CPU TOO HOT!")
        send_notification(temp)
        print("No more notifications for: " + str(MIN_T_BETWEEN_WARNINGS)
            + " mins")
        time.sleep(MIN_T_BETWEEN_WARNINGS * 60)
    time.sleep(1)
```

如本書所有程式範例一樣，你可以下載本程式（請參閱訣竅 3.22）。

和訣竅 17.4 一樣，執行程式前你需要從圖 17-12 貼上金鑰到程式碼中。請如訣竅 17.4 的作法來執行並測試程式。

討論

程式碼和訣竅 17.4 的非常相似。主要的差異在 `send_notification` 函式，它會建構推文，然後將訊息以參數 `status` 傳送網路請求。

參閱

更多資訊可參考 ThingSpeak 服務的完整文件（*https://oreil.ly/pVyhG*）。

在訣竅 17.6 中，你會使用以 ThingSpeak 實作、廣受歡迎的 CheerLights；在訣竅 17.7 中，你可以學到如何以 ThingSpeak 蒐集感測器資料。

17.6 使用 CheerLights 改變 LED 顏色

問題

你想將 Raspberry Pi 加上 RGB LED，並參與廣受歡迎的 CheerLights 專案。

CheerLights 是一種網路服務，任何人傳送含有顏色名稱的推文到 @cheerlights 時，會記錄為 CheerLights 顏色。全世界參加 CheerLights 專案的人們會使用此網路服務請求最新的顏色，並設定它們的燈光為該顏色。所以當有任何人發出推文時，每個人的燈光都會改變顏色。

解決方案

請連接 Raspberry Squid RGB LED 到 Raspberry Pi（圖 17-13），再執行測試程式 *ch_17_cheerlights.py*（圖 17-13 後示範的）：

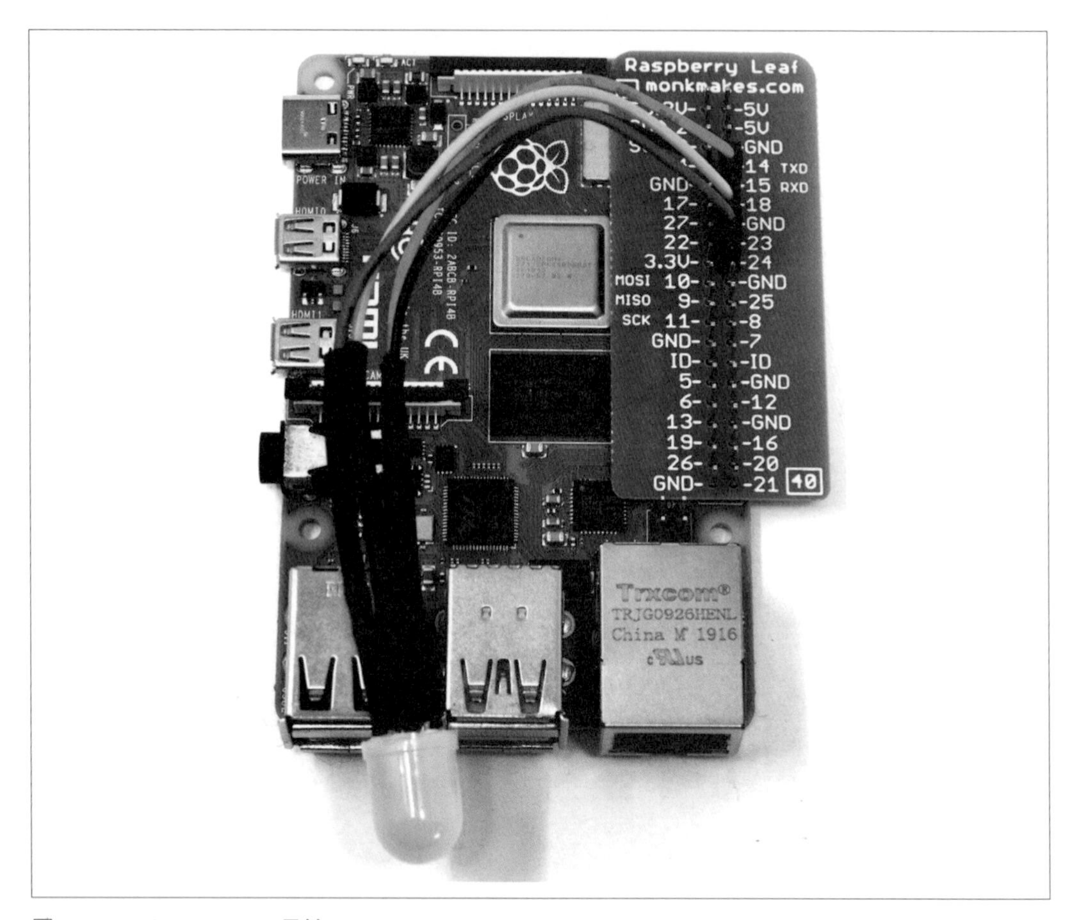

圖 17-13　CheerLights 示範

```
from gpiozero import RGBLED
from colorzero import Color
import time, requests

led = RGBLED(18, 23, 24)
cheerlights_url = "http://api.thingspeak.com/channels/1417/field/2/last.txt"

while True:
```

```
    try:
        cheerlights = requests.get(cheerlights_url)
        c = cheerlights.content
        print(c)
        led.color = Color(c)
    except Exception as e:
        print(e)
    time.sleep(2)
```

如本書所有程式範例一樣，你可以下載本程式（請參閱訣竅 3.22）。

當你執行程式時，你的 LED 應該會立刻設定成一種顏色。它可能會在一段時間後當別人推文時改變顏色；如果沒有，請試著發一則推文，像是「@cheerlights red」，你的 LED 和全世界其他 LED 的顏色應該會改變。CheerLights 可用的顏色名稱有 red（紅）、green（綠）、blue（藍）、cyan（青）、white（白）、oldlace（蕾絲白）、purple（紫）、magenta（洋紅）、yellow（黃）、orange（橘）與 pink（粉紅）。

討論

程式碼只會傳送網路請求到 ThingSpeak，然後回傳表示顏色的六位數十六進位之字串。這會被用來設定 LED 顏色。

`try/except` 程式碼用來確保如果網路暫時中斷時，程式不會當掉。

參閱

CheerLights 使用 ThingSpeak 在頻道中儲存最新的顏色。在訣竅 17.7 中，頻道被用來儲存感測器資料。

如果你沒有 Squid，你可以在麵包板使用 RGB LED（參閱訣竅 11.11），或你甚至可以應用訣竅 15.5 來控制整個 LED 燈條。

17.7 傳送感測器資料至 ThinkSpeak

問題

你要記錄感測器資料到 ThingSpeak，然後看一段時間內的資料圖表。

解決方案

請登入 ThingSpeak，從頻道下拉選單中選擇 My Channels。接著，完成如圖 17-14 所示的表格以建立新的頻道。

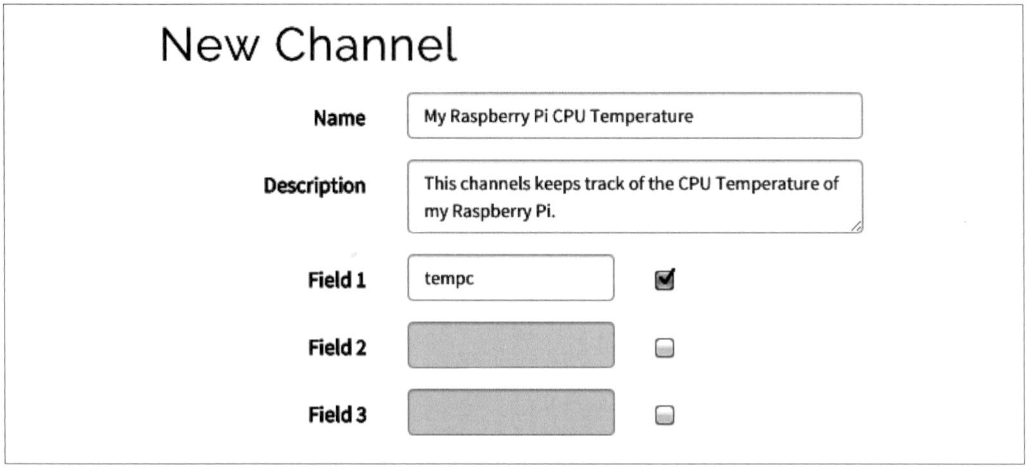

圖 17-14　在 ThingSpeak 建立頻道

表格剩下的部分可以留白。完成編輯後，在頁面底部按下 Save Channel。按下 API keys 標籤頁找出你用的網路請求總結資料，以及剛剛建立頻道的金鑰（圖 17-15）。

你需要複製 API 金鑰（如圖 17-15 所示 Update Channel Feed - POST 的 *api_key*）作為下列程式的 `KEY` 值。

要傳送資料到頻道，你必須傳送網路請求。傳送網路請求的 Python 程式名為 *ch_17_thingspeak_data.py*：

```
import time
from gpiozero import CPUTemperature
import requests

PERIOD = 60 # 秒
BASE_URL = 'https://api.thingspeak.com/update.json'
KEY = 'your key goes here'

def send_data(temp):
    data = {'api_key' : KEY, 'field1' : temp}
```

```
    response = requests.post(BASE_URL, json=data)

def cpu_temp():
    cpu_temp = CPUTemperature().temperature
    return cpu_temp

while True:
    temp = cpu_temp()
    print("CPU Temp (C): " + str(temp))
    send_data(temp)
    time.sleep(PERIOD)
```

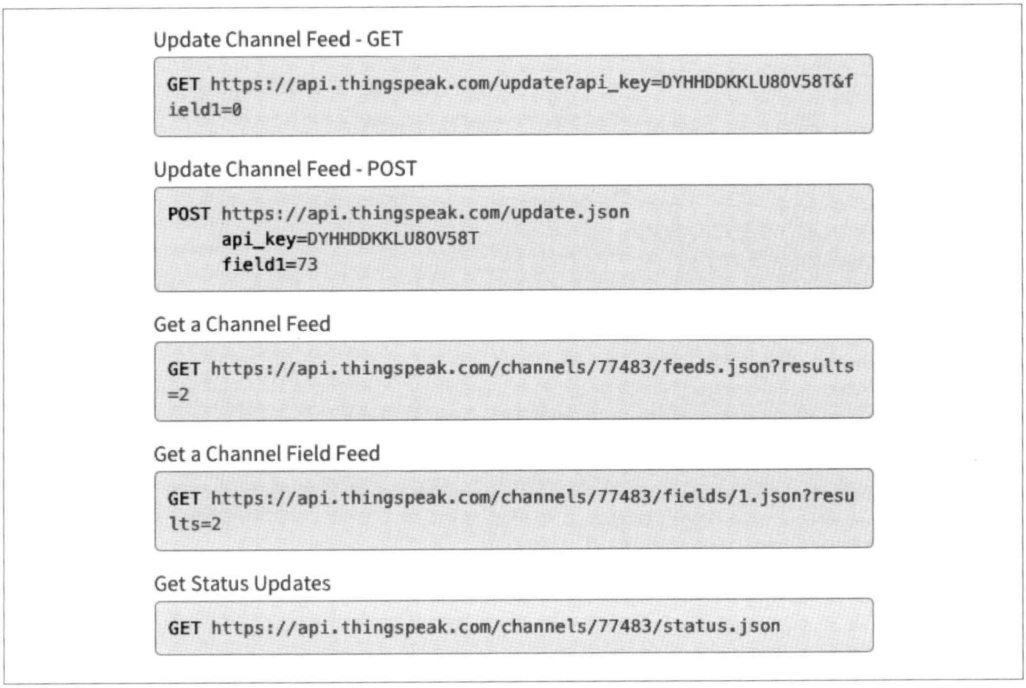

Update Channel Feed - GET

```
GET https://api.thingspeak.com/update?api_key=DYHHDDKKLU8OV58T&f
ield1=0
```

Update Channel Feed - POST

```
POST https://api.thingspeak.com/update.json
     api_key=DYHHDDKKLU8OV58T
     field1=73
```

Get a Channel Feed

```
GET https://api.thingspeak.com/channels/77483/feeds.json?results
=2
```

Get a Channel Field Feed

```
GET https://api.thingspeak.com/channels/77483/fields/1.json?resu
lts=2
```

Get Status Updates

```
GET https://api.thingspeak.com/channels/77483/status.json
```

圖 17-15　指定 ThingSpeak 頻道

如本書所有程式範例一樣，你可以下載本程式（請參閱訣竅 3.22）。

請執行程式。在 ThingSpeak 頻道頁面、Private View 標籤頁，你應該會看到如圖 17-16 所示的圖形。

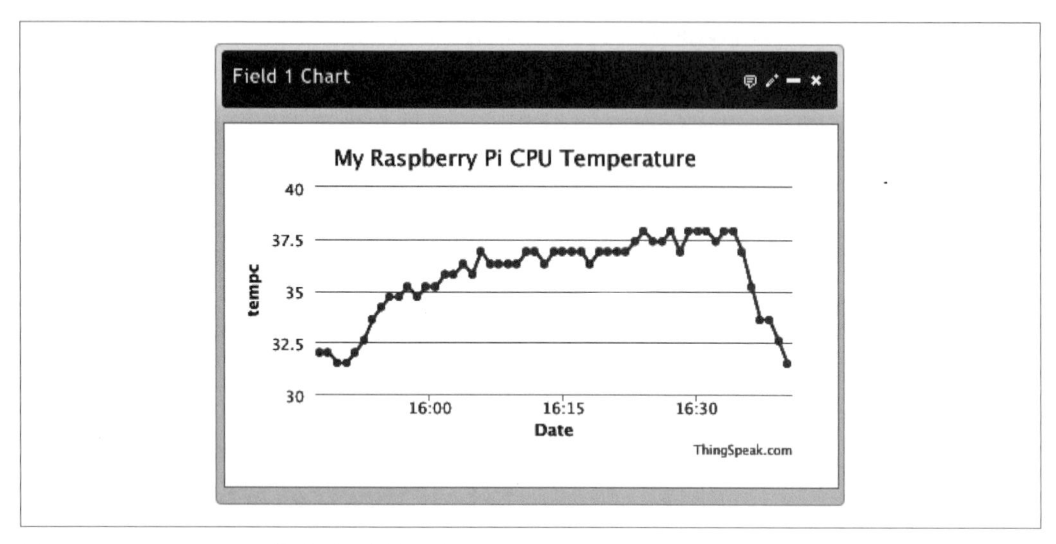

圖 17-16　ThingSpeak 的感測器資料圖表

當收到新讀數時會每分鐘更新。

討論

PERIOD 變數用來決定每次傳送溫度後以秒為單位的時間間隔。

send_data 函式會建立網路請求，在名為 field1 的參數中提供溫度。

如果你的資料可能引起大眾的興趣 —— 例如精確的環境讀數 —— 你可能會想要讓頻道公開，以讓任何人都能利用它。但這可能不會是你的 Raspberry Pi CPU 溫度。

參閱

讀取 CPU 溫度程式碼的說明，請參閱訣竅 14.11。

輸出感測器資料到試算表的範例，請參閱訣竅 14.24。

17.8 使用 Dweet 和 IFTTT 回應推文

問題

你希望 Raspberry Pi 執行某些動作回應推文中特定的 hashtag（主題標籤）或提及（mention）人物。

訣竅 17.16 雖然會這麼做，但是很沒效率，因為它仰賴你持續以網路請求輪詢以查看顏色是否改變。

解決方案

不依賴輪詢來監測推文的有效率機制是使用 IFTTT（參閱訣竅 17.4）關注感興趣的推文，然後發送網路請求到名為 Dweet 的服務，它可以將通知推送到 Raspberry Pi 上的 Python 程式（圖 17-17）。

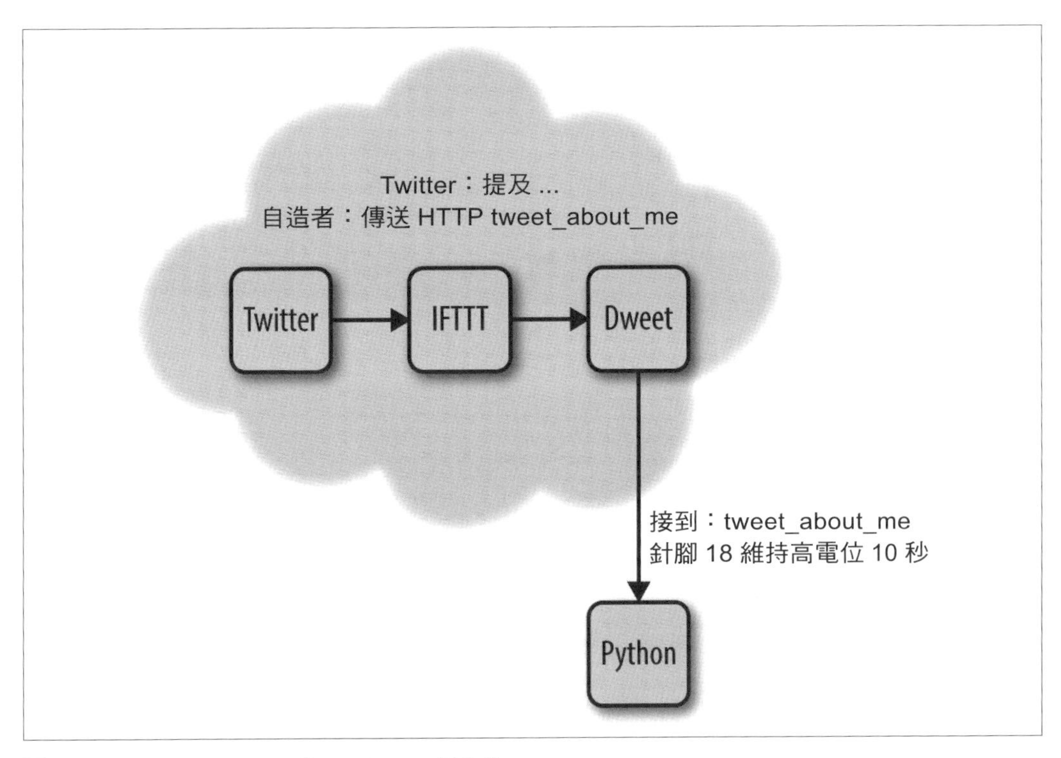

圖 17-17　IFTTT、Dweet 和 Python 一起合作

例如，你可以在每次使用者名稱於 Twitter 被提及時讓麵包板上 Raspberry Squid 或 LED 燈閃爍 10 秒。

就硬體而言，本訣竅只需要某些在 GPIO 18 高電位時能引人注意的電子零件。可以是 Raspberry Squid（訣竅 10.10）其中一個頻道，或是連接麵包板的一個 LED 燈（訣竅 11.1），或最彈性靈活的 —— 一個繼電器（參閱訣竅 11.5）。使用繼電器能讓你建立像是 Bubblino（*http://bubblino.com*）的專案，它是會吹泡泡的 Arduino 機器人。

第一步是登入 IFTTT（參閱訣竅 17.4），然後建立一個新的 applet。選擇新的「New Mention of You」動作頻道，然後按下「Create trigger」。對於本訣竅的動作頻道，請選擇 Webhooks，然後選「Make a web request」動作，如圖 17-18 所示完成表格欄位。

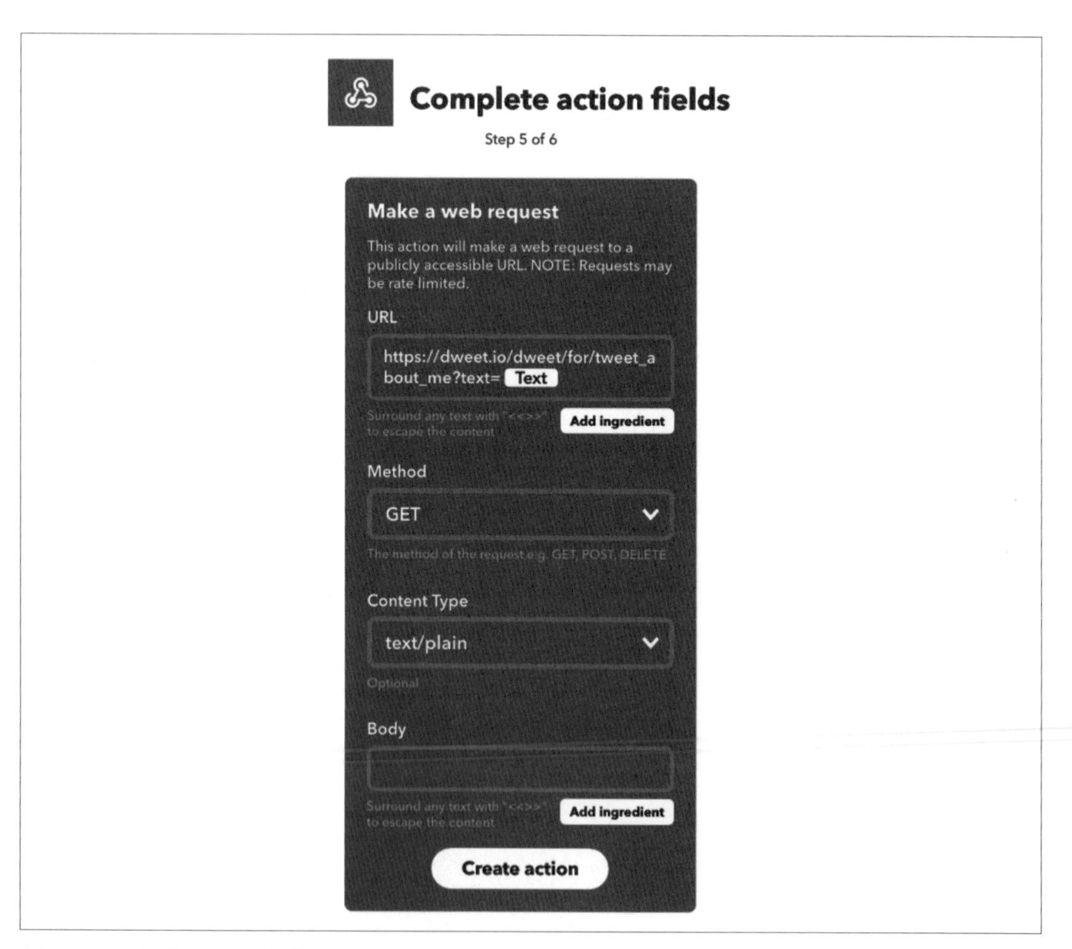

圖 17-18　完成 IFTTT 的「Make a web request」動作頻道

網址包含「text（文字）」原料的請求參數。它會有推文的主體。雖然除了印在主控台以外，沒有其他作用，但是你可能會用於更複雜專案的 LCD 螢幕上顯示訊息，所以知道如何傳送推文資料給 Python 程式還是很有用的。

最後，按下「Create recipe」，啟動 IFTTT 訣竅。

dweet.io 網路服務類似 Twitter 物聯網。它有一個網路介面讓你張貼或監聽 *dweets*。使用 Dweet 不需要註冊帳號；你只要有會傳送訊息到 Dweet 的東西（在本範例是 IFTTT）和另一個東西（Raspberry Pi 上的 Python 程式）等待你感興趣服務傳來的通知。在本例中，連結兩者的 token（令牌）是 `tweet_about_me`。這不太獨特，如果有其他人同時測試本書的範例，你就會收到其他人的訊息。要避免這種狀況，請使用更獨一無二的 token（例如，加上隨機字母和數字字串到訊息中）。

要從 Python 程式存取 Dweet，需要使用下列指令安裝 `dweet` 程式庫：

```
$ sudo pip3 install dweepy
```

本訣竅的程式名為 *ch_17_twitter_trigger.py*：

```
import time
import dweepy
from gpiozero import LED

KEY = 'tweet_about_me'
led = LED(18)

while True:
    try:
        for dweet in dweepy.listen_for_dweets_from(KEY):
            print('Tweet: ' + dweet['content']['text'])
            led.on()
            time.sleep(10)
            led.off()
    except Exception:
        pass
```

如本書所有程式範例一樣，你可以下載本程式（請參閱訣竅 3.22）。

執行後，請試著在推文中提及你自己，LED 燈應該就會點亮十秒。

討論

程式使用 `listen_for_dweets_from` 方法與 dweet.io 伺服器保持開放連接，傾聽任何來自 IFTTT dweet 的伺服器推送訊息，以回應推文。`try` ／ `except` 區塊確保若通訊中斷時，程式只會再次啟動監聽程序。

參閱

更多使用不同方法的類似專案，請參閱訣竅 17.6。

第十八章

家庭自動化

18.0 簡介

作為低成本和低耗電裝置，Raspberry Pi 是不用擔心鉅額電費帳單的絕佳家庭自動化中心。本章所敘述的訣竅不需要 Raspberry Pi 4 或 400 的效能。事實上，Raspberry Pi 2 或 3 就夠快了，比 Raspberry Pi 4 運轉溫度更低並且更省電。

我們會先從訊息佇列遙測傳輸（Message Queuing Telemetry Transport，MQTT）開始，它是大多數家庭自動化系統基礎的通訊機制，然後目光再轉移到以 Node-RED（在第 17 章曾見過）作為家庭自動化基礎。

嚴格來說，家庭自動化就是讓你的家更智慧化、更能自己運作 —— 例如，偵測到移動時開燈一段時間，或睡覺時間到自動關閉所有電器。但是大多數對家庭自動化有興趣的人，也對遙控已經自動化的部分有興趣。我們在本章中也會看看用智慧型手機來遙控。

18.1 以 Mosquitto 將 Raspberry Pi 變成訊息中介者

問題

你要讓 Raspberry Pi 成為能使用 Mosquitto MQTT 軟體的家庭自動化系統中心。

解決方案

請安裝 Mosquitto 軟體，以讓 Raspberry Pi 能作為 MQTT 代理。

請執行下列指令安裝 Mosquitto，並將它啟動為服務，讓它在 Raspebrry Pi 重新開機時自動啟動：

```
$ sudo apt update
$ sudo apt install -y mosquitto mosquitto-clients
$ sudo systemctl enable mosquitto.service
```

你可以執行下列指令以查看一切是否運作正常：

```
$ mosquitto -v
1656413574: mosquitto version 2.0.11 starting
1656413574: Using default config.
1656413574: Starting in local only mode. Connections will only be possible
  from clients running on this machine.
1656413574: Create a configuration file which defines a listener to allow
  remote access.
1656413574: For more details see https://mosquitto.org/documentation
  /authentication-methods/
1656413574: Opening ipv4 listen socket on port 1883.
1656413574: Error: Address already in use
1656413574: Opening ipv6 listen socket on port 1883.
1656413574: Error: Address already in use
$
```

錯誤訊息不是真的有錯誤；它只是表示 Mosquitto 已經在執行，因為我們已將它啟動為服務。

討論

MQTT 一種在程式和程式之間傳送訊息的方法。它有兩個部分：

伺服器

控制訊息傳遞和發送訊息給接收者的中心。

客戶端

經由伺服器傳送和接收訊息的程式。一個系統中通常會有超過一個客戶端。

訊息使用稱為發布（*publish*）和訂閱（*subscribe*）的模型來傳遞。也就是有一些有趣事物要分享的客戶端（例如感測器讀數）會發布讀數給伺服器。每隔幾秒鐘，客戶端可能會取得另一個讀數，也同樣會發布它。

訊息有**主題**（*topic*）和**負載**（*payload*）。在自動燈光系統中，主題可能是 *bedroom_light*（臥室燈光），而負載是 *on*（開）或 *off*（關）。

你可以同時開兩個終端機測試。一個終端機當作發布者，另一個是訂閱者。你可以在圖 18-1 中看到此操作的實際效果。

圖 18-1　兩個客戶端以 MQTT 通訊

讓我們來分析一下。左側的終端機是訂閱者，我們在此發出這個指令：

```
$ mosquitto_sub -d -t pi_mqtt
Client mosqsub/2007-raspberryp sending CONNECT
Client mosqsub/2007-raspberryp received CONNACK
Client mosqsub/2007-raspberryp sending SUBSCRIBE (Mid: 1, Topic: pi_mqtt, QoS: 0)
Client mosqsub/2007-raspberryp received SUBACK
Subscribed (mid: 1): 0
```

mosquitto_sub 指令會訂閱客戶端。-d 選項指定除錯模式，只表示你會看到更多關於客戶端和伺服器正在做什麼的輸出訊息；當你要確定一切正常時這很有用處。-t pi_mqtt 選項指定客戶端有興趣的主題為 pi_mqtt。

除錯追蹤顯示客戶端連線到伺服器沒有問題，且客戶端已請求訂閱，而伺服器已確認訂閱。

讓此終端機繼續執行，並開啟第二個終端機當作要發布 pi_mqtt 主題事物的客戶端。請在新的終端機視窗輸入下列指令：

```
$ mosquitto_pub -d -t pi_mqtt -m "publishing hello"
Client mosqpub/2199-raspberryp sending CONNECT
Client mosqpub/2199-raspberryp received CONNACK
Client mosqpub/2199-raspberryp sending PUBLISH (d0, q0, r0, m1, 'pi_mqtt',
                                                ... (16 bytes))
Client mosqpub/2199-raspberryp sending DISCONNECT
```

同樣地，-d 和 -t 選項指定除錯模式和主題，但是這次有額外的 -m 選項，指定發布時包含的訊息。如果發布者是感測器，訊息可能會是感測器讀數。

一旦發送出 mosquitto_pub 指令，類似下列的文字就會出現在第一個終端機視窗（訂閱者）中：

```
Client mosqsub/5170-raspberryp received PUBLISH (d0, q0, r0, m0, 'pi_mqtt',
   ... (16 bytes))
publishing hello
```

參閱

關於 Mosquitto 的資訊請參閱 *https://mosquitto.org*。

關於本章中 MQTT 的訣竅，請參閱訣竅 18.2 和 18.5。

18.2 結合 Node-RED 與 MQTT 伺服器

問題

你要結合 Node-RED 與 MQTT 伺服器，例如，用來控制通用輸入／輸出（GPIO）針腳以回應 MQTT 訊息發佈。

解決方案

請在 Node-RED 流程中使用 Node-RED「mqtt」節點和「rpi gpio」節點，就像圖 18-2 所示。

如果你尚未安裝 Node-RED，可以在訣竅 17.3 找到說明。

完成部署後，你就可以傳送 `mosquitto_pub` 指令開關 GPIO 18 針腳。請連接 LED 或 Raspberry Squid LED 在針腳 18 來測試（訣竅 11.1）。

此範例流程指的是廚房燈光，假設 GPIO 18 用於類似 PowerSwitch Tail（訣竅 11.7）的裝置以控制燈光切換開和關。

讓我們一次構建一個節點範例。

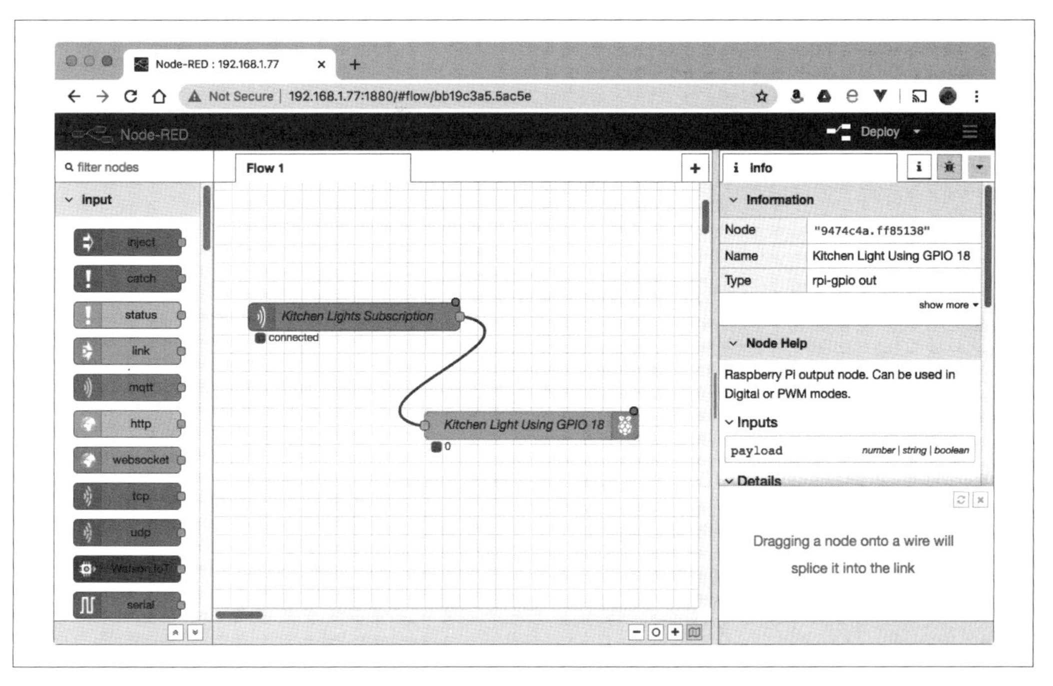

圖 18-2　Node-RED MQTT 和 GPIO 工作流程

從 Node-RED「input」分類新增「mqtt」節點開始。點兩下節點來編輯它（圖 18-3）。

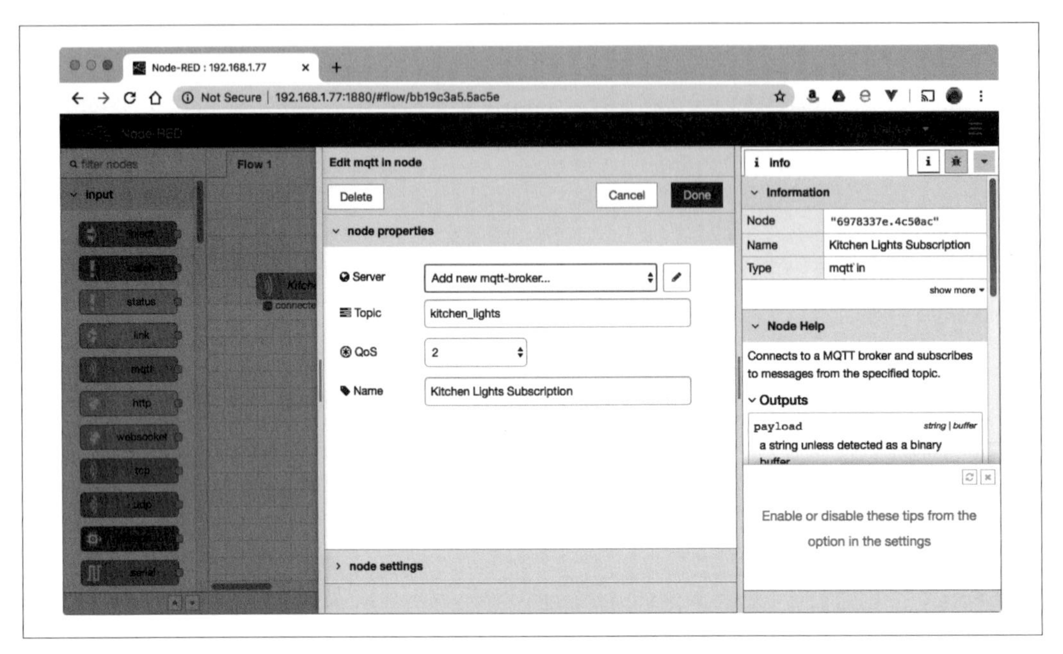

圖 18-3　編輯「mqtt」節點

請注意 Server 欄位只有「Add new mqtt-broker（新增 mqtt 代理）」選項。我們之後會再回來這裡。現在請指定一個主題（kitchen_lights），並賦予節點一個有意義的名字。QoS 欄位讓你設定服務品質（quality of service），決定 MQTT 服務器將訊息傳送到其預定目的地的持久度。

接著我們要替 Nore-RED 定義一個 MQTT 伺服器，所以請按下搜尋欄位旁的編輯（鉛筆圖示）按鈕。這會開啟如圖 18-4 的視窗。

賦予伺服器一個名稱，在 Server 欄位輸入 `localhost`。可以這麼做是因為 Nore-RED 和 MQTT 伺服器都在同一台 Raspberry Pi 上執行。

現在可以新增「rpi-gpio out」節點。你會在 Raspberry pi 小節找到它。新增到流程後，請開啟它（圖 18-5）。

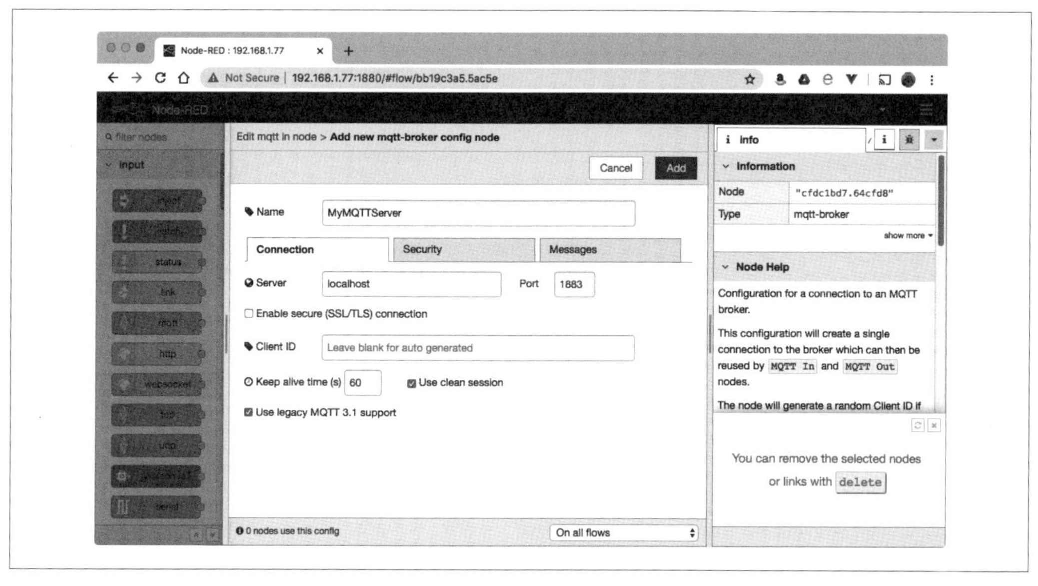

圖 18-4　新增 MQTT 伺服器到 Nore-RED

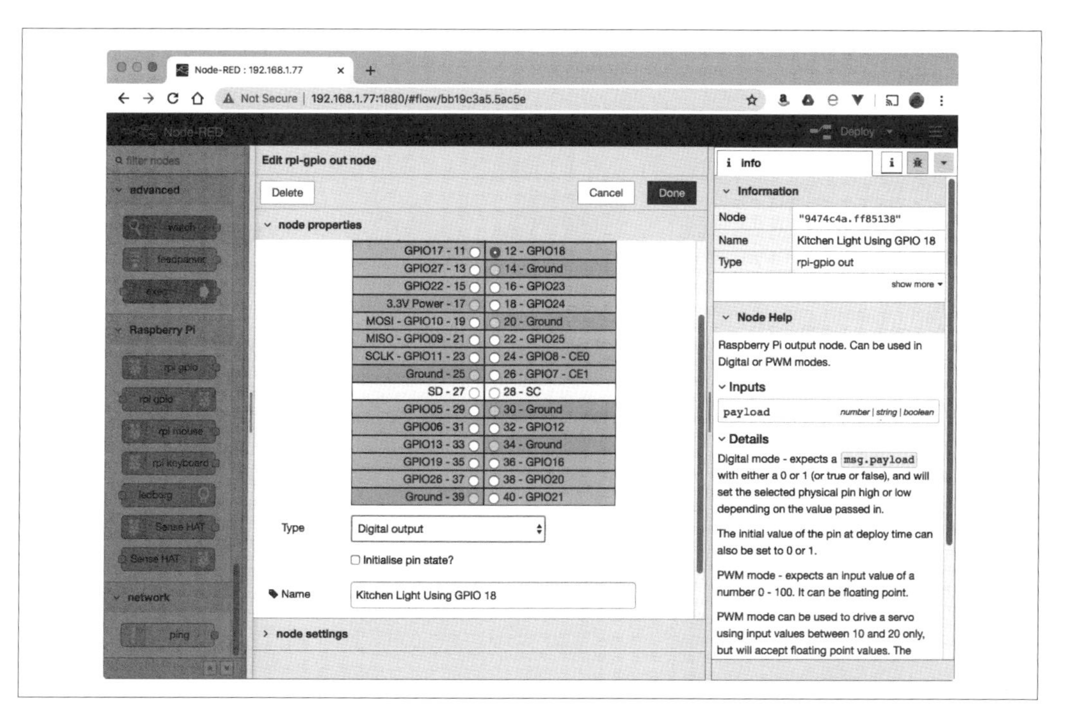

圖 18-5　編輯 GPIO 輸出節點

選擇「12 - GPIO 18」，在按下 Done 前，給它一個名字。從「mqtt in」節點拖曳接腳到 Raspberry Pi GPIO 節點，以讓流程看起來像圖 18-2。

按下 Deploy（部署）按鈕，然後在 Raspberry Pi 上開啟終端機來測試流程。

在終端機視窗輸入以下指令來發布開燈的請求：

```
$ mosquitto_pub -d -t kitchen_lights -m 1
```

針腳 18 的 LED 應該會亮起。然後我們要關閉 LED，請傳送：

```
$ mosquitto_pub -d -t kitchen_lights -m 0
```

討論

此訣竅只有在 Raspberry Pi 剛好在你要控制物品旁才能運作。實際上，你可能比較想使用無線開關。

但是知道如何透過 MQTT 與 Node-RED 控制 GPIO 針腳是很有用的。

Node-RED 能匯入（import）和匯出（export）流程成為 JSON 文字。所有本章所用的流程都可以在本書的 GitHub 網頁找到（*https://oreil.ly/nmDtR*）。

要輸入其中一個流程到 Node-RED，請訪視 GitHub 頁面，按下你要匯入之相對應流程的訣竅數字。舉例來說，我在圖 18-6 按下 *recipe_18_10.json*。

選取程式碼區域整行程式，複製到剪貼簿。（按下程式碼上方的 Raw 按鈕能讓你更容易選取複製全部的程式碼。）然後切換回你的 Node-RED 網頁，如圖 18-7 所示，從 Node-RED 選單選擇 Import，然後 Clipboard。

然後貼上從 GitHub 複製的程式碼到圖 18-8 所示的視窗，選擇「new flow」。

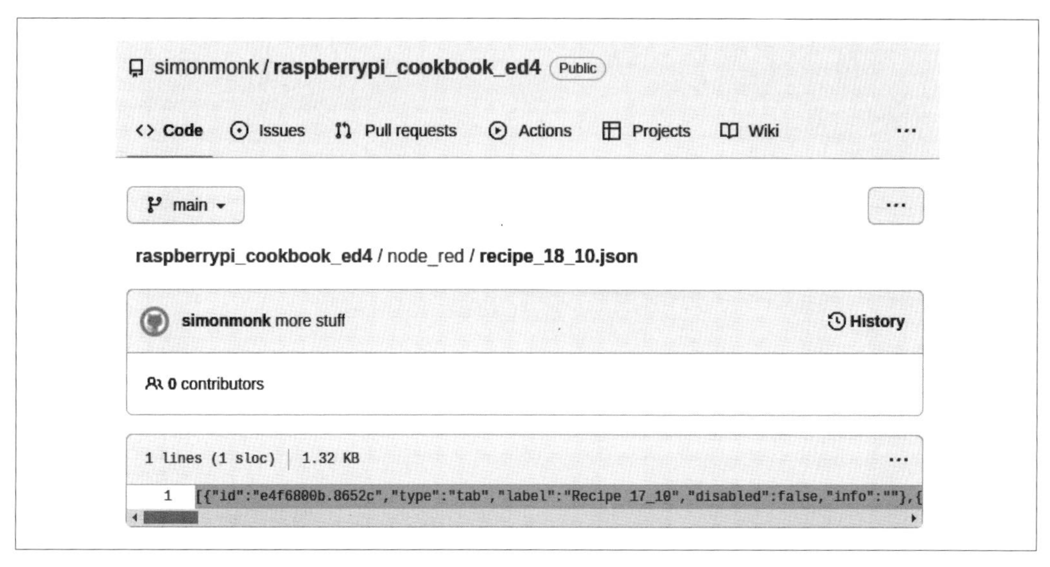

圖 18-6 從 GitHub 選擇流程的 JSON

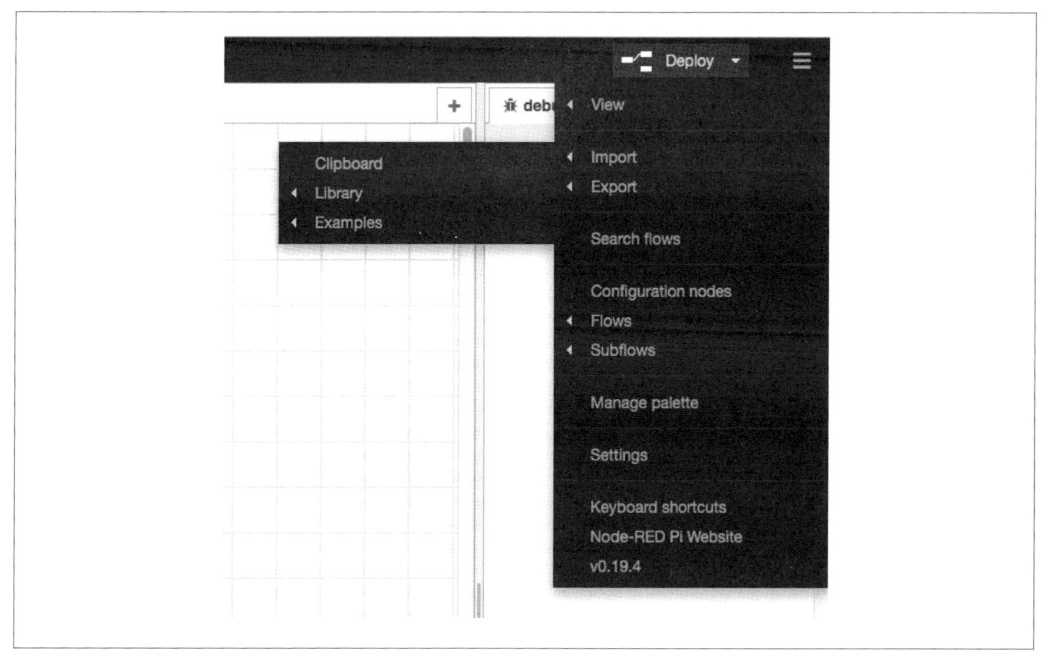

圖 18-7 選擇「Import from Clipboard（從剪貼簿匯入）」選項

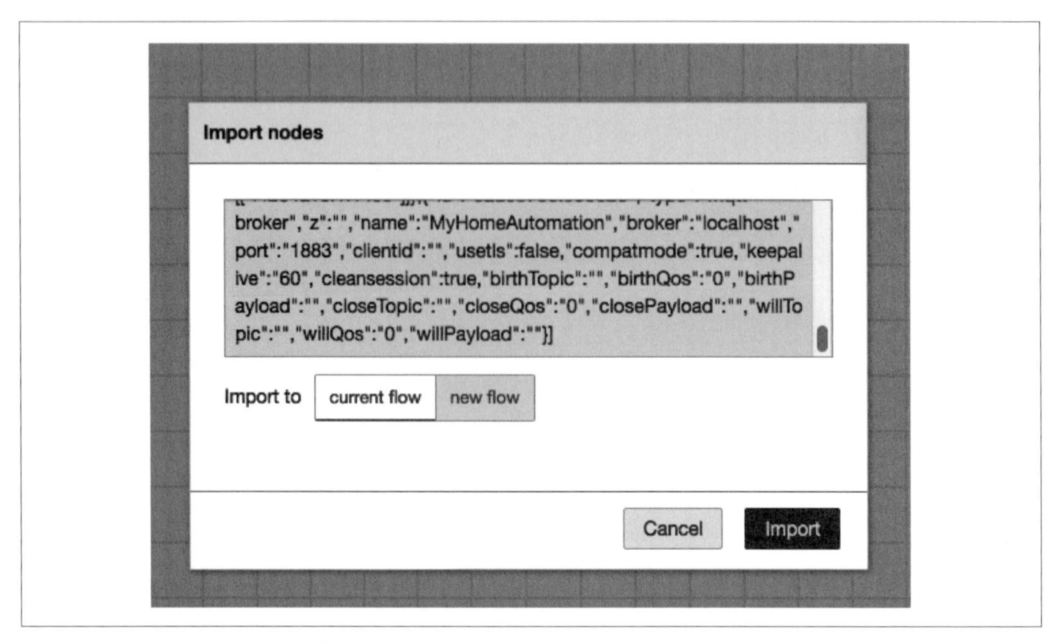

圖 18-8　貼上流程程式碼到「Import nodes（匯入節點）」對話框

當按下 Import，流程會出現在新標籤頁（圖 18-9）。

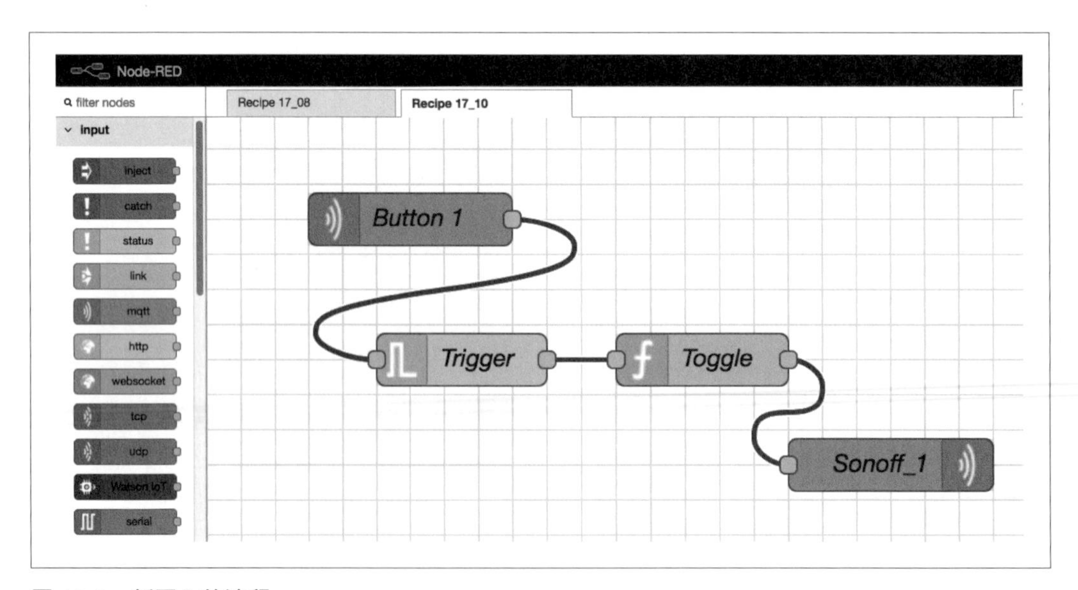

圖 18-9　新匯入的流程

參閱

要知道如何使用 MQTT 控制 WiFi 開關，請參閱訣竅 18.5。要看使用 Node-RED 的類似訣竅，請見訣竅 18.6。

請閱讀更多關於 MQTT QoS 程度的資料（*https://oreil.ly/cBK4F*）。

更多資訊，請參閱 Node-RED 的完整文件（*https://nodered.org/docs*）。

18.3 燒錄 Sonoff WiFi 智慧型開關以使用 MQTT

問題

你要使用 WiFi 智慧型開關和 MQTT，讓你能直接從 Raspberry Pi 控制家用配件。

解決方案

燒錄（安裝）新韌體（Tasmota）到低成本 Sonoff WiFi 開關，由網路介面設置開關，然後使用 MQTT 控制它。

Sonoff 網路開關（如圖 18-10 所示）提供了無線控制燈光和其他裝置開關的極低成本方案。

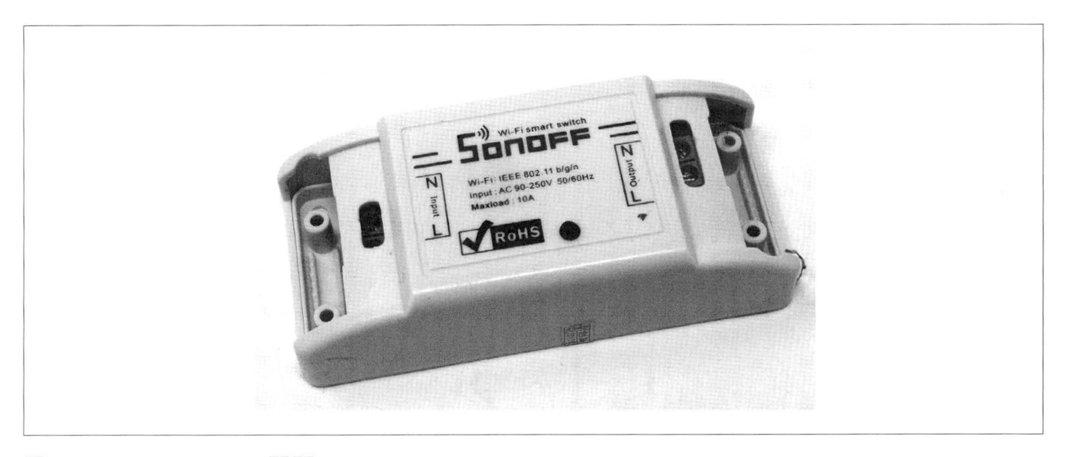

圖 18-10　Sonoff WiFi 開關

但是 Sonoff 開關預安裝的韌體是私有版權，依靠在中國的伺服器和網際網路溝通。如果你偏好在本地端控制你的裝置，且真正地改善原始韌體，你應該照著本訣竅燒錄新的開放韌體到你的 Sonoff。

你可以從 Raspberry Pi 做這些全部的動作，但是還需要一些東西：

- Sonoff Basic 網路開關（參閱第 598 頁的「模組」小節）
- 四個排針（參閱第 600 頁的「其他材料」小節）
- 四個母對母跳線（參閱第 596 頁的「原型設備與套件」小節）
- 焊接設備和焊錫（參閱第 596 頁的「原型設備與套件」小節）

你也需要 Raspberry Pi 2 或更新的機型，因為早期 Raspberry Pi 的 3.3V 不足以提供足夠的電流給 Sonoff。

危險：高電壓

使用 Sonoff 切換交流電（AC）需要連接火線到 Sonoff 螺絲端子。這是電工的工作，應該由合格專業人士完成。

要在連接到你的家庭用電之前，燒錄剛拆封的 Sonoff。你無須接到 AC 電源供應就可以設置它。Raspberry Pi 能供電給它。

在你連接 Sonoff 到 AC 前，將它拆開，因為你會需要焊接一段四個排針到 Sonoff 電路板提供的孔中。

圖 18-11 示範出空的位置，也標示我們感興趣的四個排針孔。事實上，它們就是 Sonoff 的序列埠。

請注意不同版本的 Sonoff 的序列介面位置有些許不同。你可能必須看板子底部標記為 3V、RX、TX 和 GND 之處以找出序列介面。

排針焊接好後，你的 Sonoff 看起來會像圖 18-12。

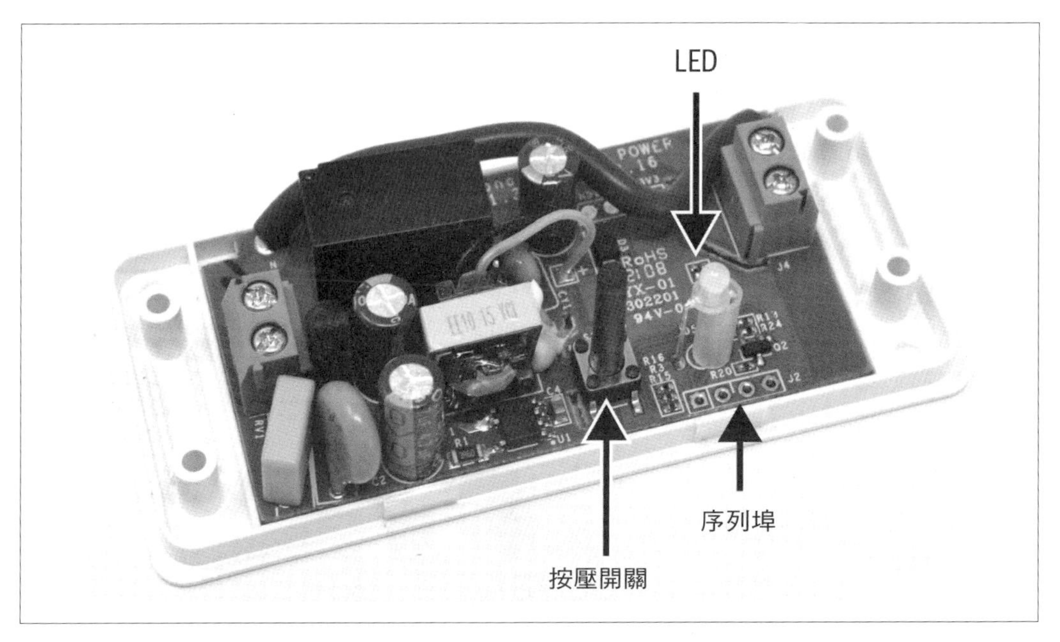

圖 18-11　Sonoff WiFi 開關內部

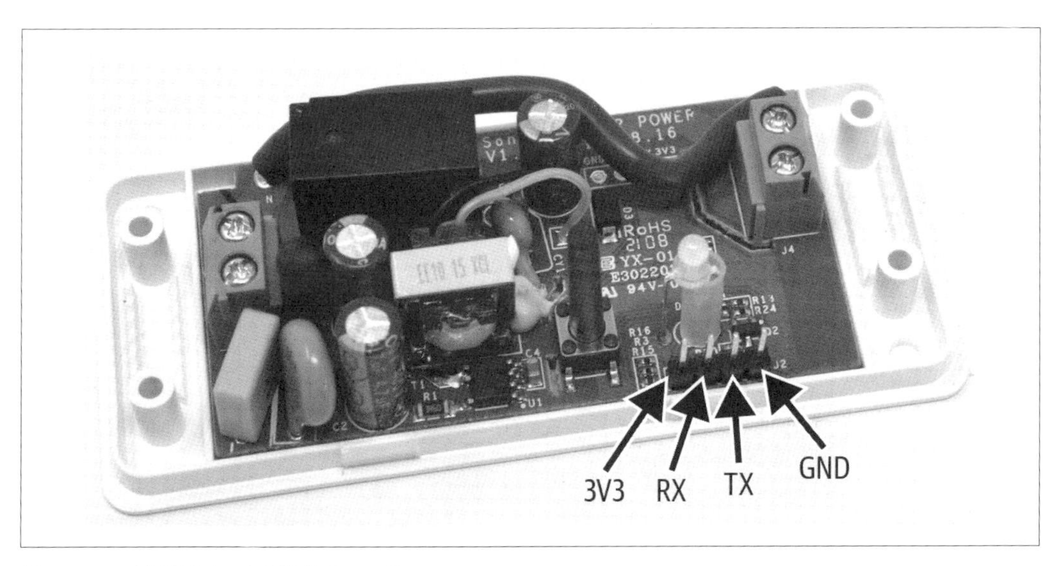

圖 18-12　排針接上序列埠的 Sonoff

現在需要如下方說明將 Sonoff 的排針接上 Raspberry Pi 的 GPIO 針腳（參考圖 18-13）。

- Sonoff 3.3V 對 Raspberry Pi 3.3V
- Sonoff RX 對 Raspberry Pi TXD
- Sonoff TX 對 Raspberry Pi RXD
- Sonoff GND 對 Raspberry Pi GND

圖 18-13 示範 Raspberry Pi 400 使用 GPIO 轉接頭連接 Sonoff。

圖 18-13　以 Raspberry Pi 400 燒錄 Sonoff

Sonoff 需要名為 esptool 的 Python 軟體以修改韌體（燒錄）。將它下載至 Raspberry Pi，並執行下列指令：

```
$ git clone https://github.com/espressif/esptool.git
$ cd esptool
```

下載軟體後，我們也需要取得要燒錄進 Sonoff 替換的 Tasmota 韌體。要這麼做，請在 *esptool* 目錄執行下列指令：

```
$ wget https://github.com/arendst/Sonoff-Tasmota/releases/download/v6.6.0/
  sonoff-basic.bin
```

這會下載一個稱為 *sonoff-basic.bin* 的檔案到 *esptool* 目錄。

剩下的步驟如下：

1. 將 Snoff 設為燒錄模式。

   此時，Sonoff 的 LED 可能會順利地閃爍。要將 Snoff 設為燒錄模式，請移開 GND 接線，按下 Sonoff 的按壓開關（圖 18-11），再重新連接 GND 接線，從 Raspberry Pi 供電給 Sonoff。當 Sonoff 通電數秒後，放掉按壓開關。

   Sonoff 的 LED 燈應該就不再閃爍。現在已經進入燒錄模式，準備好接收新程式。

2. 抹除 Sonoff。

   確定你仍然在 *esptool* 目錄內，執行指令抹除 Sonoff。應該會在終端機看到如下的訊息：

   ```
   $ cd ~/esptools
   $ python3 esptool.py --port /dev/serial0 erase_flash
   esptool.py v4.3-dev
   Serial port /dev/serial0
   Connecting...
   Failed to get PID of a device on /dev/ttyS0, using standard reset
     sequence.
   ......
   Detecting chip type... Unsupported detection protocol, switching and
           trying again...
   Connecting...
   Failed to get PID of a device on /dev/ttyS0, using standard reset
     sequence.

   Detecting chip type... ESP8266
   Chip is ESP8285N08
   Features: WiFi, Embedded Flash
   Crystal is 26MHz
   MAC: c4:4f:33:eb:0f:73
   Uploading stub...
   Running stub...
   Stub running...
   Erasing flash (this may take a while)...
   Chip erase completed successfully in 1.4s
   Hard resetting via RTS pin...
   ```

3. 燒錄 Tasmota 軟體進 Sonoff。

   執行指令燒錄之前下載的 *sonoff-basic.bin* 檔案到 Sonoff：

```
$ python3 esptool.py --port /dev/serial0 write_flash -fs 1MB -fm dout
  0x0 sonoff-basic.bin
esptool.py v4.3-dev
Serial port /dev/serial0
Connecting...
Failed to get PID of a device on /dev/ttyS0, using standard reset
  sequence.
......
Detecting chip type... Unsupported detection protocol, switching and
        trying again...
Connecting...
Failed to get PID of a device on /dev/ttyS0, using standard reset
  sequence.

Detecting chip type... ESP8266
Chip is ESP8285N08
Features: WiFi, Embedded Flash
Crystal is 26MHz
MAC: c4:4f:33:eb:0f:73
Uploading stub...
Running stub...
Stub running...
Configuring flash size...
Flash will be erased from 0x00000000 to 0x00069fff...
Compressed 432432 bytes to 300963...
Wrote 432432 bytes (300963 compressed) at 0x00000000 in 27.0 seconds
  (effective 128.0 kbit/s)...
Hash of data verified.

Leaving...
Hard resetting via RTS pin...
```

討論

當一切完成時。你就可以移除跳線，找一個合格技師安裝 Sonoff，讓它能從 AC 供電，準備好切換你想切換的東西。

不過在將新燒錄好的 Sonoff 連接到 AC 或是置放到某個不方便拿取的地方前，最好先做更多測試。所以如果喜歡的話，你可以保留 3.3V 和 GND 跳線，繼續從 Raspberry Pi 供電 Sonoff。Sonoff 開啟時，LED 會繼續點亮。

除了我這裡用的 Sonoff 機型外，還有許多其他機種，包括一些看起來像一般開關，但是內建 WiFi 模組的機種。

參閱

更多關於 Tasmota 的資訊，請參閱 *https://oreil.ly/aevZD*。

燒錄 Sonoff 後，請照著下一個訣竅（訣竅 18.4）設置它。

18.4 設置 Sonoff WiFi 智慧型開關

問題

你需要將 Sonoff WiFi 開關加入家用 WiFi 網路。

解決方案

首先，使用訣竅 18.4 的方法燒錄 Tasmota 韌體到 Sonoff。如果你的 Sonoff 已經是 Tasmota 韌體且使用 Raspberry Pi 的 3.3V 或就地使用 AC 供電了，那現在就可以連到 Sonoff 將運作的無線網路基地台設置它。執筆之時，你還不能以 Raspberry Pi 這麼做，因為連接上後，無線網路基地台並不會跳出像以 Mac 或 PC 連上無線基地台的歡迎頁面。相反地，你需要從 PC 或 Mac，或甚至是智慧型手機上連接到稱為類似 Sonoff-2500 的無線網路基地台（圖 18-14）。

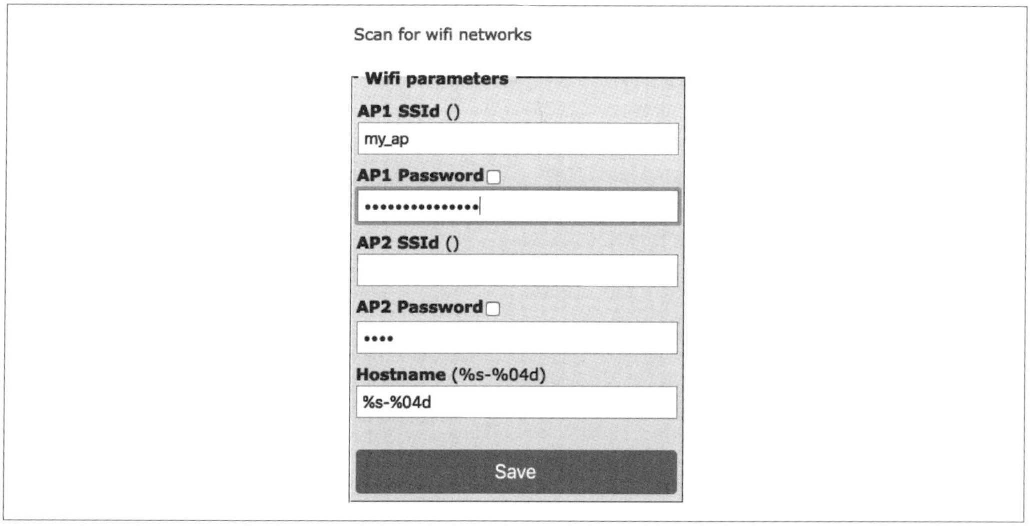

圖 18-14　連接 Sonoff 到 WiFi 網路

會出現輸入兩個無線網路基地台認證的選項。但假如你只有一個，可以用頁面頂端的「Scan for wifi networks」或者在 AP1 SSID 欄位輸入基地台名稱，並在 API Password 欄位輸入密碼，按下 Save。

Sonoff 會重新啟動，若你正確地輸入無線基地台認證，它會重新啟動連線到你的網路。

現在有個問題是要找出 Sonoff 的 IP 位址。Android 手機的 Fing 或 iOS 的 Discovery 這類工具能幫上忙。如你從圖 18-15 所見，在我的例子裡，Sonoff 的 IP 位址已經指定為 192.168.1.84。

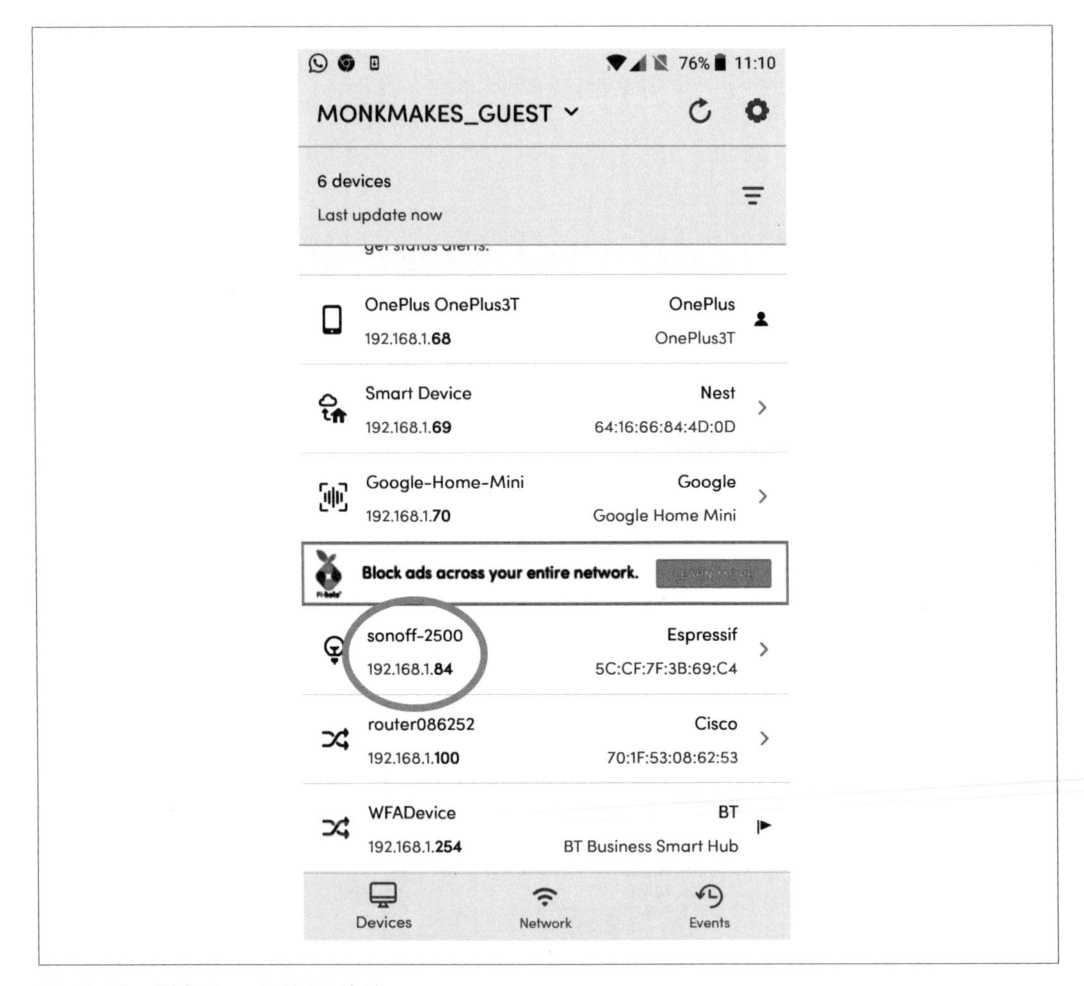

圖 18-15　找出 Sonoff 的 IP 位址

討論

現在 Sonoff 已經連上你的網路，它會改變模式，不執行整個無線基地台，而是在你的網路中改執行網頁伺服器，讓你可以管理裝置。要連到這個網頁，請在任何連到此網路的機器之瀏覽器輸入 Sonoff 的 IP 位址。你應該會看到像圖 18-16 的畫面。

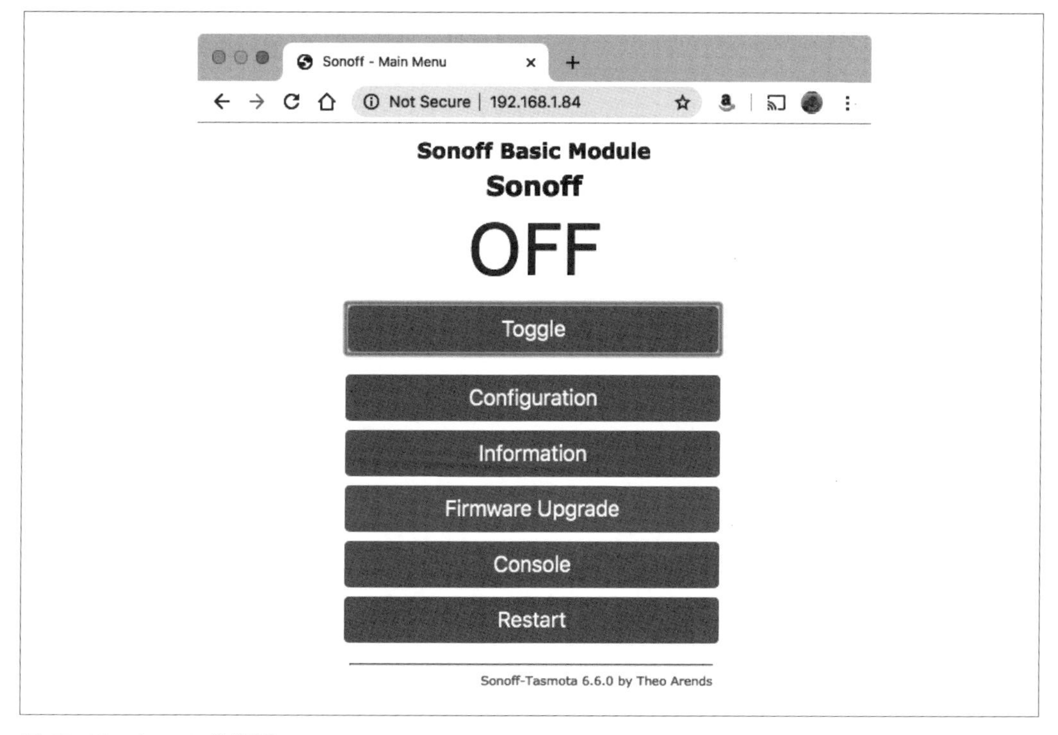

圖 18-16　Sonoff 的網頁

按下 Toggle 按鈕開啟和關閉 Sonoff 的 LED。如果 Sonoff 真的連到你的家，而非從 Raspberry Pi 供電，無論是開或關它都會切換。

參閱

要知道如何設置這些開關和 MQTT 與 Node-RED 一起運作，請參閱訣竅 18.5。

18.5 以 MQTT 使用 Sonoff 網路開關

問題

你想要以 MQTT 控制新燒錄的 Sonoff 網路開關。

解決方案

首先要確定你有按照訣竅 18.3 和 18.4 燒錄新韌體到你的 Sonoff 裝置，且已設置好連上你的 WiFi 網路。

要用 MQTT 控制 Sonoff 開關，你需要以網頁介面設置 Sonoff。請將 Sonoff 的 IP 位址輸入瀏覽器，然後按下 Configuration（設置）按鈕。這會開啟如圖 18-17 所示的選單。

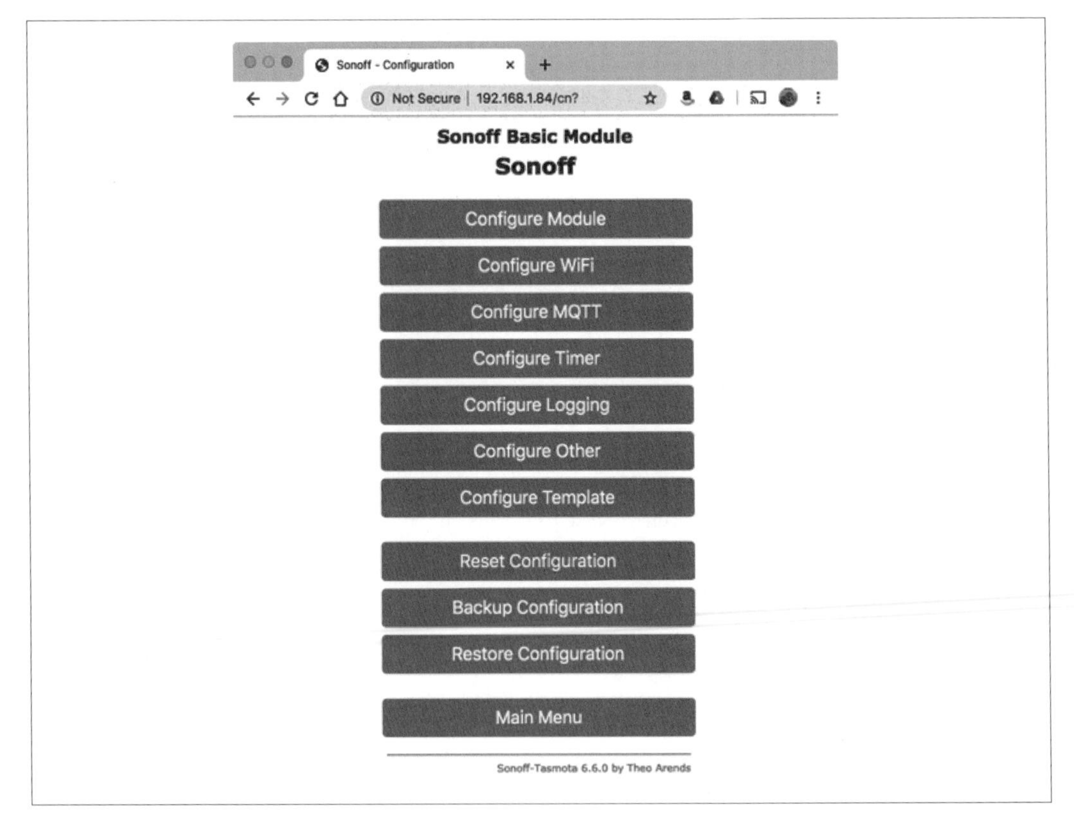

圖 18-17　Sonoff Tasmota 設置選單

按下 Configure MQTT 選項以開啟 MQTT 設置頁面，如圖 18-18 所示。

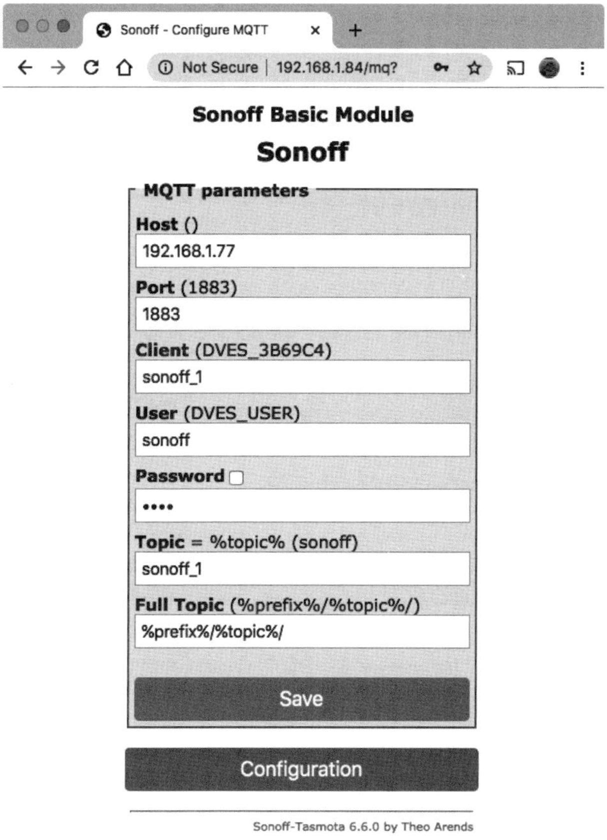

圖 18-18　Sonoff Tasmota MQTT 設置選單

這是我們設置 Sonoff 為 MQTT 伺服器的客戶端和指定如何訂閱之處（參閱訣竅 18.1），以讓它能了解我們發布的指令（例如，開啟）。

要這麼做，你需要修改設置表格的一些欄位：

- 修改 Host 欄位成你執行 MQTT 伺服器的 Raspberry Pi IP 位址。
- 修改 Client 欄位為「sonoff_1」。我們加上「_1」以免後來我們有多個 Sonoff 裝置要分辨。若你喜歡，你也可以在此使用更有意義的名稱 —— 如果 Sonoff 要安裝在臥室的話，或許會是「bedroom_1_sonoff」。

- User 和 Password 欄位沒有使用，因為我們的 MQTT 伺服器沒有任何安全設置。這其實不像聽起來的那麼草率，因為除非他們已經在我們的網路內。不然沒有人能做任何事，所以你在這些欄位輸入的內容沒有關係。
- 再次修改 Topic 為「sonoff_1」因為你後來可能會有多個 Sonoff 開關。
- 保留 Full Topic 欄位不修改。

按下 Save，然後 Sonoff 會自己重新啟動讓修改生效。

討論

你可以從終端機測試這個 MQTT 介面。輸入下列指令，Sonoff 的 LED 應該會點亮：

```
$ mosquitto_pub -t cmnd/sonoff_1/power -m 1
```

輸入這個指令將開關再次關閉：

```
$ mosquitto_pub -t cmnd/sonoff_1/power -m 0
```

如果無法運作，請在指令加上 `-d` 選項以檢查 Mosquitto 客戶端指令有連接到 MQTT 伺服器。

參閱

我們在訣竅 18.6 以此為基礎使用 Node-RED 控制開關。

18.6 以 Node-RED 使用已燒錄之 Sonoff 開關

問題

你要以 Node-RED 使用已燒錄之 Sonoff 網路開關。

解決方案

照著訣竅 18.5 讓你的 Sonoff 能和 MQTT 一起運作，然後如圖 18-19 所示在流程中使用 Node-RED MQTT 節點。

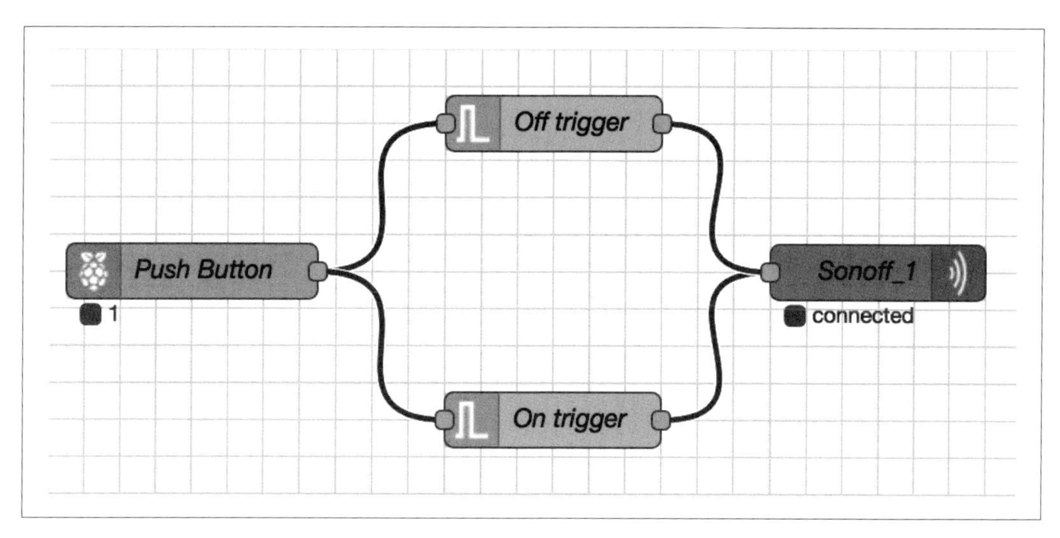

圖 18-19　延遲計時器的 Node-RED 流程

如果要的話，你可以匯入流程（*https://oreil.ly/vdZSb*）而不用從頭開始製作。按照訣竅 18.2 的討論小節指示匯入流程。

這個流程假設有一個按壓按鈕連接到 Raspberry Pi GPIO 25，然後當它被壓下時，Sonoff 會開啟 10 秒，然後再關閉。

按壓按鈕以訣竅 17.3 使用按鈕的相同方式設定，需要一個開關連接到 GPIO 25（參閱訣竅 13.1）。

你會在 Node-RED 的 Function 小節找到 Trigger 節點。我們需要兩個，所以將它們拖曳到流程中。圖 18-20 示範「On trigger」節點的設定。

此 Trigger 節點設置為被觸發時會傳送 1，等待四分之一秒（為了去彈跳），然後什麼都不做。它的名稱設為「On trigger」。

「Off trigger」和「On trigger」不同，因為我們要它在傳送 0 到 Sonoff 前延遲十秒鐘。圖 18-21 示範此設定。

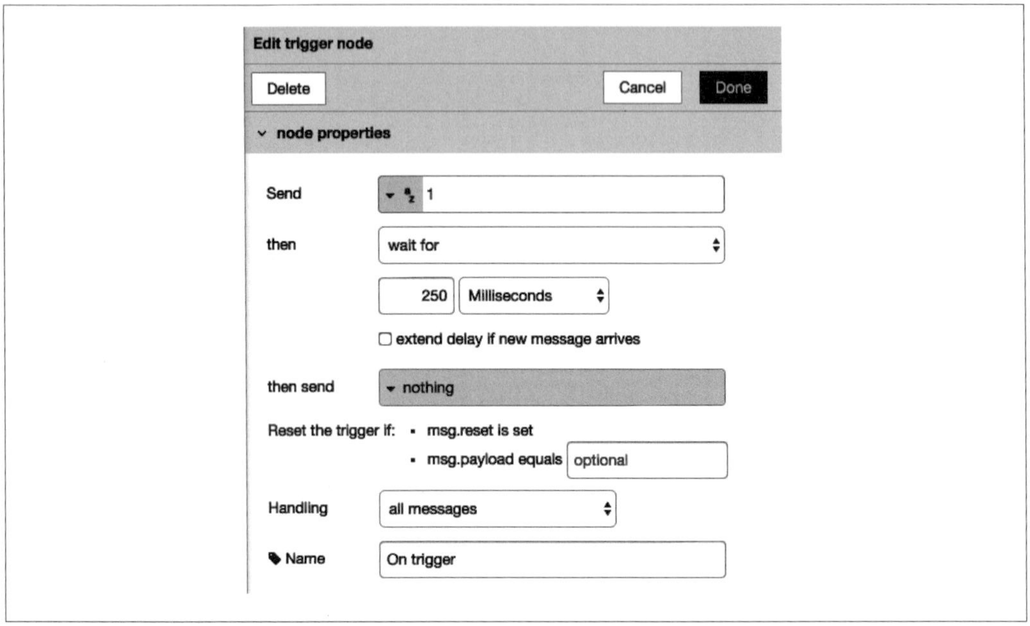

Edit trigger node

Delete | Cancel | Done

node properties

Send: 1

then: wait for

250 Milliseconds

☐ extend delay if new message arrives

then send: nothing

Reset the trigger if: • msg.reset is set • msg.payload equals optional

Handling: all messages

Name: On trigger

圖 18-20　設置「On trigger」節點

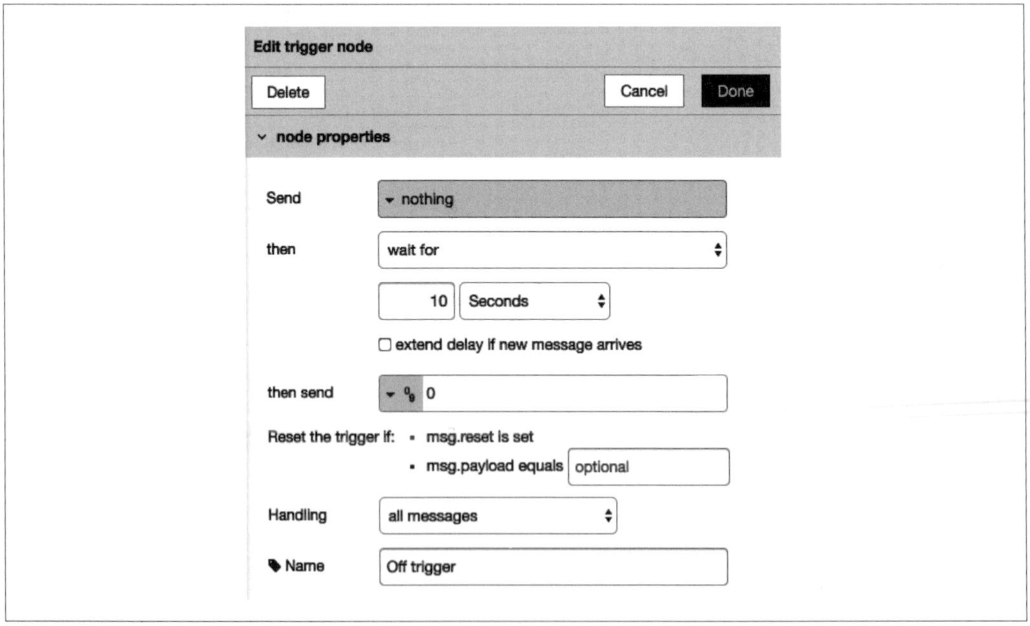

Edit trigger node

Delete | Cancel | Done

node properties

Send: nothing

then: wait for

10 Seconds

☐ extend delay if new message arrives

then send: 0

Reset the trigger if: • msg.reset is set • msg.payload equals optional

Handling: all messages

Name: Off trigger

圖 18-21　設置「Off trigger」節點

最後，從 Output 小節新增「mqtt」節點。開啟它以做設置（圖 18-22）。

當按下時，Server 欄位會提示你新增新的 MQTT 伺服器，並輸入它的詳細資料，包括名稱（我用 MyHomeAutomation）、IP 位址（localhost）和埠（1880）。

如圖 18-22 所示修改 Topic 和 Name 欄位。現在可以如圖 18-19 所示連接每樣東西並部署流程。

當按下按鈕時，Sonoff 應該會開啟並在十秒後再次關閉。

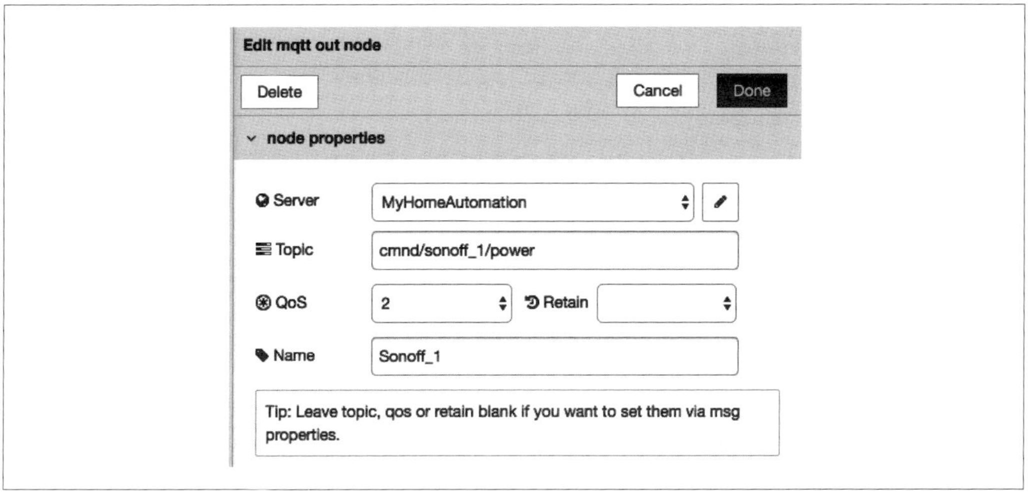

圖 18-22　設置「mqtt out」節點

討論

本訣竅示範不寫任何程式碼使用 Node-RED 可以做到什麼程度。經由以訊息的流程來思考自動化，Node-RED 提供了很棒的程式設計方式。

要使用動作感測器開啟燈光一段預設的時間，可以使用紅外線移動偵測器取代開關（參閱訣竅 13.9）。

參閱

更多資訊可以在 Node-RED 的完整文件取得（*https://nodered.org/docs*）。

18.7 以 Node-RED Dashboard 當開關

問題

你希望能使用智慧型手機開關燈光或其他裝置。

解決方案

請安裝 Node-RED Dashboard（儀表板）延伸套件，新增一些使用者介面（UI）控制點到流程中，然後從手機瀏覽器訪視 Dashboard。

要安裝 Node-RED Dashboard，請執行下列指令：

```
$ sudo systemctl stop nodered.service
$ apt update
$ cd ~/.node-red
$ sudo apt install npm
$ npm install node-red-dashboard
$ sudo systemctl start nodered.service
```

當 Dashboard 安裝完成，你最後會在 Node-RED 看到新的控制點節點小節（圖 18-23）。

我們可以使用按鈕節點的網頁按鈕替換在訣竅 18.6 用的實體按鈕。這個流程展示於圖 18-24。如果你要的話，可以匯入流程（*https://oreil.ly/0YSDh*）而不用從頭開始建立。按照訣竅 18.2 的討論小節指示來匯入流程。

觸發者按鈕和訣竅 18.6 的「Off trigger」一樣，「Sonoff_1」與訣竅 18.6 的相同節點一樣。但是 Raspberry Pi GPIO 節點被 Dashboard 節點取代。

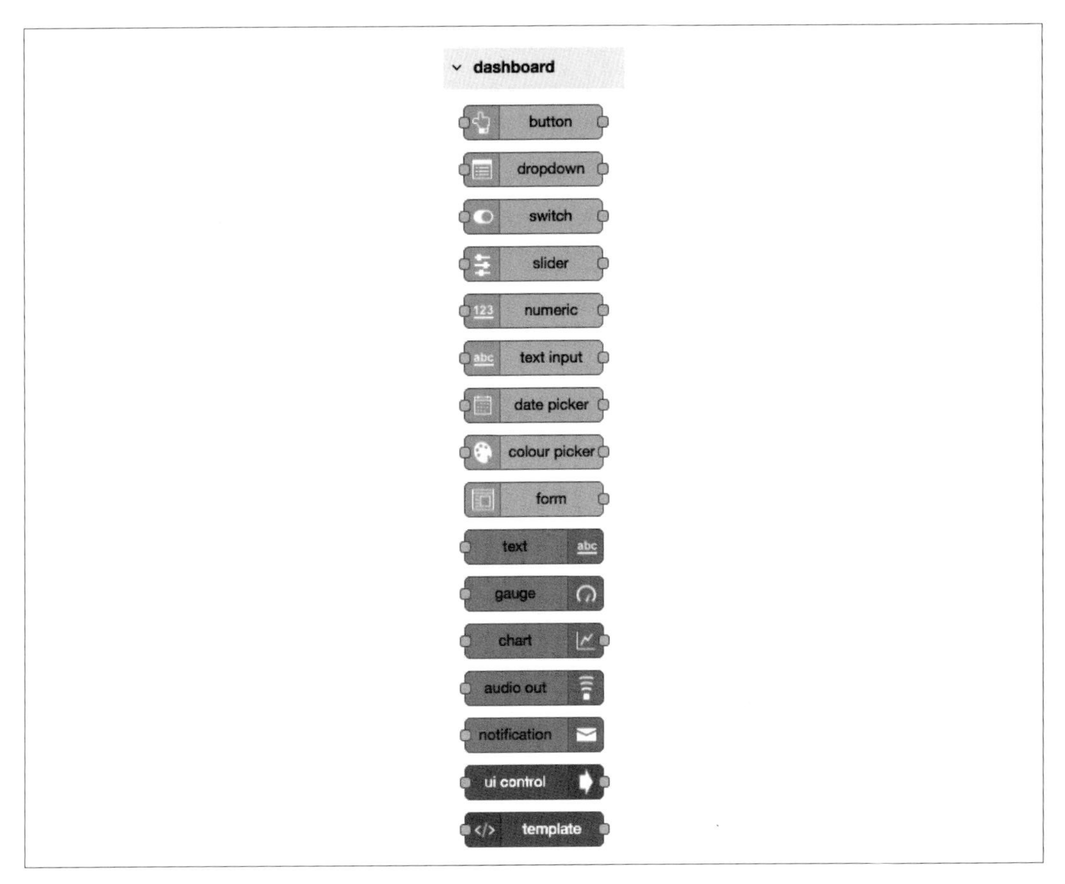

圖 18-23　Node-RED Dashboard 節點

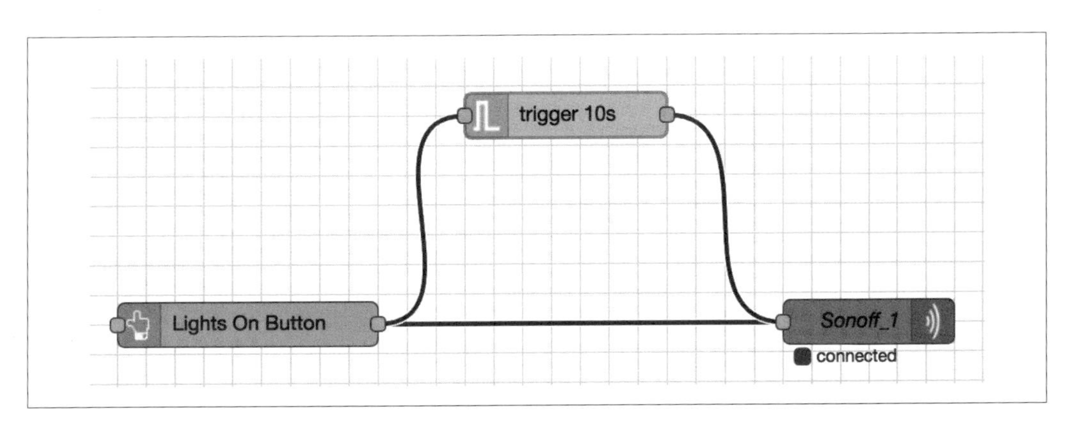

圖 18-24　按壓按鈕計時器的流程

因為你可能需要相當多控制點來遙控你的家庭自動化系統，Dashboard 控制點會集中成**群組**（*groups*），群組被集中成**標籤**（*tabs*）。當你從 Dashboard 分類新增節點時，你可以定義自己的群組和標籤。這會在編輯節點時定義（圖 18-25）。

圖 18-25 中，你可以看到 Group 被設成「Home」標籤的 Light。要到這裡，我必須按下「Add new UI group」。這又要求我輸入「Add a new tab」。當建立好標籤和群組後，這些會變成預設值。不需要每次都建立它們。

請注意，在圖 18-25 中，Payload 被設為 1 是開啟燈光，它直接連到「mqtt」節點。

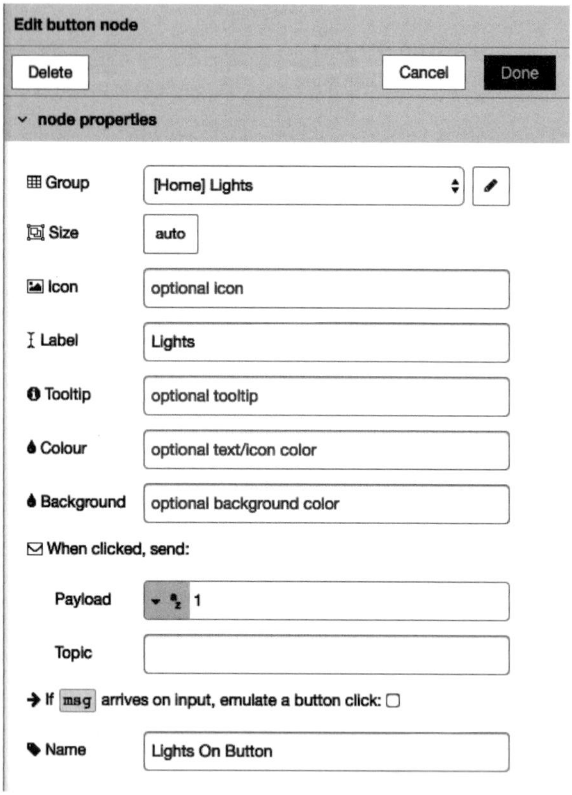

圖 18-25　設置 Lights On Button 節點

現在你可以部署工作流程。

要測試新的流程，請在手機開啟瀏覽器（或任何你的網路中的電腦），然後輸入你的 Raspberry Pi IP 位置，結尾加上 *:1880/ui*。螢幕看起來會像圖 18-26。

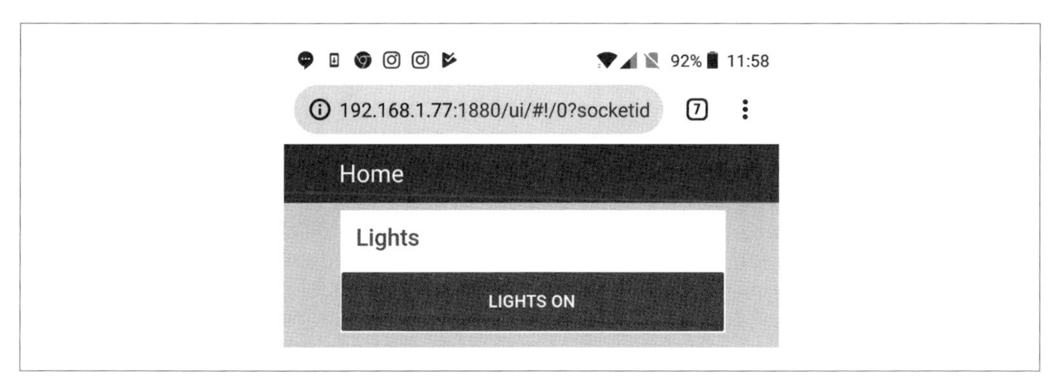

圖 18-26　Node-RED Dashboard 的按壓按鈕

當你按下手機上的按鈕時，Sonoff 應該會開啟十秒鐘。

討論

雖然能在預設的時間內開燈很有用，但有一個強制開 / 關的開關也很有用。在圖 18-27 中，加入了 一個開關。此流程可以於 GitHub 取得（*https://oreil.ly/G6m8e*）。

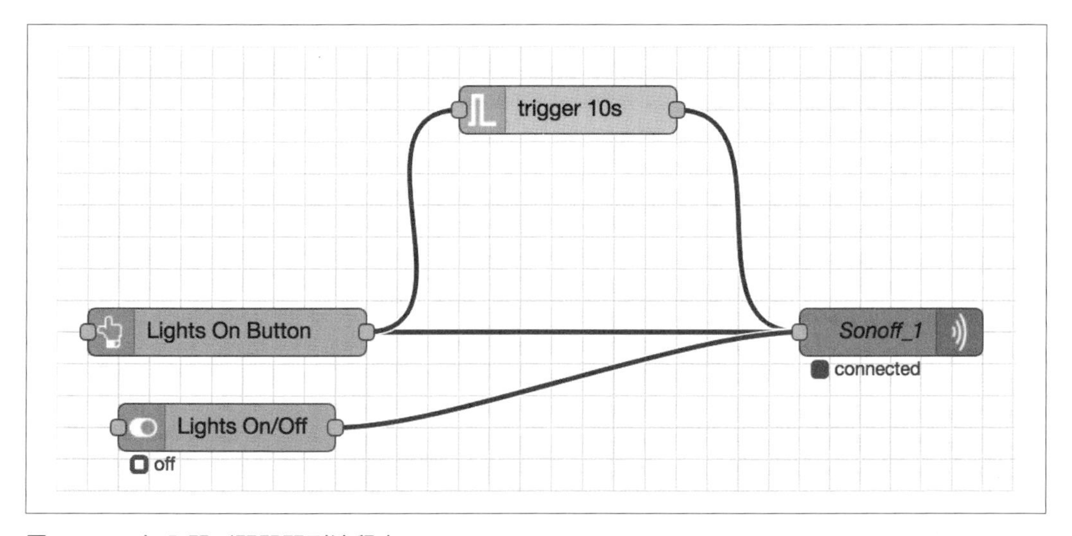

圖 18-27　加入開／關開關到流程中

你也可以連接它到「Sonoff_1」MQTT 節點，讓它和按壓開關可以將燈開和關。圖 18-28 示範當燈光開／關的開關設定。

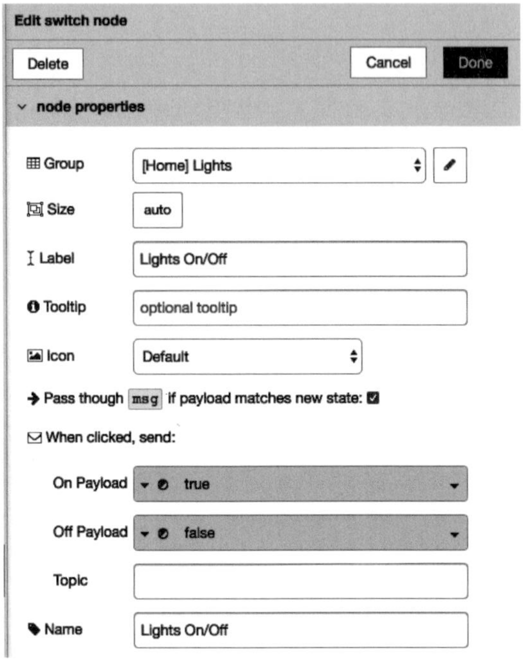

圖 18-28　燈光開／關的開關設定

流程部署後，當你回到手機的 *ui* 網頁（像是 *http://192.168.1.77:1880/ui* 的東西，不過是你 Node-RED 伺服器的 IP 位址）時，UI 會自動顯示額外的開關（圖 18-29）。

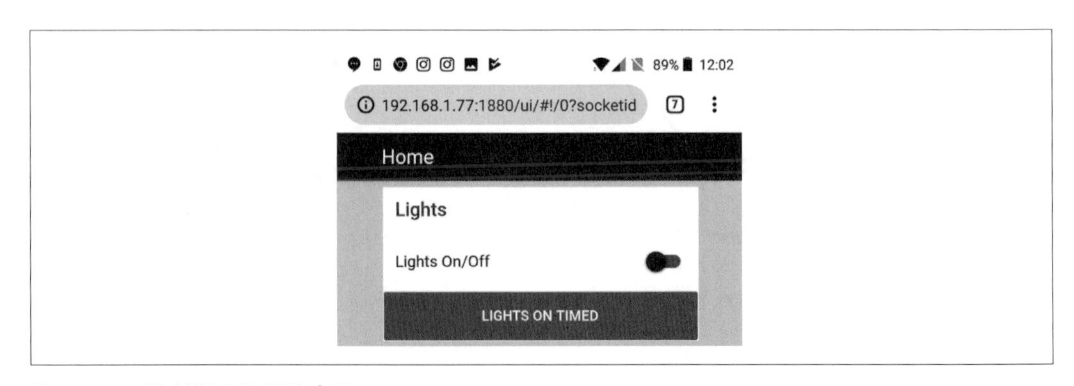

圖 18-29　控制燈光的網路介面

參閱

更多資訊可於 Node-RED 的完整文件取得（*https://nodered.org/docs*）。

18.8 以 Node-RED 安排事件執行時間

問題

你想使用 Node-RED 在特定時間做某件事 —— 例如，在每天凌晨 1 點關掉所有的燈。

解決方案

請使用 Node-RED *inject*（注入）節點。

圖 18-30 示範的流程是以訣竅 18.6 的流程為基礎。如果你要的話，可以匯入流程 (*https://oreil.ly/EVCiX*）而不用從零開始建立。請依照訣竅 18.2 的討論小節匯入流程。

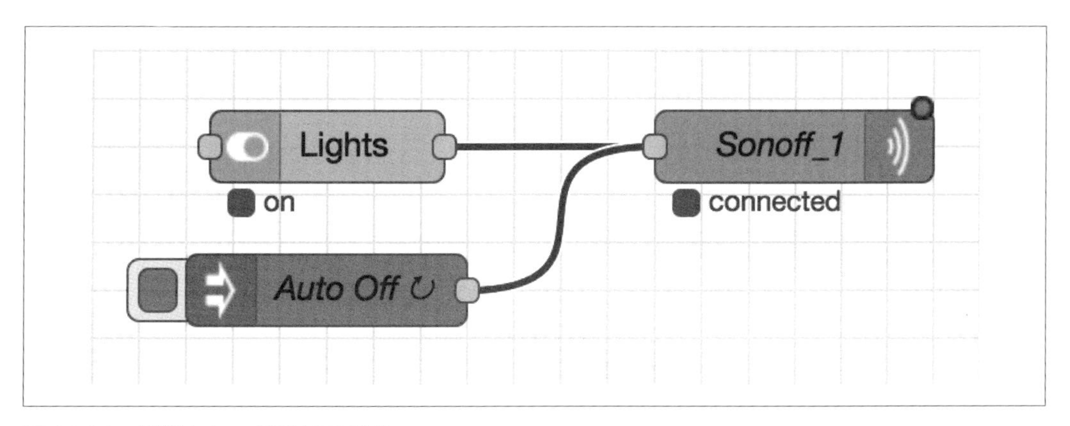

圖 18-30　使用 inject 節點排定動作

dashboard 開關用來開關 Sonoff(假設用來開關燈光），但是還有一個 inject 節點（Auto OFF，自動關閉）設置來注入一個訊息 0 到「Sonoff_1」MQTT 節點。圖 18-31 示範 inject 節點設置。

圖 18-31　設置 Node-RED inject 節點作為定時事件

討論

如果你有許多 Sonoff 開關連接到你家周圍的裝置，一個 inject 節點可以如圖 18-32 一樣發出訊息將它們全部關閉。

參閱

更多資訊可於 Node-RED 的完整文件取得（*https://nodered.org/docs*）。

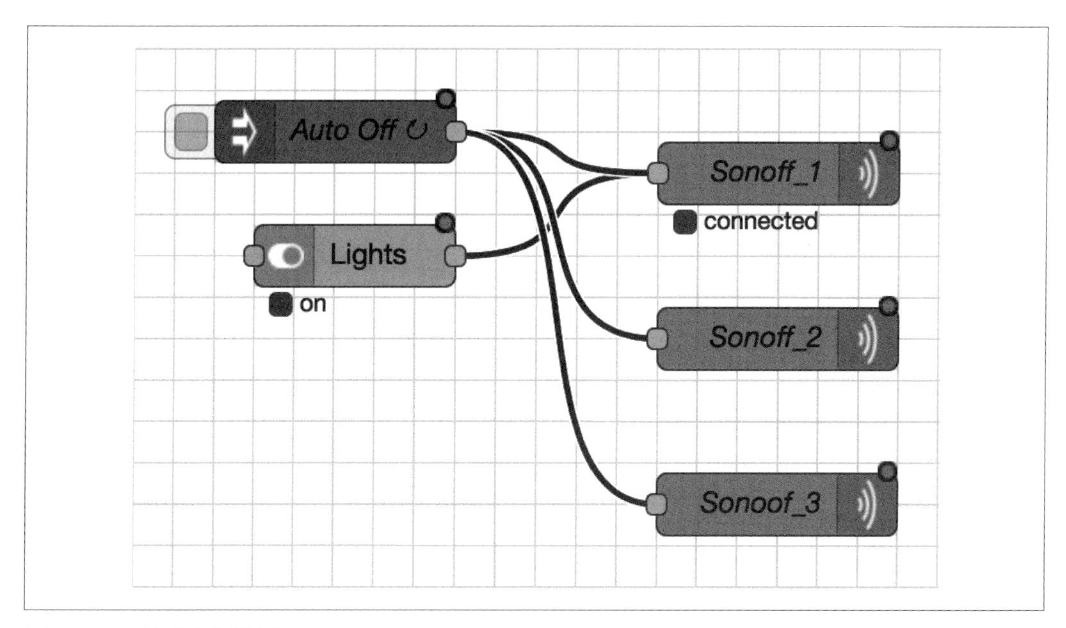

圖 18-32　關閉多個裝置

18.9 從 Wemos D1 發布 MQTT 訊息

問題

你希望能用低成本可程式化 WiFi 電路板發布 MQTT 訊息，或許是用來回應壓下的按鈕。

解決方案

請使用低成本以 ESP8266 為基礎的開發板，像是 Wemos D1 和客製化軟體。圖 18-33 示範由 USB 行動電源供電的 Wemos D1 和連接到它其中一個 GPIO 針腳的 Squid Button。

當按鈕按下後，訊息會發送到 MQTT 伺服器。

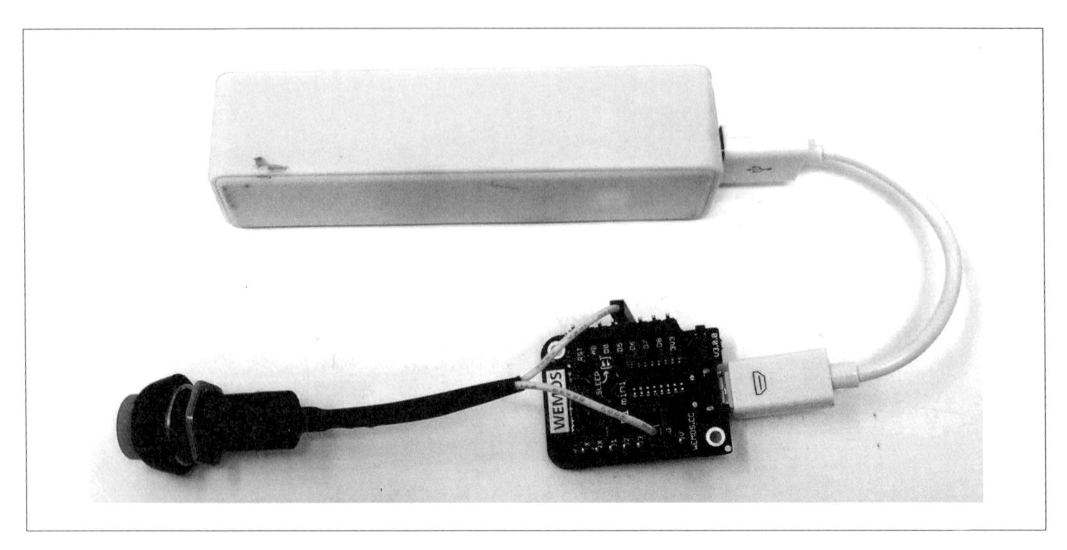

圖 18-33　Wemos D1 和 Squid Button

要製作此訣竅，你需要以下材料：

- Wemos D1 mini（參閱第 598 頁的「模組」小節）
- Raspberry Squid Button（參閱第 598 頁的「模組」小節）
- USB 行動電源或其他供電給 Wemos D1 的方法

要能從 Raspberry Pi 寫程式到 Wdmos D1，需要先安裝 Arduino 整合開發環境（IDE）（*https://oreil.ly/ERqLM*）。然後你需要新增 ESP8266 支援（*https://oreil.ly/zGOpK*）。

連接 Squid Button 或其他開關在 Wemos D6 和 GND 針腳之間。

在能使用 *sketch*（草稿，Arduino 程式的名稱）之前，你需要安裝 MQTT 程式庫到 Arduino IDE，所以請用以下指令下載程式庫的 ZIP 檔：

```
$ cd ~
$ wget https://github.com/knolleary/pubsubclient/archive/master.zip
```

接著，開啟 Arduino IDE。從 Sketch 選單，選擇 Include Library，然後選 Add ZIP Library。巡覽至你剛下載的 *master.zip* 檔案，程式庫就會被安裝好。

這個 Arduino 程式可以由本書的下載範例程式碼取得（請參閱訣竅 3.22）。你會在名為 *ch_17_web_switch* 的資料夾找到它，資料夾中和 Python 資料夾同一層有一個 *arduino* 資料夾。

按下 *ch_17_web_switch.ino* 開啟 Arduino IDE 的 sketch。設定板子類型為 `Wemos D1`，並設定序列埠為 `/dev/ttyUSB0`。

上傳 sketch 到 Arduino 前，程式碼需要做一些修改。請看接近 sketch 開頭的這幾行：

```
const char* ssid = "your wifi access point name";
const char* password = "your wifi password";
const char* mqtt_server = "your MQTT IP address";
```

將佔位符替換成你自己的 `ssid`、`password` 和 `mqtt_server`。

然後按下 Arduino IDE 的上傳按鈕。

將程式寫入它後，Wemos 就不需要連接到 Raspberry Pi，所以如果你想的話，可以以其他方式為它提供電源，例如 USB 行動電源。但是 sketch 會印出有用的除錯資訊，所以仍然值得將它連在 Raspberry Pi 上，直到一切都沒問題。要看到這些資訊，請開啟 Arduino IDE 的序列顯示器（serial monitor），應該會看起來像圖 18-34。

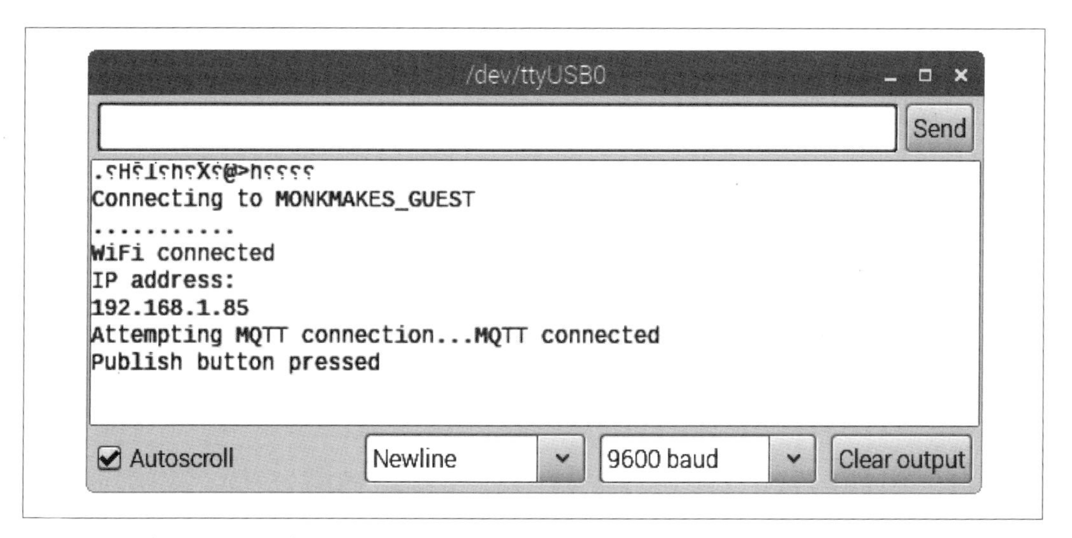

圖 18-34 請用 Arduino 序列顯示器查看 Wemos 輸出結果

要測試本訣竅，請在 Raspberry Pi 開啟終端機，然後執行下列指令以訂閱按鈕按壓：

```
$ mosquitto_sub -d -t button_1
Client mosqsub/5007-raspberryp sending CONNECT
Client mosqsub/5007-raspberryp received CONNACK
Client mosqsub/5007-raspberryp sending SUBSCRIBE (Mid: 1, Topic: button_1,
                                                  QoS: 0)
Client mosqsub/5007-raspberryp received SUBACK
Subscribed (mid: 1): 0
Client mosqsub/5007-raspberryp received PUBLISH (d0, q0, r0, m0, 'button_1', ...
                                                 (16 bytes))
Button 1 pressed
```

現在每次你按下按鈕時，終端機應該會出現「Button 1 pressed」訊息。

討論

這是一本討論 Raspberry Pi 的書，不是 Arduino，所以我們不會深入探討 Arduino 的 C 程式碼。

程式碼是以 `PubSub Client` 程式庫中名為 `mqtt_basic` 的 sketch 範例為基礎。除了檔案開頭的 WiFi 認證資料常數之外，這幾行：

```
const char* topic = "button_1";
const char* message = "Button 1 pressed";
```

可能你也有興趣。它們決定 MQTT 主題和相伴事件發布的訊息。你可以對整個 WeMos 按鈕寫不同主題和訊息的程式。

參閱

要以 Node-RED 使用新設置的 Wemos，請參閱訣竅 18.10。

你可以在第 19 章學到更多類似 Wemos 的裝置。

18.10 以 Node-RED 使用 Wemos D1

問題

你想在 Node-RED 流程加入連接按鈕的 Wemos D1。

解決方案

舉個例子，我們可以將訣竅 18.9 的 Wemos D1 按鈕用於 Node-RED 流程中來切換 Sonoff 網路開關（訣竅 18.4）開啟和關閉。

圖 18-35 示範此 Node-RED 流程。如果你想的話，可以匯入流程（*https://oreil.ly/aIdtv*）而不用從頭建立。請按照訣竅 18.2 討論小節的說明匯入流程。

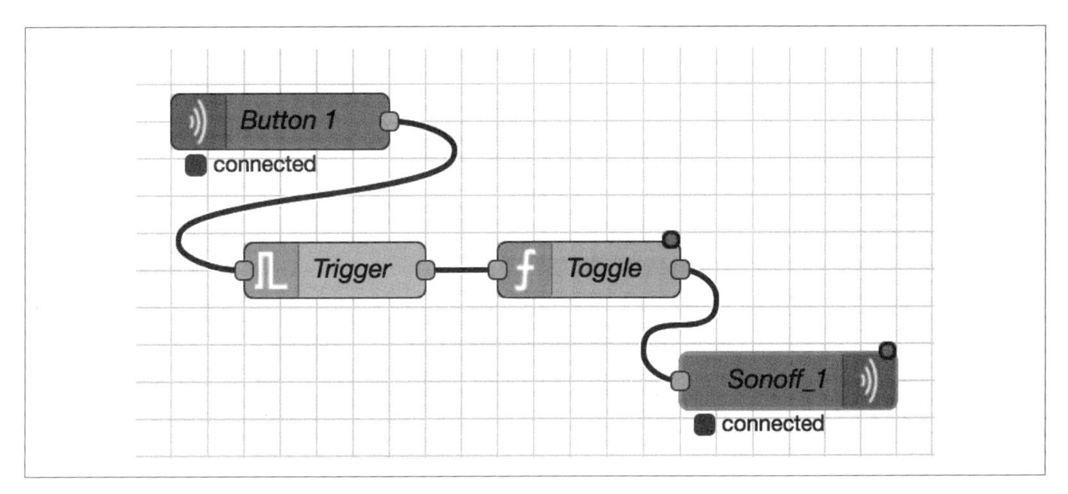

圖 18-35　WiFi 燈光開關的 Node-RED 流程

要製作此訣竅，你將受益先前於本章試過的所有訣竅。

Button 1 MQTT 節點會訂閱 Wemos D1 的訊息。圖 18-36 示範了此節點的設定。

此處最重要的是 Topic 被設為「Button 1」。觸發節點和訣竅 18.6 一樣。觸發節點更有趣，因為此節點會記住值，可以是 1 或 0，當訊息傳它時，就會翻轉這個值。這是由一些會記住狀態並切換它的 JavaScrpit 程式碼寫的函式來完成。

討論

Node-RED 是快速整合家庭自動化系統的強大方法。如果你習慣傳統程式語言，就需要稍微適應一下這種方法；但是當你精通後，就不會想回去寫一大堆程式碼。

Node-RED 的面板（palette）有一大堆有趣的節點，所以可以花點時間探索它們。游標停在節點上會顯示功能的細節，你可以拖曳節點到流程中測試看看。

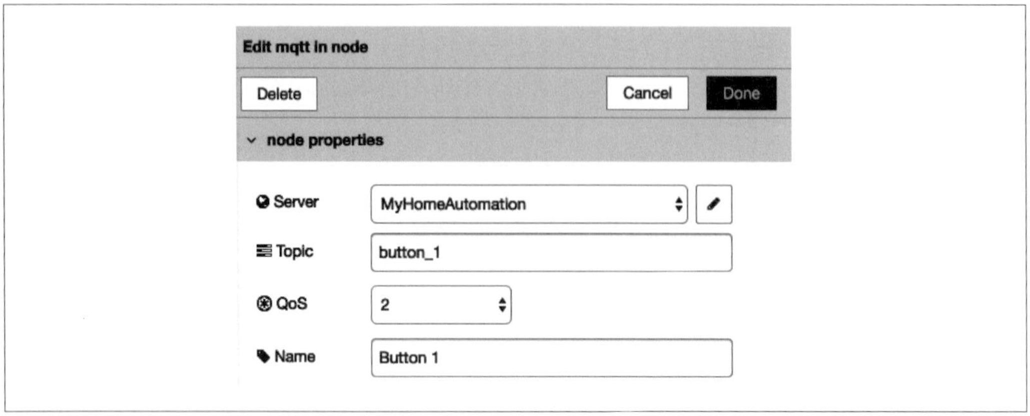

Edit mqtt in node

Delete Cancel Done

node properties

Server MyHomeAutomation

Topic button_1

QoS 2

Name Button 1

圖 18-36　設置 Button 1 節點

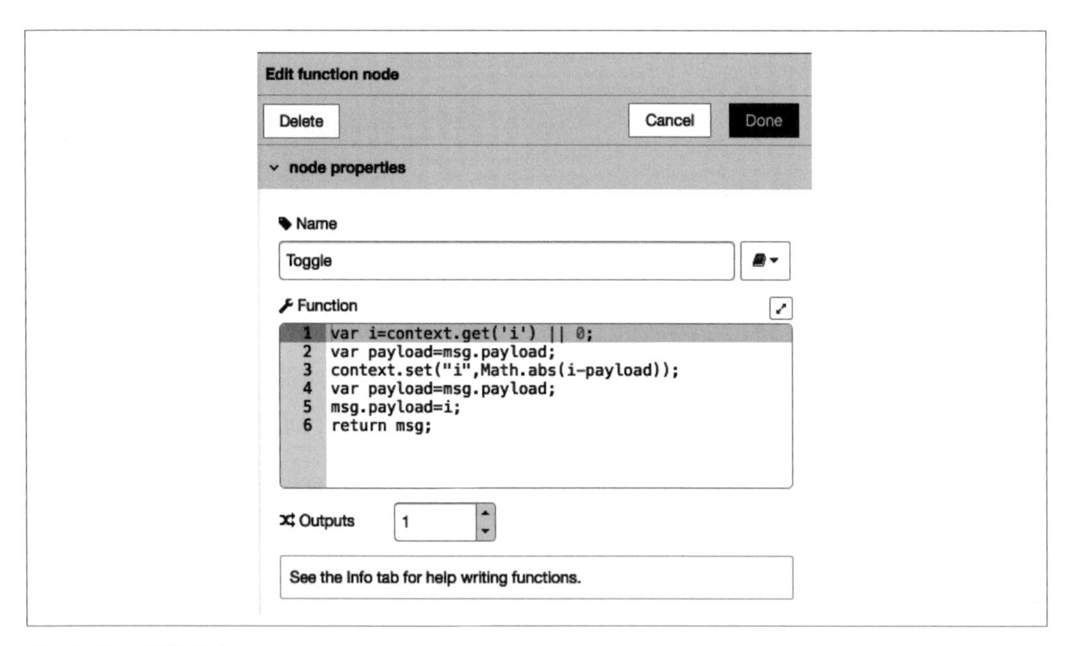

圖 18-37　切換函式

參閱

更多資訊可於 Node-RED 的完整文件取得（*https://nodered.org/docs*）。

第十九章

Raspberry Pi Pico 與 Pico W

19.0 簡介

雖然一般的 Raspberry Pi 很適合需要網路連線或圖形化使用者介面（GUI）的專案，但它的耗電量和缺乏任何類比輸入，讓它相對於像是 Arduino（*http://arduino.cc*）或是 Raspberry Pi Pico 這樣較簡單的微控制器開發板來說則是缺點。

Raspberry Pi Pico 和其他 Raspberry Pi 在幾個方面相當不一樣：

- 它沒有任何鍵盤、滑鼠或螢幕介面。
- 它只有相對稀少的 2M 快閃記憶體用來儲存程式（沒有 microSD 卡槽）和 264k 記憶體。
- 相對於 Raspberry Pi 4 處理器的 1.2GHz，它只有 133MHz。
- 它沒有作業系統。實際上，MicroPython 是它的作業系統，就是你看到的 Python 命令列。

這可能會讓你懷疑為什麼要用明顯這麼弱的開發板，而不用 Raspberry Pi Zero。

答案是 Pico（圖 19-1）比 Pi Zero 成本更低，而且在許多方面和外部電子零件互動比 Raspberry Pi 4 更好，例如：

- 三個類比輸入讓連接類比感測器比一般的 Raspberry Pi 更容易。
- 六個脈衝寬度調變（pulse-width modulation，PWM）輸出。這些輸出是硬體時脈，能比 Raspberry Pi 產生更精確的 PWM 訊號，讓它們更適合控制伺服馬達。
- 內建的電源供應器能讓 Pico 經由 1.8V 到 5.5V 供電，且耗電量低，所以你能以 AA 電池運行數小時。

圖 19-1　Raspberry Pi Pico 開發板

Raspberry Pi Pico W（圖 19-2）和 Pico 有一樣的針腳輸出，但是在板子右側看到的金屬長方形是 WiFi 和藍牙模組。這讓 Pico W 適合連線專案。Pico W 仍然很有價值，但比 Pico 貴得多。

從現在起，我會將 Raspberry Pi Pico 和 Pico W 只寫成「Pico」（除了需要表達兩者的差異外），一般的 Raspberry Pi 4 或 400 等等只寫成「Raspberry Pi」。

圖 19-2　Raspberry Pi Pico W

19.1 連接 Pico 或 Pico W 至電腦

問題

你想連接 Pico 或 Pico W 到 Raspberry Pi、Mac 或 Windows PC，讓你可以寫入程式。

解決方案

Thonny Python 編輯器支援 Pico 和 Pico W，它已預先安裝於 Raspberry Pi OS。如果你尚未用過 Thonny，請從 Raspberry 選單的 Programming 子選單開啟它。

要設置 Thonny 來使用 Pico，你需要將它設定成 Normal 模式（訣竅 5.3），讓你可以存取選單，然後從 Tools 選單選擇 Option，再到 Interpreter（直譯器）標籤頁（圖 19-3）。

在下拉式清單中，選擇 MicroPython（Raspberry Pi Pico）作為要使用的直譯器，並按下 OK。接著會帶你到安裝 MicroPython 到 Pico 的畫面（圖 19-4）。要這麼做，需要使用 micro-USB 線連接 Pico 和你的 Raspberry Pi USB 埠。插入時按住 Pico 上方的 BOOTSEL 按鈕。這會讓 Pico 進入允許 Thonny 安裝 MicroPython 的 boot 模式。

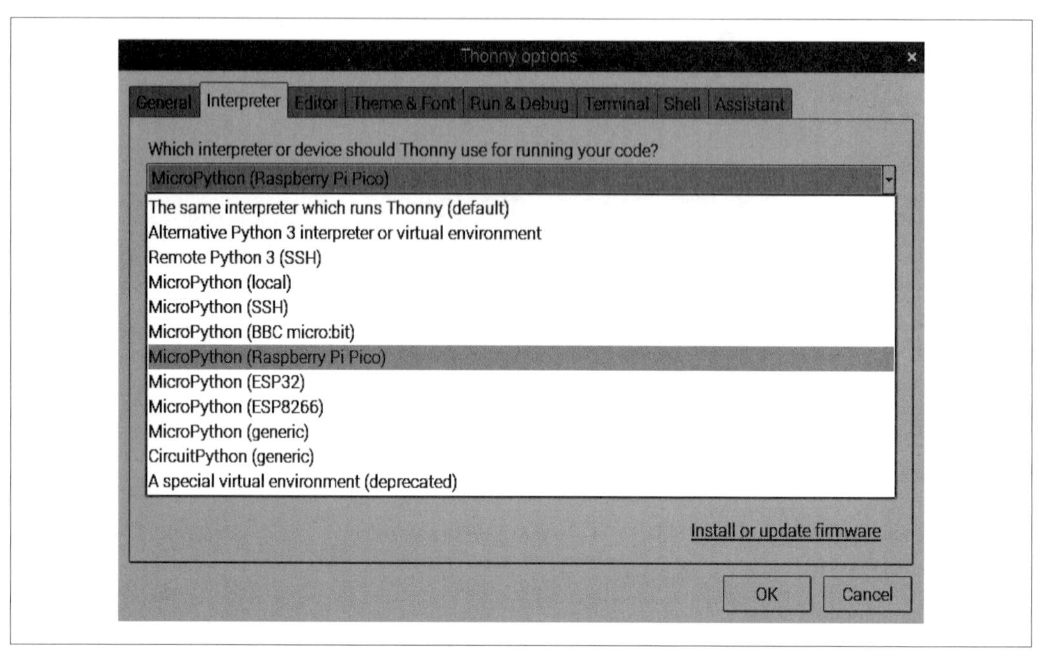

圖 19-3　選擇 Pico interpreter

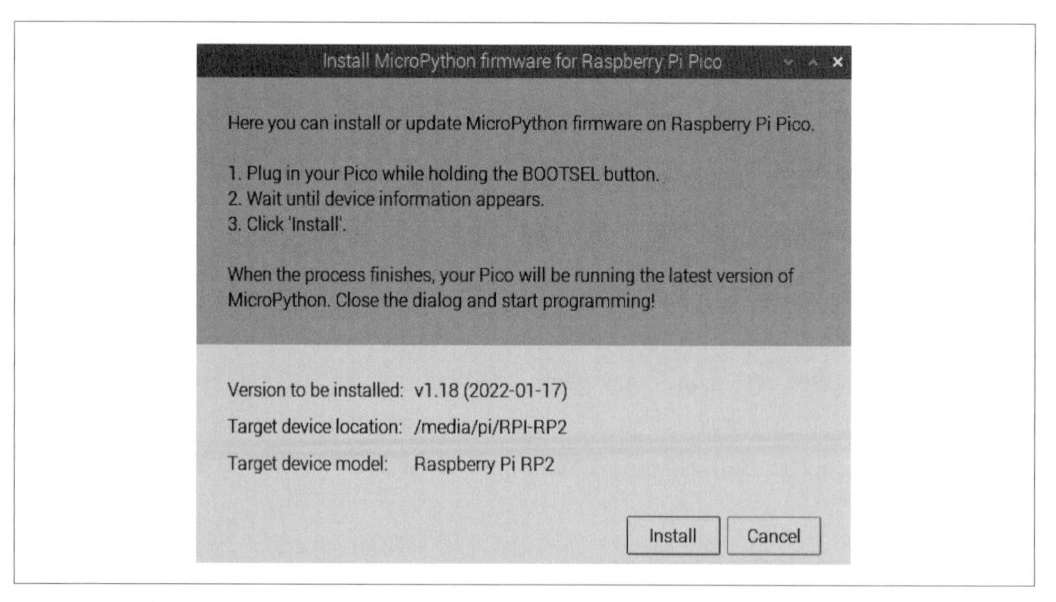

圖 19-4　安裝 MicroPython 到 Pico

按下 Install，MicroPython 就會燒錄進 Pico。你不需要再為同一個 Pico 重複執行此步驟。

下載韌體安裝

你可能偶爾會發現 Pico 掛掉了，好像壞了。通常這需要手動替換韌體來修復。可以把它想成回復原廠設定。

如果你有 Pico W，你會需要為它下載特定版本的韌體。

要手動安裝新韌體到 Pico 或 Pico W，請先將它從 Raspberry Pi 或其他電腦拔除。

如果你的是 Pico W，請至 *https://rpf.io/pico-w-firmware*。這會立刻開始下載 Pico W 的 *.uf2* 韌體。

但是如果你的是一般的 Pico，請下載這個檔案（*https://oreil.ly/q0n4e*）。

接著，按住 BOOTSEL 按鈕（圖 19-5），當按鈕按下時，用 USB 線連接 Pico。

圖 19-5　BOOTSEL 按鈕

放開 BOOTSEL 按鈕，Pico 或 Pico W 會自己在 Raspberry Pi 上掛載成 USB 隨身碟（圖 19-6，右圖）。

拖曳或複製之前下載的 *.uf2* 檔案到 Pico 或 Pico W 的檔案系統。

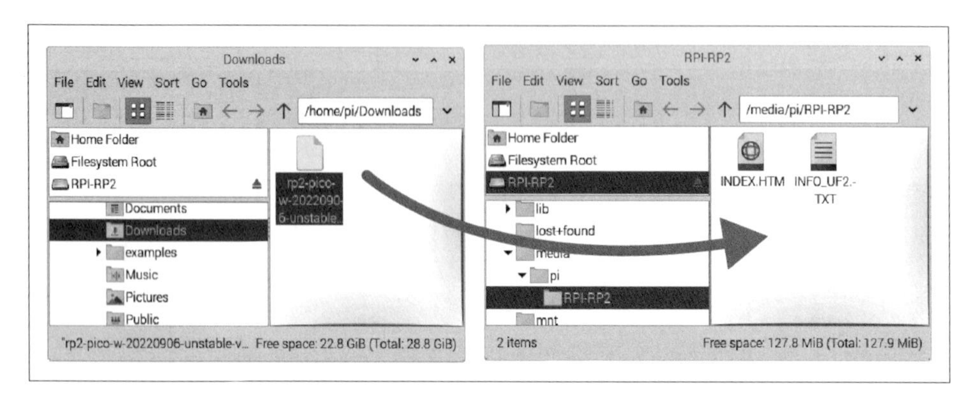

圖 19-6 拖曳新韌體到 Pico 或 Pico W

檔案複製完成後，Pico 或 Pico W 會自己卸載，並準備好經由 Thonny 接收你的 MicroPython 程式。

如果你發現無法在 Raspberry Pi 安裝韌體，也可以在 Mac 或 Windows PC 安裝 Thonny，然後再安裝韌體到 Pico。

討論

當你選擇安裝 MicroPython 到 Pico 或 Pico W，一個稱為 *MicroPython* 的精簡版 Python 3 就會被安裝到 Pico 的快閃記憶體中。如你將會在訣竅 19.2 所看到的，這能讓你和 Pico 上的 Python Shell 互動，也能複製 Python 程式到 Pico 的快閃記憶體中執行。

雖然 MicroPython 是精簡版的 Python 3，但是你會發現大部分第 5、第 6 和第 7 章的內容也都能在 MicroPython 執行。此外，其他硬體專用程式庫也可以使用 Pico 的 GPIO 針腳（除了其他東西以外）。

參閱

更多關於 Thonny 的資訊，請參閱訣竅 5.3。

19.2 在 Pico 使用 Python Shell

問題

為 Pico 設定好 Thonny 和安裝 MicroPython 到 Pico 或 Pico W 後，你想使用 Python Shell 和它互動。

解決方案

Thonny 將 MicroPython 上傳到 Pico 後，你應該可以看到 shell 區出現在 Thonny 視窗的下半部（圖 19-7）。

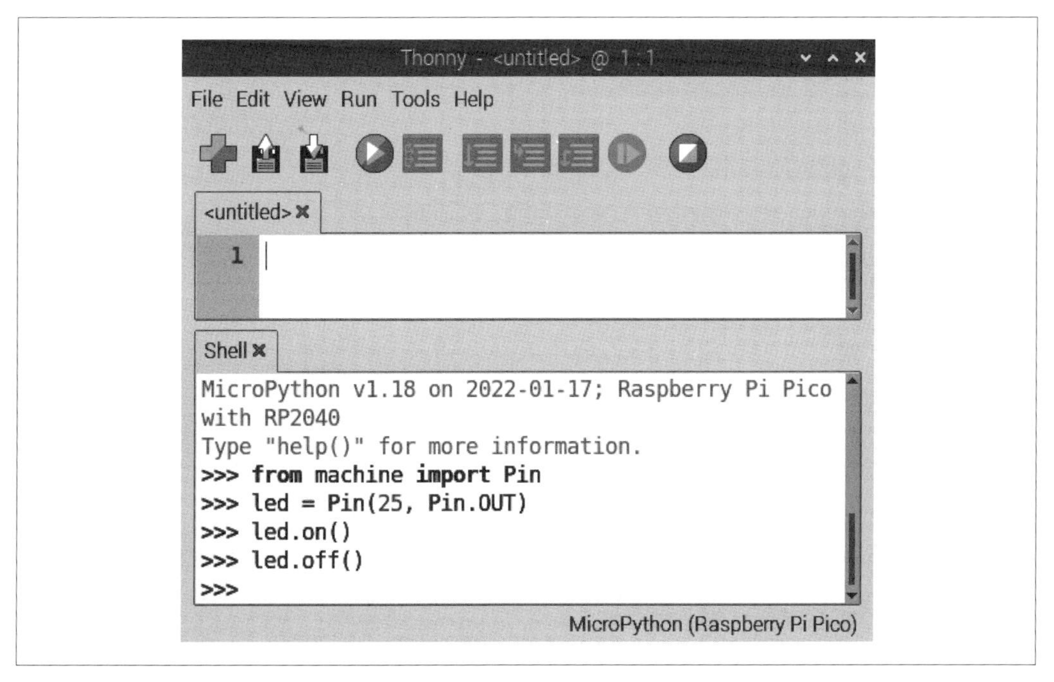

圖 19-7 使用 Pico 的 Python Shell

如 >>> 提示符號暗示的，這是 Python 命令列，你可以輸入任何你想要的 Python 程式，它就會執行。重點是它會在 Pico 執行，而不是在你的 Raspberry Pi。

Pico 有內建 LED 連接到 GPIO 針腳 25。我們可以如圖 19-7 所示以 Python 指令將它開啟和關閉。首先，我們必須匯入 `machine` 模組的 `Pin` 類別。然後可以建立指派給針腳 25 的 `Pin` 新實例，指定它為輸出（`Pin.OUT`）。最後，我們可以使用 `on` 和 `off` 方法控制 LED 燈。

討論

`machine` 模組是含有 Pico 實際硬體介面的 MicroPython 模組。看起來和用來控制一般 Raspberry Pi 針腳的 `gpiozero` 有點不同。為了比較兩者，表 19-1 列出我們剛才寫的 Pico 程式碼，和取自訣竅 11.1 相對應的 `gpiozero` 做比較。

表 19-1　Pico 的 MicroPython vs. Raspberry Pi 的 `gpiozero`

MicroPython	GPIOZero
`from machine import Pin`	`from gpiozero import LED`
`led = Pin(25, Pin.OUT)`	`led = LED(18)`
`led.on()`	`led.on()`
`led.off()`	`led.off()`

如你所見，方法很類似。主要的差異是 `gpiozero` 使用 LED 表示針腳，且針腳的方向是暗示的而非如 Pico 的 MicroPython 程式碼在宣告時明確表示的。

因為本章的程式碼是 MicroPython，而不是我們在本書其他部分使用的正常 Python，所以你會在本書下載程式碼（參閱訣竅 3.22）中的獨立目錄 `pico` 中找到。你會在這裡找到於 Thonny 中開啟並執行的 MicroPython 程式。

參閱

你可以在 MicroPython 文件取得更多資訊（*https://oreil.ly/eb0Dv*）。

19.3 使用 Pico 和麵包板

問題

你要使用 Pico 和免焊接麵包板。

解決方案

請購買像是 MonkMakes Electronics Kit 1 for Pico（*https://oreil.ly/5gav8*）或 Kitronik Discovery Kit（*https://oreil.ly/vP23M*）的麵包板套件。這些套件都包含免焊接麵包板、跳線和一些讓你入門的零組件。MonkMakes kit 的麵包板有標示 Pico 的針腳名稱（參閱圖 19-8），讓你連接零件更方便。

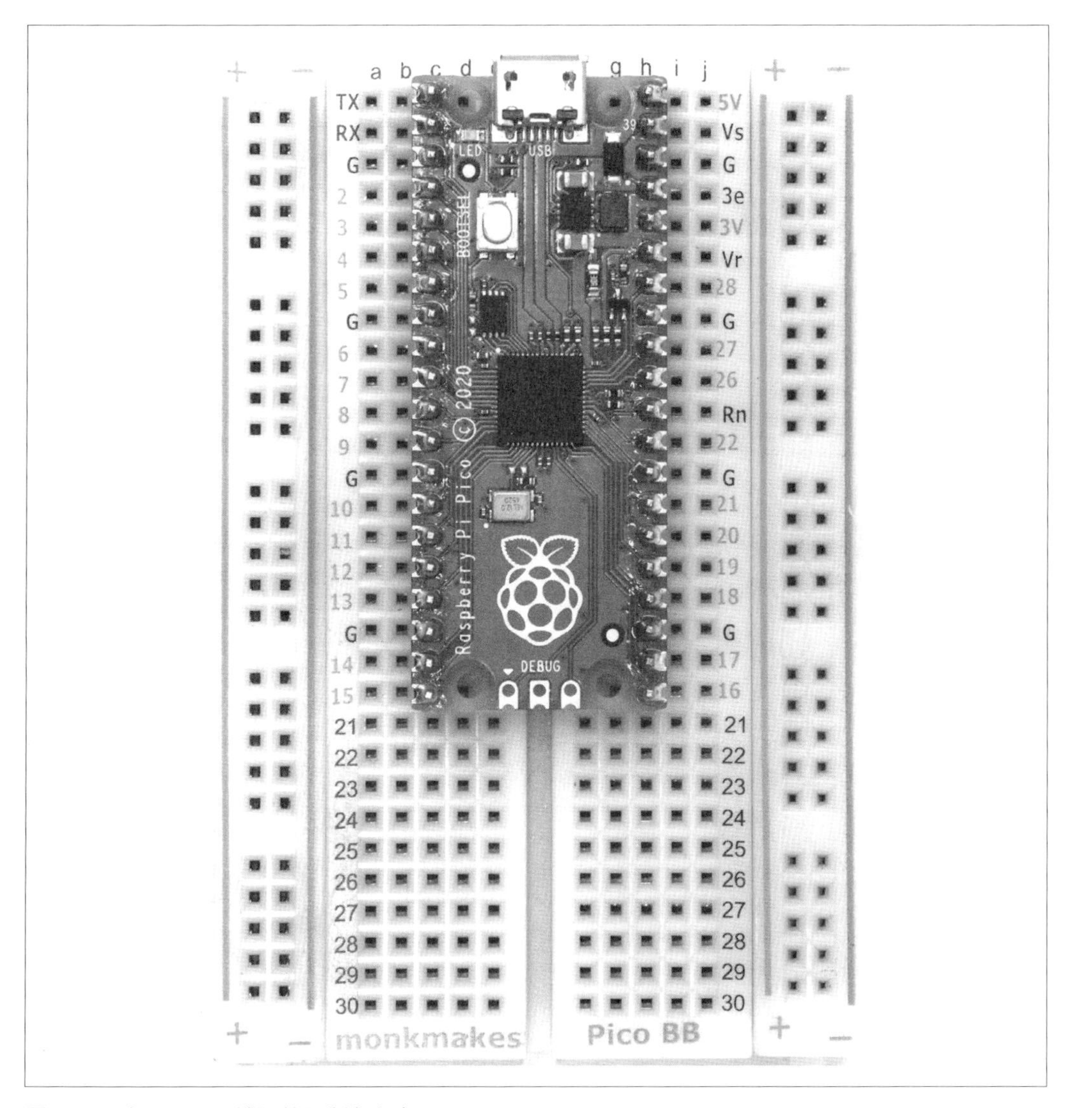

圖 19-8　標示 Pico 針腳的訂製麵包板

討論

買麵包板套件能節省你的時間或買獨立零組件的錢，購買寫好 Pico 針腳名稱的麵包板特別有幫助。

圖 19-9 示範了 Raspberry Pi Pico 的針腳輸出。這和 Pico W 相同。

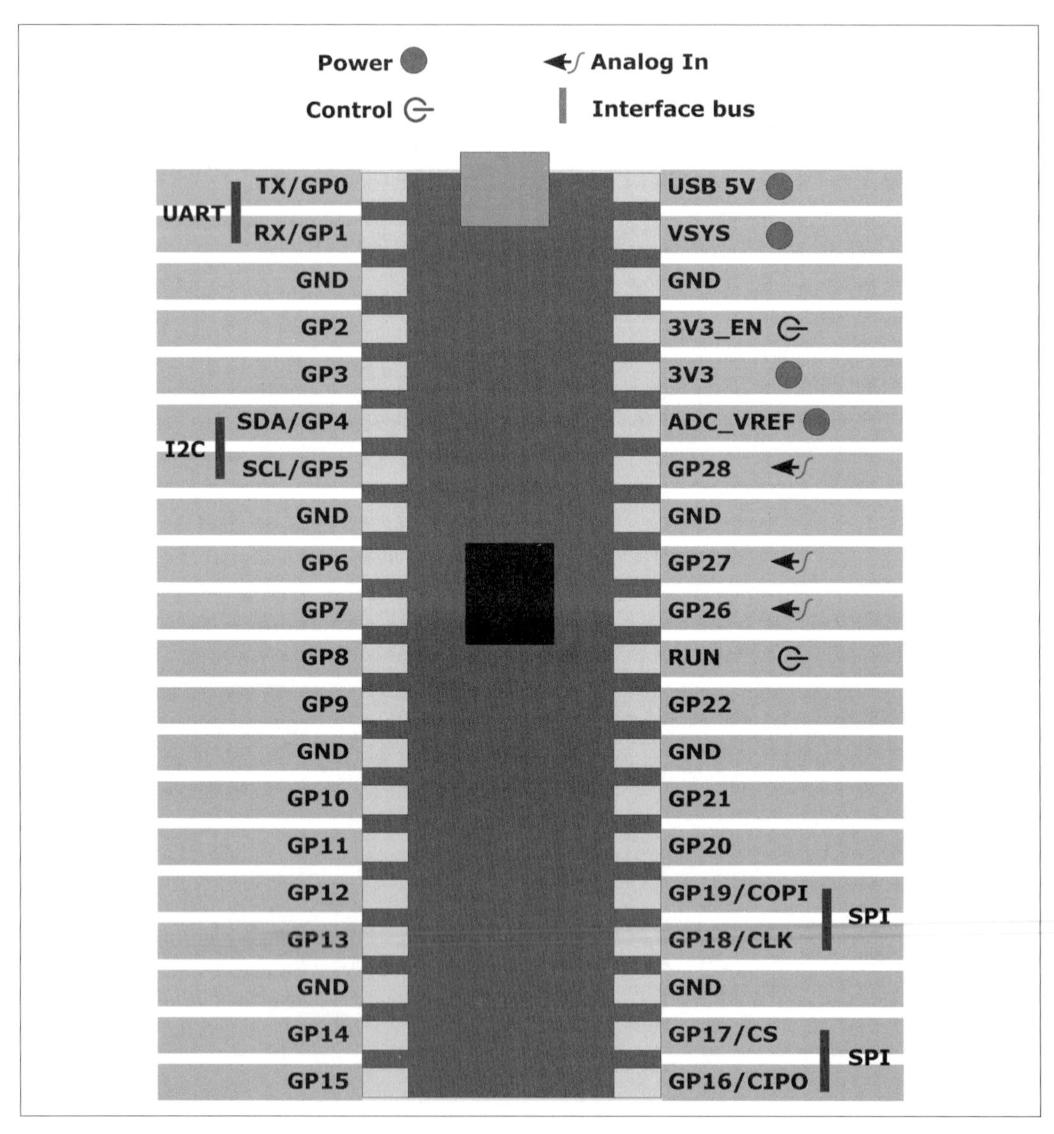

圖 19-9　Raspberry Pi Pico 和 Pico W 針腳輸出

GPIO 針腳標示為「GP」加上數字。許多針腳有第二個功能，例如連接不同類型的序列連線（UART、I2C 和 SPI）。此外，有些針腳也能當作類比輸入（訣竅 19.7）。所以，當連接簡單的電子零件，例如 LED 和開關，我傾向從未使用的針腳 GP 2、3、6、7、8、9、10、11、12、13、14、15、20、21 和 22 開始。

參閱

要使用麵包板和一般的 Raspberry Pi 1 ，請參閱訣竅 10.9。

第 9 到 14 章的許多訣竅也可能可以用 Pico，所以你會發現回頭看前面章節也有些幫助。

19.4 在 Pico 使用數位輸出

問題

你要使用數位輸出，或許是要在 Raspberry Pi Pico 或 Pico W 驅動 LED。

解決方案

請使用 MicroPython `machine` 模組的 `Pin` 類別，且所有針腳不要消耗超過 50mA 的總電流預算。1mA 是千分之一安培，電流的單位。

回到圖 19-9，所有 GPIO 針腳都能作為數位輸出，雖然針腳 12、13、14、15 和 16 有靠近麵包板尾端的優點，如果 Pico 放在麵包板頂端，附近有較多空列可以運用。

我們會連接 LED 到 Pico 的針腳 16（參閱圖 19-10）。Pico 的針腳 G（接地或 GND）連到麵包板電源供應軌的負極，也連接到 LED 的負極短接腳。LED 的正極接到限制回流到針腳 16 電流的 470Ω 電阻。

圖 19-10　連接 LED 和串聯電阻到 Pico

如你在訣竅 19.2 所見，`pin` 類別含有你要用來設定針腳為數位輸出和將它開啟與關閉的方法。所以，你在 *pico* 資料夾的 *ch_19_blink.py* 找到的下列程式碼應該很熟悉：

```
from machine import Pin
from utime import sleep
led = Pin(16, Pin.OUT)
while True:
    led.on()
    sleep(0.5) # 暫停
    led.off()
    sleep(0.5)
```

如本書所有程式範例一樣，你可以下載本程式（請參閱訣竅 3.22）。

在 MicroPython 中，`sleep` 函式是在 `utime` 模組，而非位於一般 Python 的 `time` 模組。但是它的作用一樣，在這裡是等待半秒鐘。

討論

所有 GPIO 針腳消耗的總電流預算是 50mA。這表示當你加總接到 GPIO 針腳裝置用的所有電流，它不應該超過 50mA。LED 不應該沒加上限制電流消耗的串聯電阻就接上 GPIO 針腳。沒有這樣的電阻，LED 可能會消耗太多電流而毀了 Pico 或 GPIO 針腳。大部分 LED 指示燈閃爍到設計的最大亮度約是消耗 15mA。所以你可以連接三個消耗 15mA 的 LED（總共 45mA），仍然有一點餘裕空間。但是，現代高亮度 LED 約在 5m 運作得很好，甚至 1mA 也還過得去。

如圖 19-10 所示連接串聯電阻的 LED 消耗之電流 I 是由此公式決定：

$$I = \frac{3.3 - V_f}{R}$$

V_f 是 LED 的順向電壓（forward voltage）。這主要取決於 LED 的顏色，紅色 LED 的 V_f 通常約是 2V。R 是單位為 Ω（ohms）的電阻值。

舉例來說，如果你用一個 V_f 是 2V 的紅色 LED，和 470Ω 的電阻，電流會是：

(3.3 - 2) / 470 = 0.00276 A = 2.76mA

電阻有標準值，常見的是 100Ω、270Ω、470Ω 和 1kΩ（1,000Ω）。讓事情變得更加複雜的是 V_f 通常 20mA 的 V_f，實際上它在低電流時會減少一些。表 19-2 提供選擇你有用的串聯電阻參考值，不用自己算數。

表 19-2　LED 串聯電阻選擇表

LED 顏色	串聯電阻值	大約的電流
紅 (V_f = 1.8)	100Ω	15mA
紅 (V_f = 1.8)	270Ω	6mA
	470Ω	3mA
紅、橘 (V_f = 2.0)	100Ω	13mA
	270Ω	5mA
	470Ω	3mA
黃、綠 (V_f = 2.2)	100Ω	11mA
	270Ω	4mA
藍、白 (V_f = 3.5)	100Ω	4mA[a]

[a] 雖然理論上 LED 使用比順向電壓低的電壓供應可以不用加電阻，但是這可能仍然會消耗過多電流，所以即使用藍和白 LED，使用如 1000Ω 的電阻會是個好主意。

參閱

更多關於連接 LED 到 GPIO 針腳的資訊，請參閱訣竅 11.1。

許多線上計算機可用於計算串聯電阻值。這一個（*https://oreil.ly/3zv6j*）就蠻好用的。

像這裡在麵包板用的電阻有色環標示出電阻值（*https://oreil.ly/NDwXk*）。

19.5 在 Pico 使用數位輸入

問題

你要連接開關或其他數位輸入到 Raspberry Pi Pico 或 Pico W。

解決方案

連接開關（或其他數位輸入來源）到 Pico，並使用 `Pin` 類別設定針腳作為輸入，並讀取它的值。

讓我們從在 Pico 的 GND 針腳和針腳 16 連接一個開關開始。可以在麵包板上作，如圖 19-11 所示。

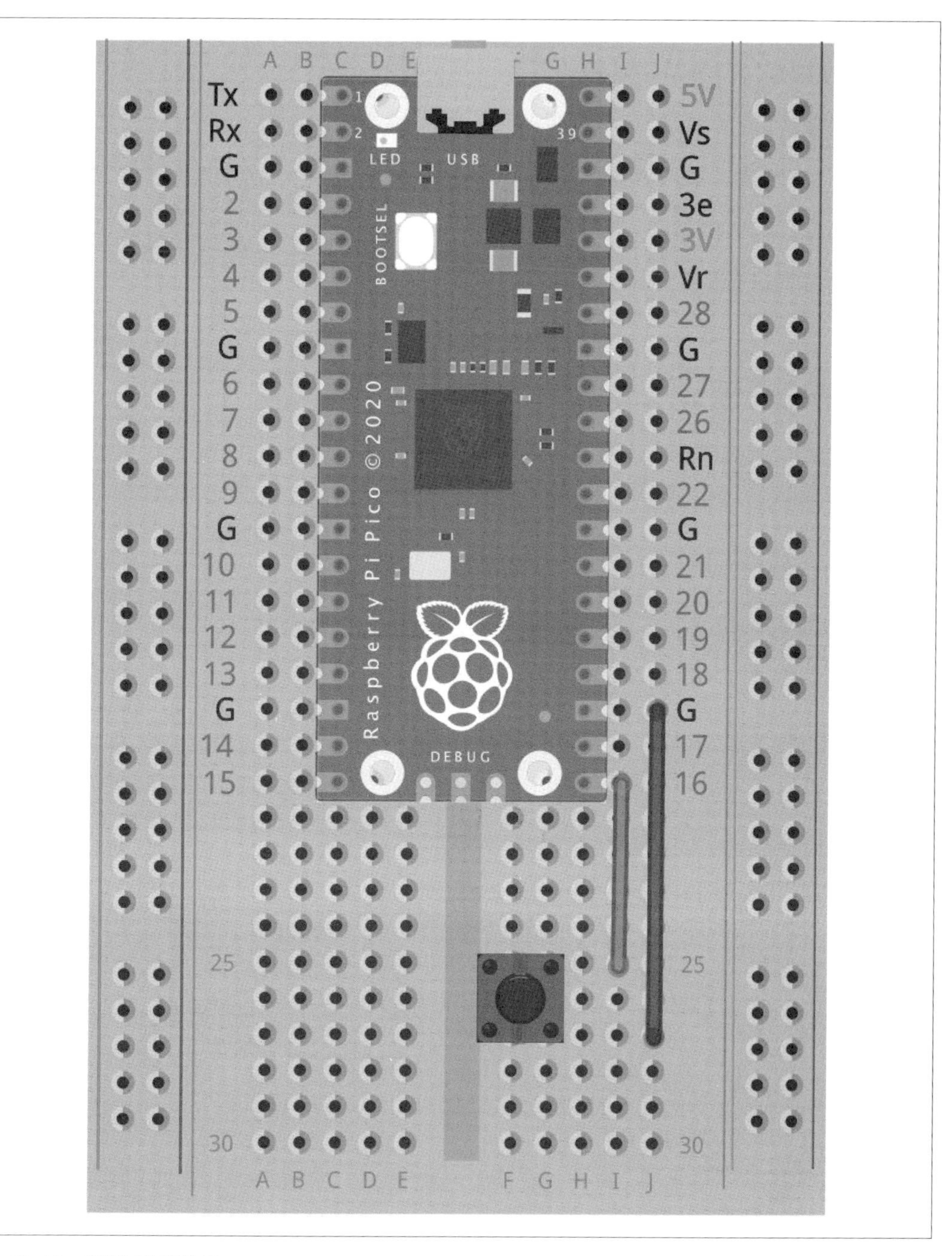

圖 19-11　連接開關到 Pico

請注意如圖 19-11 所示的觸控按壓開關是雙針腳版本。如果你的開關有四個針腳，那它可以擺在同一列，但是需要跨越麵包板的左右兩邊。

ch_19_digital_input.py 程式會重複讀取針腳 16 的數位輸入，顯示 1 或 0，這取決開關按下與否。請在 Thonny 中開啟並試著執行它：

```
from machine import Pin
from utime import sleep

switch = Pin(16, Pin.IN, Pin.PULL_UP)

while True:
    print(switch.value())
    sleep(0.1)
```

如本書所有程式範例一樣，你可以下載本程式（請參閱訣竅 3.22）。

討論

在先前的例子中，`switch` 變數被賦值為 `Pin` 的實例時，建立新 `Pin` 實例的呼叫有三個參數：

- 針腳號碼
- 方向
- `Pin.PULL_UP`

最後一個參數在 Pico 的 GPIO 針腳電路內部做了一些巧妙的事。它會開啟連到內部上拉電阻的電晶體（圖 19-12）。這個電阻的電阻值大約是 20kΩ，會將 GPIO 針腳拉高到約 3.3V。沒有此電阻的話，GPIO 針腳會被稱為**浮接**（*floating*）。這表示針腳會像是天線一樣，收到電子雜訊，隨機在開啟和關閉間跳動，就不是你要的開關行為。這不是 GP16 獨有的 —— 所有 Pico 的 GPIO 針腳都有此功能。

當開關按下時，GP16 會連接到 GND（0V）。這會大大地覆蓋過上拉電阻，使 GP16 從高電位變為低電位。這就是為什麼程式 *ch_19_digital_input.py* 相當違反直覺地在開關按鈕按下時顯示 0，釋放時顯示 1。

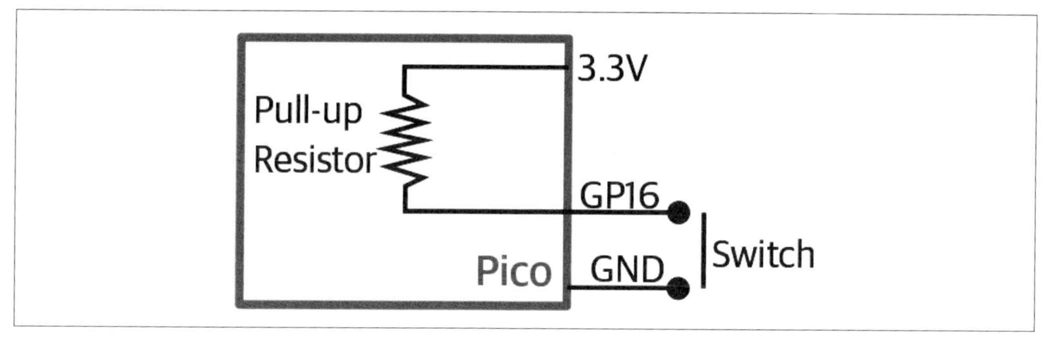

圖 19-12　內部上拉電阻

參閱

要連接開關到一般的 Raspberry Pi GPIO 針腳，請參閱訣竅 13.1。

19.6 在 Pico 使用類比（PWM）輸出

問題

你要從 Pico 或 Pico W 上的的 Python 程式改變 LED 亮度。

解決方案

請使用 Pico 的 PWM（脈衝寬度調變）功能控制供應給 LED 的平均電力。

要測試它，你可以如訣竅 19.4 所述連接外部 LED 到 Pico，或如果你喜歡的話，可以用 Pico 內建的 LED。如果你決定用內建 LED，請記得將下列範例程式 *ch_19_pwm.py* 的針腳從 16 改成 25：

```
from machine import Pin, PWM
from utime import sleep

led = PWM(Pin(16))

while True:
    brightness_str = input("brightness (0-65534):")
    brightness = int(brightness_str)
    led.duty_u16(brightness)
```

如本書所有程式範例一樣，你可以下載本程式（請參閱訣竅 3.22）。

請在 Thonny 執行程式。在 Python 主控台中，會提示你輸入 0（關閉）到 65534（最大亮度）之間的亮度值。

討論

PWM 提供 LED 不同的脈衝持續時間以控制它的亮度。你可以在訣竅 11.3 中找到對此的說明。

要將一個輸出針腳變成 PWM 輸出針腳，你只要將它以 `PWM(Pin(16))` 包在 `Pin` 類別中。然後可以呼叫聽起來相對不友善的 `duty_u16` 改變工作週期（duty cycle）。u16 部分表示無符號 16 位元數字。無符號 16 位元數字最大值是 65535，不是 65534，但是 Pico 官方文件聲明最大工作值應該應該是後者，即我們此處所用的。

如果你用過一般 Raspberry Pi 的 PWM，你可能會注意到 LED 亮度可能有點變化。這種不可靠性是因為一般 Raspberry Pi 的 PWM 是以軟體實作，每隔一段時間，Raspberry Pi OS 會停止產生 PWM 脈衝，關閉去做其他作業系統的事。Pico PWM 的最大優點是它是以專門用來產生脈衝的硬體實作 PWM，因此非常可靠。

參閱

訣竅 11.3 有敘述一般 Raspberry Pi 的 PWM。

19.7 在 Pico 使用類比輸入

問題

你要以 Pico 或 Pico W 的 MicroPython 讀取類比電壓。

解決方案

請連接介於 0 到 3.3V 的電壓來源到其中一個類比 GPIO 針腳（26、27 和 28），並使用 Pico 的 ADC（類比數位轉換器）測量電壓。

為了示範本訣竅，我們會使用微型可變電阻（trimpot，電位器或可變電阻）提供介於 0 到 3.3V 之間的電壓，它會取決於旋鈕的位置。圖 19-13 示範麵包板上的接線。使用任何介於 1kΩ 與 100kΩ 的可變電阻都可以。小的微型可變電阻，例如，MonkMakes Electronics Kit 1 for Pico 中提供的就很適合用於麵包板。

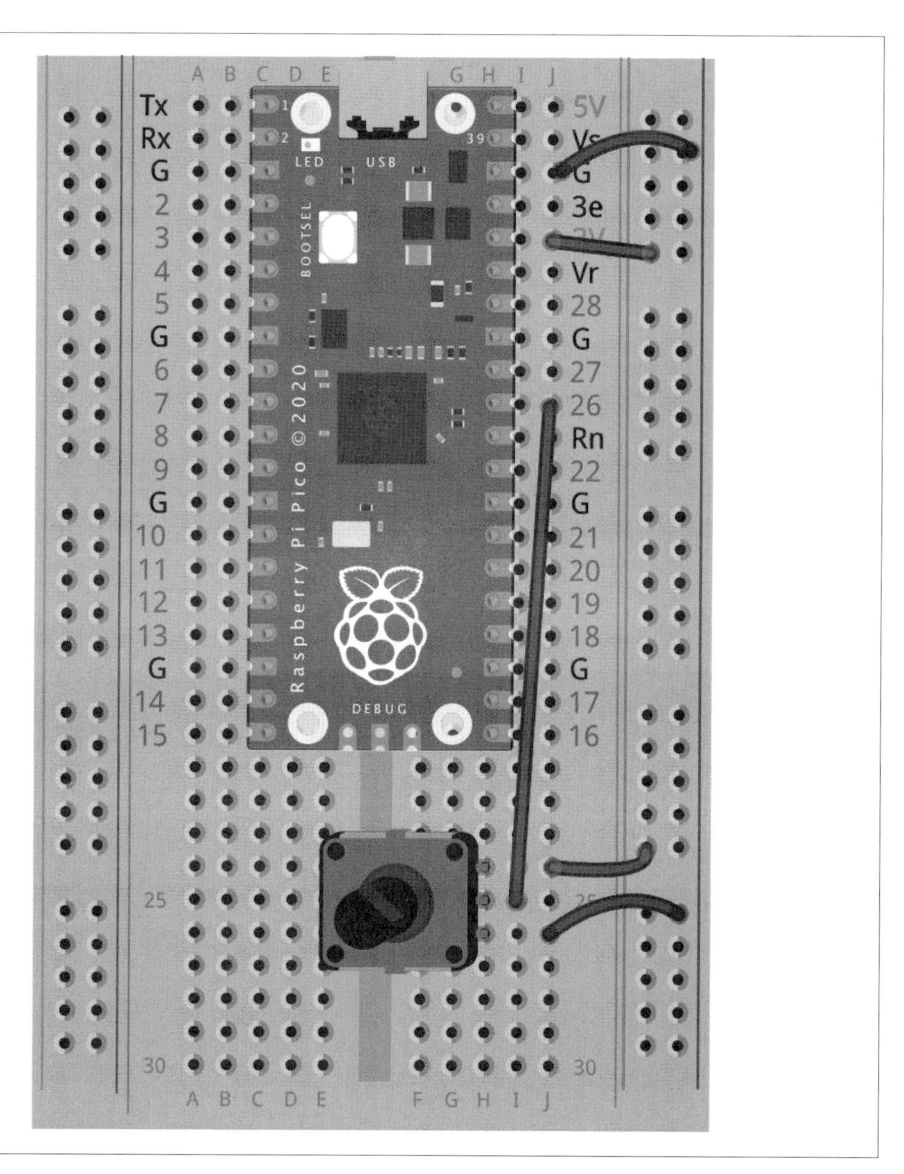

圖 19-13　以 Pico 測量電壓

將 *ch_19_voltmeter.py* 程式載入 Thonny 並執行。你應該會看到一系列電壓讀數。試著旋轉可變電阻的旋鈕，應該會看到電壓改變：

```
from machine import ADC, Pin
from utime import sleep

analog = ADC(26)

def volts_from_reading(reading):
    min_reading = 336
    max_reading = 65534
    reading_span = max_reading - min_reading
    volts_per_reading = 3.3 / reading_span
    volts = (reading - min_reading) * volts_per_reading
    return volts

while True:
    reading = analog.read_u16()
    print(volts_from_reading(reading))
    sleep(0.5)
```

如本書所有程式範例一樣，你可以下載本程式（請參閱訣竅 3.22）。

討論

要讀取類比讀數而非訣竅 19.5 的數位讀數，你必須在 `ADC` 類別中包裝針腳。然後就可以使用 `read_u16` 取得該針腳 0 到 65534 間的類比讀數。

儘管回傳值是無符號 16 位元數字，但 ADC 的解析度只有 12 位元，提供 4096 種可能值。`volts_from_reading` 函式會轉換原始類比讀數成電壓。ADC 無法完全測量從 0 一直到 3.3V 的電壓。會有死角區。所以，即使類比輸入連接到 GND（0V），ADC 還是會讀取大約為 336 的值。`volts_from_reading` 函式中，這會是設為 `min_reading`，而 `max_reading` 會設為 65534（之後會討論）。讀數的範圍因此為 `max_reading - min_reading`，所以 `volts_per_reading` 的數值能計算出來。由此可算出輸入的電壓。

你不能使用全部的 GPIO 針腳當類比輸入這個功能只能用針腳 26、27 和 28。但是類比通道 4 在內部由 RP2040 晶片連接到類比溫度感測器，它能對類比讀數作一些數學運算後告訴你晶片的溫度。你能以 *ch_19_thermometer.py* 程式測試看看：

```
from machine import Pin, ADC
from utime import sleep

temp_sensor = ADC(4)
points_per_volt = 3.3 / 65535

def read_temp_c():
    reading = temp_sensor.read_u16() * points_per_volt
    temp_c = 27 - (reading - 0.706)/0.001721
    return temp_c

while True:
    temp_c = read_temp_c()
    print(temp_c)
    sleep(0.5)
```

請注意，這是類比通道 4 —— 不是針腳 4 —— 所以你仍然可以正常使用針腳 4。

`read_temp_c` 函式會以 `read_u16` 從溫度感測器讀取類比讀數，然後對它作一些數學運算，產生以攝氏為單位的溫度。數值常數取自 Pico RP2040 處理器的規格表。

此感測器是回報處理器溫度，不是環境溫度，但是即便如此，如果你將手指放在處理器晶片上，就能加溫它，讀數應該會上昇。

類比輸入的存在開啟了連接各種類比感測器到 Pico 的可能性，包括光線、溫度、機械應力感測器，甚至氣體感測器。第 14 章許多訣竅都能輕易地用於 Pico。

參閱

要新增類比輸入到 Raspberry Pi，請參閱訣竅 14.7。

請看看 RP2040 的規格表（*https://oreil.ly/gSLxk*）。

19.8 從 Pico 控制伺服馬達

問題

你要用 Pico 或 Pico W 控制伺服馬達。

解決方案

從 Pico 的 5V 電源供應連接電源到伺服馬達，並連接一個 GPIO 針腳到伺服馬達的控制針腳。然後使用 PWM 類別產生脈衝以設定伺服馬達的角度。

如圖 19-14 所示以公對公跳線連接伺服馬達。伺服馬達用不同配色來辨識導線。

圖 19-14 中，黑色是接地線，紅色是 5V，黃色是控制針腳。另一種配色是棕色是接地線，紅色是 5V，橘色是控制線。請查看你的伺服馬達規格表以找出正確針腳。

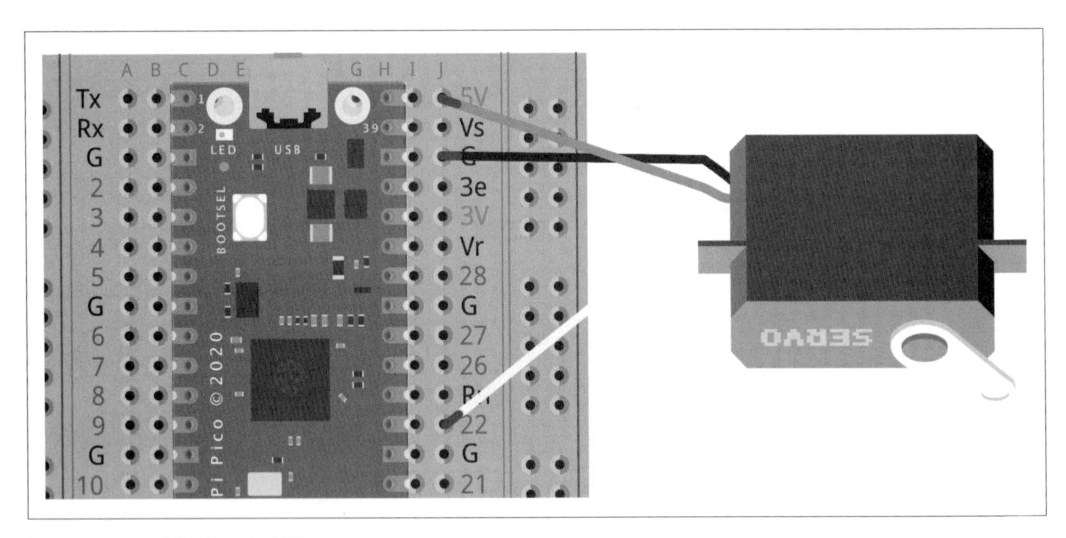

圖 19-14　連接伺服馬達到 Pico

請在 Thonny 開啟 *ch_19_servo.py*，並執行它。Shell 會提示你輸入 0 到 180 之間的角度（圖 19-15）。當你按下 Enter 時，伺服馬達的軸柄應該會移到新的位置。

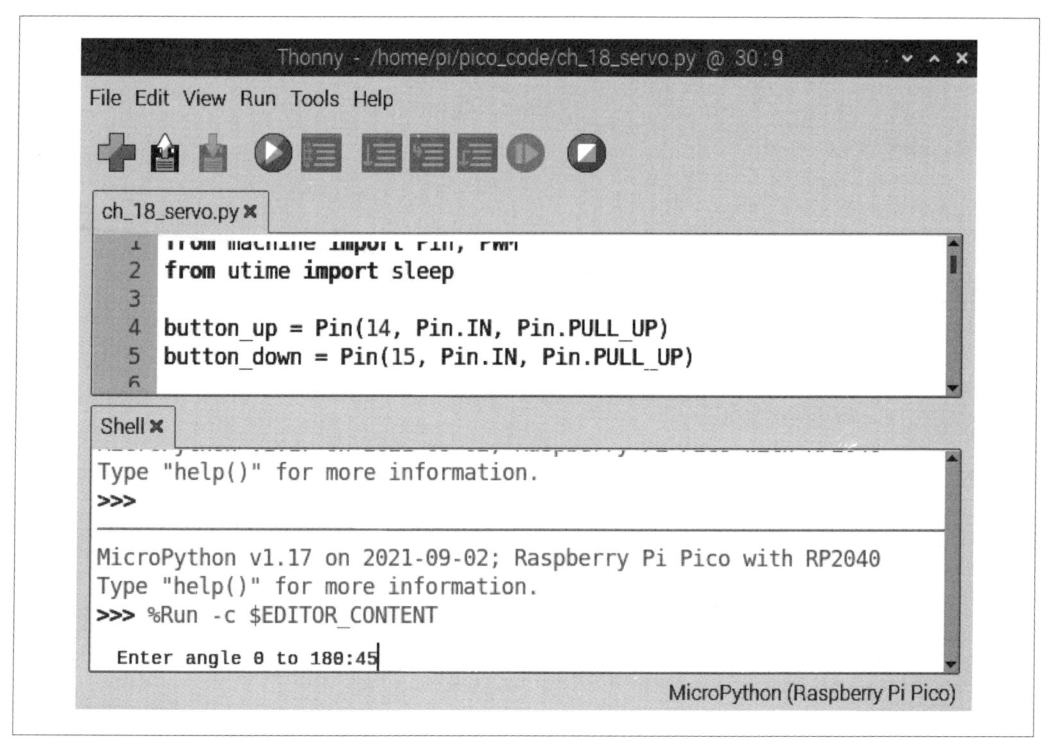

圖 19-15　設定伺服馬達角度的程式

討論

ch_19_servo.py 的程式碼如下：

```
from machine import Pin, PWM
from utime import sleep

servo = PWM(Pin(16))
servo.freq(50) # 每 20 毫秒一個脈衝

def set_angle(angle, min_pulse_us=500, max_pulse_us=2500):
    us_per_degree = (max_pulse_us - min_pulse_us) / 180
    pulse_us = us_per_degree * angle + min_pulse_us
    # duty 0 to 1023. At 50Hz, each duty_point is 20000/65535 = 0.305
        µs/duty_point
    duty = int(pulse_us / 0.305)
    # print("angle=" + str(angle) + " pulse_us=" + str(pulse_us) + " duty="
```

```
            + str(duty))
        # print(angle)
        servo.duty_u16(duty)

angle = 90
set_angle(90)
min_angle = 10
max_angle = 160

while True:
    angle_str = input("Enter angle 0 to 180:")
    angle = int(angle_str)
    if (angle >= 0 and angle <=180):
        set_angle(angle)
```

如本書所有程式範例一樣，你可以下載本程式（請參閱訣竅 3.22）。

伺服馬達藉由改變伺服馬達控制連線的脈衝持續時間來控制。你可能需要詳讀訣竅 12.11 討論關於伺服馬達工作原理的小節。

預設的 PWM 頻率對伺服馬達來說太高了，它需要每 20 毫秒（每秒 50 次）一個新脈衝，所以在針腳 16 指定 PWM 後，再用 `servo.freq(50)` 設定 PWM 頻率為 50Hz。

所有計算 PWM 工作的程式碼在 `set_angle` 函式內。如你預期，這會讀取角度的參數，但是也有兩個選擇性參數 `min_pulse_us` 與 `max_pulse_us`，設定以微秒為單位（因此是 `_us`）的最小和最大脈衝長度。可以對這些進行調整來匹配你的伺服馬達，以提供最大角度範圍或防止其行程兩端出現抖動。這種抖動在脈衝太短或太長時會發生。

`set_angle` 函式會先從脈衝長度範圍找到每度的微秒數值。然後計算需要的脈衝長度微秒，最後轉換為 `duty` 值。

使用 Pico 控制伺服馬達比一般的 Raspberry Pi 好。Pico 的 PWM 輸出的精確定時表示你應該不會看到任何抖動。

參閱

要在一般的 Raspberry Pi 控制伺服馬達，以及更多關於伺服馬達的資訊，請參閱訣竅 12.1。

19.9 使用 Pico 和 Pico W 的檔案系統

問題

你想在 Pico 的檔案系統儲存和接收資料。

解決方案

請使用 MicroPython 的檔案指令讀取、寫入和建立儲存在 Pico 和複製到 Raspberry Pi 的檔案。

例如，*ch_19_temp_logger.py* 的程式碼會讀取 RP2040 的攝氏溫度，每隔十秒就記錄到檔案。

執行程式時，新的溫度讀數會出現在 Shell。當你紀錄夠了，就按下 Stop 或 Ctrl-C 完成紀錄、關閉檔案和離開程式。

要看已經寫入的檔案（*temp_reading.txt*），你需要前往 Thonny 的 View 選單，選擇檔案（圖 19-16）。這會在 Thonny 視窗左側開啟一欄，列出 Pico 的所有檔案。你可以點兩下 *temp_reading.txt* 在 Thonny 編輯器開啟它，如果想的話也可以在此編輯檔案並存回 Pico。你也可以在左側的檔名按右鍵，在彈出視窗選單選擇「Download to /home/pi」以傳送檔案到 Raspberry Pi。

討論

資料紀錄程式 (*ch_19_temp_logger.py*）的程式碼如下：

```
from machine import Pin, ADC
from utime import sleep

log_file = 'temp_readings.txt'
temp_sensor = ADC(4)
points_per_volt = 3.3 / 65535

def read_temp_c():
    reading = temp_sensor.read_u16() * points_per_volt
    temp_c = 27 - (reading - 0.706)/0.001721
    return temp_c
```

```
def log_data(reading):
    print(temp_c)
    file.write(str(reading)+'\n')

file = open(log_file, "w")
try:
    while True:
        temp_c = read_temp_c()
        log_data(temp_c)
        sleep(10)
except:
    print('Logging Ended')
    file.close()
```

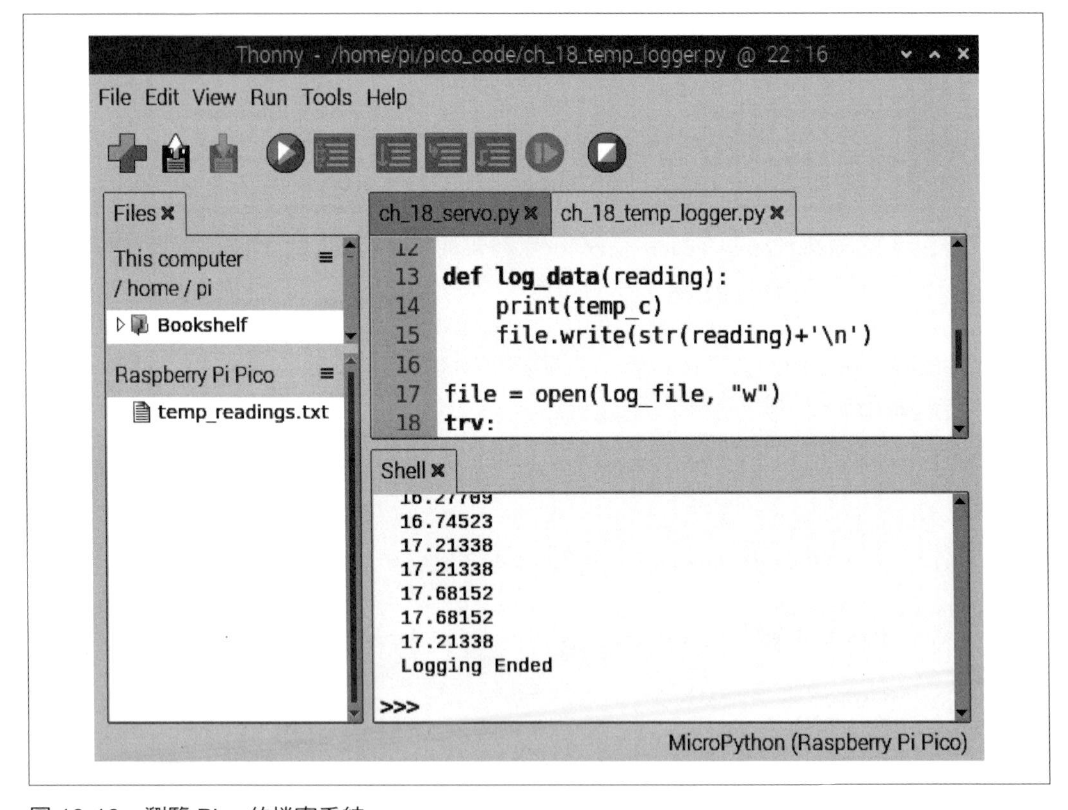

圖 19-16　瀏覽 Pico 的檔案系統

如本書所有程式範例一樣，你可以下載本程式（請參閱訣竅 3.22）。本範例基於訣竅 19.7 討論小節用的程式碼，增加了寫入溫度讀數到檔案的程式碼。

你不必匯入任何模組來使用檔案系統；它是 MicroPython 的一部分，本質上是第 7 章中敘述的 Python 3 檔案系統之精簡版本。檔案使用指令 open 開啟以寫入，它會取第一個參數作為檔名，第二個作為模式（w 是寫入）。這會取代任何相同名稱的現存檔案。

log_data 函式會印出提供的讀數，然後轉換為字串並新增換行字元（\n）到結尾後附加到檔案。

主要的 while 迴圈被 try ／ except 圍住，在你在 Shell 按下 Ctrl-C 時會被它捕捉住，然後關閉檔案。

當讀取檔案時，你需要以讀取（r）模式開啟檔案，然後你可以使用 read 函式以字串讀取檔案內容。你可以在 *ch_19_file_read.py* 程式找到這個範例。此程式只會在 Shell 印出檔案內容：

```
f = open("temp_readings.txt", "r")
print(f.read())
f.close()
```

Pico 檔案系統的容量只有 1.6MB，所以你不能儲存影片或甚至任何較大的聲音樣本。檔案系統需要注意的方面是如果你照著訣竅 19.1 來重新安裝 Pico 韌體，那你將會遺失檔案系統的所有內容。

參閱

要以一般的 Raspberry Pi 寫入檔案，請參閱訣竅 7.7。要從檔案讀取，請參閱訣竅 7.8。

19.10 利用第二核心

問題

你要使用 Pico 或 Pico W 的第二核心（處理器）以一次做超過一件事。

解決方案

請使用 MicroPython 的 *thread* 機制與主執行緒平行執行程式碼。你可以在 *ch_19_multicore.py* 程式找到此範例程式碼：

```
from utime import sleep
import _thread
from random import randint

def core0():
    while True:
        print("core 0 says hello")
        sleep(randint(1, 3))

def core1():
    while True:
        print("core 1 says hello")
        sleep(randint(1, 3))

_thread.start_new_thread(core1, ( ))
core0()
```

如本書所有程式範例一樣，你可以下載本程式（請參閱訣竅 3.22）。

執行程式時，你會在 Shell 看到像這樣的輸出結果：

```
core 1 says hello
core 1 says hello
core 0 says hello
core 1 says hello
core 0 says hello
core 1 says hello
core 0 says hello
```

每個執行緒都會顯示訊息，然後等待一到三秒的隨機時間。每隔一段時間，你可能會看到訊息出現在同一行。這會發生在兩者競爭 USB 埠的存取時。

討論

建構處理兩個執行緒程式碼的一個好方法是將每個執行緒的程式碼放在它自己的函式中。在前一個例子中，我呼叫了函式 `core0` 與 `core1`。兩者都有一個 `while True` 迴圈：`core1` 的位於一個實體處理器核心，由呼叫 `start_new_thread` 函式啟動，`core0` 由另一個處理器核心呼叫 `core0` 函式啟動。

在 Raspberry Pi 正規的 Python 3 中，你可以建立你想要任何數量的執行緒，但是在 Pico，只能有兩個執行緒。

參閱

關於在正規的 Python 3 執行多執行緒的更多資訊，請參閱訣竅 7.19。

19.11 在 Pico W 執行無線網頁伺服器

問題

你想利用 Pico 的 WiFi 能力，有什麼比在 Pico W 執行網頁伺服器更好的方法嗎？

解決方案

請使用 `microdot` 網頁伺服器模組和 `mm_wlan` WiFi 連線模組。

為了方便，這些模組包含在本書下載檔案的 *ch_19_webserver* 資料夾內之 Pico 小節測試程式中。

使用 Thonny 的 SaveAs 選單選項，然後選擇 Raspberry Pi Pico 為目的地，複製 *pmon.py*、*microdot.py* 和 *mm_wlan.py* 檔案到 Pico。賦予每個檔案和原始檔相同的檔名。在圖 19-17 中，你可以看到這些檔案列於檔案系統中。

開啟檔案 *hello.py*，並修改 `ssid` 和 `password` 為你的 WiFi 網路名稱和密碼，然後從 Thonny 執行 *hello.py*（見圖 19-18）。

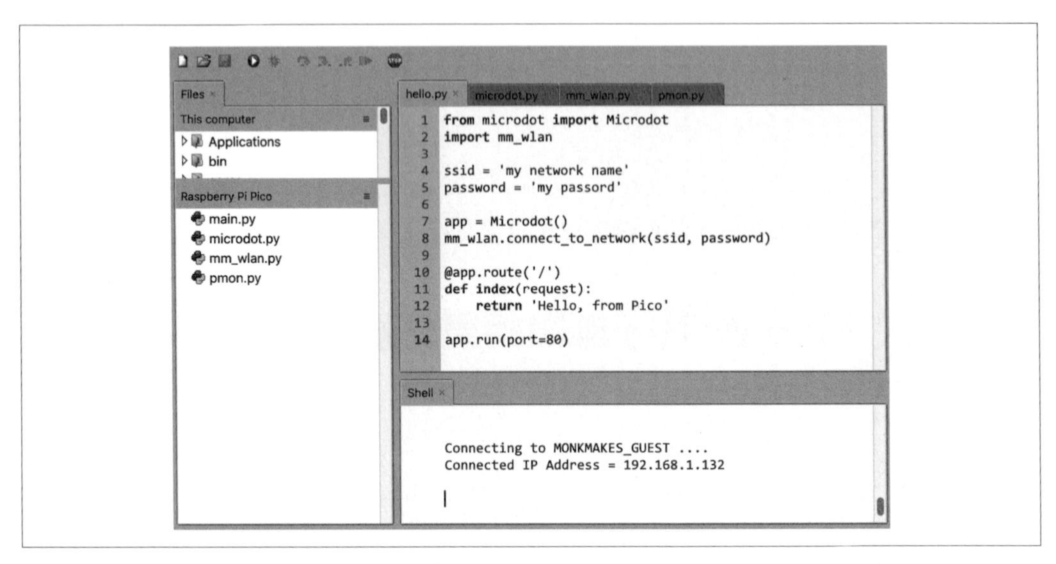

圖 19-17　使用 Thonny 存取 Pico 的檔案

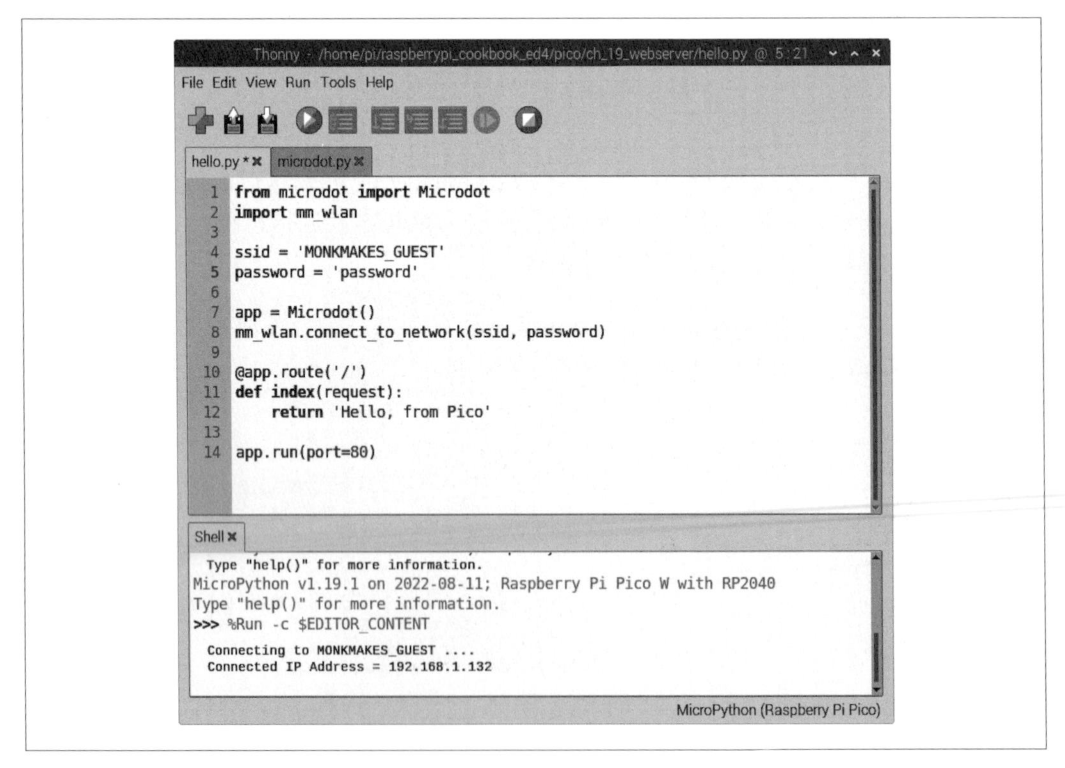

圖 19-18　Thonny 顯示 hello.py

在圖 19-18 的 Shell 區你可以看到 Pico W 成功地連接上 WiFi，IP 位址為 192.168.1.132。如果你在瀏覽器視窗或 Raspberry Pi，或其他連上網路的機器上巡覽此 IP 位址，就會看到類似圖 19-19 的東西。

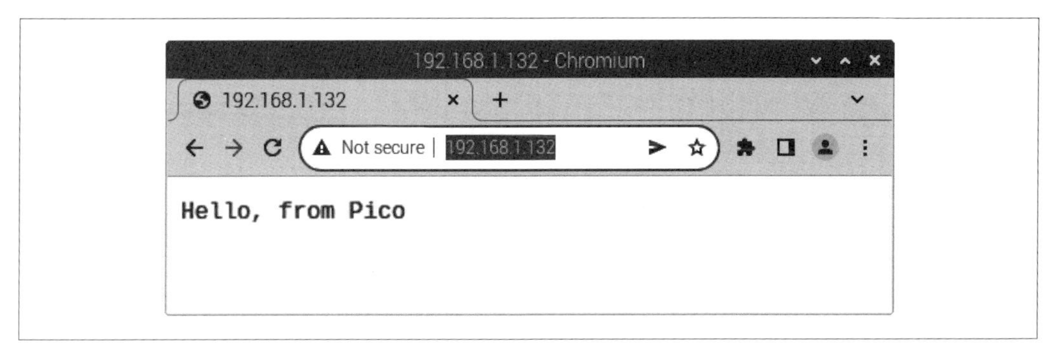

圖 19-19　Pico W 提供的網頁

討論

hello.py 整個程式列於圖 19-18，如你所見，它並不多。

`@app.route('/')` 指定 Pico W 提供的根頁面之處理者，這整個程式做的就是回傳顯示在網頁的「Hello, from Pico」文字。

`app.run(port=80)` 指令啟動在 port 80（標準 web 伺服埠）執行的網頁伺服器。

我們可以擴充本範例回報連接在 Pico W 的遠端感測器讀數。以此為例，我們使用訣竅 14.6 的 Plant Monitor，但是連接它到 Pico W 而不是一般的 Raspberry Pi。

如下連接 Pico 到 Plant Monitor：

- GND 到 GND
- 3.3V 到 3.3V
- Plant Monitor 的 TX 到 Pico W 的 RX
- Plant Monitor 的 RX 到 Pico W 的 TX

你可以直接用母對母接頭直接連接兩個裝置，或也可以如圖 19-20 用麵包板和公對母跳線連接。

圖 19-20　連接 Plant Monitor 到 Pico W

執行範例 *pico_w_server.py*，然後重新整理瀏覽器視窗。你應該會看到如圖 19-21 的東西。

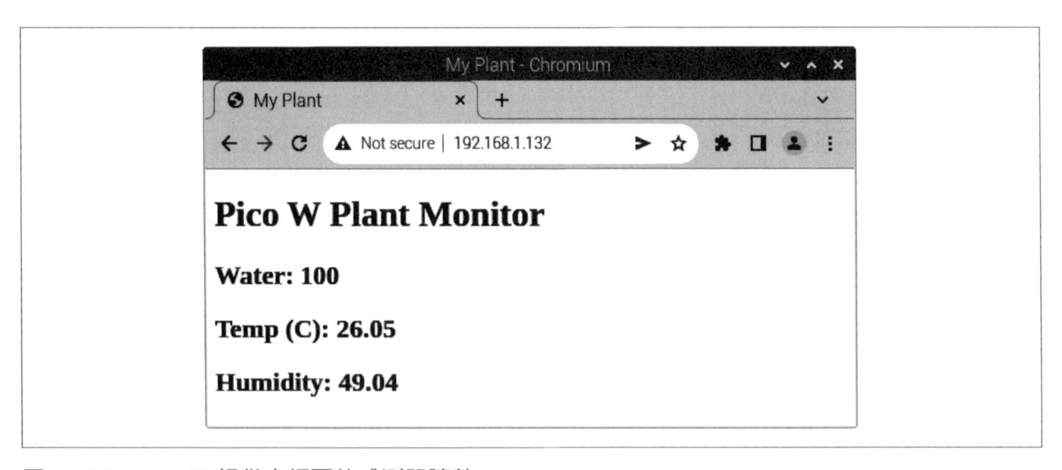

圖 19-21　Pico W 提供之網頁的感測器讀數

參閱

還有更多關於 `microdot` 模組（*https://oreil.ly/5CdED*）與 `mm_wlan`（*https://oreil.ly/NvxMA*）的資訊。

如果 microdot 模組的語法看起來很熟悉，那可能是因為它和訣竅 7.17 用的 Bottle 程式庫非常相似。

可以 *https://oreil.ly/2OBHW* 找到關於 Plant Monitor 的資料。

19.12 使用 Pico 相容板

問題

你想要使用眾多 Pico 相容板的其中一種。

解決方案

Raspberry Pi Pico 的一個目的是展示它所使用的 RP2040 處理器之功能。許多其他開發板也使用 RP2040，能以同樣方法使用 Thonny 以 MicroPython 寫程式。

表 19-3 列出執筆當下可取得有趣的 RP2040 開發板。我相信在網路上搜尋還會出現其他 RP2040 開發板。

表 19-3　RP2040 開發板

名稱	製造商	註記
QTPy RP2040	Adafruit	很小的板子，縮減了 I/O 針腳數，有 USB-C 接頭。
Feather RP2040	Adafruit	Adafruit 的 Feather 格式，加上 LiPo 電池充電器和 USB-C 接頭的 Pico。也有出粉紅色。
PicoLiPo	Pimoroni	和 Feather RP2040 的規格非常相似。
Badger	Pimoroni	最少的針腳，但是有五個按壓按鈕和一個大的 E Ink 顯示器。

討論

Pimoroni Badger 是其中一個很有趣的開發板，它可以當作識別證，在 E ink 顯示器上顯示圖示和文字，即使電源關閉仍然能顯示。但是它也有和 Pico 一樣的完整處理能力讓你能用 MicroPython。

Badger 已安裝 MicroPython 映像並執行範例程式。如要與它互動或放入自己的程式，請用 USB-C 連接線（不是 Pico 的 MicroUSB）將它連到 Raspberry Pi，然後你可以把它當作 Pico 使用它。

為了方便存取 E ink 顯示器，Pimoroni 已引入在 E ink 顯示器繪製圖形和文字的 Python 模組。

ch_19_badger.py 的範例程式以及圖 19-22 所示範例使用了 RP2040 的溫度感測器來顯示基本的溫度計。

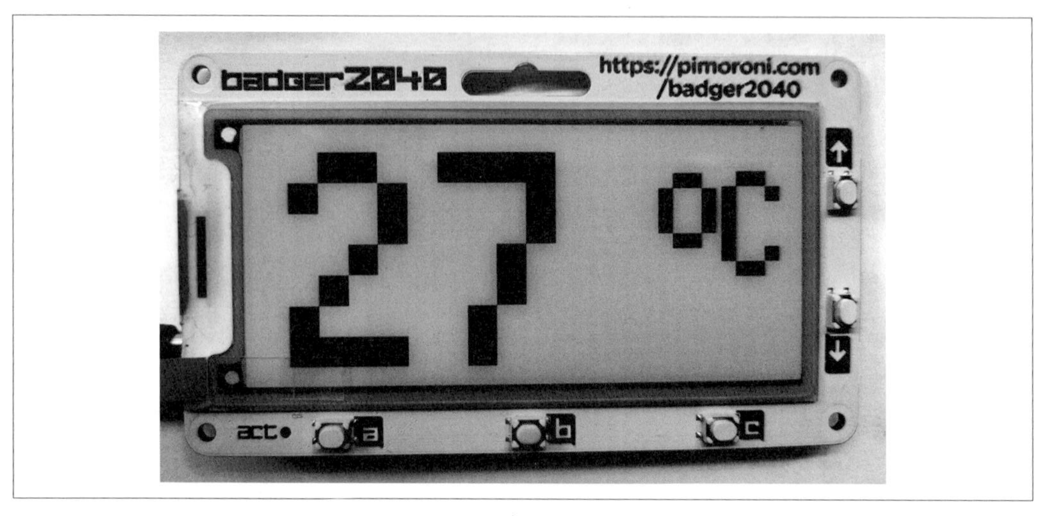

圖 19-22　Pimoroni Badger RP2040 開發板

如果你偏好華氏溫度，請使用 *ch_19_badger_f.py* 程式。顯示的溫度可能會一直比室溫高幾度，因為這是晶片的溫度，不是環境溫度：

```
import badger2040
from machine import ADC
from utime import sleep

badger = badger2040.Badger2040()
temp_sensor = ADC(4)
points_per_volt = 3.3 / 65535

def read_temp_c():
    reading = temp_sensor.read_u16() * points_per_volt
    temp_c = 27 - (reading - 0.706)/0.001721
    return temp_c

badger.font("bitmap8")

old_t = 0
```

```
while True:
    t = round(read_temp_c())
    if t != old_t:
        old_t = t
        badger.pen(255)
        badger.clear()
        badger.pen(0)
        badger.text(str(t), 20, 10, scale=16)
        badger.text("o", 220, 5, scale=8)
        badger.text("C", 255, 20, scale=8)
        badger.update()
        sleep(5)
```

如本書所有程式範例一樣，你可以下載本程式（請參閱訣竅 3.22）。

程式以 *ch_19_temp_logger.py* 為基礎，新增了顯示溫度的程式碼。`badger2040` 模組包含 E ink 顯示器介面。建立了 `badger2040` 類別實例後，預設字體是設為 `bitmap8`，很大的字體，但是很適合用於溫度計。

主要的 `while` 迴圈會讀取溫度，如果溫度改變，就會顯示新溫度。不像其他顯示器，E ink 顯示器刷新很慢，比較會閃爍。所以如果每次執行 `while` 迴圈都刷新的話，會很礙眼。

寫入顯示器和使用 OLED 顯示器（訣竅 15.4）類似。要顯示的東西會在使用 `update` 方法告訴顯示器要更新前先寫入緩衝區。在這個範例中，顯示器會先設定墨水顏色為白色（255），然後呼叫 `clear()` 以清除。接著畫筆顏色會設為 0（黑色），溫度會被轉換成文字，再畫在座標 X=20，Y=10。再顯示一些表示溫度單位的較小文字。最後，五秒的 `sleep` 是在溫度介於兩個值的閾值之間時，用以停止顯示器一直刷新。

參閱

更多使用 Pimoroni Badger 的資訊，請參閱 *https://oreil.ly/EyxoP*。

請查看 `badger2040` 模組的參考資料（*https://oreil.ly/tZK0O*）。

19.13 以電池供電 Pico

問題

你要以電池執行 Pico 或 Pico W。

解決方案

使用內含兩顆 AA 電池的電池盒是較長電力和低成本之間的最佳平衡。

它能如圖 19-23 所示輕易地連接 Pico 和麵包板。

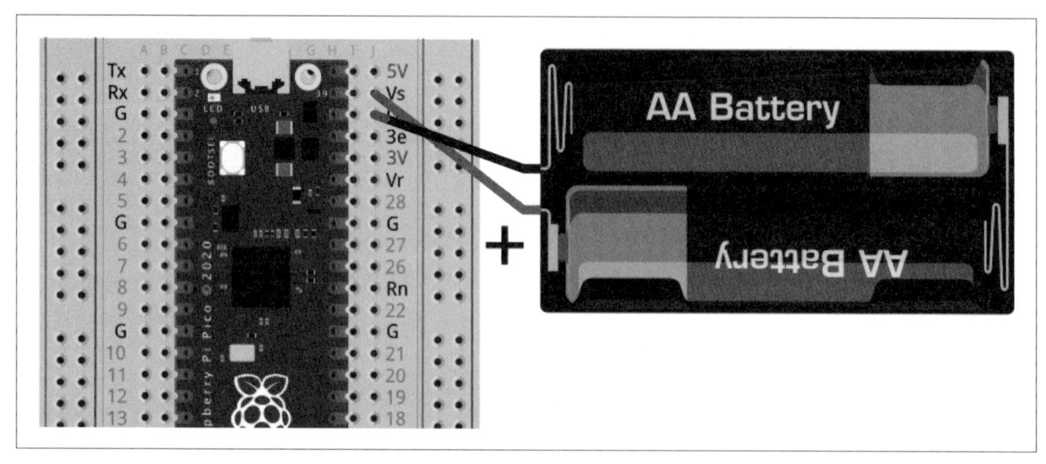

圖 19-23　以一對 AA 電池供應 Pico 電力

討論

藉著 Pico 的降壓／升壓穩壓器，它很容易由電池供電。這會輸入電壓到針腳 Vsys（在 MonkMakes Breadboard for Pico 標示為 Vs），可以從 1.8V 到 5.5V，然後會轉換電壓到 RP2040 所需的 3.3V。

Raspberry Pi 4 會用不少電流，讓它不適合低耗電的電池應用方案。相反地，Pico 只消耗大約 25mA。AA 電池通常至少有 2000mA，這表示一對 AA 電池可以撐至少 80 小時以上。

有些 Pico 相容開發板，像是 Adafruit 的 Feather RP2040 和 Pimoroni 的 PicoLiPo 能連接 3.7V 可充電離電池。當板子接到 USB 時可以充電，拔掉後可以提供電源給 Pico。

參閱

請查看更多 Feather RP2040（*https://oreil.ly/qGOMR*）和 PicoLiPo（*https://oreil.ly/SzA2J*）的資訊。

附錄 A

零件與供應商

零件

下列表格能幫你找到本書使用的零件。可能的話我會列出一些供應商的產品編號。

許多電子零組件製造商和供應商現在都擁抱自造者和電子愛好者。最熱門的列於表 A-1。

表 A-1　零件供應商

供應商	網站	註記
Adafruit	*http://www.adafruit.com*	模組很棒
Cool Components	*https://coolcomponents.co.uk*	很多 Raspberry Pi 的附屬零件
CPC	*http://cpc.farnell.com*	位於英國；零組件種類很多
Digi-Key	*http://www.digikey.com*	零組件種類很多
Farnell	*http://www.farnell.com*	跨國公司；零組件種類很多
MonkMakes	*http://www.monkmakes.com*	Raspberry Pis 的套件等等
Mouser	*http://www.mouser.com*	零組件種類很多
Pimoroni	*https://shop.pimoroni.com*	位於英國之有趣的 HAT 零售商和製造商
Pololu	*https://www.pololu.com*	馬達控制器和機器人超棒
Seeed Studio	*http://www.seeedstudio.com*	有趣的低成本模組
SparkFun	*http://www.sparkfun.com*	模組很棒

其他不錯的零組件來源有 eBay。

搜尋零組件很耗時又困難。Octopart 零件搜尋引擎（*http://www.octopart.com*）用來追蹤零組件很有幫助。MonkMakes、Adafruit 與 SparkFun 都有讓你入門的零件包。

原型設備與套件

本書許多硬體專案使用不同種類的跳線。公對母導線（連接到 Raspberry Pi GPIO 接頭到麵包板）和公對公（連接麵包板）都特別有用。母對母導線偶爾會用來直接連接模組到 GPIO 針腳。你很少需要比 3 英吋（75mm）長的導線。表 A-2 列出一些跳線和麵包板的規格和它們的供應商。

一個入門麵包板、跳線和一些基本零組件的方法是購買入門套件，像是 MonkMakes（*http://monkmakes.com*）的 Project Box 1 kit for Raspberry Pi（*https://oreil.ly/0RI4J*）。這個套件是根據本書來開發的，至少有一部分是這樣。

表 A-2　原型設備與套件

描述	供應商
公 - 公跳線	SparkFun: PRT-08431; Adafruit: 759
公 - 母跳線	SparkFun: PRT-09140; Adafruit: 825
母 - 母跳線	SparkFun: PRT-08430; Adafruit: 794
小麵包板	SparkFun: PRT-09567; Adafruit: 64
Pi Cobbler	Adafruit: 1105
Raspberry Leaf（26 針）	Adafruit: 1772
Raspberry Leaf（40 針）	Cool Components: 3408
Raspberry Pi 電子入門套件	Amazon; MonkMakes
Adafruit Perma-Proto for Pi（小麵包板）	Adafruit: 1148
Adafruit Perma-Proto for Pi（完整麵包板）	Adafruit: 1135
Adafruit Perma-Proto HAT	Adafruit: 2314
DC barrel jack-to-screw 轉接頭（母）	Adafruit: 368
Pimoroni Breakout Garden HAT	Pimoroni
基礎焊接套件	Adafruit: 136

電阻與電容器

表 A-3 列出本錦囊妙計所使用的電阻與電容器及其供應商。

表 A-3　電阻與電容器

零件	供應商
270Ω 0.25W 電阻	Mouser: 293-270-RC
470Ω 0.25W 電阻	Mouser: 293-470-RC
1kΩ 0.25W 電阻	Mouser: 293-1K-RC
3.3kΩ 0.25W 電阻	Mouser: 293-3.3K-RC
4.7kΩ 0.25W 電阻	Mouser: 293-4.7K-RC
10kΩ 可變電阻	Adafruit: 356; SparkFun: COM-09806; Mouser: 652-3362F-1-103LF
光敏電阻	Adafruit: 161; SparkFun: SEN-09088
330 nF 電容器	Mouser: 80-C330C334K5R
熱敏電阻 T0 of 1k Beta 3800 NTC	Mouser: 871-B57164K102J (Note: Beta is 3730)

電晶體與二極體

表 A-4 列出本錦囊妙計所使用的電晶體與二極體及其供應商。

表 A-4　電晶體與二極體

零件	供應商
FQP30N06L N-Channel logic level MOSFET 電晶體	Mouser: 512-FQP30N06L; Sparkfun: COM-10213
2N3904 NPN 雙極性電晶體	SparkFun: COM-00521; Adafruit: 756
1N4001 二極體	Mouser: 512-1N4001; SparkFun: COM-08589; Adafruit: 755
TIP120 Darlington 電晶體	Adafruit: 976; CPC: SC10999
2N7000 MOSFET 電晶體	Mouser: 512-2N7000; CPC: SC06951

積體電路

表 A-5 列出本錦囊妙計所使用的積體電路及其供應商。

表 A-5 積體電路

零件	供應商
L293D 馬達驅動器	SparkFun: COM-00315; Adafruit: 807; Mouser: 511-L293D; CPC: SC10241
ULN2803 Darlington 驅動 IC	SparkFun: COM-00312; Adafruit: 970; Mouser: 511-ULN2803A; CPC: SC08607
DS18B20 溫度感測器	SparkFun: SEN-00245; Adafruit: 374; Mouser: 700-DS18B20; CPC: SC10426
MCP3008 八通道 ADC IC	Adafruit: 856; Mouser: 579-MCP3008-I/P; CPC: SC12789
TMP36 溫度感測器	SparkFun: SEN-10988; Adafruit: 165; Mouser: 584-TMP36GT9Z; CPC: SC10437

光電材料

表 A-6 列出本錦囊妙計所使用的光電材料及其供應商。

表 A-6 光電材料

零件	供應商
5 mm 紅光 LED	SparkFun: COM-09590; Adafruit: 299
RGB 共陰極 LED	SparkFun: COM-11120; eBay
TSOP38238 紅外線感測器	SparkFun: SEN-10266; Adafruit: 157

模組

表 A-7 列出本錦囊妙計所使用的模組及其供應商。

表 A-7 模組

零件	供應商
Raspberry Pi 相機模組	Adafruit: 3099; Cool Components: 1932
四向電位轉換器	SparkFun: BOB-12009; Adafruit: 757
八向電位轉換器	Adafruit: 395
LiPo 升壓轉換器／充電器	SparkFun: PRT-14411
PowerSwitch Tail	Amazon
16 通道伺服馬達控制器	Adafruit: 815
1A 雙馬達驅動器	SparkFun: ROB-14451
PIR 移動偵測器	Adafruit: 189
Ultimate GPS	Adafruit: 746
甲烷感測器	SparkFun: SEN-09404
氣體感測器擴充版	SparkFun: BOB-08891
ADXL335 三軸加速度計	Adafruit: 163
I2C 背板的四位數七段顯示器	Adafruit: 878
I2C 背板雙色 LED 方型像素矩陣顯示器	Adafruit: 902
RTC 模組	Adafruit: 3296
16x2 HD44780 相容 LCD 模組	SparkFun: LCD-00255; Adafruit: 181
Sense HAT	Adafruit: 2738
Adafruit Capacitive Touch HAT	Adafruit: 2340
Stepper Motor HAT	Adafruit: 2348
16 通道 PWM HAT	Adafruit: 2327
Pimoroni Explorer HAT Pro	Pimoroni; Adafruit: 2427
Squid Button	MonkMakes; Amazon
Raspberry Squid RGB LED	MonkMakes; Amazon
I2C OLED 顯示器 128x64 像素	eBay —— search for: I2C OLED Arduino
MMA8452Q 三軸加速度計擴充板	SparkFun: SEN-12756
MH-Z14A CO_2 感測模組	eBay —— search for: MH-Z14A
RC-522 RFID 模組	eBay —— search for: RC-522
Pimoroni VL53L1X 距離偵測擴充板	Pimoroni or eBay —— search for: VL53L1X
Sonoff Basic WiFi 開關	ITEAD
Raspberry Pi Zero 相機轉接板	Adafruit: 3157
Wemos D1 Mini	eBay —— search for: Wemos D1 Mini
Pimoroni Audio DAC Shim (line-out)	Pimoroni
Pimoroni Badger 2040	Pimoroni

其他材料

表 A-8 列出本錦囊妙計所使用的其他材料及其供應商。

表 A-8　其他材料

零件	供應商
1200mAh LiPo 電池	Adafruit: 258
5V 繼電器	SparkFun: COM-00100
5V 盤面式電度表	SparkFun: TOL-10285
標準伺服馬達	SparkFun: ROB-09065; Adafruit: 1449
9g 迷你伺服馬達	Adafruit: 169
5V 2A 電源供應器	Adafruit: 276
Low-power 6V DC 馬達	Adafruit: 711
0.1 英吋排針	SparkFun: PRT-00116; Adafruit: 392
5V, 5 針 單極步進馬達	Adafruit: 858
12V, 4 針 雙極步進馬達	Adafruit: 324
觸控按壓開關	SparkFun: COM-00097; Adafruit: 504
迷你滑動開關	SparkFun: COM-09609; Adafruit: 805
旋轉編碼器	Adafruit: 377
4×3 數字鍵盤	SparkFun: COM-14662
壓電式蜂鳴器	SparkFun: COM-07950; Adafruit: 160
磁簧開關	Adafruit: 375
Console 連接線	Adafruit: 954

Raspberry Pi 針腳輸出

Raspberry Pi 400/4/3/2 Model B、B+、A+、Zero

圖 B-1 列出目前 40 針 Raspberry Pi 通用輸入／輸出（GPIO）針腳輸出。

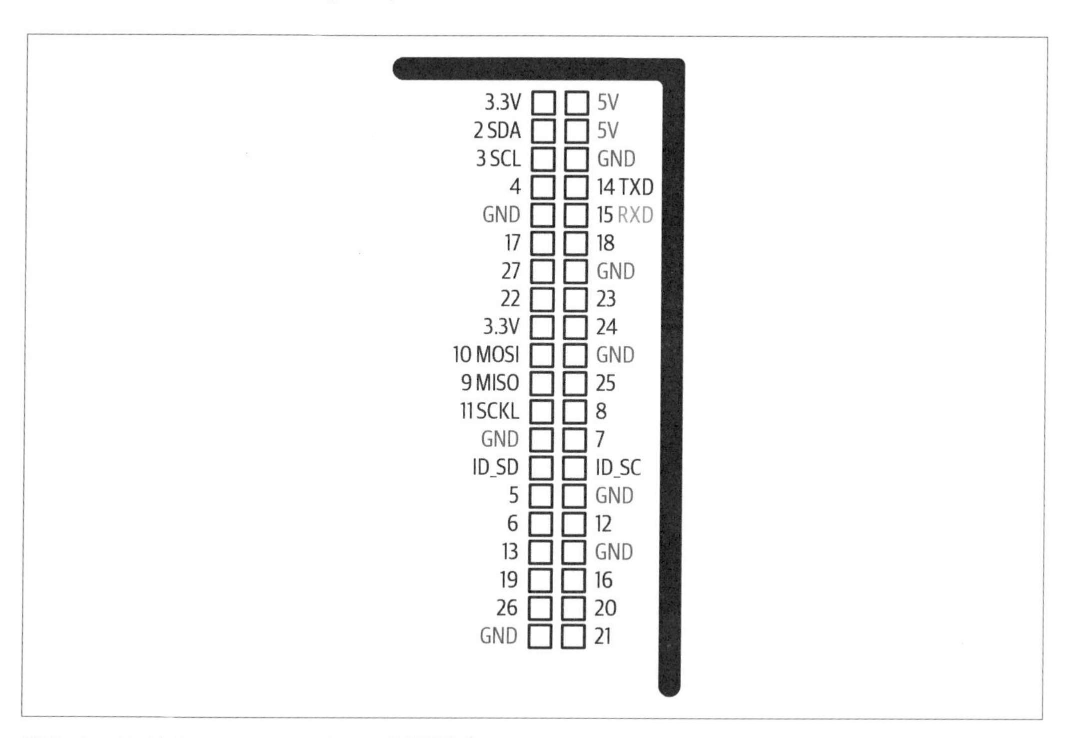

圖 B-1　40 針 Raspberry Pi GPIO 針腳輸出

Raspberry Pi Model B revision 2, A

如果你買的是早期 26 針 Raspberry Pi，可能是 model B revision 2 的板子，如圖 B-2 所示。（若你有這第一代的 Raspberry Pi，請好好保留著，有一天它可能會變得很值錢。）

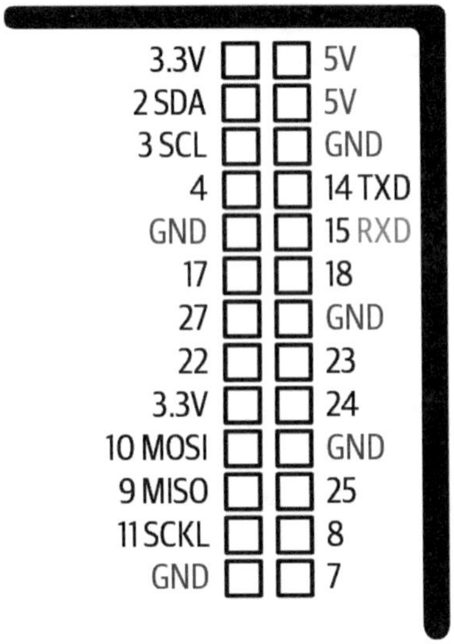

圖 B-2　Raspberry Pi model B revision 2 與 model A 的 GPIO 針腳輸出

Raspberry Pi Model B revision 1

最初發行的 Raspberry Pi Model B（revision 1）和 revision 2 的針腳輸出有如下的些微差異。這是唯一和後續版本的針腳輸出不相容的 Raspberry Pi。修改過而不相容的針腳在圖 B-3 中以粗體標示出來。

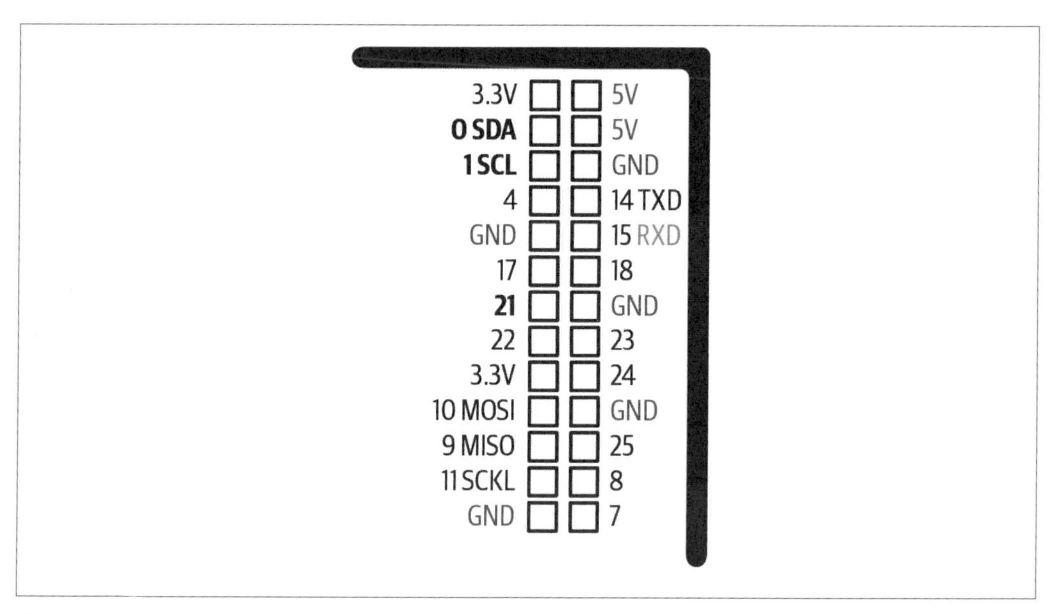

圖 B-3　Raspberry Pi model B revision 1 的 GPIO 針腳輸出

Raspberry Pi Pico

雖然 Raspberry Pi Pico 也有 40 針接腳，但是接腳完全不同，如圖 B-4 所示。

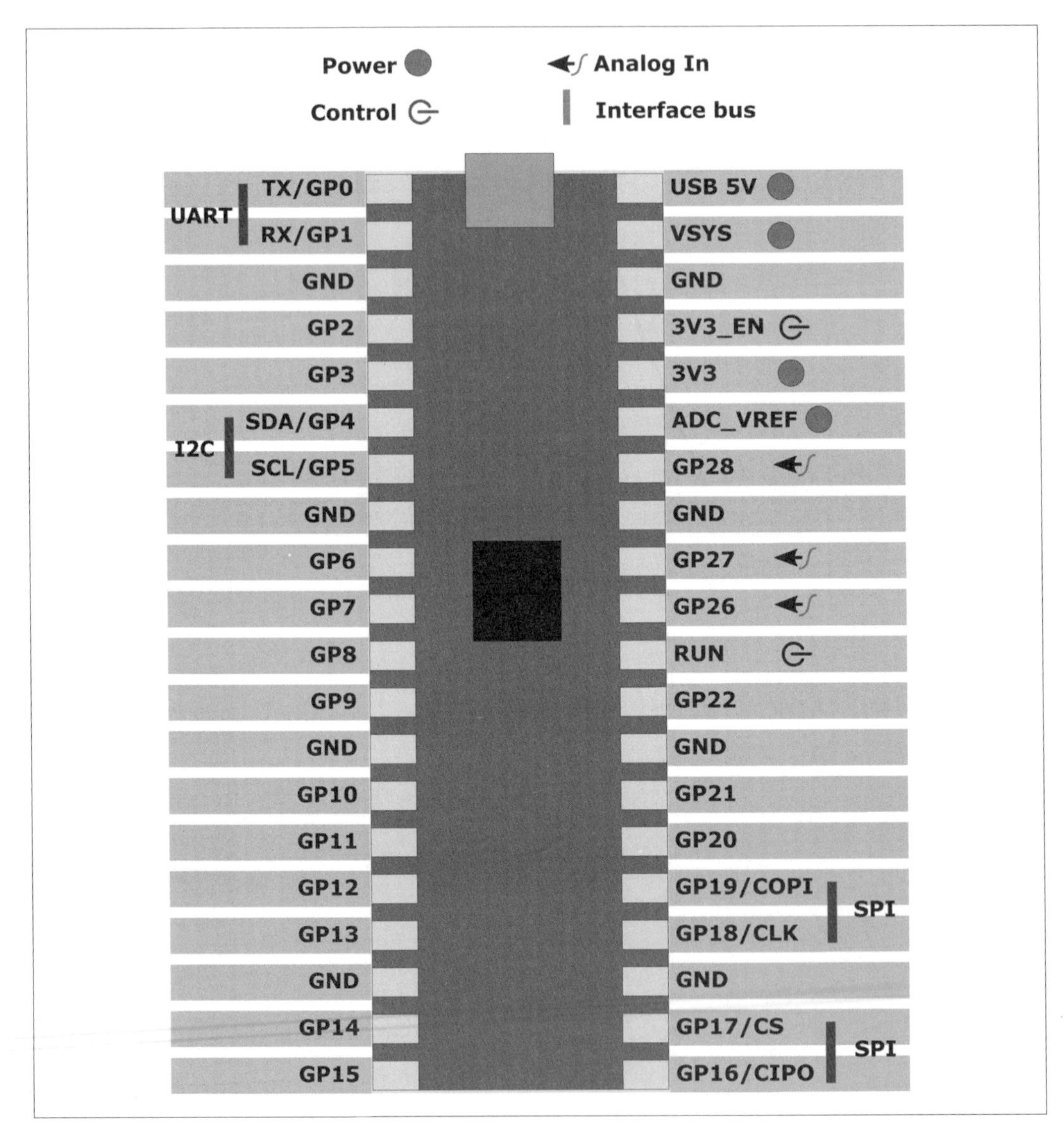

圖 B-4　Raspberry Pi Pico 的 GPIO 針腳輸出

索引

※ 提醒您： 由於翻譯書排版的關係，部分索引名詞的對應頁碼會和實際頁碼有一頁之差。

符號

A

B

C

D

E

F

G

H

I

J

K

L

M

N

O

P

Q

R

S

T

U

V

W

X

Y

Z

關於作者

Simon Monk 博士（Preston，英國）擁有模控學和電腦科學學位及軟體工程博士學位。Simon 擔任過幾年學者，重返業界後共同創立了 Momote Ltd 行動軟體公司。Simon 專注於寫書和設計 MonkMakes 的產品（公司由他的妻子 Linda 經營）。你可以在 *http://www.simonmonk.org* 找到更多由他出版的書籍資訊，或可以在 Twitter 追蹤他的帳號 @simonmonk2。

出版記事

本書的封面動物是歐亞雀鷹（*Accipiter nisus*），也被稱為北雀鷹，或簡稱雀鷹。這種小型猛禽在整個舊世界[譯註]都有發現。雄性成鳥背面有藍灰色的羽毛，腹面羽毛為橙色條紋狀；而雌鳥和幼鳥背面的羽毛均為棕色，腹面羽毛為棕色條紋。在體型上，雌鳥較雄鳥大 25%。

雀鷹專門捕食林地鳥類，但也能在這之外的棲息地中發現牠們，像是在城鎮中捕獵花園裡的鳥類。雄鳥喜歡捕獵較小的鳥類，例如雀類和麻雀，而雌鳥則喜歡捕捉畫眉和椋鳥，且能獵殺重量達 18 盎司以上的鳥。

歐亞雀鷹在用樹枝搭建的巢中繁殖，巢的直徑可達兩英呎。隨後會產下四五個淡藍色、帶著棕色斑點的蛋。繁殖的成功仰賴於雌鳥維持高體重；在築巢期間向伴侶提供食物是雄鳥的責任。33 天後，雛鳥孵化，24 至 28 天後會長出羽毛。

雀鷹幼鳥有 34% 的機會在第一年存活下來。之後，其存活機率增加了一倍多，69% 的成鳥可以存活一年到下一年。這些鳥的典型壽命為四年，年輕雄鳥的死亡率高於年輕雌性鳥。目前已知在播種前使用有機氯殺蟲劑處理種子，會導致雀鷹喪失活動能力或殺死牠們。受影響的鳥會產下易碎的蛋，在孵化過程中破裂。儘管二次大戰後數量驟降，但由於此類化學品被禁用，使雀鷹已成為歐洲最常見的猛禽。

其保護狀況目前被列為無危（Least Concern）。歐萊禮封面上的許多動物都瀕臨滅絕；牠們對世界都很重要。

封面圖畫由 Karen Montgomery 繪製，以 *Cassell* 的 *Natural History*（自然史）中的黑白版畫為基礎。

譯註　指哥倫布發現美洲之前，歐洲所認識的世界，即歐亞非三洲。

Raspberry Pi 錦囊妙計 第四版｜軟硬體問題與解決方案

作　　者：Simon Monk
譯　　者：俞瑞成
企劃編輯：江佳慧
文字編輯：江雅鈴
設計裝幀：陶相騰
發 行 人：廖文良

發 行 所：碁峰資訊股份有限公司
地　　址：台北市南港區三重路 66 號 7 樓之 6
電　　話：(02)2788-2408
傳　　真：(02)8192-4433
網　　站：www.gotop.com.tw
書　　號：A744
版　　次：2023 年 12 月初版
建議售價：NT$980

國家圖書館出版品預行編目資料

Raspberry Pi 錦囊妙計：軟硬體問題與解決方案 / Simon Monk 原著；俞瑞成譯. -- 初版. -- 臺北市：碁峰資訊, 2023.12
面；　公分
譯自：Raspberry Pi cookbook: software and hardware problems and solutions, 4th ed.
ISBN 978-626-324-692-8(平裝)
1.CST：電腦程式設計　2.CST：Python(電腦程式語言)
312.2　　112020232